FOOD SCIENCE

이해하기 쉬운 식품학

머리말

과거 단지 영양만을 공급하는 생존을 위한 식품이 기호를 충족시키고 건강증진과 사회적 관계 유지에 중요한 의미를 갖는 식품, 즉 자신의 삶을 위한 식품으로서의 가치가 현대인에게 더 의미있는 시대가 되었다. 평균수명이 증가하면서 건강한 미래의 삶을 보장받고자 식품과 음식을 통한 삶의 질 향상에 대한 욕구가 더욱 커지고 있다. 동서양을 막론하고 건강의 유지, 증진에 식품의 중요성이 강조되어 온 것은 건강을 최우선으로 하는 현대인이 행복한 삶을 살아가는 데 식품이 매우 중요한 요소이기 때문이다.

식품은 단순히 영양공급원으로서의 기능만이 아니라 색과 향미, 물성 등 소비자의 감각을 만족시킬 수 있어야 하며 위생적 안전성이 확보되어야 식품으로서의 충분한 가치를 발휘할 수 있다. 따라서 생산자나 소비자의 입장에서 건강하고 맛있는 음식을 제조, 선택하고 올바른 식생활을 실천하기 위해 식품을 구성하는 다양한 요소들의 물리적, 화학적 특징을 이해하고 조리 및 가공 시의 변화, 성분 간의 상호작용, 생리활성 특징 등을 바르게 이해해야 한다.

이 책은 식품 구성성분인 수분, 탄수화물, 단백질, 지방, 비타민의 종류, 구조와 특징, 화학반응, 조리 시 변화와 색, 향미, 물성, 독성물질 등과 같은 기본 이론을 다루어 식품학에 관한 이해를 돕고자 하였으며 식품학에 관한 새로운 정보와 최신 연구 동향을 다루려고 노력하였다. 이 책은 식품영양학, 조리과학, 식품과학 및 식품가공학 등 식품학 관련 학문을 전공하는 전공자와 영양사, 조리사, 위생사, 식품가공기사 관련 자격증을 준비하는 학생과 일반인들에게 도움이 되는 지침서가 될 것이다. 아울러 건강식품과 기능성식품, 맞춤형식품의 개발과 연구에 필요한 전문가들에게 기본 지식을 제공할 수 있을 것으로 기대한다.

저자들은 식품학을 쉽고 잘 이해될 수 있도록 설명하기 위해 많은 노력을 기울였지만 여러모로 부족함이 많아 앞으로도 계속 새로운 지식과 정보를 수록하여 식품학 관련 분야에 관심을 가지고 계신 분들에게 유익한 교재가 되도록 할 계획이다.

끝으로 이 책이 출간되기까지 격려와 조언 그리고 많은 자료 인용을 허락해 주신 선후배 그리고 동료 교수님들과 물심양면으로 도움을 주신 파워북 임직원 여러분께 감사를 드린다.

저자 일동

차례

CHAPTER 1

서론

CHAPTER 2

수분

CHAPTER 3

탄수화물

CHAPTER 4

지질

CHAPTER 5

단백질

CHAPTER 6

비타민 및 무기질

CHAPTER 7

효소

CHAPTER 8

식품의 색

CHAPTER 9

식품의 냄새

CHAPTER 10

식품의 맛

CHAPTER 11

독성물질

CHAPTER 12

식품의 분산과 텍스처

CHAPTER 13

동물성 식품

CHAPTER 14

식물성 식품

1

CHAPTER

서론

CHAPTER 1

1 식품이란?

식품이란 사람에게 필요한 한 종류 이상의 영양소를 함유하고 인체에 해롭지 않은 천연식품, 반조리식품, 조리식품, 가공식품의 총칭이다. 우리나라 「식품위생법」 제1장 제2조 1항에서는 "식품이란 모든 음식물을 말한다. 다만, 의약으로서 섭취하는 것은 제외한다"라고 정의하고 있으며, FAO/WHO에서는 "인간이 섭취할 수 있도록 완전가공, 또는 일부 가공한 것, 가공하지 않아도 먹을 수 있는 것"으로 규정하고 있다.

식품은 우리의 생명과 건강을 지키는 매우 중요한 요소이기 때문에 사람들은 자연이 허락하는 범위 내에서 먹을 수 있는 모든 것을 식품으로 이용해 왔다. 우리는 매일 식품 섭취를 통해 생명을 유지하고 성장, 활동하는 데 필요한 영양소를 공급하며 체내에서 일어나는 여러 가지 대사를 조절하여 건강을 유지해 왔다. 식품에는 사람이 생명을 유지하는 데 필요한 물질인 탄수화물, 단백질, 지질, 비타민, 무기질, 물 등 6대 영양소뿐 아니라 건강기능 물질 등 수많은 화학물질로 구성되어 있다. 식품은 수확 직후부터 소비 단계에 이르기까지 여러 조리, 가공과정을 거치면서 다양한 물리적·화학적 변화가 일어난다. 특히 식품의 맛, 향미, 텍스처 등을 결정하는 여러 특성은 식품을 구성하는 성분의 영향을 받기 때문에 식품의 조성, 구조, 구성 성분의 역할과 특성 그리고 조리 및 가공저장, 유통과정에서 일어나는 각종 화학반응에 숨어 있는 과학적 원리에 대한 이해가 필요하다.

건강하고 행복한 삶을 영위하기 위해서는 충분한 영양을 공급해야 할 뿐만 아니라 안전하고 기호성이 높아야 식품을 섭취해야 한다. 따라서 식품은 영양성뿐 아니라 안전성, 기호성, 경제성, 기능성 등을 갖추어야 한다.

2 식품의 성분과 기능

1) 식품의 성분

식품은 일반성분과 특수성분으로 구성되어 있다. 일반성분이란 탄수화물, 단백질, 지질, 비타민, 무기질, 수분 등이며, 이외에 기호성분(맛성분, 향미성분, 색소), 효소, 독성물질 등은 특수성분이라고 한다. 일반성분 중 중 수분 외의 물질을 고형분이라고 하고 고형분은 유기물과 무기물로 나누어진다. 무기물인 무기질을 제외한 탄수화물, 단백질, 지질, 비타민은 유기물에 속한다.

식품은 종류에 따라 구성성분의 종류와 함량에 차이가 있는데, 식품성분표를 이용하면 우리가 매일 먹고 있는 식품으로 필요한 각 영양소를 어느 정도 섭취하는지를 알 수 있다.

알아두기 **식품성분표**

각 식품의 가식부 100 g에 대한 수분, 탄수화물(식이섬유, 당질), 단백질, 지질, 비타민, 무기질 등의 함량을 나타낸 것이다.

2) 식품의 기능

과거 식품은 단지 생명유지에 필요한 영양 공급원으로서 우리는 생존을 위해 식품을 섭취했으나 현대인에게 식품은 기호를 충족시키고 건강증진과 사회적 관계 유지에 중요한 의미를 갖는 식품, 즉 자신의 삶을 위한 식품으로서의 가치가 더 의미 있는 시대가 되었다. 최근 평균수명이 길어지면서 건강한 미래의 삶을 보장받고자 삶의 질 향상에 대한 욕구가 더욱 커지고 있다. 건강과 장수가 시대의 아이콘으로 떠오르면서 식품의 영양성과 기호성에 건강기능성까지 강조되고 있으며, 앞으로 건강유지 및 증진, 질병 예방을 추구하는 생체조절 기능이 더욱 확대되고 건강기능식품에 대한 수요가 늘어날 것으로 전망된다.

① 영양 기능 : 식품이 갖는 1차 기능으로 생명유지 기능이라고도 한다. 영양소의 과

부족이 없는 균형 있는 영양섭취는 신체의 정상적인 발달을 돕고 스트레스에도 비교적 잘 견디도록 한다. 또한 유아기의 영양상태는 지능발달에 큰 영향을 준다.

② 기호 기능 : 식품의 2차 기능으로 식품의 관능적 특성이 영향을 준다. 영양적으로 우수한 식품이라도 식품의 맛, 향, 색, 텍스처 등이 우리의 기호를 만족시키지 못하면 식품의 가치는 많이 떨어지게 된다.

③ 생체조절 기능 : 식품의 3차 기능으로 신체에 생리적 활성을 부여하는 신체의 리듬 조절, 질병에 대한 예방과 치유, 면역력 부활, 알레르기 감소, 노화 방지 등 인간의 건강 및 장수와 밀접한 관계가 있는 기능이다. 이러한 생리적 조절 기능을 갖춘 식품으로 식품과 의약품의 성질을 합친 식품이 개발되어 '21세기의 식품'이라고 부르기도 한다.

3 식품군과 식품구성자전거

우리가 섭취하는 식품들은 영양소와 기능에 따라 6가지 식품군으로 나눌 수 있다. 각 식품군은 우리 몸에 필요한 에너지, 탄수화물, 단백질, 비타민, 무기질 등을 공급해 준다.

첫 번째 식품군은 곡류이다. 탄수화물 식품이며 주식 역할을 하는 식품군으로 주로 에너지를 공급한다. 두 번째는 고기, 생선, 달걀 및 콩류인데 이들은 신체를 구성하고 에너지도 공급하는 단백질 급원이다. 세 번째 채소류와 네 번째 과일류는 체내 몸의 조절작용에 관여하는 수분, 비타민, 무기질, 식이섬유가 풍부하다. 다섯 번째는 우유 및 유제품으로 칼슘을 많이 함유하고 있으며 단백질도 많이 들어 있다. 마지막으로 유지와 당류인데 주로 에너지를 공급한다. 식품군별로 제공하는 영양소에는 조금씩 차이가 있으므로 식품군을 고려하여 매일, 끼니마다 다른 종류의 식품을 먹는 것이 바람직하며 이때 식품구성자전거를 활용하면 좋다.

식품구성자전거란 식품을 6개의 식품군으로 나누어 자전거 바퀴에 표시한 것이다 그림 1-1. 앞바퀴는 매일 마셔야 할 물을, 뒷바퀴에는 6가지 식품군을 배치하고 휠 간

그림 1-1 식품구성자전거

출처 : 보건복지부, 한국영양학회, 2020 한국인 영양소 섭취기준

격은 많이 먹어야 할 것과 적게 먹어야 할 것을 면적으로 표시하여 식품군별 적절한 섭취비율을 나타내고 있다. 식품구성자전거는 수분 섭취와 균형 잡힌 식사의 중요성뿐 아니라 달리는 자전거를 통해 적절한 운동의 중요성도 강조하고 있다.

요 약

- 식품이란 사람에게 필요한 한 종류 이상의 영양소를 함유하고 인체에 해롭지 않은 천연식품, 반조리식품, 조리식품, 가공식품의 총칭이다. 우리나라「식품위생법」제1장 제2조 1항에서는 "식품이란 모든 음식물을 말한다. 다만, 의약으로서 섭취하는 것은 제외한다" 라로 정의하고 있으며, FAO/WHO에서는 "인간이 섭취할 수 있도록 완전가공, 또는 일부 가공한 것, 가공하지 않아도 먹을 수 있는 것" 으로 규정하고 있다.
- 식품의 구성성분은 탄수화물, 단백질, 지질, 비타민, 무기질, 수분 등과 같은 일반성분과 기호성분(맛성분, 향미성분, 색소), 효소, 독성물질 등과 같은 특수성분으로 나누어진다. 일반성분 중 중 수분 이외의 물질을 고형분이라고 한다. 고형분 중 무기물인 무기질을 제외한 탄수화물, 단백질, 지질, 비타민은 유기물에 속한다.
- 식품이 갖는 기능은 크게 영양 기능, 기호 기능, 생체조절 기능으로 나눌 수 있다. 영양 기능은 식품이 갖는 1차 기능으로 생명유지 기능이라고도 한다. 기호 기능은 식품의 2차 기능으로 식품의 관능적 특성에 영향을 준다. 생체조절 기능은 식품의 3차 기능으로 신체에 생리적 활성을 부여하는 신체의 리듬 조절, 질병에 대한 예방과 치유, 면역력 부활, 알레르기 감소, 노화 방지 등 인간의 건강과 장수에 직결되는 기능이다.
- 우리가 섭취하는 식품들은 영양소와 기능에 따라 6가지 식품군으로 나눌 수 있다. 식품구성자전거란 과잉 섭취를 주의해야 하는 유지·당류를 제외한 식품을 5개의 식품군으로 나누어 자전거 바퀴에 표시한 것이다. 앞바퀴는 매일 마셔야 할 물을, 뒷바퀴에는 5가지 식품군을 배치하고 휠 간격은 많이 먹어야 할 것과 적게 먹어야 할 것을 면적으로 표시하여 식품군별 적절한 섭취비율을 나타내고 있다.

연습문제

1. 식품은 어떻게 정의되는지 알아봅시다.
2. 식품의 구성성분에 대해 알아봅시다.
3. 식품의 3가지 기능에 대해 알아봅시다.
4. 식품구성자전거에 대해 알아봅시다.

2

CHAPTER

수분

1. 물분자의 구조와 성질 | 2. 자유수와 결합수 | 3. 수분활성
4. 등온흡습곡선 | 5. 수분활성과 식품의 안정성

CHAPTER 2

식품의 주요 구성성분인 물은 고체, 액체, 기체 등 세 가지 형태로 존재할 수 있으며 식품의 외관, 향미, 텍스처 등에 영향을 준다. 물은 다양한 물질을 녹이는 용매뿐만 아니라 반응물이나 반응매개체로서 작용하여 식품의 조리, 가공, 저장 중에 일어나는 물리·화학적 변화 및 미생물학적 변화 등에 영향을 준다.

1 물분자의 구조와 성질

물분자는 그림 2-1과 같이 한 개의 산소에 두 개의 수소가 공유결합되어 있으며 결합각은 104.5°이다. 물분자에서 산소는 수소보다 전기음성도가 커서 공유결합된 전자 분포가 산소 쪽으로 치우쳐 있기 때문에 산소는 부분 음전하(−δ)를 띠고 수소는 부분 양전하(+δ)를 띤다. 이와 같이 물분자는 양극성을 띠는 극성 분자이기 때문에 한 물분자와 다른 물분자 사이에 수소결합을 형성할 수 있다. 물의 끓는점, 녹는점, 기화열, 융해열 등이 분자량이 비슷한 다른 물질에 비해 매우 높은 것은 물분자간 수소결합이 가능하기 때문이다.

물의 존재상태는 온도와 압력의 영향을 받는다. 대기압하에서 물은 0~100℃에서 액체로 존재하며, 이때 물분자는 수소결합에 의해 연결되어 있지만 자유롭게 움직이는 특성을 갖는다. 물이 냉각되면 물분자의 움직임이 느려지면서 부피가 감소되어 4℃에서 가장 작은 부피를 갖는다. 온도가 4℃보다 낮아지면 물분자 사이가 조금 벌어지면서 부피가 조금 증가한다. 0℃에서 물은 얼게 되는데, 이때 물 1 g당 80 cal의 열이 방출된다. 물이 어는 동안 온도는 변화하지 않고 상태만 변화한다. 물이 얼면 육각형의 얼음 결정격자 내에 공간이 생겨 부피가 9% 정도 증가한다. 따라서 얼음은 물보다 비중이 낮아 물 위에 뜨게 된다. 한편, 물을 가열하여 온도가 높아지면 물분자의 움직임이 활발해진다. 100℃에서는 물이 끓게 되는데, 이때 물 1 g당 540 cal의 기화열이 흡수된다. 물이 끓을 때 공급되는 열은 액체에서 기체로의 상태 변화에 사용되므로 물의 온도는 변화하지 않는다.

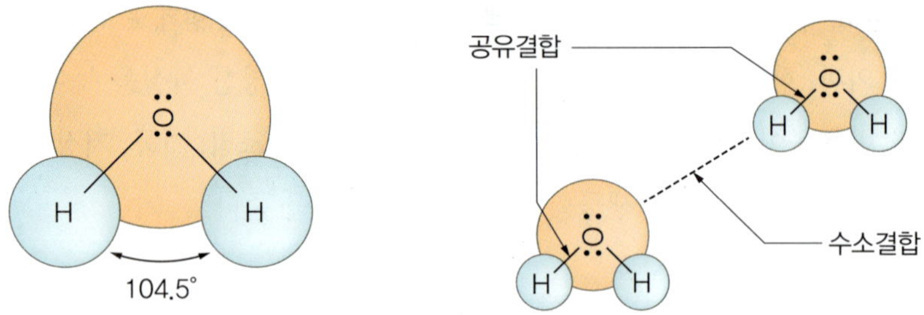

그림 2-1 물분자의 구조와 수소결합

알아두기

공유결합

두 개의 원자가 서로 전자를 방출하여 전자쌍을 형성하고 두 원자가 이 전자쌍을 공유함으로써 형성되는 결합

수소결합

F, N, O 등과 같이 전기음성도가 큰 2개의 원자 사이에 수소원자가 들어감으로써 생기는 화학결합으로, 물과 같은 분자와 분자 사이에 존재하는 결합의 한 형태임

2 자유수와 결합수

식품 중에는 식품 구성성분에 단단히 결합되어 있는 결합수bound water와 자유롭게 움직이는 자유수free water가 있다. 이 두 가지 형태의 물은 표 2-1 과 같이 각기 다른 성질을 갖는다. 즉, 자유수는 대기압하에서 100℃ 이상 가열하거나 건조시키면 쉽게 제거되고 0℃ 이하에서는 동결하며, 용매로 작용할 수 있는 일반적인 물이다. 결합수는 자유수에 비해 밀도가 높고 증기압이 낮아서 가열, 건조 등에 의해 쉽게 제거되지 않는 물이다. 결합수는 탄수화물, 단백질 등과 같은 친수성 고분자화합물의 표면에 수소결합하고 있어 움직임이 자유롭지 못한 물로서 −40℃ 이하의 낮은 온도에서도 얼지 않는다.

표 2-1 자유수와 결합수의 성질

자유수	결합수
• 대기압하에서, 0℃ 이하에서 쉽게 동결 • 대기압하에서, 100℃ 이상 가열하거나 건조하면 쉽게 제거됨 • 용매로 작용할 수 있음 • 미생물의 생육에 이용될 수 있음 • 화학반응에 관여함	• 대기압하에서, 0℃ 이하에서도 얼지 않음 • 대기압하에서, 100℃ 이상 가열하거나 건조, 압착에 의해 제거되지 않음 • 용매로 작용할 수 없음 • 미생물 생육에 이용될 수 없음 • 화학반응에 관여하지 않음

3 수분활성

식품에 함유된 물의 존재상태는 가수분해 반응, 미생물 생육, 효소 반응 등에 영향을 주기 때문에 식품의 저장수명은 수분함량의 높고 낮음에 의해 영향을 받는 것이 아니라 수분활성A_w에 영향을 받는다.

수분활성은 일정온도에서 식품이 나타내는 수증기압P과 순수한 물의 수증기압P_0의 비로 나타내며, 용해된 용질의 종류와 양에 따라 다른 값을 나타낸다.

$$A_w = \frac{P}{P_0}$$

수분활성은 평형상대습도ERH와도 관계가 있어 다음과 같이 나타낼 수 있다.

$$ERH = \frac{P}{P_0} \times 100 = Aw \times 100$$

식품 중에 존재하는 물에는 무기질, 단순당 등이 용해되어 있어 순수한 물보다 수증기압이 낮으므로 식품의 수분활성은 1보다 작다. 표 2-2 에 나타낸 것과 같이 과일, 채소, 생선류 등의 수분활성은 0.98~0.99이고, 곡류, 콩류 등의 수분활성은 0.60~0.64이다.

표 2-2 식품의 수분함량과 수분활성

식품	수분활성(A_w)	수분함량(%)
과일, 채소	0.98~0.99	74~96
주스	0.95~0.99	92
생선류	0.98~0.99	65~80
육류	0.96~0.98	70~80
달걀	0.99~0.97	72~78
식빵	0.90~0.95	38
건조과일	0.72~0.80	18~22
두류	0.60~0.64	13~15
곡류	0.60~0.64	13~16
젤리	0.64~0.69	18
국수	0.50	12

4 등온흡습곡선

식품은 일정온도에서 상대습도가 다른 밀폐용기에 넣어두면 식품의 수분함량이 용기 내의 상대습도와 평형을 이루는데, 이때 식품은 평형수분함량에 도달한다. 일정온도에서 식품의 평형수분함량(%)과 상대습도, 즉 수분활성과의 관계를 나타낸 것을 등온흡습곡선이라고 한다. 등온흡습곡선은 그림 2-2 와 같이 일반적으로 역S자형으로 식품이 수분을 흡수할 때 얻어지는 곡선이다. 한편, 식품이 수분을 방출할 때 얻어지는 곡선은 등온탈습곡선이라고 한다.

등온흡습곡선은 기울기가 다른 세 영역으로 나눌 수 있으며 각 영역의 물은 각기 다른 특성을 나타낸다 그림 2-2 . I 영역에서 식품 중의 수분은 식품의 구성성분과 단단히 결합하여 단분자층을 형성하며 용매로 작용할 수 없다. II 영역에서는 히드록시기, 아미드기와 결합하여 식품 중의 수분은 다분자층의 물을 형성하며 거의 용매로 작용할 수 없다. III 영역의 물은 식품의 구성성분에 약하게 결합되어 쉽게 이동할 수 있고 용매로 작용할 수 있어 화학반응을 촉진하고 미생물 생육에 이용될 수 있다. 이 영역의 물은 식품의 다공질 구조에 응축된 모세관 수capillary water로 젤에서는 갇혀서 움직임이 제한된다. 식품 중 수분의 95% 이상을 차지하는 것은 III 영역의 물이다. 건

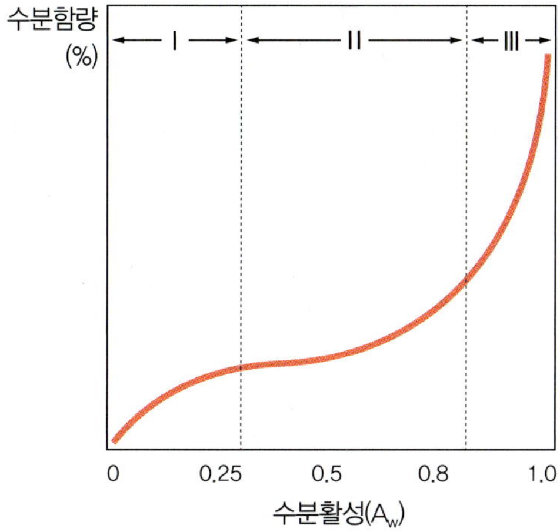

그림 2-2 등온흡습곡선

조식품이 대기 중의 수분을 흡수할 때 얻어지는 등온흡습곡선과 수분을 방출할 때 얻어지는 등온탈습곡선은 완전히 일치하지 않는다. 즉, 같은 수분활성에서의 수분함량은 탈습 시가 흡습 시보다 더 높은데 이와 같은 현상을 이력현상(히스테리시스)이라고 한다 그림 2-3.

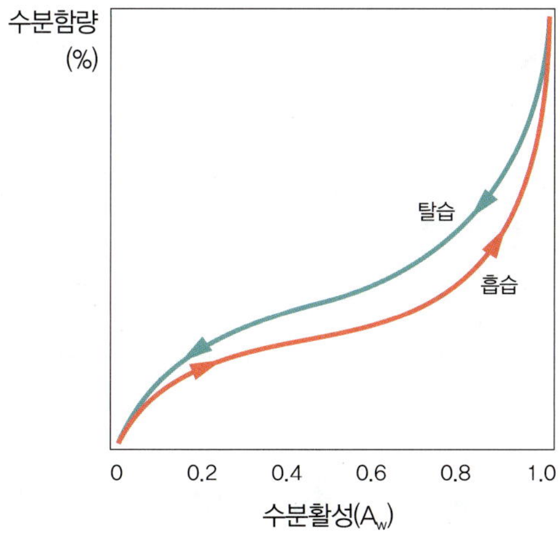

그림 2-3 등온흡습(탈습)곡선

5 수분활성과 식품의 안정성

식품의 수분활성은 효소작용, 화학반응, 미생물 생육에 영향을 미친다 그림 2-4. 대부분의 효소는 단분자층에서 활성을 나타내지 않으나 리파아제는 0.1~0.3에서 활성을 나타낸다. 비효소적 갈변반응은 0.6~0.7에서 가장 잘 일어나며, 유지의 산화는 단분자층 수분활성인 0.2~0.3에서 반응속도가 가장 낮고 가장 낮은 수분활성에서 반응속도가 가장 크다. 각 미생물이 생육할 수 있는 최저수분활성은 세균 0.90~0.94, 효모 0.88~0.90, 곰팡이 0.7~0.75이며, 내건성 곰팡이는 0.65, 내삼투압성 곰팡이는 0.6이다.

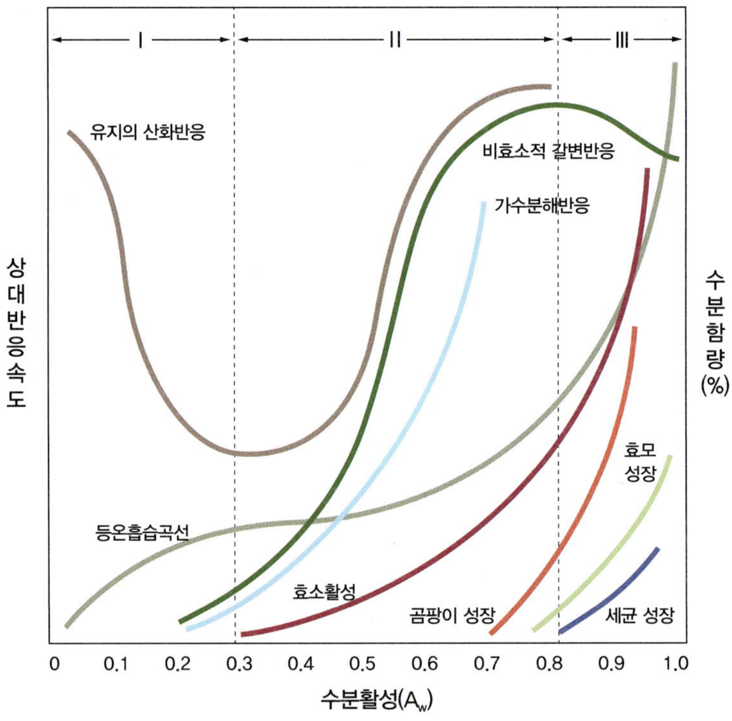

그림 2-4 식품의 수분활성과 안정성

요약

- 물분자는 한 개의 산소에 두 개의 수소가 공유결합되어 있으며 결합각은 약 104.5°이다. 물분자는 양극성을 띠는 극성 분자이기 때문에 물분자 사이에 수소결합을 형성할 수 있으며, 물의 끓는점, 녹는점, 기화열, 융해열 등이 분자량이 비슷한 다른 물질에 비해 매우 높은 것은 물분자 간 수소결합 때문이다.

- 물의 존재상태는 온도와 압력의 영향을 받는다. 대기압하에서 물은 0~100℃에서 액체로 존재한다. 물의 부피는 4℃에서 가장 작고 4℃보다 낮아지면 부피가 조금 증가한다. 0℃에서 물은 얼게 되는데 이때 물 1 g당 80 cal의 열이 방출된다. 100℃에서 물이 끓을 때 물 1 g당 540 cal의 기화열이 흡수된다.

- 식품 중의 물은 식품의 구성성분에 단단히 결합되어 있는 결합수(bound water)와 자유롭게 움직이는 자유수(free water)로 나누어진다. 자유수는 대기압하에서 100℃ 이상 가열하거나 건조시키면 쉽게 제거되고, 0℃ 이하에서는 동결하며 용매로 작용할 수 있는 일반적인 물이다. 결합수는 자유수에 비해 밀도가 높고 증기압이 낮아서 가열, 건조 등에 의해 쉽게 제거되지 않으며 -40℃ 이하의 낮은 온도에서도 얼지 않는다.

- 수분활성(A_w)은 일정온도에서 식품이 나타내는 수증기압(P)과 순수한 물의 수증기압(P_0)의 비로 나타내며 식품의 수분활성은 1보다 작다. 일정온도에서 식품의 평형수분함량(%)과 상대습도, 즉 수분활성과의 관계를 나타낸 것을 등온흡습곡선이라고 하며 식품이 수분을 방출할 때 얻어지는 곡선은 등온탈습곡선이라고 한다.

- 등온흡습곡선은 기울기가 다른 세 영역으로 나눌 수 있다. I 영역에서 식품 중의 수분은 식품 구성성분과 단단히 결합하여 단분자층을 형성하며 용매로 작용할 수 없다. II 영역에서는 히드록시기, 아미드기와 결합하여 식품 중의 수분은 다분자층의 물을 형성하며 거의 용매로 작용할 수 없다. III 영역의 물은 식품의 다공질 구조에 응축된 모세관 수(capillary water)로 존재하며 식품 구성성분에 약하게 결합되어 쉽게 이동할 수 있다. 또한 용매로 작용할 수 있어 화학 반응과 미생물 생육에 이용될 수 있으며 식품 중 수분의 95% 이상을 차지한다.

- 식품의 수분활성은 효소작용, 화학 반응, 미생물 생육에 영향을 미친다. 대부분의 효소는 단분자층에서 활성을 나타내지 않으나 리파아제는 0.1~0.3에서 활성을 나타낸다. 비효소적 갈변 반응은 0.6~0.7에서 가장 잘 일어나며, 유지의 산화는 단분자층 수분활성인 0.2~0.3에서 반응속도가 가장 낮고 가장 낮은 수분활성에서 반응속도가 가장 크다.

연습문제

1. 물분자가 극성 분자인 이유를 알아봅시다.

2. 물분자 간의 수소결합 형성에 대해 알아봅시다.

3. 자유수와 결합수의 차이에 대해 알아봅시다.

4. 수분활성이란 무엇인지 알아봅시다.

5. 등온흡습곡선을 기울기에 따라 세 영역으로 나누고 각 영역의 물의 성질에 대해 알아봅시다.

6. 식품의 수분활성이 유지의 산화에 미치는 영향에 대해 알아봅시다.

3

CHAPTER

탄수화물

1. 분류 | 2. 단당류 | 3. 이당류 | 4. 기타 소당류 | 5. 다당류

CHAPTER 3

탄수화물은 인류에게 가장 중요한 주식이며 에너지원이다. 탄수화물은 동물, 식물, 미생물에 다양한 형태로 존재하며, 자연상태에 매우 풍부한 물질이다. 녹색식물은 광합성을 통해 이산화탄소로부터 포도당을 합성하고, 포도당분자들은 중합체인 전분이나 섬유소로 저장된다. 전분은 저장 탄수화물로서 에너지원으로 사용되며, 섬유소는 식물의 세포벽과 섬유질을 구성하는 성분으로 중요하다. 또한 탄수화물은 단맛을 내는 성분으로써 중요하며, 캐러멜화 반응과 마이야 반응 등의 갈변 반응을 통해 식품의 색을 나타내는데도 매우 중요한 역할을 한다.

1 분류

탄수화물은 구성된 당분자의 수에 따라 단당류, 올리고당(소당류), 다당류로 분류된다 표 3-1. 일반적으로 더 이상 가수분해되지 않는 당류, 즉 한 개의 당으로만 이루어진 것을 단당류, 2~8개의 당으로 구성된 것을 올리고당(소당류), 그 이상의 당으로 구성된 것을 다당류라고 한다.

표 3-1 탄수화물의 종류

탄수화물		종 류
단당류	3탄당	글리세르알데히드, 디히드록시아세톤
	4탄당	에리트로오스, 트레오스
	5탄당	리보오스, 데옥시리보오스, 자일로오스, 아라비노오스
	6탄당	포도당, 과당, 갈락토오스, 만노오스
올리고당(소당류)	2당류	수크로오스(자당), 맥아당(엿당), 유당, 겐티오비오스, 셀로비오스, 루티노오스, 트레할로오스, 멜리비오스
	3당류	라피노오스, 겐티아노오스
	4당류	스타키오스
다당류	단순다당류	전분, 덱스트린, 섬유소, 이눌린, 글리코겐
	복합다당류	펙틴, 헤미셀룰로오스

2 단당류

1) 구조와 명명법

단당류는 카르보닐기의 종류와 탄소 수에 따라 분류되는데, 카르보닐기가 알데히드인 것을 알도오스aldose라 하고 케톤기인 것을 케토오스ketose라고 하며, 알도오스에는 -ose를 케토오스에는 -ulose를 붙여 명명한다. 따라서 탄소 수가 3tri-, 4tetra-, 5penta-, 6hexa-개인 알도오스를 각각 트리오스triose, 테트로오스tetrose, 펜토오스pentose, 헥소오스hexose라고 하며, 케토오스는 각각 트리우로오스triulose, 테트루로오스tetrulose, 펜투로오스pentulose, 헥수로오스hexulose라고 부른다. 가장 간단한 알도오스는 3개의 탄소원자에 히드록시기 2개, 알데히드기 1개를 가진 글리세르알데히드glyceraldehyde이며, 가장 간단한 케토오스는 3개의 탄소원자에 히드록시기 2개, 케톤기 1개를 가진 디히드록시아세톤dihydroxyacetone이다 그림 3-1.

글리세르알데히드(glyceraldehyde) 디히드록시아세톤(dihydroxyacetone)

그림 3-1 글리세르알데히드와 디히드록시아세톤의 구조

부제탄소란 서로 다른 4개의 원자나 원자단이 결합되어 있는 탄소를 말하는데, 글리세르알데히드의 3개의 탄소 중에 '*' 표시를 한 것이 부제탄소이다 그림 3-2. 부제탄소를 가진 글리세르알데히드는 2개의 이성체가 존재하고 이들은 서로 거울상의 관계를 가진다. 이와 같은 입체이성체를 에난티오머enantiomer라고 한다. 분자 중에 부제탄소가 존재하면 구성 원자와 원자단들의 입체적 배치가 다른 입체이성체가 생기며, 부제탄소가 n개 있으면 가능한 입체이성체의 수는 2^n개가 된다.

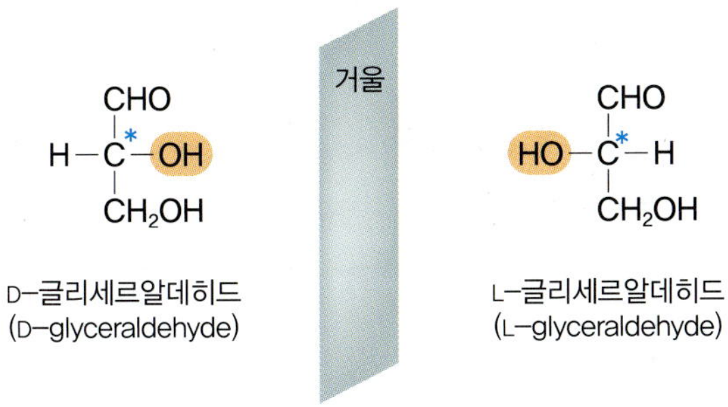

그림 3-2 D-글리세르알데히드와 L-글리세르알데히드의 구조

당의 D형은 알도오스에서는 D-글리세르알데히드를 기준으로 하여, 여기에 탄소사슬이 증가한 당을 D형으로 하고 각각의 거울상 입체이성체를 L형으로 표시한다. 케토오스에서는 에리트룰로오스erythrulose를 기준으로 하여 케톤기로부터 가장 멀리 있는 부제탄소의 입체 배치에 따라 D형과 L형으로 표시한다. 자연계에는 D형의 당이 많이 존재한다. D형 알도오스 계열의 당의 구조는 그림 3-3과 같다.

부제탄소에 의해 생기는 입체이성체 중에서 한 개의 탄소원자에서만 원자단이 다르게 배치되어 있는 2개의 당을 서로 에피머epimer라고 부른다. 예를 들면 포도당과 갈락토오스가 에피머인데, 4번째 탄소에 결합되어 있는 수소와 히드록시기가 서로 다르게 배치되어 있기 때문이다. 부제탄소를 갖는 이성체들의 용액은 편광을 통과할 때 편광면을 회전시키는 광학적 성질을 가지고 있어 이들을 광학이성체optical isomer라고 한다. 편광면을 오른쪽으로 회전시키는 것을 우선성이라 하며 (+)로 표시하고, 편광면을 왼쪽으로 회전시키는 것은 좌선성이라고 하며 (−)로 표시하고 당의 이름 앞에 붙인다. 예를 들면 우선성의 D-포도당은 D(+)-포도당으로 표시한다. 편광면을 회전시키는 정도를 선광도specific rotation라고 한다. 용액에 우선성과 좌선성의 이성체가 동량 존재할 경우 광학적 활성이 서로 상쇄되어 없어지게 되는데 이렇게 우선성과 좌선성 이성체가 동량 혼합된 혼합물을 라세미체racemic mixture라고 한다.

에피머(epimer)
전체 구조 중 하나의 비대칭 탄소원자에서 구조가 다른 부분입체 이성질체를 말함

광학이성체
두 물질의 물리적 성질이 동일하기 때문에 같은 이름을 쓰며 편광면의 회전 방향이 다른 이성체임. 광학활성도에 따라 편광면을 오른쪽으로 회전시키면 (+), 왼쪽으로 회전시키면 (−)임

선광도
100 g의 광학활성물질을 100 mL의 용액에 녹여 1 cm의 측정관에 넣은 후 나트륨의 D선 편광을 이용하여 20℃에서 측정한 선광도를 의미하며 $[\alpha]_D^{20}$로 표시함

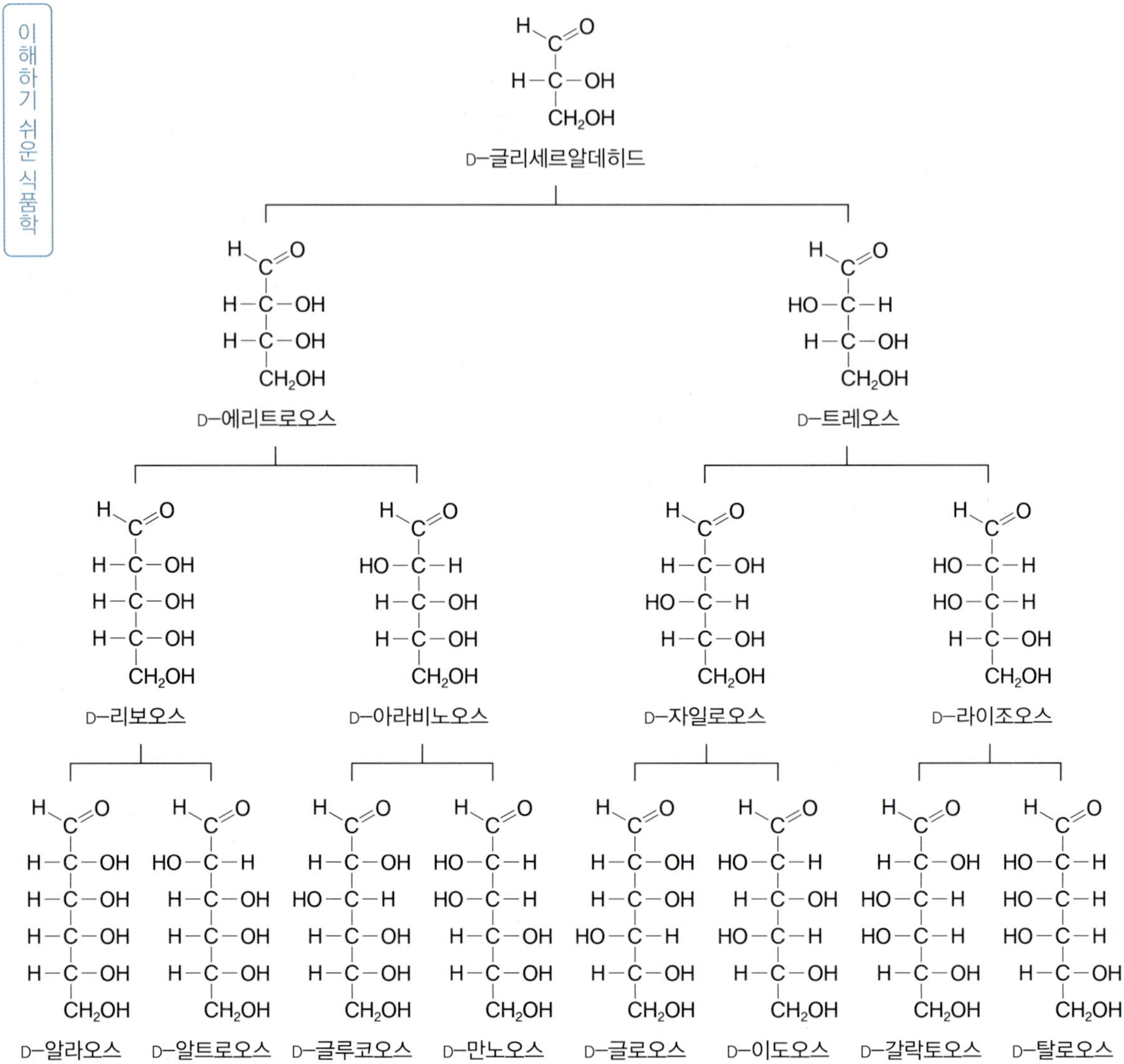

그림 3-3 D형 알도오스 계열 당의 구조

2) 쇄상 구조와 환상 구조

사슬 모양의 당에 존재하는 알데히드기 또는 케톤기는 C_4 또는 C_5에 결합된 히드록시기와 반응하여 헤미아세탈hemiacetal이 형성되며, 고리 모양의 환상 구조를 이룬다 그림 3-4. 당이 환상 구조를 형성함으로써 생긴 C_1의 히드록시기를 글리코시드성 히드록시기 또는 헤미아세탈성 히드록시기라고 한다. 환상구조에는 5각형의 푸라노오스furanose와 6각형의 피라노오스pyranose가 있다. 포도당의 환상 구조에서는 부제탄소인 C_1에 결합된 수소와 히드록시기의 입체 배치에 따라 두 개의 이성체가 생길 수 있다 그림 3-5. 즉, C_1에 결합된 히드록시기가 평면 아래로 배치되면 α형, 평면

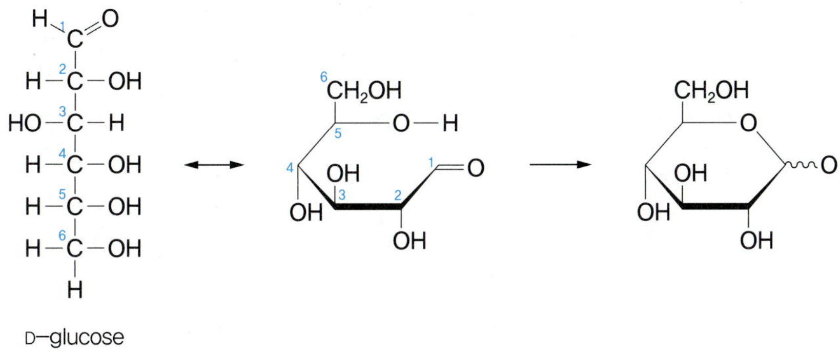

그림 3-4 D-포도당의 환상 구조 변환

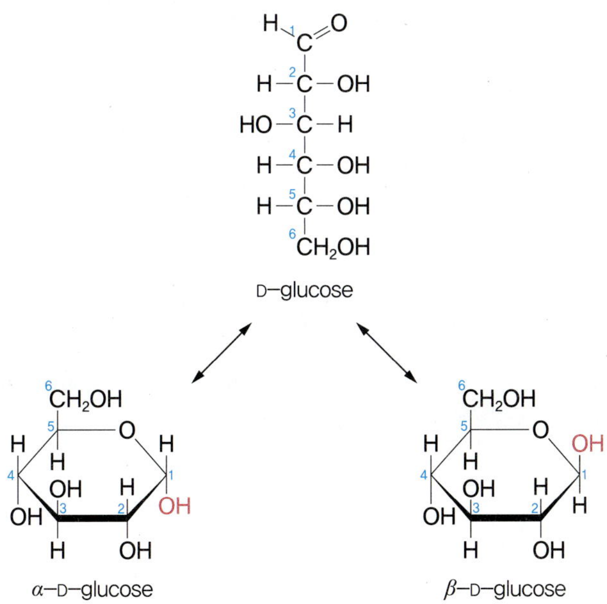

그림 3-5 D-포도당의 쇄상 구조와 환상 구조

위로 배치되면 β형이라고 하며 이들 이성체를 아노머anomer라고 한다. 아노머는 고유 선광도와 같은 물리적 성질이 서로 다르다. 일반적으로 α형이나 β형의 당이 물에 용해되면 선광도가 변한다. 즉, 결정형의 α형과 β형의 당을 물에 용해시키면 처음에는 고유의 선광도를 나타내다가 수용액에서는 환상 구조인 α형과 β형이 쇄상 구조를 통해 서로 전환되어 평형을 이루면서 각 당 용액의 선광도를 나타내는 변선광mutarotation 현상이 나타난다. 예를 들어, α-D-포도당은 +112°, β-D-포도당은 +19°의 초기 선광도를 나타내다가 시간이 지나면서 α형 : β형 = 37 : 63에서 평형을 이루게 되고, 이때 선광도는 +52°를 나타낸다. 당류 용액에서 변선광이 발생하는 이유는 수용액에서 당의 고리 구조가 사슬 구조를 거쳐서 고리 구조의 이성체로 전환하기 때문이다. D-과당의 경우 α형의 선광도는 -64°이며, β형의 선광도는 -134°이고 과당을 물에 녹여 평형상태에 도달하면 선광도는 -92°가 된다 그림 3-6.

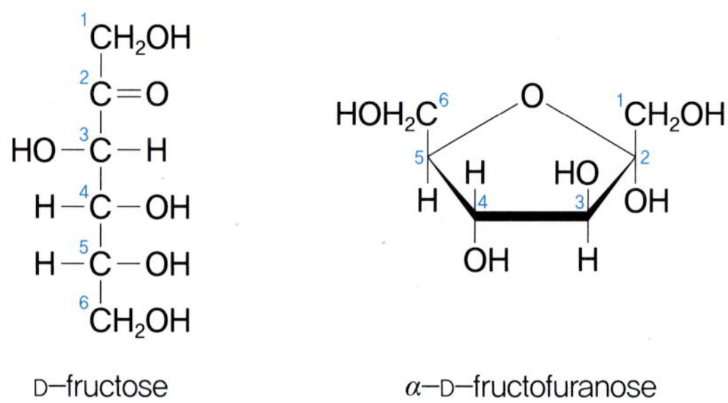

그림 3-6 과당의 쇄상 구조와 환상 구조

알아두기 변선광(mutarotation)

결정 상태의 환원당(글리코시드성 수산기가 있는 당류, α형과 β형)을 물에 녹이면 처음에는 α형이거나 β형으로 각각 고유한 선광도를 나타내는데, 점차 α형과 β형의 이성체 사이에 일정한 비율에서 평형을 이루면서 처음 선광도가 변하는 성질이다.

3) 환원당과 비환원당

당이 환상 구조를 형성할 때 알데히드기 또는 케톤기에서 새롭게 생긴 히드록시기(−OH)를 글리코시드성 히드록시기(−OH)기 또는 헤미아세탈성 히드록시기라고 한다. 이러한 글리코시드성 히드록시기는 다시 알데히드나 케톤기로 전환될 수 있으므로 환원성을 가지진다. 따라서 글리코시드성 히드록시기를 가진 당을 환원당reducing sugar이라고 하며, 이를 갖지 않은 당을 비환원당nonreducing sugar이라고 한다. 모든 단당류는 환원당이며, 이당류 중에서 맥아당과 유당은 환원당이고, 수크로오스(자당)는 비환원당이다.

4) 단당류의 종류

단당류는 가장 단순한 탄수화물로서 탄소원자 수에 따라 3탄당, 4탄당, 5탄당, 6탄당으로 구분된다. 3탄당과 4탄당은 유리 상태로는 존재하지 않기 때문에 식품에서 중요한 단당류는 5탄당인 펜토오스와 6탄당인 헥소오스이다. 이들은 각종 식품에 중요한 성분으로 존재하거나 가공식품의 원료로써 중요한 당류이다.

(1) 5탄당

5탄당pentose은 자연계에 유리상태로는 거의 존재하지 않으며 주로 다당류나 핵산과 같은 중합체의 구성성분으로 존재한다. 5탄당으로 구성된 다당류인 펜토산pentosan은 초식 동물에게는 중요한 사료 성분이나 인체 내에서는 소화효소가 없어서 영양성분으로서의 가치가 없다. 자일로오스xylose, 아라비노오스arabinose, 리보오스ribose 등이 5탄당에 속한다. 자일로오스는 수크로오스(자당)의 60% 정도의 단맛을 가지고 있어 저칼로리 감미료로 이용되며, 다른 환원당과는 달리 효모에 의해서 발효되지 않는 특성을 가지고 있다. 아라비노오스는 아라비아 검arabia gum의 성분인 아라반araban과 식물체의 중요한 다당류인 헤미셀룰로오스hemicellulose의 구성단위로 존재

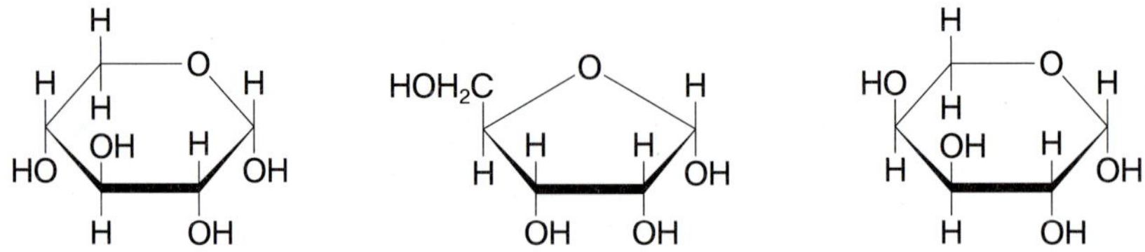

그림 3-7 5탄당의 구조

한다. 리보오스는 핵산RNA, ATP, CoA의 구성성분으로 생체 내에서 매우 중요하며 효모에 의해서 발효되지 않는다.

(2) 6탄당

6탄당hexose은 자연식품에 많이 들어 있으며 식품성분으로 중요한 6탄당에는 포도당, 과당, 갈락토오스, 만노오스 등이 있다.

① 포도당

포도당glucose은 유리형 또는 결합형으로 식물체에 널리 분포한다. 유리상태로는 과일, 특히 포도에 많이 함유되어 있고, 서류에도 매우 풍부하다. 또한 포유동물의 혈액에도 혈당으로 약 0.1% 정도 존재하며, 동물 체내에는 글리코겐의 형태로 저장되어 에너지원으로 사용된다. 포도당은 과당과 함께 설탕, 벌꿀, 전화당의 주성분을 이루고 있다. 또한 전분, 글리코겐, 섬유소, 맥아당, 유당, 수크로오스(자당), 배당체glycoside를 구성하는 단당류이다. α형이 β형보다 1.5배 정도 단맛이 강하고, 농도가 높아지면 α형 쪽으로 평형이 기울어서 더 감미도가 높아진다. 포도당의 단맛은 수크로오스(자당)를 100으로 했을 때 70 정도이다. 포도당은 많은 식품의 주요 성분으로 뿐만 아니라 여러 가공식품에 사용되는 감미료로써 매우 중요하다.

② 과당

과당fructose은 유리상태로 과일 중에 널리 존재하며, 벌꿀에도 많이 들어 있다. 과당은 이당류인 설탕의 구성단위로써 포도당과 함께 전화당의 주요 성분이다. 과당은 천연 당류 중 가장 단맛이 강하여 상대적 감미료로 사용되며 용해도가 크다. 과당은 결합 상태일 때는 푸라노오스 형태로 존재하며, 유리형일 때는 푸라노오스와 피라노오스의 두 가지 형태로 존재한다. α형과 β형 두 가지의 이성체가 존재하며 β형이 3배 정도 더 달다. 온도가 증가함에 따라 α형 쪽으로 평형이 기울기 때문에, 과일의 경우 차가울 때 더 단맛을 느낄 수 있다. 과당은 돼지감자에 들어 있는 다당류인 이눌린inullin의 구성성분이다.

③ 갈락토오스

갈락토오스galactose는 유리상태로 거의 존재하지 않으며, 체내에서 단백질 또는 지방과 결합하여 동물의 뇌, 신경조직 내의 지질인 세레브로시드cerebroside의 구성성분이 된다. 갈락토오스는 α형과 β형의 두 이성체가 존재한다. 다당류인 한천, 아라비아고무의 구성단위이기도 하다. 단맛은 수크로오스(자당)를 100으로 했을 때 32 정도이다.

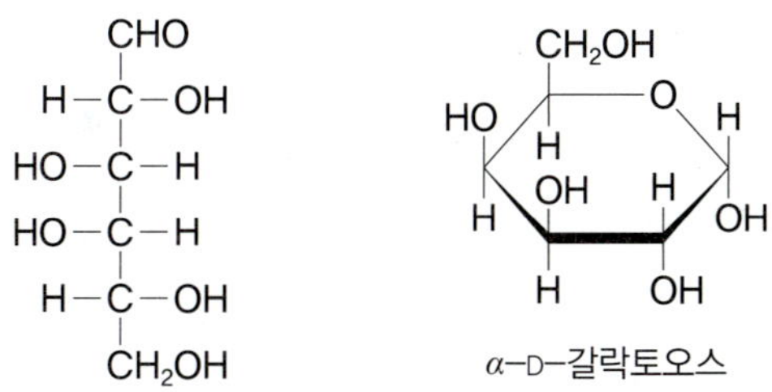

그림 3-8 D-갈락토오스의 구조

④ 만노오스

만노오스mannose는 자연 상태에서 유리 상태로는 거의 존재하지 않고 α, β형의 두 이성체로 존재한다. 곤약의 주성분인 만난mannan의 구성 단당류이며, 만난이나 갈락토만난galactomannan의 형태로 감자나 백합 뿌리 등에 들어 있다. 단맛은 설탕이나 포도당보다는 낮으며, 갈락토오스와 비슷하다.

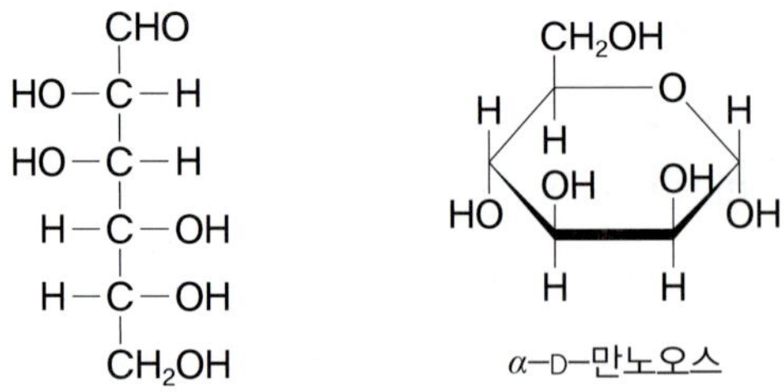

그림 3-9 D-만노오스의 구조

5) 단당류의 유도체

당의 산화 반응, 환원 반응, 아미노기의 결합, 비당류의 결합 등으로 유도체들이 생성된다.

(1) 당알코올

당알코올sugar alcohols은 단당류에 있는 알데히드기(−CHO)가 히드록시기(−OH)로 환원된 화합물로서 리보오스의 당알코올인 리비톨ribitol, 포도당이 환원된 소르비톨 D-sorbitol, 만노오스가 환원된 만니톨D-mannitol, 갈락토오스가 환원된 둘시톨D-dulcitol, 자일로오스가 환원된 자일리톨xylitol, 환상 구조의 당알코올인 이노시톨inositol 등이 있다. 대부분 중요한 당알코올류는 헥소오스의 유도체로 볼 수 있다. 소르비톨과 만니톨은 인공감미료로 이용되고 있으며, 자일리톨은 충치 예방에 효과적이다. 이노시톨은 콩류와 과일 등 식물체에도 존재하나, 동물의 근육, 뇌, 내장 등에 존재하므로 근육당이라고도 한다.

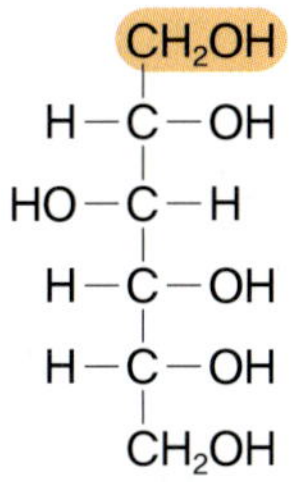

소르비톨

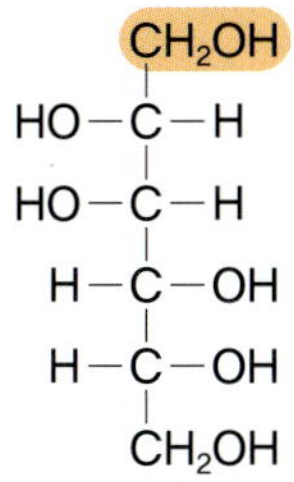

만니톨

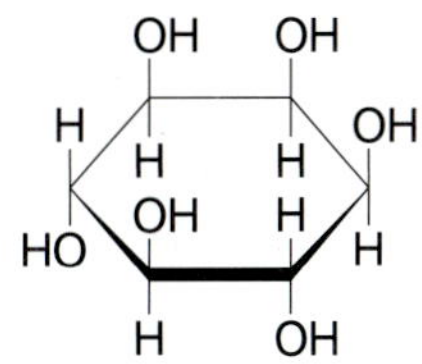

이노시톨

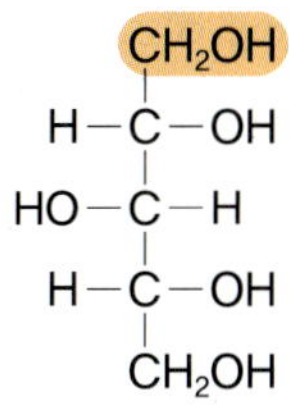

자일리톨

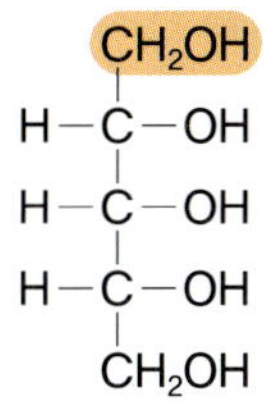

리비톨

그림 3-10 당알코올의 구조

(2) 아미노당

아미노당amino sugar은 6탄당에서 C_2의 히드록시기가 아미노기($-NH_2$)로 치환된 것이다. 글루코사민D-glucosamine은 포도당의 아미노당으로 새우, 게 등 갑각류 껍질의 주요 성분인 키틴chitin, chitosamine의 구성성분이다. 갈락토사민D-galactosamine, chondrosamine은 갈락토오스의 아미노당으로 연골이나 힘줄의 당단백질 중 콘드로이틴 황산염chondroitin sulfate의 구성성분이다.

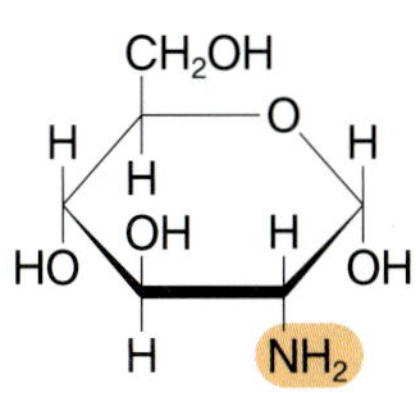

D-글루코사민

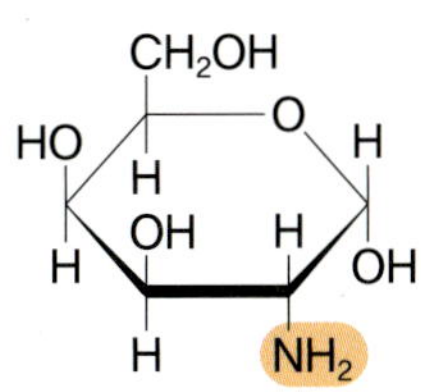

D-갈락토사민

그림 3-11 아미노당의 구조

(3) 데옥시당

데옥시당deoxy sugar은 단당류에서 산소원자 하나가 제거된 것으로 히드록시기가 수소원자로 치환된 당이다. 데옥시리보오스D-deoxyribose는 리보오스D-ribose의 C_2에서 산소가 제거된 것으로 DNA의 구성성분이다. 람노오스L-rhamnose는 만노오스L-mannose의 C_6에서 산소가 제거된 메틸 펜토오스methyl pentose이며 배당체로 식물계의 색소성분에 존재한다. 푸코오스L-fucose는 갈락토오스L-galactose의 C_6에서 산소가 제거된 것으로 해조류의 다당류인 푸칸fucan의 구성성분이다.

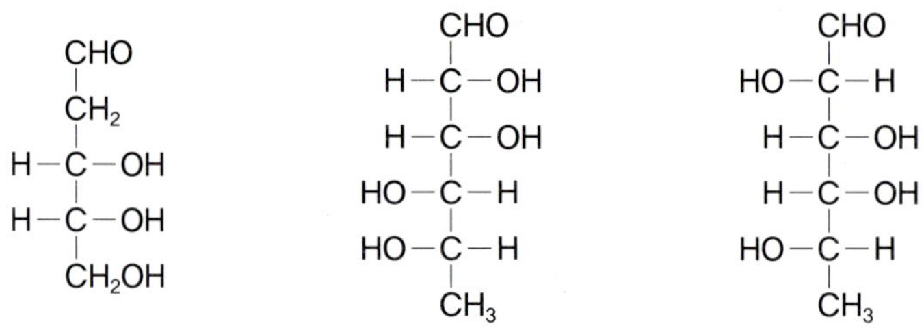

2-데옥시리보오스　　ʟ-람노오스　　ʟ-푸코오스

그림 3-12 데옥시당의 구조

(4) 티오당

티오당thio sugar은 단당류의 C_1의 히드록시기가 −SH로 치환된 것으로, 티오글루코오스thioglucose는 무, 마늘, 고추냉이의 매운맛 성분인 시니그린sinigrin의 구성성분으로서 배당체로 존재한다.

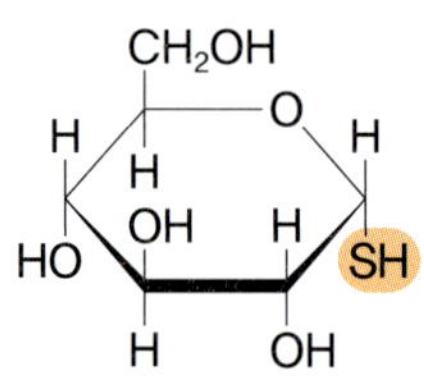

그림 3-13 α-티오글루코오스의 구조

6) 배당체

배당체glycoside는 당류의 환원성 히드록시기와 당이 아닌 비당류 부분의 히드록시기(−OH)나 티올기(−SH)기 사이의 축합에 의해 글리코시드 결합을 한 것을 말한다.

표 3-2 식품에 존재하는 주요 배당체

배당체	결합당	아글리콘	함유식품
아미그달린(amygdalin)	겐티오비오스(gentiobiose)	벤즈알데히드(benzaldehyde), 시안산(HCN)	청매실, 살구
안토시아닌(anthocyanin)	포도당, 갈락토오스	안토시아니딘(anthocyanidin)	가지, 검은콩, 포도
시니그린(sinigrin)	포도당	알릴이소티오시아네이트(allyisothiocyanate)	고추냉이, 겨자
나린진(naringin)	포도당, 람노오스	나린제닌(naringenin)	밀감
헤스페리딘(hesperidin)	포도당, 람노오스	헤스페리틴(hesperetin)	밀감
솔라닌(solanine)	포도당, 갈락토오스, 람노오스	솔라니딘(solanidine)	감자 싹
루틴(rutin)	포도당, 람노오스	퀘르세틴(quercetin)	메밀

배당체의 비당류 부분을 아글리콘aglycone이라고 하며, 알코올, 페놀, 안토시아니딘, 플라본 등이 식품의 대표적 아글리콘이며, 표 3-2 와 같이 여러 가지 배당체가 있다. 감자의 싹에 있는 솔라닌solanin, 가지와 포도의 안토시아닌anthocyanin, 밀감에 들어 있는 나린진naringin, 헤스페리딘hesperidin 등이 배당체이다.

3 이당류

2개의 단당류가 글리코시드 결합을 한 당을 이당류disaccharide라고 한다. 이당류에는 맥아당, 수크로오스(자당), 유당 등이 있으며, 맥아당과 유당은 글루코시드성 히드록시기가 유리 상태로 있어 환원력을 가지고 있으므로 환원당이고, 수크로오스(자당)는 환원력이 없어 비환원당이다.

1) 맥아당

맥아당maltose은 두 분자의 포도당이 α-1,4 글루코시드 결합으로 연결되어 있다. 전분을 β-아밀라아제β-amylase로 가수분해시키면 맥아당이 생성된다. 맥아당은 엿기름(맥아) 속에 많고, 물엿의 주성분으로 엿당이라고도 하며, 식물의 잎이나 싹에 많이 존재한다. 맥아당은 환원당으로써 α-, β-형의 두 가지 이성체를 갖고 있으며, 효모에 의해서 발효되고, 단맛은 수크로오스(자당)를 100으로 했을 때 50~60 정도이다.

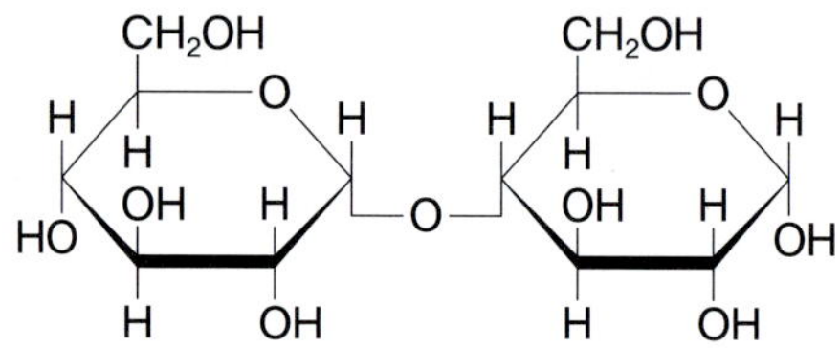

그림 3-14 α-D-맥아당의 구조

2) 수크로오스(자당)

수크로오스sucrose, saccharose는 자당, 서당, 설탕이라고도 하며, 포도당 한 분자와 과당 한 분자가 α-1,2 결합한 비환원당이므로, α-, β-형의 이성체가 존재하지 않는다. 수크로오스(자당)는 사탕수수 줄기나 사탕무에서 얻은 즙을 농축하여 결정화하고 정제하여 만든다. 수크로오스(자당)는 자연식품 감미의 주요 성분이며, 당류 중에서 가장 수용력이 높기 때문에 감미료의 표준으로 사용하고 있다. 주요 당류의 감미도를 비교하면 과당>수크로오스(자당)>포도당>맥아당>유당의 순으로 높다. 수크로오스(자당)는 산이나 효소sucrase, invertase로 가수분해되어 포도당과 과당을 한 분자씩 생성하는데, 이때 우선성인 수크로오스(자당)($[\alpha]_D = +66.5°$)은 가수분해되어 포도당($[\alpha]_D = +52$)과 과당($[\alpha]_D = -92°$)이 동량 생성되며 혼합물의 비선광도는 $-19.9°$가 된다. 이와 같이 우선성의 수크로오스(자당)가 가수분해되면 비선광도가 좌선성으로 변하므로 수크로오스(자당)의 가수분해를 전화inversion라고 하고, 포도당과 과당의 동량 혼합

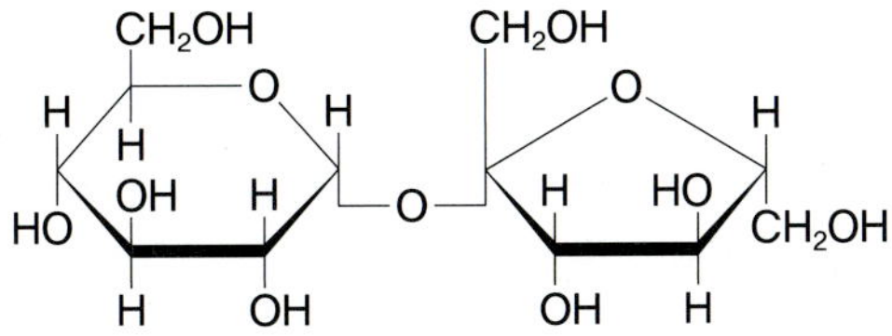

그림 3-15 수크로오스(자당)의 구조

물을 전화당invert sugar이라고 한다. 전화당은 벌꿀에 많이 들어 있는데, 이는 벌의 타액에 있는 효소인 전화효소에 의하여 수크로오스(자당)가 전화되기 때문이다. 전화당의 단맛은 수크로오스(자당)보다 강하고 환원력과 용해도가 크다.

3) 유당

유당lactose은 한 분자의 갈락토오스와 한 분자의 포도당이 $\beta-1,4$ 결합한 당으로 환원당이다. 유당은 모든 포유동물의 젖에만 함유되어 있는데 우유에는 약 4.5%, 모유에는 약 7% 정도 들어 있으며, 유당 가수분해효소인 락타아제lactase에 의해 분해된다. 유당은 포유동물의 성장과 뇌신경조직에 중요한 역할을 하고 장내 유산균의 번식을 도와 정장작용을 한다. 단맛은 수크로오스(자당)를 100으로 했을 때 16~28으로 매우 약한 단맛을 가지고 있다.

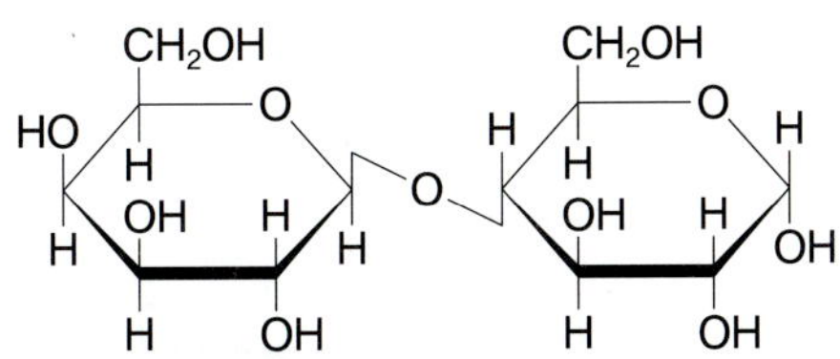

그림 3-16 α-D-유당의 구조

4) 셀로비오스

셀로비오스cellobiose는 β-D 포도당 두 분자가 β-1,4 결합한 당으로 섬유소cellulose의 구성성분이다. 자연에서 유리상태로 존재하지 않으며 단맛이 없다.

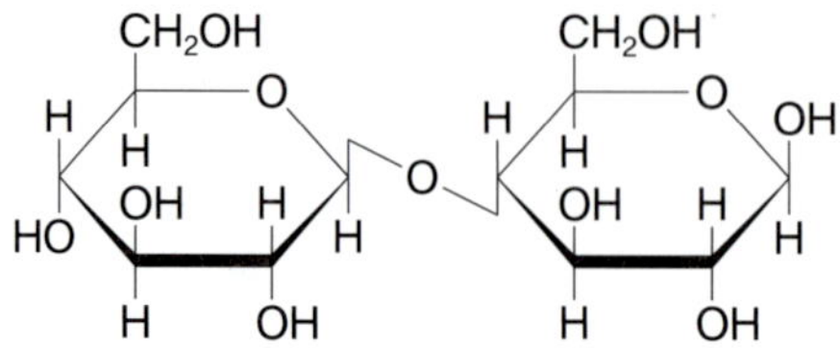

그림 3-17 셀로비오스의 구조

5) 루티노오스

루티노오스rutinose는 β-람노오스와 β-포도당이 β-1,6 결합한 당으로 환원당이며, 루틴rutin, 헤스페리딘, 나린진 등의 구성성분이다.

6) 트레할로오스

트레할로오스trehalose는 α-포도당 두 분자가 α-1,1 결합한 당으로 환원성이 없다. 설탕의 45%의 단맛을 가지며 수분 보유력이 높다고 알려져 있다. 버섯, 효모, 해초, 수산물 등에 존재한다.

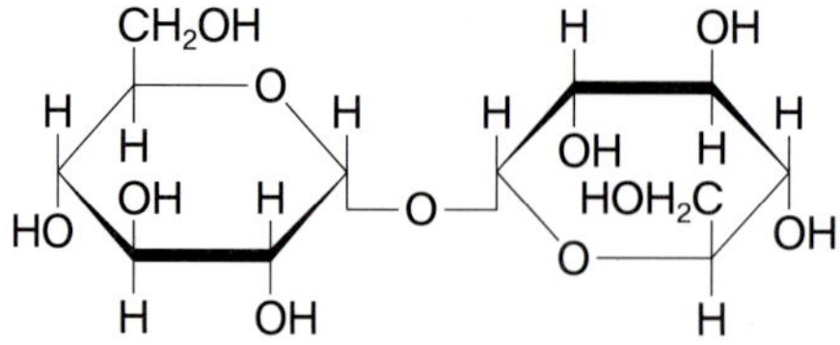

그림 3-18 트레할로오스의 구조

4 기타 소당류

소당류oligosaccharide는 2~8개의 단당류로 구성된 당류이며, 삼당류인 라피노오스, 겐티아노오스와 사당류인 스타키오스 등이 식품에 존재한다.

또한 표 3-3 과 같이 식품산업에서 여러 가지 올리고당이 생산되어 활용되고 있다.

표 3-3 식품산업에서 올리고당(이소말토올리고당, 프락토올리고당, 말토올리고당 등)의 활용

특성	응용산업
낮은 감미도	캐러멜, 아이스크림, 드레싱, 캔디, 젤리, 껌
착색방지	하드캔디, 캐러멜, 초콜릿, 과일잼
유산균 성장 촉진	요구르트, 기능성 음료, 간장
강화제	포도주, 위스키, 조미료, 간장, 케찹, 빵
광택제	쌀과자류, 건조김, 빵, 하드캔디
빙점강하제	아이스크림, 냉동식품, 얼음
보습제	떡류, 빵, 과자

알아두기

이소말토올리고당

전분을 효소(α–amylase, transglucosidase, gluco–amylase, pullulanase)로 분해하여 제조하며 기능성분은 isomaltose, panose, isomaltotriose, isomaltotetraose, iso–maltopentaose 등이다. 이소말토올리고당은 캐러멜, 음료, 분말음료, 빙과, 분말수프 등에 사용되어 충치 방지, 비피더스균 증식 및 변비예방 효과가 있다고 알려졌다.

프락토올리고당

수크로오스(자당)를 효소나 미생물로 분해하여 수크로오스분자에 1~3개의 프락토오스가 결합한 올리고당으로, 설탕의 약 30~60% 정도의 단맛이 있고, 우리 몸에서 소화 · 흡수가 어려워 오래전부터 저칼로리 식품으로 사용하였다. 일본에서는 장건강과 미네랄(칼슘) 흡수를 돕는 특정보건용 식품으로 이용하고 있다.

1) 라피노오스

라피노오스raffinose는 갈락토오스, 포도당, 과당으로 이루어진 삼당류로 비환원당이며 효모에 의해 멜리비오스와 과당으로 분해된다. 식물의 뿌리나 종자에 많고 대두와 같은 콩류나 면실과 같은 종자, 사탕무에 널리 분포되고 있다. 이 라피노오스는 스타키오스와 함께 존재하는 경우가 많으며 콩류 가공식품을 섭취할 때 장내 가스 발생의 원인이 되는 주요 성분으로 알려져 있다.

2) 겐티아노오스

겐티아노오스gentianose는 삼당류로 겐티오비오스의 포도당 C_1에 β−D−과당이 α, β−1,2 결합으로 축합된 구조를 가지고 있다. 겐티아노오스는 비환원성이며, 단맛이 없고 쓴맛을 갖고 있다. 효소인 인베르틴invertin이나 산에 의해 가수분해되어 겐티오비오스gentiobiose와 과당이 생성된다.

3) 스타키오스

스타키오스stachyose는 라피노오스의 갈락토오스 C_6에 또 하나의 갈락토오스가 α−1,6 결합을 통해서 결합된 사당류로 비환원당이며, 면실과 대두에 많이 들어 있다. 장내 세균의 발효에 의해 가스를 형성하며 비피더스균의 활성을 증가시키는 것으로 알려져 있다.

5 다당류

다당류polysaccharide는 수많은 단당류나 유도체가 글루코시드 결합으로 연결된 고분자 탄수화물이며 자연계에 존재하는 탄수화물의 대부분을 차지하고 있다. 다당류에는 구성단당류가 단일 종류로 되어 있는 단순다당류와 두 가지 이상으로 되어 있는 복합다당류가 있는데, 전분, 섬유소, 글리코겐 등은 단순다당류에 속하고, 펙틴, 헤미셀룰로오스 등은 복합다당류에 속한다. 또한 다당류는 출처에 따라 동물성 다당류와 식물성 다당류로 분류할 수도 있다. 다당류는 구성하고 있는 당의 종류 및 조성, 구조적 특성에 따라 큰 차이를 나타낸다. 가장 중요한 다당류는 인류의 주요 에너지원으로 작용하는 전분이다.

1) 전분

전분starch은 대표적인 식물성 저장 탄수화물로서 수백~수천 개의 포도당이 중합되어 있다. 전분은 녹색식물의 엽록소에서 광합성 작용에 의해 만들어져서 종자나 뿌리 등에 저장되어 에너지원으로 사용된다. 전분은 곡류, 서류의 주성분이며, 국수, 빵, 케이크류 등의 많은 가공식품들의 주성분이다.

(1) 전분의 특성

전분은 녹말이라고도 하며 흰색의 입자로 맛과 냄새가 없고 물에 녹지 않으며 물보다 비중이 크다. 전분을 물과 함께 가열하면 팽윤하고 60~70℃에서 호화되어 투명해지며 점착성을 갖게 된다. 전분은 곡류나 감자류 등에 입자 형태로 많이 들어 있으며, 식물의 종류에 따라 그 모양과 크기가 다르다 그림 3-19. 전분입자는 실제로 식물체에서 존재하는 전분의 형태이며, 그 속의 전분분자들은 주로 수소결합만으로 상호결합 또는 결집되어 있다.

조리하기 전의 쌀이나 감자 등의 생 전분분자들은 규칙적인 배열로 결정형의 미셀을 형성하고 있어 X-선을 조사하면 뚜렷한 반점spot이나 동심원륜concentric ring이 나타난 회절도를 보인다 그림 3-20. 이것은 전분입자 내부에 미셀을 형성하고 있는 아밀로오스나 아밀로펙틴이 부분적으로 규칙적인 배열을 하고 있는 결정성 영역crystalline region이 존재하기 때문이다. 생 전분은 전분의 종류에 따라 특징적인 회절도를 보이는데 곡류 전분(쌀, 밀)은 A 도형, 감자나 밤 등의 전분은 B 도형, 고구마, 칡, 타피오카 등의 전분은 C 도형의 X-선 회절도가 나타난다. 한편, 전분에 호화가 일어나면 전

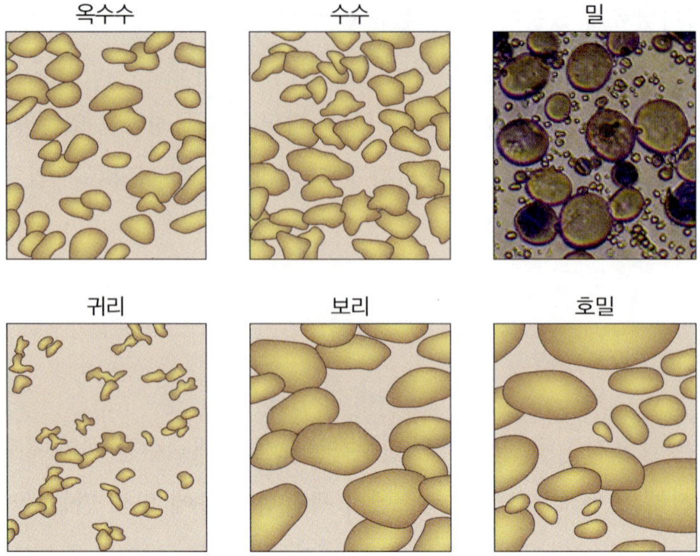

그림 3-19 요오드로 염색한 밀 전분 입자 사진(오른쪽 위)과 여러 전분 입자 모형도

분의 미셀 구조가 파괴되어 규칙적인 배열 부분인 결정성 영역이 없어지고 배열이 불규칙하게 되어 X-선에 대하여 뚜렷한 회절도를 나타내지 않고 V 도형으로 알려진 무정형의 X-선 회절도를 나타낸다. 일반적으로 A, B, C 도형의 X-선 회절도를 나타내는 전분을 β 전분이라고 하고, V 도형을 나타내는 전분을 α전분이라고 한다.

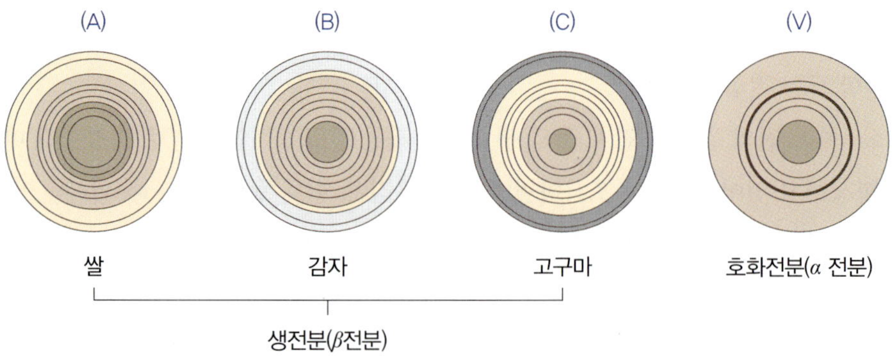

그림 3-20 전분의 X-선 회절도 모형

(2) 전분의 분자구조

전분은 포도당이 α-1,4 결합으로 연결된 아밀로오스amylose와 아밀로오스 사슬의 일부가 α-1,6 결합에 의해 가지가 있는 아밀로펙틴amylopectin으로 구성된다.

전분 중 아밀로오스와 아밀로펙틴의 함량 비율은 일반적으로 20:80 정도이나 전분의 종류에 따라 차이가 있다. 찹쌀, 찰옥수수, 차조 등의 찰전분의 경우 아밀로펙틴의 함량이 96~100% 정도이며, 아밀로오스는 거의 없다.

① 아밀로오스 : 아밀로오스는 구성단위인 포도당이 α-1,4 결합만으로 연결된 직선상의 긴 사슬 모양을 한 고분자 중합체이다 그림 3-21. 평균중합도는 전분의 종류에 따라 다르나 일반적으로 200~3,000 정도이다. α-포도당은 대개 6~8분자마다 한 번씩 회전하여 나선 구조α-helical form를 이루고 있다. 아밀로오스 나선의

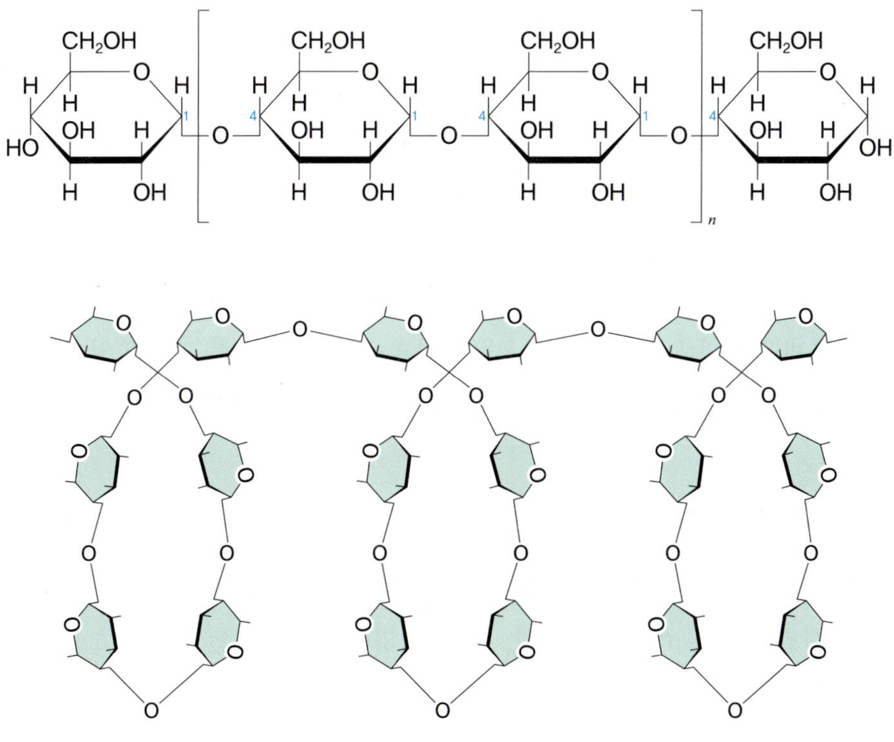

그림 3-21 아밀로오스의 구조

표 3-4 아밀로오스 사슬 길이에 따른 요오드 정색 반응

사슬 길이(포도당분자 수)	나선 구조의 회전 수	요오드 반응 색
12	2	무색
12~18	2	갈색
20~30	3~5	적색
35~45	6~7	자색
45 <	9 <	청색

내부 공간에는 지방산 분자나 요오드 분자가 들어가서 포접화합물을 형성할 수 있다. 아밀로오스에 요오드를 반응시키면 요오드 분자들이 내부 공간에 복합되어 특유의 정색 반응을 나타내는데, 이를 요오드-전분 반응이라고 한다. 아밀로오스는 정색 반응에 의해 청남색을 띠며 아밀로오스의 사슬 길이가 길수록 청색이 짙어진다 표 3-4.

② 아밀로펙틴 : 아밀로펙틴은 α-포도당이 α-1,4 결합으로 연결된 아밀로오스의 사슬 군데군데에 다른 아밀로오스 사슬이 α-1,6 결합에 의해서 가지branch를 지닌 구조이며, 포도당 18~27개마다 가지를 가지고 있다. 아밀로펙틴분자는 보통 1,000여 개 이상의 포도당 구성단위로 이루어져 있다. 아밀로펙틴은 나선의 형태를 이루고 있지 않으므로 요오드와 거의 반응하지 않아 아밀로오스와 달리 정색 반응에 의해 자주색을 나타낸다. 아밀로펙틴은 가지를 가지고 있으므로 전체적인 분자형태는 나무와 같은 모양을 하고 있다 그림 3-22.

(3) 전분 분해효소

전분은 전분을 가수분해하는 효소에 의해 구성당으로 분해된다. 전분의 분해효소에는 α-아밀라아제, β-아밀라아제, 글루코아밀라아제 등이 있으며 각 효소의 작용은 표 3-5와 같다.

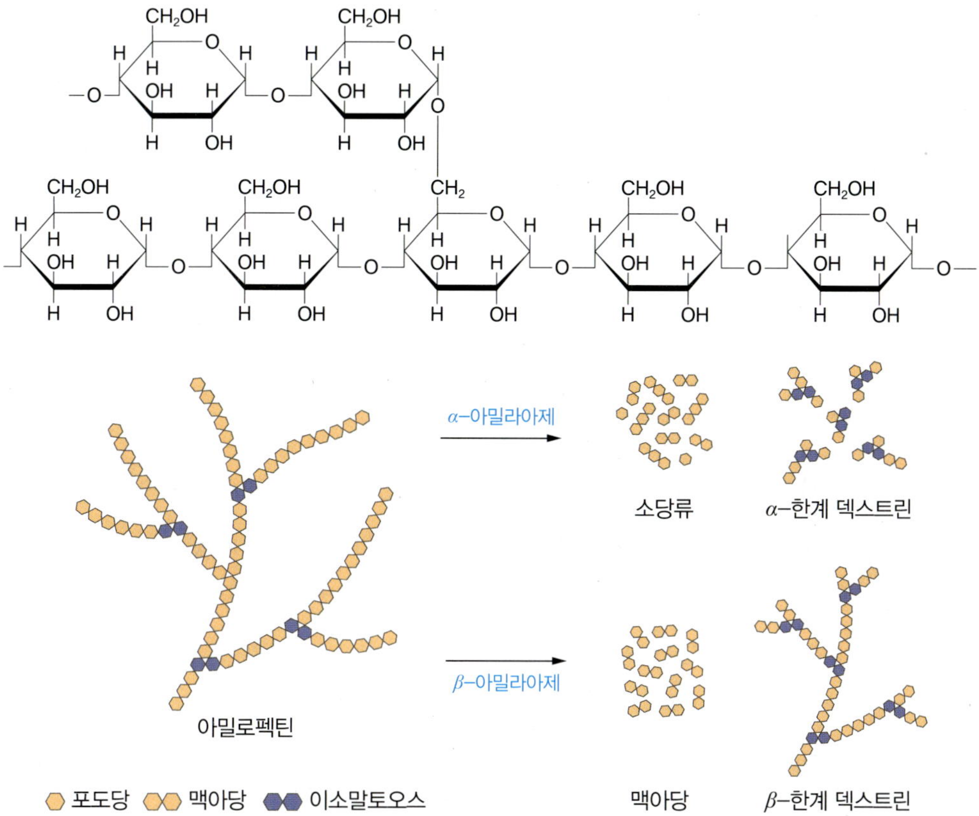

그림 3-22 아밀로펙틴의 구조와 효소에 의한 가수분해 및 한계 덱스트린

표 3-5 전분 분해효소의 종류와 작용

효소	작용
α-아밀라아제	• 전분의 α-1,4 결합을 무작위로 가수분해 • 타액, 췌장액, 발아 종자, 미생물 등에 존재 • 아밀로펙틴에서 α-아밀라아제가 작용하지 못하고 남은 부분은 α-아밀라아제 한계 덱스트린 • 전분을 가수분해하여 용액상태로 만드므로 액화효소
β-아밀라아제	• 전분의 α-1,4 결합을 맥아당 단위로 말단에서부터 가수분해 • 감자, 곡류, 콩류, 엿기름, 타액에 존재 • 아밀로펙틴에서 β-아밀라아제가 작용하지 못하고 남은 부분을 β-아밀라아제 한계 덱스트린 • 전분을 가수분해하여 맥아당과 포도당의 함량을 증가시켜 단맛을 높이므로 당화효소
글루코아밀라아제	• 전분의 α-1,4 결합과 α-1,6 결합을 말단에서부터 포도당 단위로 가수분해 • γ-아밀라아제 • 동물의 간조직과 미생물에 존재 • α-1,4 결합만으로 구성된 아밀로오스는 모두 분해하며, 아밀로펙틴은 80~90% 분해 • 고순도의 결정포도당을 생산하는 데 이용

(4) 전분의 호화

전분의 주요 성분인 곡류는 모두 수분이 존재할 때 가열 조리된 후 섭취된다. 전분은 곡류 속에 존재할 때는 보통 10～17%의 수분을 함유하고 있지만, 다량의 수분을 첨가하여 가열될 때는 매우 중요한 물리적·화학적 변화를 일으킨다. 전분입자는 분자 상호 간에 강한 결합력에 의하여 규칙적으로 모인 미셀micelle구조로 되어 있는데, 이를 생전분(β 전분)이라 한다. 생전분에 물을 넣어 가열하면 60～80℃에서 전분입자가 파괴되어 미셀 구조가 흐트러지는데 이를 전분의 호화gelatinization 또는 교질화, α화라고 하며, 호화된 전분을 α전분이라 한다.

① 호화 과정 : 전분의 호화는 수화, 팽윤, 교질용액의 형성과정으로 이루어진다

첫 단계인 수화hydration과정에서는 전분에 물을 가하면 물분자들은 미셀을 형성하고 있는 아밀로오스나 아밀로펙틴 분자들 사이에 침투한다. 특히 비결정형 부분부터 물분자가 침투하여 포도당을 수화시키기 시작한다. 전분입자들은 현탁액의 온도가 높아짐에 따라 중량의 20～30%의 물을 흡수한다. 첫 단계인 수화과정은 가역적이고 다시 건조시키면 흡수된 물이 쉽게 증발, 제거되어 원래대로 돌아온다. 그 다음 단계

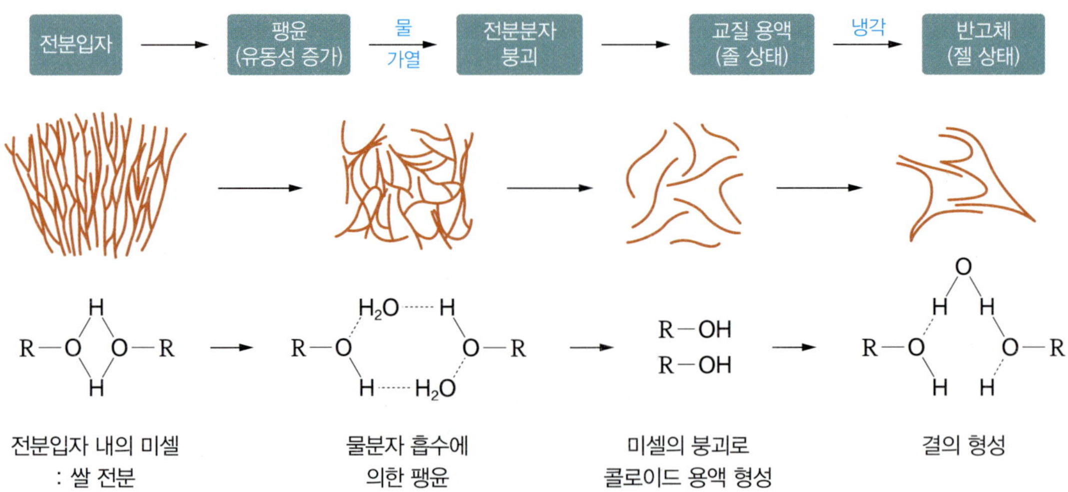

그림 3-23 전분의 호화과정

는 팽윤swelling 단계로서 현탁액의 온도가 상승하면 수분을 계속 흡수하여 전분이 팽윤하여 분자들 사이의 간격은 계속 늘어나게 된다. 전분입자의 형태는 아직 유지되고 있으나 내부적인 변화는 계속된다. 즉, 아밀로오스와 아밀로펙틴분자들 사이에 많은 물 분자가 수소결합을 통해서 들어가면서 분자 사이의 간격이 계속 늘어나는 것이다. 이 과정은 비가역적으로 일어나 건조에 의해 수분을 제거하더라도 원래 상태로 되돌아가지 않는다. 마지막 단계에서 전분은 교질colloid용액을 형성한다. 즉, 온도가 계속 상승하여 전분이 호화온도에 도달하면 전분입자들은 붕괴되고 현탁액은 교질용액으로 변한다. 이때 전분입자의 결정형은 소실되고 아밀로오스와 아밀로펙틴분자들이 분산된 풀 같은 교질용액이 형성된다. 이 교질용액을 급속히 냉각하면 반고체의 젤이 형성되며, 완만하게 냉각하면 전분분자들은 침전하여 규칙성을 가진 콜로이드 용액colloidal solution형태를 형성한다. 이때 젤을 가열하면 졸sol 상태인 가역적으로 변화한다.

② 호화에 영향을 미치는 요인

- 전분의 종류 : 전분의 호화는 전분의 종류에 따라 다르게 나타난다. 전분입자들의 크기, 형태, 내부 구조, 아밀로오스와 아밀로펙틴의 함량 등은 호화에 큰 영향을 미친다. 일반적으로 전분 입자가 작으면 호화온도가 높아지며, 아밀로펙틴의 함량이 많을수록 호화속도는 느리다. 쌀, 보리 등 곡류 전분은 감자, 고구마와 같은 서류 전분보다 호화온도가 높게 나타난다. 이는 전분입자의 기본적인 구조의 차이에서 기인된다.
- 수분 함량 : 전분의 호화과정에서 전분입자의 팽윤과 붕괴는 물분자가 전분입자 사이로 침투되기 때문이며, 전분입자가 호화되기 위해서는 수분이 필수적이다. 호화 시 수분이 전분입자 안으로 흡수되어 전분입자가 팽윤되므로 전분의 수분 함량이 높을수록 호화가 잘 일어난다.
- pH : 전분입자를 구성하고 있는 아밀로오스나 아밀로펙틴 분자들 사이의 수소결합은 산과 알칼리의 영향을 받으며, 특히 알칼리성에서 전분의 호화가 촉진된다. 산의 호화 촉진작용은 알칼리와 같이 강하지 않으며, 전분분자들은 가수분해의 경향이 있다.

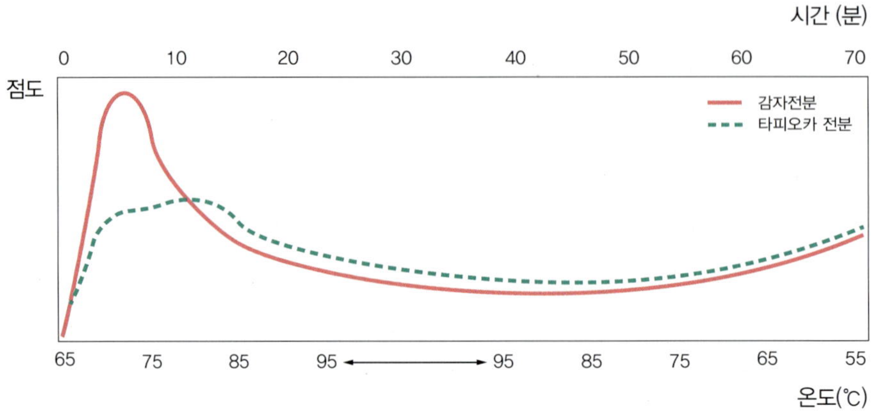

그림 3-24 전분 분산액의 온도에 따른 점도 변화

- 온도 : 호화 최저온도 이상이 되어야 호화가 일어나며, 온도가 높으면 호화 시간은 단축된다.
- 염류 : 염류는 수소결합에 영향을 주기 때문에 전분의 호화에 영향을 미친다. 대부분의 염류는 전분의 호화를 촉진시키나 극히 예외적으로 황산염은 호화를 억제시킨다.

(6) 전분의 노화

호화된 α전분을 낮은 온도에 방치하면 전분입자들이 다시 모여 규칙성 있는 미셀 구조를 형성하게 되는데, 이를 β전분이라고 하며 미세한 결정성의 구조를 갖게 된다. 이 과정을 노화retrogradation 또는 β화라고 한다.

① 노화과정

노화가 진행되는 과정에서는 호화상태에서 불규칙적인 배열을 하고 있던 졸 상태의 전분입자들이 수소결합에 의해 부분적으로 규칙적인 분자배열을 한 미셀 구조를 가지며 반 결정 상태의 침전을 형성하여 생전분과 유사한 결정 상태로 다시 되돌아가게 된다.

② 노화에 영향을 미치는 요인 및 억제 방법

- 전분의 종류 : 전분의 노화도 전분의 종류에 영향을 받는다. 전분입자의 크기가 작으면 노화되기 쉬우므로 전분입자가 작은 쌀, 옥수수 등의 곡류 전분은 노화되기 쉬우며, 전분입자의 크기가 큰 감자, 고구마, 타피오카 등의 근경류 전분은 노화되기 어렵다. 또한, 아밀로오스는 분자형태가 직선상이며, 분자량도 적기 때문에 노화되기 쉽다. 반면, 아밀로펙틴은 가지 형태의 구조를 가지고 있어 입체 장애로 인해 호화되기도 어려우며, 일단 호화되었을 때는 노화되기도 어렵다. 따라서 찹쌀, 찰옥수수 등 거의 아밀로펙틴만으로 구성된 전분은 호화나 노화가 매우 느리게 일어난다.

알아두기 **타피오카(tapioca) 전분**

남아메리카 원산의 덩이뿌리 식물인 카사바(cassava)에서 얻은 전분이다. 태국, 베트남, 캄보디아 등 동남아에서 주로 수입되며, 밀 · 옥수수 전분보다 찰기가 뛰어나 일부 빵(찰빵)과 도넛, 그리고 버블티 알갱이에 사용되어 노화를 방지하며, 냉면 · 튀김 · 막국수 · 칼국수 등에도 사용되어 수요가 매년 증가하고 있다.

- 수분 함량 : 전분분자들이 호화된 상태에서 수분이 30% 이하이거나 60% 이상일 때는 아밀로오스 분자들의 침전과 회합이 방해되어 노화가 억제된다. 그러나 전분의 수분함량이 30~60%일 때 가장 노화되기 쉬운데, 이는 회합 또는 침전할 분자들의 농도가 희석되기 때문이다.
- pH : pH가 알칼리성일수록 호화는 촉진되고 노화는 억제된다. 일반적으로 산성에서는 노화가 촉진되나 강산성일 때는 전분분자들의 가수분해를 촉진시키므로 노화는 지연된다.
- 온도 : 노화가 가장 잘 일어나는 온도는 0~5℃의 냉장온도인데 이것은 온도가 낮으면 α-전분의 교질 구조가 불안정해지기 때문이다. 또한, 냉동하거나 온도가 60℃ 이상이 되면 노화가 잘 일어나지 않는다.
- 염류 : 일반적으로 무기염류는 호화를 촉진시키고 노화를 억제하지만 황산마그네슘 같은 황산염은 노화를 촉진한다. 음이온은 $CNS^- > PO_3^- > CO_3^{2-} > I^- > NO_3^-$ 순으로, 양이온은 $Ba^{2+} > Sr^{2+} > Ca^{2+} > K^+ > Na^+$ 순으로 호화를 촉진하고 노화를 억제한다.

③ 노화 억제 처리

호화된 α전분은 물분자가 침입하기 쉽고 소화효소가 접촉할 수 있는 면이 넓어 소화되기 쉬우나 노화된 β전분은 단단하여 소화가 어렵다. 따라서 노화 억제 요인들을 고려하여 α전분의 노화를 방지할 필요가 있다.

- 고온건조 : 호화된 α전분을 80℃ 이상에서 급속히 열풍건조하면 노화를 억제할 수 있다. 이러한 방법으로 제조된 식품으로 라면, 비스킷, 건빵, 피자 등이 있다.
- 냉동 또는 동결건조 : α전분을 동결건조하거나 동결처리하면 노화를 억제시킬 수 있다. 냉동 건조미나 냉동 빵, 냉동 떡은 이러한 원리를 이용한 것이다.
- 당 첨가에 의한 수분활성도 저하 : α전분에 수크로오스(자당)를 첨가하면 노화가 방지된다. 수크로오스(자당)가 수분활성을 낮추는 탈수제로 작용하기 때문이다. 양갱이나 화과자의 속 고물이 쉽게 굳지 않는 것도 고농도의 당 때문이라고 할 수 있다.
- 유화제 첨가 : 모노글리세리드monoglyceride, 디글리세리드diglyceride, 수크로오스(자당)지방산에스테르sucrose fatty acid ester와 같은 유화제를 사용하면 전분 콜로이드 용액의 안정도를 증가시켜 전분분자의 침전이나 부분적인 결정 형성을 억제하므로 노화가 억제된다.

(7) 전분의 호정화

전분에 수분을 첨가하지 않고 150～190℃ 정도의 고온에서 가열하면 전분분자의 부분적인 가수분해 또는 열분해가 일어나며, 가용성 전분을 거쳐 가용성 덱스트린이 생성된다. 이러한 과정을 호정화dextrinization라 한다. 호정화는 물리적 상태의 변화만 일어난 호화와는 달리 전분의 분해라고 하며 화학적 변화도 수반한다. 덱스트린은 호화 전분보다 물에 잘 녹고 효소작용을 받기 용이하기 때문에 쉽게 소화된다. 전분 식품을 볶을 때, 빵을 구울 때, 뻥튀기와 같은 팽화식품을 만들 때 전분의 호정화가 일어난다.

2) 덱스트린

전분을 산이나 효소로 가수분해할 때 포도당이나 맥아당이 되기 전에 생성되는 전분의 가수분해 중간산물을 덱스트린이라고 하며, 가수분해의 정도에 따른 분자량이나 중합도에 따라 가용성 전분soluble starch, 아밀로덱스트린amylodextrin, 에리트로덱스트린erythrodextrin, 아크로덱스트린achrodextrin, 말토덱스트린maltodextrin 등으로 구분된다. 이들은 요오드 반응의 정색에 따라 가수분해 정도를 추정할 수 있다. 덱스트린은 일반적으로 물에 녹고, 전분처럼 젤을 형성하지 않으며 단맛을 가지고 있다.

3) 섬유소(셀룰로오스)

섬유소cellulose는 세포벽의 주성분으로 자연계에 널리 분포하고 있다. 섬유소는 포도당이 $\beta-1,4$ 결합에 의하여 직쇄상으로 연결되어 있는 고분자 화합물로써 모든 고등식물의 주요 구조물로 세포의 세포막에 존재한다. 소와 같은 반추동물의 경우와는 달리 사람은 이 결합을 분해시키는 효소를 가지고 있지 않기 때문에 영양적인 가치는 없으나 장관의 운동을 자극하여 변통을 좋게 하는 효과가 있다. 초식동물은 장내세균이 사료 중의 섬유소를 분해시켜 흡수한다. 섬유소는 소화가 되지 않기 때문에 저칼로리 식품을 제조하는 데 사용되며 염색성이 좋아서 식품을 착색시키는 데 사용된다. 또한, 보향성이 좋아서 휘발성이 강한 향기 성분을 흡착하거나 유지시키는 데 이용된다.

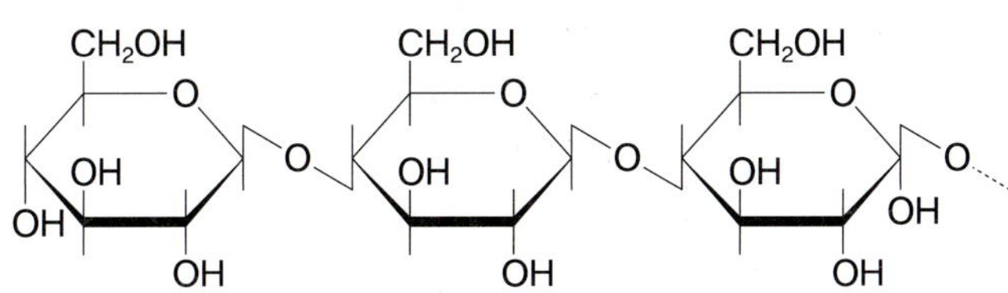

그림 3-25 섬유소의 구조

알아두기 **식이섬유(dietary fiber)**

사람의 체내 소화효소로는 분해되지 않아 소화되지 않는 고분자화합물로써 식이섬유소라고도 하며, 가용성 섬유소와 불용성 섬유소의 두 종류가 있다. 가용성 섬유소(soluble dietary fiber)는 물에 녹거나 팽윤되고, 대장 내 미생물에 의해 발효되는 식이섬유로 펙틴과 검류 등이 있다. 불용성 섬유소(insoluble dietary fiber)는 물에 녹지 않으며, 대장 내 미생물에 의해 대사되지 않는 섬유소로 셀룰로오스, 일부 헤미셀룰로오스와 리그닌(lignin) 등이 대표적이다.

4) 이눌린

이눌린inulin은 돼지감자, 우엉, 달리아의 뿌리, 백합 뿌리 등에 들어 있는 다당류로 β–프락토푸라노오스fructofuranose가 β–1,2 결합으로 이루어진 중합체이다. 사람에게는 이눌린을 분해하는 소화효소가 없으며, 요오드 반응을 일으키지 않는다.

5) 글리코겐

글리코겐glycogen은 동물의 저장 탄수화물로 간장, 근육에 많이 함유되어 있다. 글리코겐은 아밀로펙틴과 구조가 유사하나 아밀로펙틴보다 가지가 더 많고 사슬의 길이가 더 짧다. 구성단위는 포도당으로 α–포도당이 α–1,4 결합으로 이어져 있으며, 포도당 8~16개마다 α–1,6 결합을 가지고 있는 중합체이다. 글리코겐은 무정형의 분

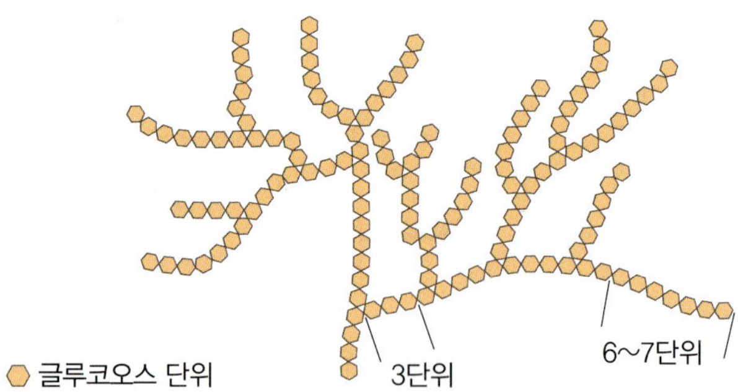

그림 3-26 글리코겐의 구조

말로 맛과 냄새가 없으며, 요오드 반응 시 적갈색을 나타내고 청색의 정색반응은 일어나지 않는다. 호화나 노화현상이 일어나지 않으며 찬물에 녹아 교질용액을 형성한다.

6) 펙틴 물질

펙틴 물질pectin substance은 식물의 뿌리, 과일이나 해조류 등에 함유되어 있으며, 식물조직의 세포벽이나 세포막 사이 물질을 결착시켜 주는 시멘트와 같은 역할을 한다. 펙틴 물질은 프로토펙틴protopectin, 펙트산pectic acid, 펙틴산pectinic acid, 펙틴pectin으로 나뉜다. 펙틴은 채소류, 과실류의 가공 및 저장 중의 조직 유지 및 신선도 유지 등을 위해서 매우 중요하다. 특히 펙틴은 물분자를 수화시키는 힘이 매우 강하여 과실류의 잼, 젤리 등의 제조에 중요한 역할을 한다. 또한 각종 과즙에서 수분과 수용성 성분, 교질 성분들과의 분리를 방지하는 역할도 수행하므로 식품 가공 측면에서도 매우 중요한 다당류이다.

(1) 펙틴 물질의 구조

펙틴 물질의 기본구조는 α–D–갈락투론산α-D-galacturonic acid이 α–1,4 결합하여 직선상으로 연결되어 있는 고분자 물질이며, α–나선상의 형태α-helical form를 갖고 있다. 각 유기산기는 유리산, 나트륨 또는 칼슘의 염, 메틸에스테르methylester 등의 형태를 갖고 있다.

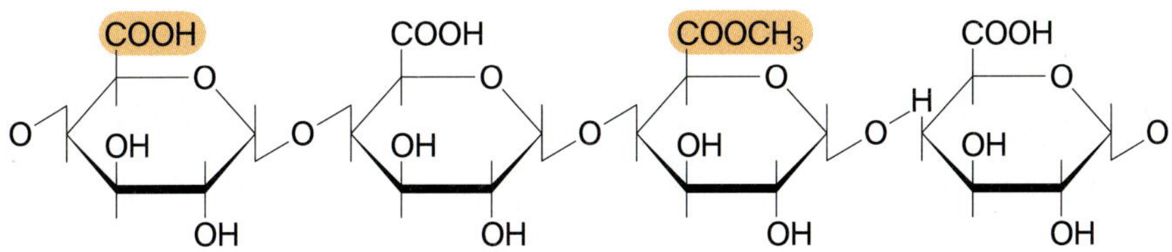

그림 3-27 펙틴의 기본구조

(2) 펙틴 물질의 종류

① 프로토펙틴 : 프로토펙틴은 펙틴의 전구체로서 덜 익은 과일과 채소에 들어 있으며, 과일과 채소가 숙성됨에 따라 프로토펙티나아제protopectinase 효소작용에 의하여 펙틴 등으로 가수분해된다.

② 펙트산 : α-D-갈락투론산 100~800개 정도가 α-1,4 결합에 의하여 결합된 중합체로서 숙성된 과일에 있다. 유리 카르복실기를 가지고 있어 칼슘이나 마그네슘과 결합하여 염을 형성하며, 칼슘과 결합한 경우에 불용성 칼슘 펙테이트calcium pectate를 형성한다.

③ 펙틴산 : 펙틴산은 펙트산 분자의 카르복실기의 일부가 메틸에스테르($-COOCH_3$)화되어 있으며 물과 콜로이드를 형성한다.

④ 펙틴 : 펙틴은 단일 물질이 아니며, 분자 내의 카르복실기의 일부가 메틸에스테르나 산의 형태, 또는 나트륨염, 칼륨염, 암모늄염의 형태로 되어 있는 수용성 펙틴산을 말한다. 펙틴은 메틸에스테르의 백분율, 즉 에스테르화도degree of esterification, DE에 따라 DE가 50% 이상인 고메톡실high methoxyl, HM 펙틴과 DE가 50% 이하인 저메톡실low methoxyl, LM 펙틴으로 나눈다. DE는 펙틴의 용해도, 젤 형성 능력과 젤의 특성에 큰 영향을 미친다. 펙틴은 특히 사과, 감귤류에 많이 들어 있다.

(3) 펙틴의 젤 형성

펙틴은 물 속에서 친수성 교질용액을 만든다. 고메톡실 펙틴은 유기산과 당이 적당량 존재할 때 젤을 형성할 수 있다. 펙틴 용액의 pH가 낮아지면 수화되어 있는 카르복실기의 하전량이 적어지고 수화 정도가 감소하여 펙틴 분자들 간에 회합이 일어나면서 망상구조를 형성하게 된다. 이때 일부 물분자는 구조 안에 갇혀 있게 된다. 당류는 물분자에 대해 펙틴분자와 경쟁하여 물분자와 펙틴분자와의 수소결합을 방해함으로써 탈수를 촉진한다. 펙틴은 1~1.5% 농도에서 pH 3.0~3.5 및 65% 이상의 당과 함께 가열하면 젤화되므로 잼이나 젤리, 마멀레이드를 만드는 데 이용된다.

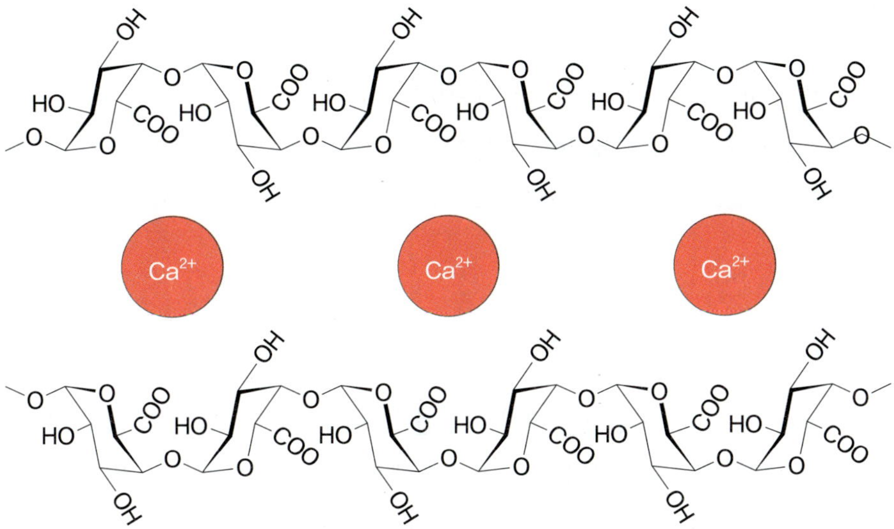

그림 3-28 저메톡실펙틴의 가교 결합

저메톡실펙틴은 칼슘이온과 같은 2가의 양이온이 존재할 때 젤을 형성한다. 양이온 젤 형성 시 다리 역할을 하므로 양이온의 농도가 높을수록 젤 강도도 함께 증가한다. 저메톡실 펙틴은 젤 형성 시 당이 필요하지 않으므로 저당도의 잼을 만드는 데 이용된다.

7) 헤미셀룰로오스

헤미셀룰로오스hemicellulose는 식물 세포벽의 구성성분으로 세포벽의 20~30%를 차지한다. 헤미셀룰로오스는 화학구조상 셀룰로오스와는 상관이 없는 물질로서 식이섬유의 성분으로 중요하다. 헤미셀룰로오스는 β-D-자일로피라노오스xylopyranose가 결합된 물질로 짧은 곁가지를 가지고 있다. 곁가지들은 주로 L-아라비노오스, D-갈락토오스, D-포도당들로 구성되어 있다.

8) 글루코만난

글루코만난glucomannan은 만난mannan, 곤약만난konjak mannan이라고도 하며, 만노오스와 포도당이 약 2:1로 결합되어 있다. 난소화성으로 인체에서 거의 소화되지 않기 때문에 저칼로리 식품의 원료로 사용된다.

9) 키틴

키틴chitin은 새우, 게 등과 같은 갑각류의 껍데기에 존재하는 갑각 성분으로 당유도체인 아미노당이 $\beta-1,4$ 결합되어 있다. 키틴에서 아세틸기가 제거된 것이 키토산이며, 최근 키토산의 항균성, 항암성 등 여러 가지 생리활성이 밝혀져 다양한 용도로 이용되고 있다.

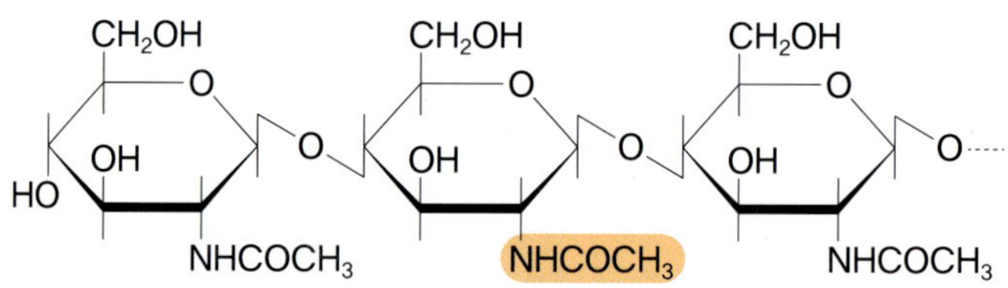

그림 3-29 키틴의 구조

10) 검류

검류는 친수성 복합다당류로 물과 결합하여 낮은 농도에서도 높은 점성을 나타내거나 겔을 형성하여, 식품공업에서 유화제, 안정제, 점착제, 팽윤제, 젤 형성제, 결합제 등으로 널리 이용된다. 검류의 종류로 아라비아검, 트라가칸트검, 카라야검, 로커스트콩검, 크산탄검, 구아검, 한천, 알긴산, 카라기난검 등이 있다. 표 3-6에 식품산업에서 사용되는 주요 검류를 원료에 따라 분류하여 그 특성과 활용식품을 정리하였다.

표 3-6 검의 종류 및 특성

분류	검질	특성	활용
종자검질	로커스트빈검 (rocustbean gum)	• 냉수에 불용: 95℃에서도 점성 • 단독으로는 젤 형성 못함 • 잔탄검과 젤 형성	• 아이스크림, 볼로냐, 치즈, 소스, 가공육을 안정화시킴 • 후식용 제빵류, 아이스크림 안정제
	구아검 (guar gum)	• 안정제, 점증효과 • 물과 결합, 한천과 κ-카라기난과 젤 형성	• 소스, 수프, 샐러드 드레싱
식물삼출물	아라비아검 (gum arabic)	• 냉수나 온수에 가용 • 한정된 점수, 쉽게 녹음 • 유화제	• 결정화가 억제된 캔디류 • 향미고정제, 탄산음료 • 기포안정제, 맥주
	카라야검 (gum karaya)	• 낮은 수분 용해성: 물에서 팽윤, 가열로 점도 감소 • 알칼리에서 끈적끈적해짐 • 기포안정제	• 프랜치 드레싱 • 셔벗이나 얼음과자, 머랭, 볼로냐
	트라가칸스검 (gum tragacanth)	• 높은 점도, 냉수에 용해 • 열에 안정, 수분과 결합 • 부드러운 젤, 유화제	• 샐러드 드레싱, 소스(케찹, 랠리쉬) • 과일 속, 아이스크림, 당과류
해조류	알긴산염 (alginate)	• 냉수에서 칼슘이온과 비가역적인 젤 형성 • 유화제, 점증제, 결합제	• 샐러드 드레싱 • 베이킹용 과일, 레몬파이 속 • 머랭, 생선튀김 반죽
	한천 (agar)	• 강한 젤 • 냉수에 안 녹지만, 온수에 잘 녹음 • 35~40℃에서 겔 형성, 85℃에서 용해	• 미생물 배양액, 푸딩의 안정제 • 머랭, 파이 속, 치즈, 아이싱, 셔벗
	카라기난 (carageenan gum)	• 열에 가역적인 젤 형성 • 단백질 결합능	• 그레이비에 담긴 애완용 육류 사료 • 저당의 잼과 젤리 • 저지방 또는 무지방 샐러드 드레싱 • 초콜릿맛 우유, 푸딩, 치즈 유사품 • 제빵용 크림과 아이싱
미생물검질	잔탄검 (xanthan gum)	• 냉수나 온수에서 매우 잘 녹음, 높은 점도, 열, pH • 효소에 대한 안정, 온도에 의해 점도 무변, 점증효과, 안정제, 부유제, 우수한 냉동·해동 안정제	• 냉동 빵 반죽, 머랭 • 아이스크림 • 토마토주스, 과일젤리
	겔란검 (gellan gum)	• 강한 젤 형성, 가열로 용해됨 • 냉각 시 걸쭉해짐 • 젤 형성(20~25℃에서 굳어짐, 65~120℃에서 용해) • 산과 열에 안정	• 아이싱, 잼, 젤리

(계속)

분류	검질	특성	활용
합성검질	셀룰로오스 (소디움카르복실 메틸셀룰로오스, CMC)	• 물에 가용, 물의 결합 • 열에 의해 묽어짐 • 냉각 시 걸쭉해짐, 젤 형성	• 저열량 식품의 증량제 • 파이 속, 대두 단백질 제품
	미세결정화 셀룰로오스(MCC)	• 의액성 젤 • 산에 안정, 온도에 안정 • 막(film) 세기 향상 • 안정제	• 아이싱, 부분적인 전분 대체제 • 초콜릿 음료 • 유화액에서의 지방 대체제
	메틸셀룰로오스 (MC)	• 저온에서 가용성 • 고온에서 젤 형성	• 튀김옷의 반죽 • 크림수프, 소스
	히드록시프로필메 틸셀룰로오스 (HPMC)	• 저온에서 가용성 • 고온에서 젤 형성	• 튀김 옷의 반죽 • 크림수프, 소스

요약

- 탄수화물은 가장 중요한 에너지원으로, 단당류, 올리고당(소당류), 다당류로 분류된다. 식품의 주요 단당류는 분자의 탄소 수에 따라 리보오스, 아라비노오스, 자일로오스 등의5탄당과 6탄당인 포도당, 과당, 갈락토오스, 만노오스 등이 있다. 단당류는 쇄상 구조와 환상 구조로 식품 중에 존재하면서 단맛을 부여하고, 용해성, 보습성 부여 등의 역할을 한다.
- 당은 쇄상 구조와 환상 구조를 갖는데, 환상 구조에서 글리코시드성 히드록시기가 있으면 환원성을 나타내므로 환원당이라고 한다. 모든 단당류는 환원당이며, 올리고당은 환원성에 따라 환원당과 비환원당으로 구별된다.
- 올리고당(소당류)는 단당류가 2~10개 정도 결합된 당이다. 2개의 단당류가 결합된 이당류에서 중요한 당은 포도당과 과당이 결합된 수크로오스(자당), 두 개의 포도당으로 구성된 맥아당, 포도당과 갈락토오스로 구성된 유당이 있으며, 올리고당은 다당류의 가수분해과정에서 형성된다.
- 다당류는 단당류의 결합에 의해 연결된 중합체로 식품 중에 널리 존재하는 다당류로는 덱스트린, 셀룰로오스, 전분, 펙틴 등이 있다. 전분은 곡류, 근경류 및 기타 전분식품의 세포 내 백색체에 전분입자의 형태로 저장되어 있고 직선상의 아밀로오스와 가지가 많은 고분자의 아밀로펙틴으로 구성되어 있다. 일반적으로 아밀로오스와 아밀로펙틴의 구성비율은 2:8 정도이다.
- 전분은 가수분해하는 효소에 의해 당으로 분해된다. 전분의 분해효소에는 α-아밀라아제, β-아밀라아제, 글루코아밀라아제 등이 있다.
- 전분의 호화는 전분을 물 속에서 가열하면 전분의 입자로 물이 흡수되면서 팽윤을 거쳐 전분의 입자구조가 붕괴되는 수화과정이다. 전분의 노화는 호화 전분을 저장하는 동안 아밀로오스 분자가 규칙적인 배열을 함으로써 결정덩어리가 점차적으로 증가하여 생전분(베타전분)처럼 단단해지는 현상으로써, 탈수현상이라고 볼 수 있으며, 온도, 수분, pH, 첨가물 등에 따라 노화속도가 달라진다.
- 전분의 호정화는 전분을 고온으로 건열 가열 시 일어나는 전분분자의 화학적 분해(가수분해)이다.
- 섬유소는 세포벽의 주된 성분이며 식이섬유소 역할을 하는 다당류로 셀룰로오스, 여러

종류의 당과 당산으로 구성된 탄수화물 중합체인 헤미셀룰로오스, 갈락투론산의 중합체로 구성된 펙틴질, 식물성 식품에 함유된 구조성분인 리그닌 등이 있다.

- 펙틴은 메톡실기의 비율에 따라 고메톡실펙틴과 저메톡실펙틴으로 분류되며 각각의 젤 형성 기작이 다르므로 고메톡실펙틴의 경우 당과 산이 필요하고, 저메톡실펙틴의 경우 칼슘 등의 2가 양이온이 필요하다.
- 검질은 식품의 특성을 변형시키기 위해 첨가물로 사용되는 복합탄수화물로서 점증제, 지방대체제, 텍스처 개량제 등으로 사용되며 종자검, 식물체삼출물, 해조류추출물, 미생물추출물 등이 있다.

연습문제

1. 환원당과 비환원당을 비교하여 설명하시오.
2. 온도에 따라 포도나 꿀물의 감미도가 다른 이유를 설명하시오.
3. 전분의 호화과정을 설명하시오.
4. 호화된 전분의 노화를 억제하는 방법을 설명하시오.
5. 고메톡실펙틴의 젤화(젤리 제조)에 대하여 설명하시오.

4

CHAPTER

지질

1. 지질의 분류와 구조 | 2. 지질의 구성성분 | 3. 유지의 물리·화학적 성질
4. 유지의 산패 | 5. 유지의 가공 | 6. 식용 유지

CHAPTER

4

지질lipids은 주로 탄소, 수소, 산소로 이루어져 있고, 인, 질소 등을 미량 포함하고 있으며, 탄수화물, 단백질 등과 함께 식품의 가장 중요한 성분 중의 하나이다. 물에는 녹지 않지만 에테르, 클로로포름, 아세톤, 벤젠 등과 같은 유기용매에는 잘 녹는 소수성이 강한 물질이다. 대부분의 식품은 지용성 색소인 클로로필이나 카로티노이드를 포함하고 있는데 유지를 채취하는 과정에서 용출되어 원료에 따라 다양한 색을 띠게 된다 그림 4-1. 팜유는 원료인 코코야자 열매에 지용성 색소인 리코펜, β-카로틴 등이 함유되어 있어 오렌지색 또는 붉은색을 띤다.

지질은 물리적인 상태에 따라 상온에서 액체인 것을 유油, oil, 고체인 것을 지脂, fat라고 구분하고, 두 가지 지질을 통합하여 유지라고 부른다.

그림 4-1 주요 식용유지류

지질은 음식을 먹을 때 입 안에서 느껴지는 감촉texture과 풍미flavor에 중요한 역할을 할 뿐만 아니라 1 g당 9 kcal를 내는 좋은 에너지원이다. 음식을 조리할 때는 열전달 매개체로서의 역할을 하며, 유화작용 및 쇼트닝shortening 작용 등의 기능성을 가지고 있어서 조리·가공에서 널리 이용된다.

1 지질의 분류와 구조

지질은 구성성분과 화학구조에 따라 단순지질, 복합지질, 유도지질로 분류된다. 단순지질은 지방산과 알코올의 에스테르결합으로 연결된 중성지질인 트리글리세리드triglyceride가 대표적인 물질이다. 복합지질은 단순지질에 인산, 질소화합물, 당질 등의 다른 성분이 결합된 것으로 생체막의 구성성분이다. 유도지질은 단순지질과 복합지질의 분해산물 중 지용성 물질 또는 단순지질과 복합지질에 포함되지 않은 지용성 물질을 포괄한다.

1) 단순지질

단순지질simple lipids은 알코올과 지방산으로 구성되어 있으며, 중성지질과 왁스로 나눌 수 있다. 식품이나 체내 지질의 95%는 중성지질의 형태로 존재하며, 식품에 가장 풍부하게 함유되어 있다.

(1) 중성지질

중성지질은 글리세롤 1분자와 지방산 3분자가 에스테르결합을 통해 생성된다 그림 4-2.

글리세롤에 지방산 1분자가 결합한 것을 모노글리세리드monoglyceride, 2분자가 결합한 것을 디글리세리드diglyceride, 3분자가 결합한 것을 트리글리세리드triglyceride라고 한다. 대부분의 지질은 트리글리세리드의 형태로 존재하며, 3분자의 지방산이 서로 다른 혼합 트리글리세리드인 경우가 많다.

(2) 왁스류

왁스wax는 탄소 20개 이상의 고급지방산과 고급알코올이 에스테르결합을 한 물질을 말한다 그림 4-3. 식물의 잎과 과일 표피에 존재하는 식물성 왁스는 미생물의 침입을 막고 수분의 증발을 차단하는 역할을 한다. 동물성 왁스로는 벌집의 밀랍bees wax과 고래기름의 경랍supermaceti wax이 있다.

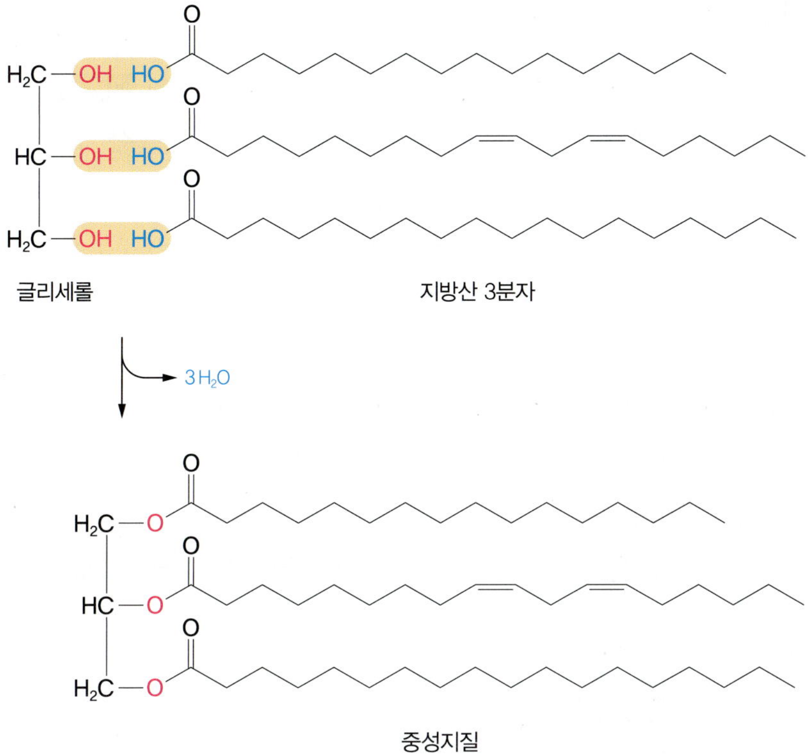

그림 4-2 중성지질(triglyceride)의 생성

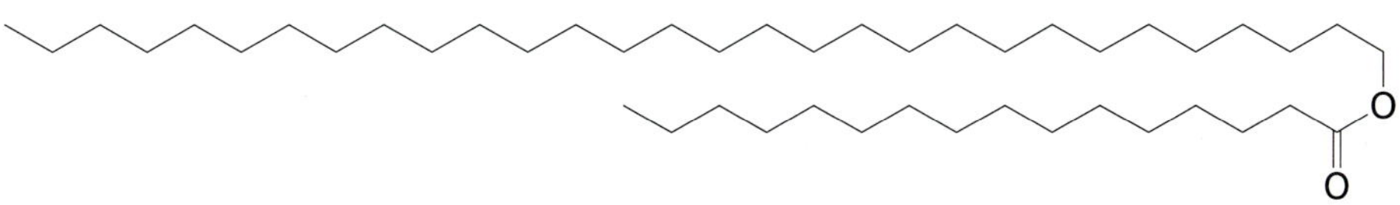

그림 4-3 밀납의 구조

2) 복합지질

단순지질에 인산, 당, 단백질 등이 결합된 것을 복합지질compound lipids이라고 한다. 분자를 이루는 물질에 따라 크게 인지질phospholipid과 당지질glycolipid로 나뉜다. 복합지질은 분자 내에 친수성기와 소수성기를 모두 가지고 있기 때문에 유화제로 이용되기도 한다.

(1) 인지질

레시틴과 세팔린이 식품에 함유되어 있는 대표적인 인지질이다 그림 4-4. 레시틴은 분자 내에 소수성기와 친수성기가 공존하는 양쪽성 물질이기 때문에 유지와 물을 잘 분산시켜 유화액emulsion을 형성한다. 따라서 레시틴은 마가린, 초콜릿, 아이스크림, 마요네즈 등에 유화제로 널리 이용된다. 세팔린은 레시틴의 콜린 부분에 에탄올아민 또는 세린이 결합된 인지질이다. 레시틴과 유사한 극성지질로 유화력이 있으나 레시틴보다는 약하다. 레시틴은 난황, 대두에 많이 함유되어 있으며, 세팔린은 난황, 뇌, 신경, 콩팥에 존재한다.

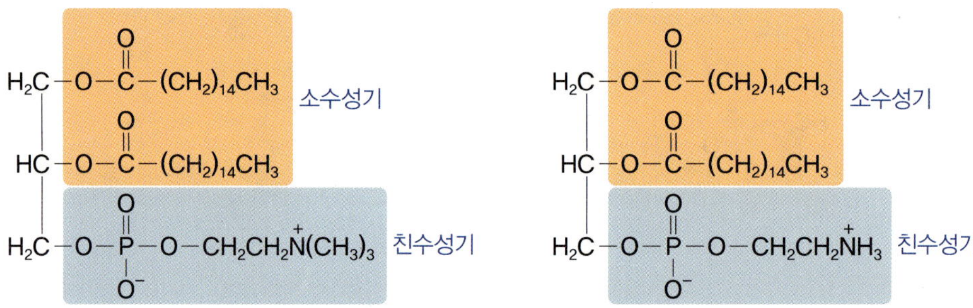

레시틴

세팔린

그림 4-4 레시틴과 세팔린의 구조

(2) 당지질

당지질은 분자 내에 지방산, 당질, 질소화합물을 포함하는 복합지질로서 동물조직인 뇌, 신경조직에 많이 존재한다. 대표적인 당지질인 세레브로시드cerebroside는 스핑고신, 지방산, 갈락토오스를 함유하고 있다 그림 4-5.

(3) 지단백질

지단백질lipoprotein은 중성지질, 콜레스테롤 에스테르 등의 소수성 성분은 안쪽에, 인지질, 유리콜레스테롤, 단백질 등의 친수성 성분은 바깥쪽에 배열하여 혈액에 잘

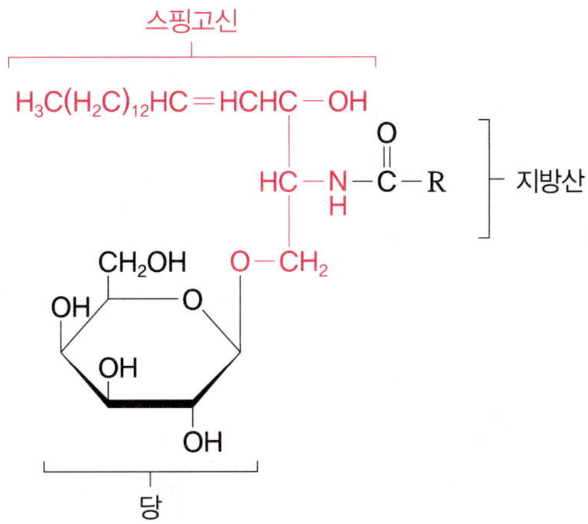

그림 4-5 세레브로시드의 구조

녹을 수 있는 형태의 지방질과 단백질의 복합체이다. 밀도에 따라 카일로마이크론chylomicron, 초저밀도지단백질very low density lipoprotein, VLDL, 저밀도지단백질low density lipoprotein, LDL, 고밀도지단백질high density lipoprotein, HDL로 크게 나뉜다. 혈중 콜레스테롤의 약 70%는 LDL에 의해 운반되고 나머지는 대부분 HDL에 의해 운반된다. LDL과 결합된 콜레스테롤은 지방 침전물이 혈관벽에 축적되어 일어나는 동맥경화의 주원인이 된다. 반면에 HDL 입자는 침전물이 쌓이는 것을 감소시키거나 지연시켜 건강에 이로운 작용을 한다.

3) 유도지질

유도지질derived lipids은 단순지질과 복합지질의 분해산물 중 지용성 물질 또는 단순지질과 복합지질에 포함되지 않은 지용성 물질을 포괄한다. 유리지방산, 모노글리세리드, 디글리세리드, 스테로이드, 스테롤, 고급알코올, 카로티노이드, 지용성 비타민 등이 해당된다.

(1) 스테롤류

스테롤에는 동물성 스테롤인 콜레스테롤cholesterol, 라노스테롤lanosterol 등과 식물성 스테롤인 베타-시토스테롤β-sitosterol, 스티그마스테롤stigmasterol, 에르고스테롤ergosterol 등이 있다 그림 4-6.

콜레스테롤은 난황, 뇌, 생선알, 간, 오징어, 버터, 새우 등에 많이 함유되어 있다 표 4-1.

콜레스테롤과 에르고스테롤은 자외선에 의해 비타민 D로 전환되기 때문에 프로비타민 D라고 한다. 7-데히드로콜레스테롤7-dehydrocholesterol은 비타민 D_3로, 에르고스테롤은 B고리가 열리면서 비타민 D_2로 전환된다. 에르고스테롤은 곰팡이, 효모, 버섯, 밀의 배아유, 옥수수유 등에, 스티그마스테롤은 쌀의 배아유, 옥수수기름, 콩기름, 팜유 등에 많이 존재한다.

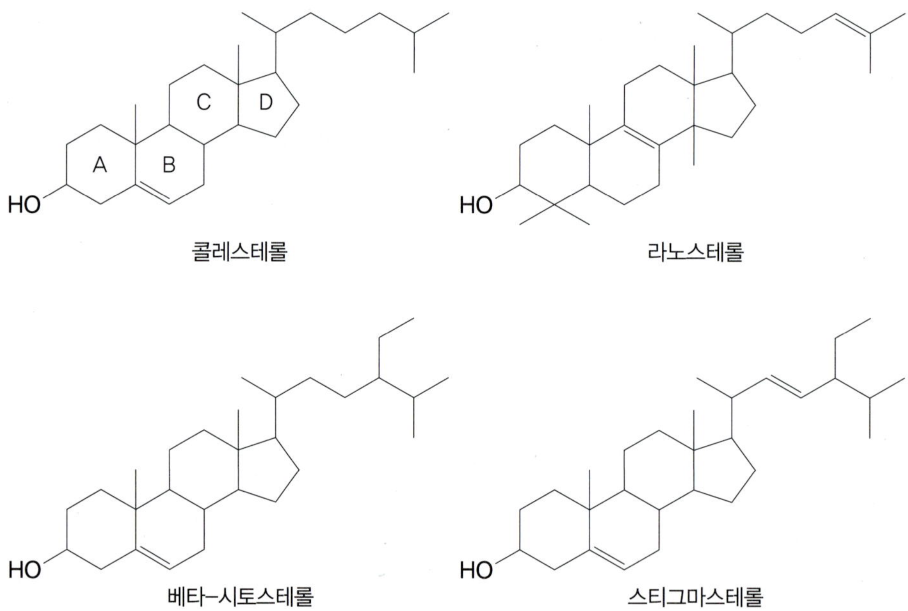

그림 4-6 스테롤류의 구조

표 4-1 식품 중 콜레스테롤의 함량(mg/100 g)

식품	콜레스테롤	식품	콜레스테롤
소고기, 뇌	3,100	새우	195
달걀, 노른자	1,085	달걀, 흰자	0
캐비어(철갑상어알)	588	소고기	72
생선알	479	돼지고기	70
돼지고기, 간	301	생선	70
오징어	260	닭고기	64
버터	250	우유	10
바다가재	200	라드(돼지기름)	95

(2) 탄화수소류

탄화수소류에는 스쿠알렌squalene, 지용성 비타민인 비타민 A·E·K, 카로틴 색소가 포함된다 그림 4-7. 스쿠알렌은 상어의 간유에서 처음으로 분리되었고 식물성 기름 중 올리브유와 미강유에도 함유되어 있다.

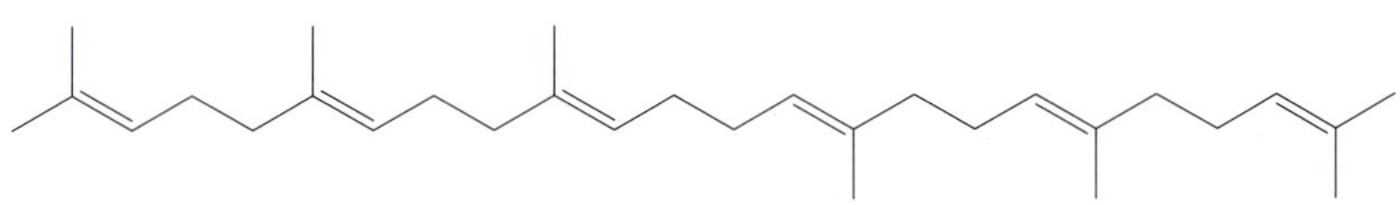

스쿠알렌

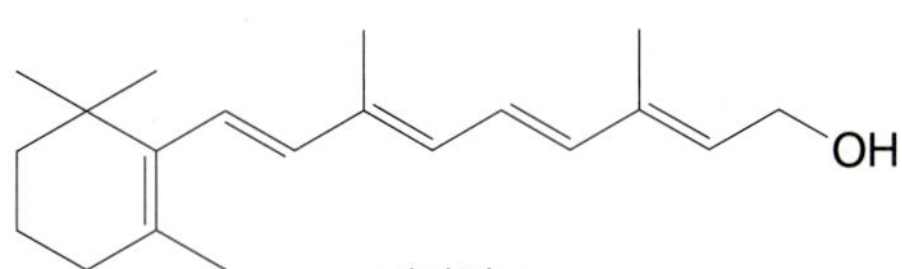

비타민 A

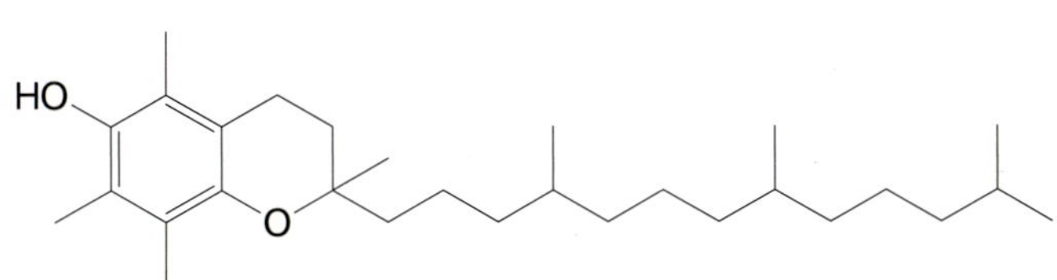

비타민 E

그림 4-7 탄화수소류

2 지질의 구성성분

(1) 지방산

자연계에 존재하는 지방산은 대부분 짝수의 탄소를 가진 지방산으로 구성되어 있는데, 그 이유는 지방산이 2개의 탄소로 구성된 단위들로 이루어졌기 때문이다. 지방산은 분자 내 이중결합의 유무에 따라 이중결합이 없는 포화지방산saturated fatty acid과 이중결합이 있는 불포화지방산unsaturated fatty acid으로 나뉜다. 또한 탄소 수가 4~6개인 짧은 사슬은 저급지방산, 8~12개는 중쇄지방산, 14개 이상의 긴 사슬은 고급지방산 등으로 분류된다.

알아두기 **지방산의 탄소 수와 이중결합의 표기법**

- 지방산의 탄소 수는 탄소의 오른쪽에 아래첨자로 표시한다.
  - 예 스테아르산은 탄소가 18개이므로 C18로 표기한다.
- 지방산의 이중결합 수는 탄소 수의 오른쪽에 표시한다.
  - 예 스테아르산은 이중결합이 없는 포화지방산이므로 C18:0으로 표기한다.
    리놀레산은 이중결합이 2개 있는 불포화지방산이므로 C18:2으로 표기한다.

① 포화지방산

자연계에는 탄소 수가 4~30개인 포화지방산이 주로 존재한다. 탄소 수가 증가할수록 물에 녹기 어렵고 녹는점도 높다 표 4-2. 식품에 가장 많이 함유된 것은 팔미트산(C16:0)과 스테아르산(C18:0)이다. 포화지방산은 동물성 유지에 비교적 많이 함유되어 있다. 팜유와 버터에는 탄소 수가 적은 지방산이 많고, 왁스에는 탄소 수가 26개 이상인 지방산이 많다.

② 불포화지방산

불포화지방산은 1개 이상의 이중결합을 갖는 지방산을 말한다. 불포화지방산의 이중결합 수는 최고 6개까지 알려져 있지만 대부분은 3개 이하이다. 동식물에 널리 분

표 4-2 주요 포화지방산의 구조와 녹는점

포화지방산	탄소 수	표기법	구조	녹는점 (℃)
부티르산 (butyric acid)	4	4:0	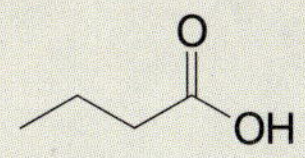	−8
카프로산 (caproic acid)	6	6:0	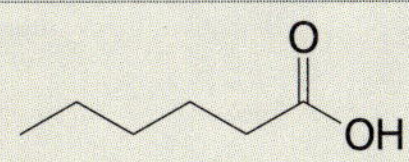	−4
카프릴산 (caprylic acid)	8	7:0	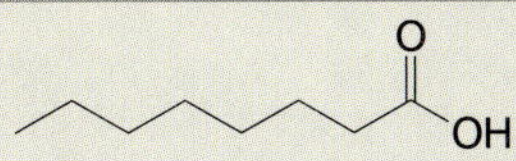	16
카프르산 (capric acid)	10	10:0	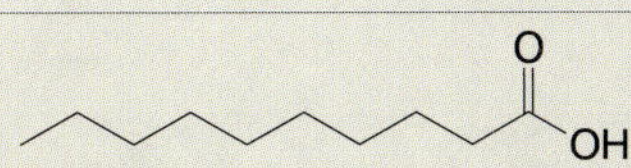	32
라우르산 (lauric acid)	12	12:0	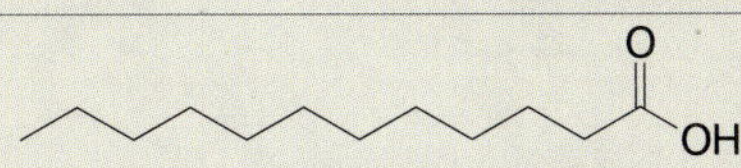	43
미리스트산 (myristic acid)	14	14:0	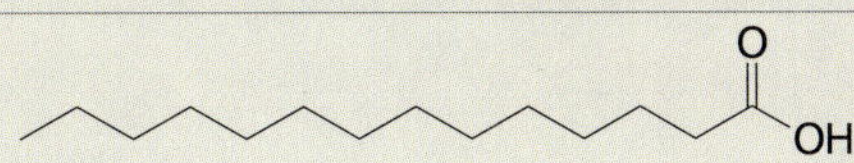	54
팔미트산 (palmitic acid)	16	16:0	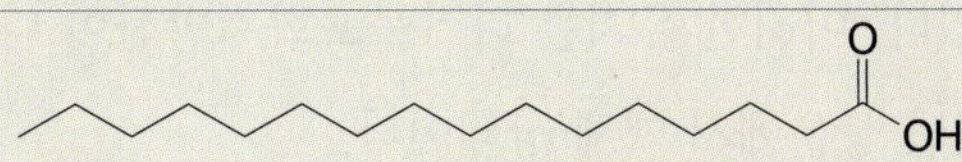	62
스테아르산 (stearic acid)	18	18:0	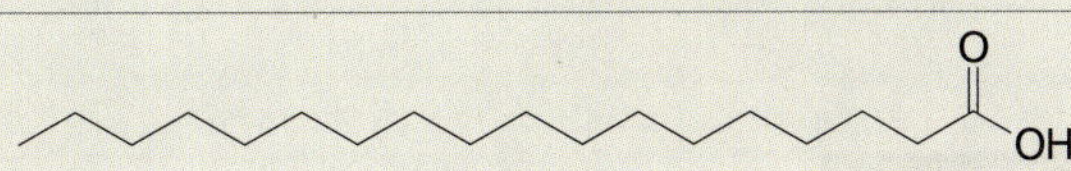	69
아라키드산 (arachidic acid)	20	20:0	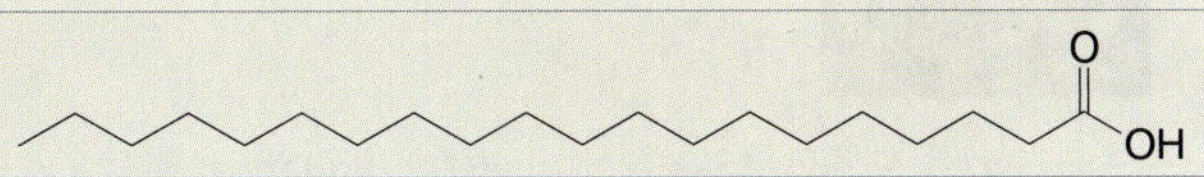	76

포된 불포화지방산은 올레산(C18:1), 리놀레산(C18:2), 리놀렌산(C18:3)이다. 이중결합의 수가 1개인 지방산을 단일불포화지방산monounsaturated fatty acid이라고 하고, 이중결합이 2개 이상인 지방산을 다가불포화지방산polyunsaturated fatty acid이라고 한다. 탄소 수가 동일한 지방산에서 이중결합의 수가 많을수록 지방산의 녹는점이 낮다 **표 4-3**. 예를 들어, 탄소 수가 18개인 지방산의 녹는점을 비교하면, 스테아르산(C18:0), 올레산(C18:1), 리놀레산(C18:2), 리놀렌산(C18:3)의 녹는점은 69℃, 13℃, −9℃, −17℃ 순으로 이중결합의 수가 많을수록 녹는점은 낮아진다.

수산동물의 유지fish oil에는 에이코사펜타에노산eicosapentaenoic acid, EPA(C20:5)과 도코사헥사에노산docosahexaenoic acid, DHA(C22:6) 등의 다가불포화지방산이 많이 함

표 4-3 주요 불포화지방산과 녹는점

불포화지방산	탄소 수	표기법	구조	녹는점 (℃)
팔미톨레산 (palmitoleic acid)	16	16:1	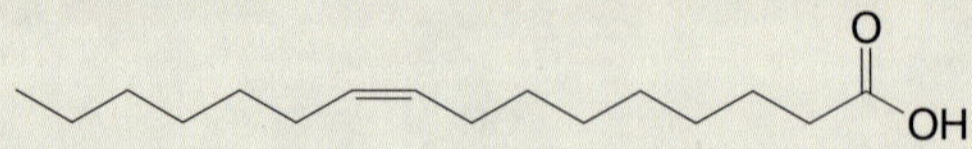	0
올레산 (oleic acid)	18	18:1	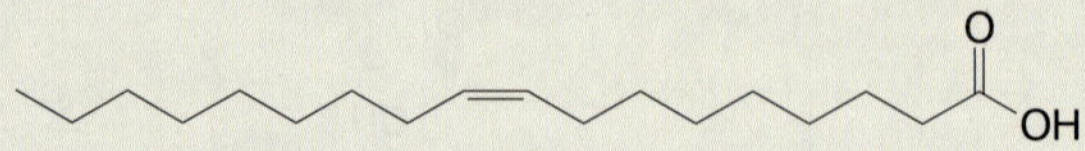	13
리놀레산 (linoleic acid)	18	18:2	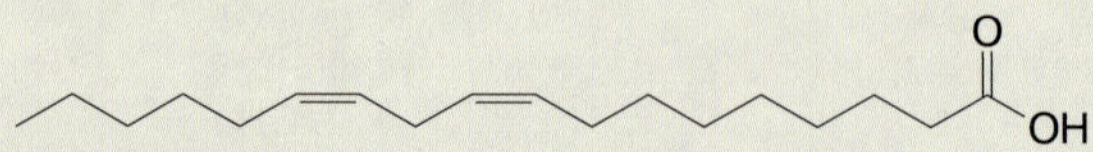	−9
리놀렌산 (linolenic acid)	18	18:3	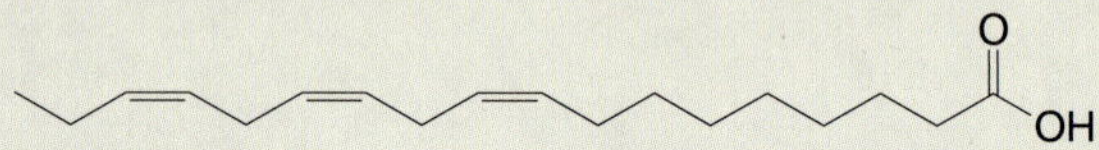	−17
아라키돈산 (arachidonic acid)	20	20:4	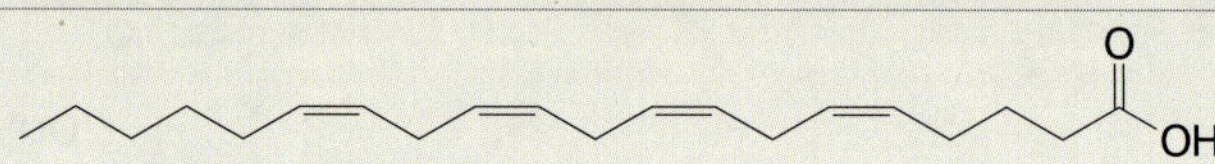	−50

유되어 있다. 이러한 유지는 다가불포화지방산이 다량 포함되어 있기 때문에 동물성 기름이지만 상온에서 액체 상태이다.

알아두기 **필수지방산**

불포화지방산 중에서 리놀레산, 리놀렌산, 아라키돈산은 동물의 정상적인 성장과 건강 유지를 위하여 꼭 필요하지만 체내에서 합성되지 않거나 합성되는 양이 적어 식품으로 섭취해야 하기 때문에 필수지방산(essential fatty acid)이라고 한다. 이러한 지방산은 생체막의 중요한 구성성분이며, 혈중 콜레스테롤 함량을 낮추는 작용도 한다.

③ 오메가 지방산

지질을 구성하는 모든 지방산은 분자 내에 카르복실기(−COOH)를 가지고 있다. 지방산의 탄소번호는 카르복실기의 탄소를 1번으로 시작하고, **ω**(오메가)를 사용하는 경우에는 카르복실기의 반대편에 있는 메틸기의 탄소를 1번으로시작한다 그림 4-8. 즉, 리놀렌산은 이중결합이 메틸기 말단으로부터 3번째 탄소에서 시작되므로 **ω**−3 지방산이라고 한다. EPA와 DHA도 이중결합이 메틸기 말단으로부터 3번째 탄소에서

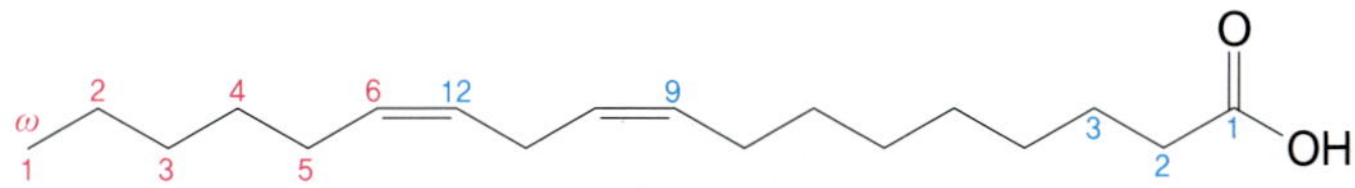

리놀레산(ω–6)

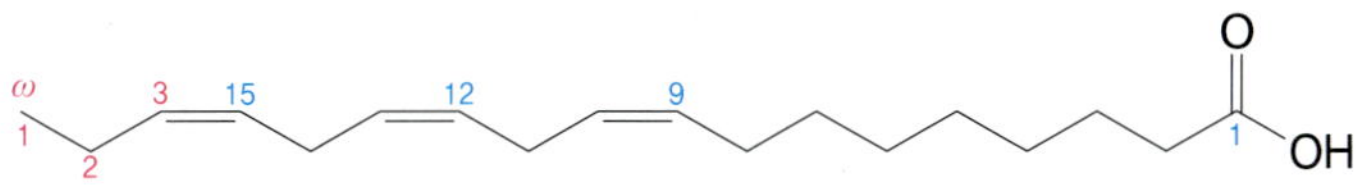

리놀렌산(ω–3)

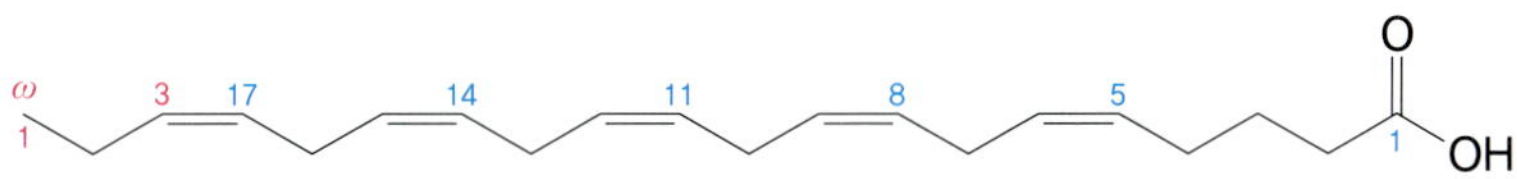

EPA(ω–3)

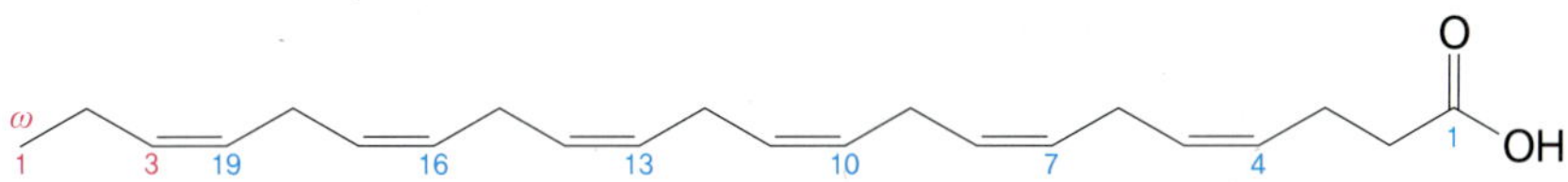

DHA(ω–3)

그림 4-8 ω–3 지방산과 ω–6 지방산

시작되므로 **ω**–3 지방산으로 분류된다. 반면에 리놀레산은 이중결합이 메틸기 말단으로부터 6번째 탄소에서 시작되므로 **ω**–6 지방산이라고 한다. **ω**–3, **ω**–6 지방산은 n–3, n–6 지방산이라고도 한다.

④ 트랜스지방산

이중결합으로 연결된 두 원자에 결합된 원자 또는 원자단의 공간적 배치가 다른 이성질체를 기하이성질체라고 한다. 이중결합을 가지는 탄소화합물은 일반적으로 시스*cis*형과 트랜스*trans*형의 두 가지 기하이성질체를 갖는다. 시스형은 이중결합을 중심으로 같은 종류의 원자나 원자단이 같은 쪽에 있는 것으로, cis는 '같은쪽에'를 뜻한다. 트랜스형은 이중결합을 중심으로 같은 종류의 원자나 원자단이 반대쪽에 있는 것으로, trans는 '반대쪽에'라는 뜻이다. 올레산은 이중결합이 시스형에서 트랜스형으로 바뀌면 엘라이드산이 된다 그림 4-9. 자연계에 존재하는 불포화지방산은 대부분 시스형이나, 유지의 탈취 공정이나 경화 공정에서 시스형이 트랜스형으로 전환될 수 있다.

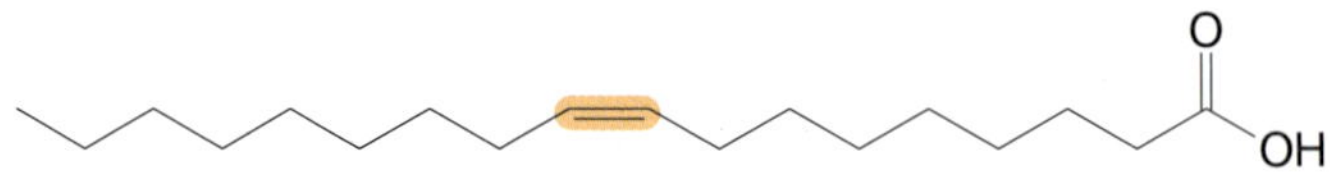

cis–9–octadecenoic acid(올레산)

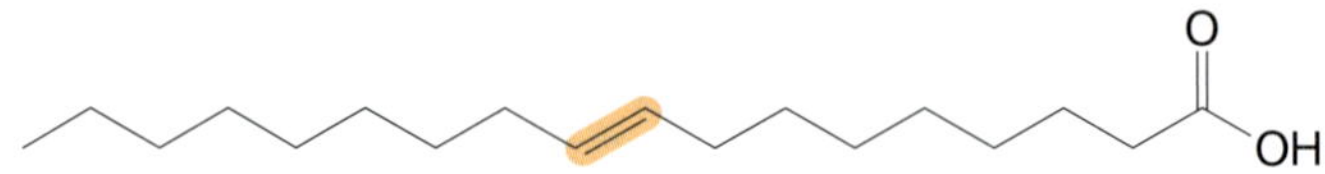

trans–9–octadecenoic acid(엘라이드산)

그림 4-9 기하이성질체(시스형과 트랜스형)

트랜스지방산은 적어도 한 개의 이중결합이 트랜스형인 불포화지방산을 말한다. 식물성 기름을 반고체의 지방으로 전환시키는 경화공정은 유지의 산화 안정성과 물성을 개선할 수 있지만, 필수지방산을 감소시키고 트랜스지방산을 생성한다 표 4-4. 트랜스지방산은 몸에 해로운 LDL 콜레스테롤은 증가시키고 몸에 이로운 HDL 콜레스테롤을 감소시켜 심혈관계 질환의 위험을 증가시킨다. WHO는 트랜스지방산을 총 에너지의 1% 이내로 섭취할 것을 권장하고 있다. 미국과 캐나다는 2006년부터 모든 가공식품에 트랜스지방산의 함량 표시를 의무화하였으며, 우리나라는 2007년 12월부터 트랜스지방산의 영양표시를 의무화한 이후에 식품 중 트랜스지방산의 함량이 감소하였다.

표 4-4 식품 중 트랜스지방산의 함량(g/100 g)

식품	트랜스지방산	식품	트랜스지방산
초코파이	4.5	닭고기	0.44
마가린, 쇼트닝	<1.5	도넛	0.4~6.2
케이크류	1.33	감자튀김	0.33
후라이드치킨	0.92	비스킷	0.17
버터	0.7~6.2	간고등어	0.16
치즈	0.5~1.0	스낵류	0.13

알아두기 **공액리놀레산(conjugated linoleic acid, CLA)**

공액리놀레산은 리놀레산(*cis*-9, *cis*-12)의 기하이성질체로서, 반추동물(소, 양, 염소 등)의 위(stomach)에 서식하는 미생물의 작용에 의해 생성된다.

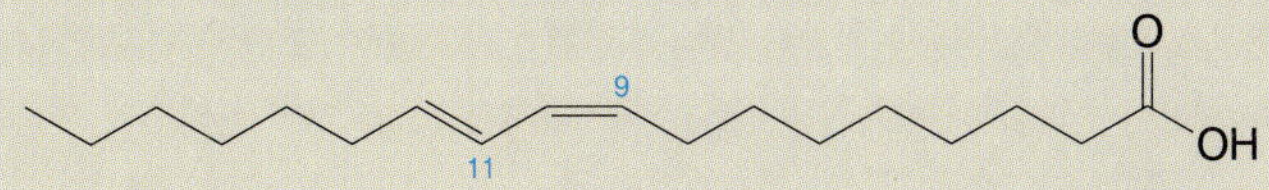

$C_{18:2}$, *cis*-9, *trans*-11

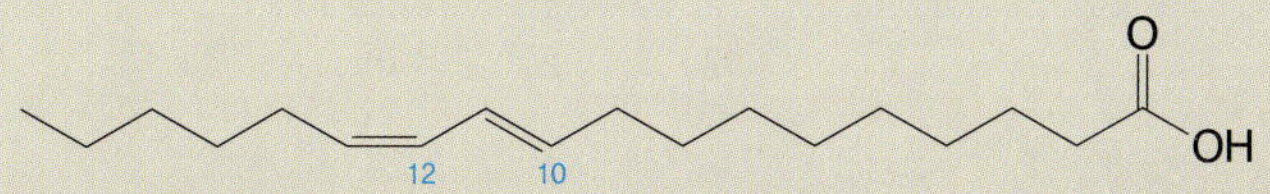

$C_{18:2}$, *trans*-10, *cis*-12

육류나 유제품에서 주로 발견되며, 식물성 유지에는 낮은 농도로 존재한다. 우유 및 유제품에 자연적으로 존재하는 트랜스지방산은 식품의 가공과정 중 생성되는 트랜스지방산과는 달리 사람의 건강에 위해를 미친다는 명확한 근거가 없다. 오히려 동물실험에서 공액리놀레산이 체지방을 감소시키고 당뇨병을 억제한다는 등의 건강에 이로운 결과가 보고되고 있다. 미국, 영국, 일본 등에서는 공액리놀레산을 식이 보충제(dietary supplement)로 판매하고 있다. 상업적으로 판매되는 공액리놀레산은 리놀레산을 화학적으로 변형시켜 합성된 것이다.

공액이중결합 (conjugate double bond)
2개 이상의 이중결합이 하나의 단일결합을 사이에 끼고 구성됨

(2) 유지의 지방산 조성

식품 중의 유지를 구성하고 있는 지방산은 동물성 식품과 식물성 식품에 따라 다르다. 우지와 라드와 같은 동물성 지방은 포화지방산인 팔미트산(C16:0)과 스테아르산(C18:0)의 함량이 식물성 유지보다 높고, 식물성 유지에는 올레산(C18:1), 리놀레산(C18:2)과 같은 불포화지방산이 많이 함유되어 있다 표 4-5. 올레산은 동·식물성 유지에 고르게 다량 분포되어 있다. 팜유(야자유)는 식물성이지만 포화지방산을 많이 함유하고 있기 때문에 상온에서 반고체 상태이다. 올리브유는 올레산을 65~75% 정도로 다량 함유한다. 우리나라와 중국에서 널리 쓰이는 참기름은 불포화지방산인 올레산과 리놀레산을 40% 정도씩 함유한다.

표 4-5 유지류의 지방산 조성

유지	지방산 조성(%)								
	8:0	10:0	12:0	14:0	16:0	18:0	18:1	18:2	18:3
카놀라유					5	4	60	19	12
옥수수유	4	7		1	10	4	27	48	
면실유					20	2	35	42	
대두유				1	9	4	29	50	8
올리브유				1	12	2	78	7	
해바라기유					6	3	28	62	
참기름					10	7	42	41	
들기름					6	2	13	18	60
코코넛유	7	8	48	16	9	2	9	1	
팜핵유	4	5	41	16	8	2	23	1	
팜유				1	44	5	39	10	
쇠기름				3	26	22	39	2	
라드				2	26	14	44	10	
버터	1	2	3	11	26	3	28	3	1

자료: Kostik et al. (2020) Journal of Hygienic Engineering and Design, 27

3 유지의 물리·화학적 성질

1) 물리적 성질

(1) 비중

유지의 비중은 거의 0.90~0.95의 범위이다. 일반적으로 비중은 탄소사슬이 짧은 지방산이 많을수록 증가한다.

(2) 점도

유지의 점도(점성)는 피마자유를 제외하고는 비교적 좁은 범위 내에 있다. 유지에 존재하는 지방산의 분자량이 커지면 점도가 증가한다. 포화지방산의 함량이 많을수록 점도가 높다.

(3) 녹는점(융점)

일반적으로 구성 지방산에 포화지방산이 많으면 녹는점melting point이 높고, 탄소 수가 많을수록 녹는점이 높다 표 4-6. 반면에 불포화지방산이 많을수록 녹는점은 낮고 실온에서 액체이다.

유지는 일정한 온도에서 녹는 순수한 화합물과 달리 넓은 범위에서 녹는점을 갖는다. 그 이유는 유지는 단일 혼합물이 아니고 여러 종류의 트리글리세리드가 혼합되어 있기 때문이기도 하고, 트리글리세리드가 녹는점이 다른 다양한 결정형을 갖는 동질이상현상 또는 동질다형현상polymorphism 때문이다.

동질이상현상은 동일한 화학적 조성을 가진 물질이 온도, 압력 등에 의해 물질의

표 4-6 유지의 녹는점

종류	녹는점(℃)	포화지방산 (g/100 g)	단일불포화지방산 (g/100 g)	다가불포화지방산 (g/100 g)
동물성 지방				
라드	33	41	47	12
버터	35	62	29	4
어유	–	25	24	50
식물성 지방				
팜유	24	49	37	9
면실유	−48	26	18	50
대두유	−21	14	23	58
올리브유	−41	13	74	8
해바라기유	−17	13	24	59
카놀라유	−10	7	55	33

결정구조가 달라지는 것을 말한다. 유지는 주로 3가지 결정형(α, β' β)으로 존재한다 그림 4-10. 밀도는 α형이 가장 낮고 β형이 가장 높다. 녹는점은 밀도에 비례해서 α(54℃)<β'(64℃)<β(73℃) 순으로 높아진다.

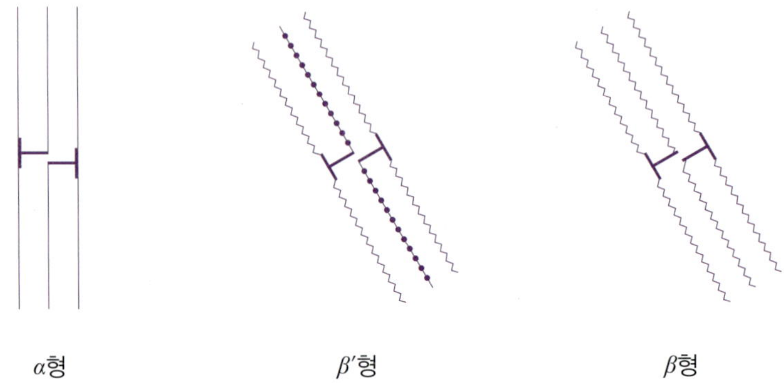

그림 4-10 유지의 3가지 결정형

알아두기 템퍼링과 초콜릿 블룸

동질이상현상은 초콜릿을 제조할 때의 템퍼링(tempering)과 보관 중에 발생되는 초콜릿 블룸(chocolate fat bloom)과 관련이 깊다. 초콜릿은 온도를 조절하여 지방을 녹이고 다시 고체화시키는 과정을 반복하여 상온에서 가장 안정한 결정형인 β형으로 가공되는데, 이를 템퍼링이라고 한다. 하지만 템퍼링이 불충분하거나 저장온도가 적당하지 않거나 온도변화의 폭이 커지면 동질이상현상이 일어나 결정형이 바뀌면서 초콜릿 표면의 광택이 사라지고 하얀색의 유지 결정이 보이게 되는 것을 초콜릿 블룸이라고 한다.

초콜릿

초콜릿 블룸

(4) 응고점

응고점solidifying temperature이란 액체 유지를 냉각하여 굳게 하는 온도를 말한다. 단일글리세리드의 응고점은 녹는점과 일치하지만, 자연계에 존재하는 유지는 대부분 다양한 트리글리세리드로 구성되어 있기 때문에 녹는점과 응고점이 다르다. 예를 들어, 팜유는 녹는점이 20～28℃인데 응고점은 14～25℃이다.

(5) 발연점

유지를 가열하여 표면에 푸른 연기가 발생할 때의 온도를 발연점smoke point이라고 한다. 유리지방산 함량이 높을수록 발연점은 낮아진다. 유지의 탈산공정에서 알칼리와 반응시켜 유리지방산을 제거하기 때문에 정제된 유지의 발연점은 높다 표 4-7.

표 4-7 식용유지의 발연점

유지 종류	발연점(℃)	유지 종류	발연점(℃)
대두유(비정제)	160	대두유(정제)	238
올리브유(엑스트라버진)	191	올리브유(버진)	199
카놀라유(정제)	204	쇼트닝	177
옥수수유(비정제)	178	옥수수유(정제)	232
참기름(비정제)	177	참기름(정제)	232
코코넛유(비정제)	177	코코넛유(정제)	232
팜유	235	버터	121～149
우지	215	라드	192

알아두기 **올리브유의 종류**

올리브유는 올리브 과실의 과육을 압착 또는 추출하여 얻게 되는데, 추출단계에 따라 다른 이름으로 불린다. 첫 번째 압착에 의해 얻어진 가장 순수한 기름을 'extra virgin(엑스트라버진)'이라고 하는데 녹황색을 띠고 발연점이 낮다. 엑스트라버진을 짜고 남은 올리브를 한 번 더 짜낸 기름을 'fine virgin(파인 버진)'이라고 한다. 'pure(퓨어)'는 엑스트라버진 오일과 정제된 올리브오일을 혼합한 것으로 담황색으로 투명하며 담백한 맛이 난다. 우리나라에서는 '엑스트라버진'과 '퓨어' 등급으로 분류되어 유통된다.

발연점 이상의 온도에서 기름 표면으로부터 유지의 열기와 공기가 섞여 발화하기 시작하는 온도가 인화점flash point이며, 인화점 이상의 온도에서 유지에 불이 붙어 연소가 지속되는 온도를 연소점fire point이라고 한다.

푸른 연기의 주요 성분은 유지가 고온에서 분해되면서 생성된 글리세롤에서 물분자가 빠져 나가면서 발생되는 휘발성의 아크롤레인acrolein이다 그림 4-11. 이런 성분이 음식에 흡착되면 불쾌취가 나기 때문에 튀김을 할 때 발연점보다 낮은 온도를 유지하는 것이 좋다. 따라서 발연점이 높은 유지가 튀김유로 더 적합하다. 유지를 장시간 가열할수록, 유리지방산의 함량이 높을수록, 표면적이 클수록, 불순물이 많을수록 발연점이 낮다.

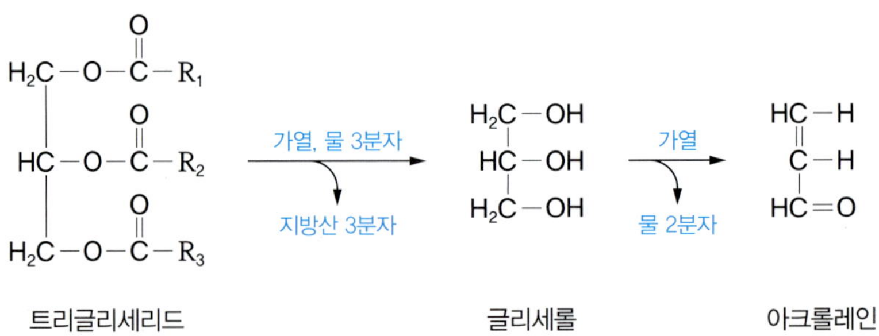

그림 4-11 아크롤레인의 생성기전

(6) 굴절률

굴절률refractive index은 일정온도에서 유지에 들어가는 광선의 입사각과 굴절각의 비를 말한다. 유지를 구성하는 중성지질의 분자량이나 지방산의 불포화도가 클수록 굴절률이 증가한다. 저급지방산이 함유된 버터의 굴절률은 낮고, 불포화지방산의 함량이 높은 식물성유의 굴절률은 높다. 식물성유를 경화(수소화)시키면 불포화결합이 감소되므로 굴절률이 낮아진다.

2) 화학적 성질

(1) 검화가

검화가saponification value란 유지 1 g을 완전히 검화(비누화)시키는 데 필요한 수산화칼륨KOH의 mg 수로 나타낸다 그림 4-12. 지방산의 분자량에 반비례하므로 검화가는 유지를 구성하는 지방산의 탄소사슬 길이를 추정하는 척도가 된다.

보통 유지의 검화가는 180~200 정도이며, 분자량이 작은 저급지방산의 함량이 높을수록 검화가는 크고, 분자량이 큰 고급지방산이 많을수록 검화가는 작다 표 4-8.

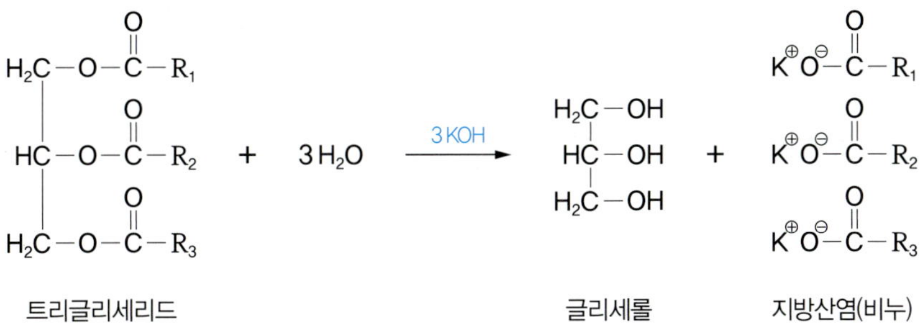

그림 4-12 유지의 검화

표 4-8 유지의 검화가

유지	검화가
코코넛유	248~265
쇠기름	197
팜유	190~209
면실유	189~198
대두유	189~198
해바라기유	188~194
옥수수유	187~195
카놀라유	110~126

자료: JAOCS, 2002

(2) 산가

산가acid value는 유지 1g 중에 함유된 유리지방산을 중화하는데 필요한 수산화칼륨KOH의 mg 수를 말한다. 신선한 유지는 유리지방산을 소량 함유하지만, 정제과정에서 유리지방산이 대부분 제거된다. 식용유지의 규격에서 유지의 산가는 1.0 이하이지만, 참기름은 4.0 이하, 들기름은 5.0 이하로 유지의 종류에 따라 기준이 다르다. 유지의 불충분한 정제나 저장 중 리파아제lipase의 활성이나 가열에 의한 가수분해에 의해 유리지방산이 생성될 수 있다. 따라서, 산가는 유지의 품질을 나타내는 척도로 이용하여 산가가 높으면 변질된 유지로 판단된다. 유지가 고온으로 가열되면 유리지방산이 증가하기 때문에 튀김유의 산패 정도를 측정하는 방법으로 이용되기도 한다.

(3) 요오드가

불포화지방산의 이중결합은 요오드나 브롬과 같은 할로겐 원소에 의해 쉽게 부가반응을 일으켜 단일결합으로 바뀐다 그림 4-13. 요오드가iodine value는 유지 100 g에 흡수되는 요오드의 g 수로 표시한다.

요오드가가 130 이상인 식물유지를 건성유, 100～130의 것을 반건성유, 100 이하의 것을 불건성유라고 한다 표 4-9. 요오드가가 높은 기름은 이중결합이 많기 때문에

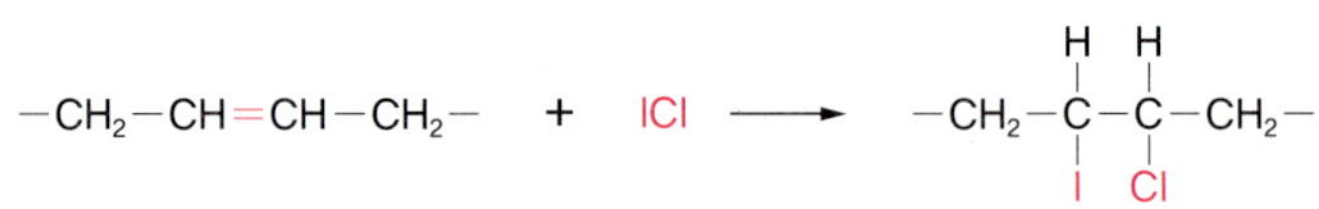

그림 4-13 지질의 요오드화 반응

알아두기 **건성유**

유지가 공기 중에서 산소를 흡수하여 산화 · 중합 · 축합 반응을 하면 점성이 증가하여 고체화 및 건조되는 성질을 갖는데, 이러한 특성을 갖는 유지를 건성유라고 한다. 건조성은 유지류의 이중결합 수에 비례하며, 요오드값이 130 이상인 것을 건성유라고 한다. 리놀레산과 리놀렌산 등의 불포화결합이 많은 지방산을 포함하는 아마인유, 들기름 등이 건성유에 속한다.

표 4-9 유지의 요오드가

유지	요오드가
카놀라유	188~193
대두유	120~143
해바라기유	110~143
옥수수유	103~128
면실유	99~119
팜유	50~55
쇠기름	35~48
코코넛유	6~11

자료: JAOCS, 2002

반응성이 높아서 산화되기 쉽다. 유지는 고온에서 장시간 가열하거나 자동산화가 진행되면 불포화지방산이 산화되기 때문에 요오드가는 낮아진다. 유지가 수소화반응을 거치면 요오드가가 낮아진다.

(4) 아세틸가

아세틸가acetyl value는 유지에 존재하는 유리된 히드록시기(−OH)의 양을 나타내는 척도이다. 무수초산acetic anhydride으로 아세틸화한 유지 1 g에 결합되어 있는 아세트산을 중화하는 데 필요한 수산화칼륨KOH의 mg 수로 나타낸다. 신선한 식용유지에서는 값이 작지만 유지가 변패되면 커진다.

(5) 폴렌스케가

폴렌스케가Polenske value는 유지 5 g에 존재하는 불용성 휘발성 지방산을 중화하는 데 소요되는 0.1N 수산화칼륨KOH 용액의 mL 수이다. 우유지방에서 얻은 대부분의 휘발성 지방산은 수용성이므로, 팜유와 같은 카프르산(C_{10})의 함유량이 높은 지방과 우유지방을 구분하는 데 이용된다.

(6) 라이헤르트-마이슬가

라이헤르트-마이슬가Reichert-Meissl value는 유지 5 g을 라이헤르트 증류법으로 처리한 후 생성된 수용성의 휘발성 지방산을 중화하는 데 필요한 0.1 N 수산화칼륨KOH 용액의 mL 수로 나타낸다. 일반적인 유지에서는 1.0 이하이다. 버터는 26~32, 마가린은 0.55~5.5로 버터의 유사품으로 사용되는 유지는 모두 이 수치가 작기 때문에 버터의 위조검정에 이용된다.

유지의 구성 성분을 측정하는 목적과 방법은 표 4-10 과 같다.

표 4-10 유지의 화학적 시험법

시험법	목적	정의
검화가	구성하는 지방산의 분자량	유지 1 g을 검화시키는 데 필요한 KOH의 mg 수
산가	유지의 유리지방산 함량	유지 1 g에 존재하는 유리지방산을 중화하는 데 필요한 KOH의 mg 수
요오드가	불포화도	유지 100 g이 흡수하는 요오드의 g 수
아세틸가	유리된 OH기	무수초산으로 처리된 유지 1 g 중 아세트산을 중화하는 데 필요한 KOH의 mg 수
폴렌스케가	불용성의 휘발성 지방산	유지 5 g에 존재하는 불용성의 휘발성 지방산을 중화하는 데 필요한 KOH 용액의 mL 수
라이헤르트-마이슬가	수용성의 휘발성 지방산	유지 5 g를 증류처리 후 생성된 수용성의 휘발성 지방산을 중화하는 데 필요한 KOH 용액의 mL 수

3) 유지의 유화성

유화액이란 서로 섞이지 않는 2가지 액체가 유화제emulsifier에 의해 혼합된 상태이다. 유화제는 분자 내에 친수성기와 소수성기를 모두 가지고 있기 때문에 친수성기 부분은 물과 결합하고, 소수성기 부분은 기름과 결합함으로써 두 액체를 섞이게 한다 그림 4-14. 대표적인 유화제로는 레시틴 그림 4-4 이 있고, 이 외에 글리세린지방산에스테르, 솔비탄지방산에스테르, 폴리글리세린지방산에스테르, 프로필렌글리콜지방산

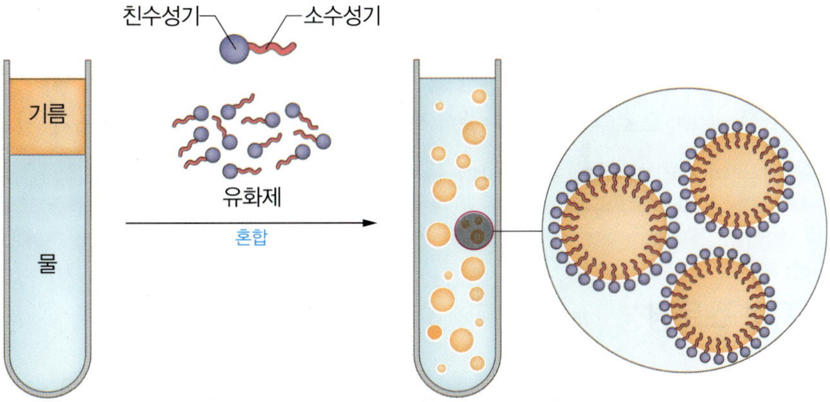

그림 4-14 유화액의 형성과정

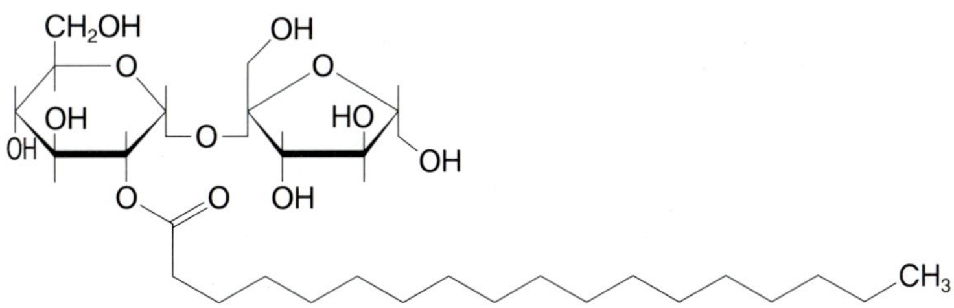

자당지방산에스테르

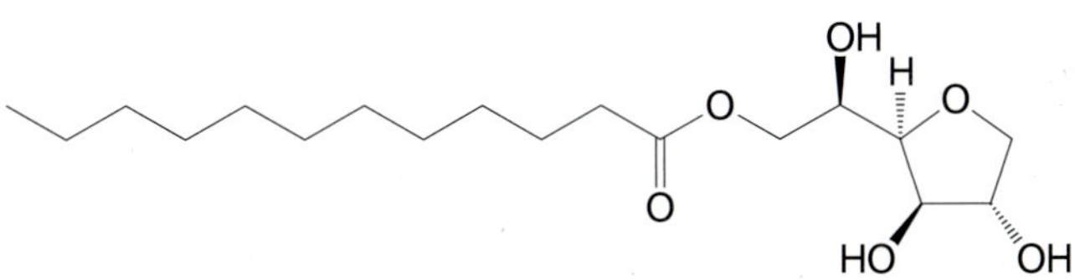

솔비탄지방산에스테르

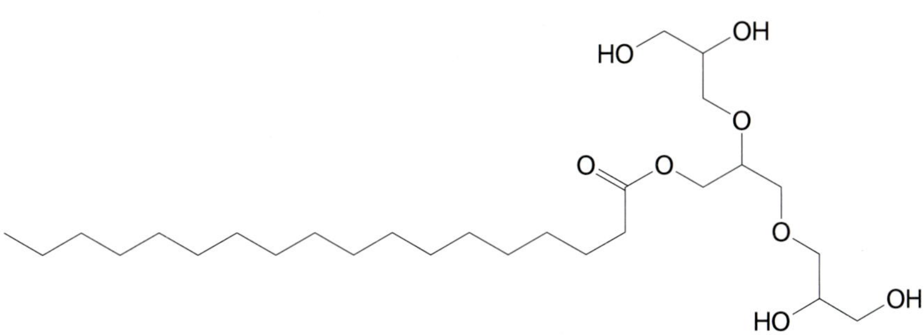

폴리글리세린지방산에스테르

그림 4-15 유화제의 화학구조

에스테르 등이 있다 그림 4-15.

유화액은 물에 기름이 분산된 수중유적형oil in water, o/w과 기름에 물이 분산된 유중수적형water in oil, w/o으로 나뉜다. 수중유적형 식품에는 우유와 마요네즈가 있고, 유중수적형에는 마가린과 버터 등이 있다.

4) 유지의 쇼트닝성

유지는 밀가루 글루텐에 흡착된 수분 위에 얇은 막을 형성하여 글루텐이 단단하고 질긴 입체적 구조를 형성하는 것을 방해하고 글루텐을 짧게 만들기 때문에 쇼트닝성shortening이라고 한다. 유지의 쇼트닝성에 영향을 주는 요인은 유지의 종류, 첨가되는 유지의 양, 유지의 온도 등이 영향을 미친다. 불포화지방산은 포화지방산보다 쇼트닝성이 더 크다. 가소성plasticity이 큰 유지는 밀가루 반죽 내에서 글루텐의 표면에 더 넓게 퍼지기 때문에 쇼트닝파워shortening power가 크다. 유지의 양이 많을수록 온도가 높을수록 더 넓게 퍼져 글루텐을 덮게 되므로 쇼트닝파워는 증가한다. 쇼트닝성을 갖는 대표적인 유지로는 버터, 마가린, 쇼트닝, 라드 등이 있으며, 패스트리, 비스킷, 쿠키 등을 만들 때 중요한 역할을 한다.

알아두기 **가소성(plasticity)**

가소성은 고체에 가해지는 압력이 어느 한도를 넘었을 때 변형이 일어나고 압력이 제거된 후에도 바뀐 상태를 그대로 유지하는 성질을 말한다. 버터나 크림치즈가 다양한 모양으로 성형되거나 눌러 펴지는 이유는 녹는점이 다른 다양한 트리글리세리드로 구성되어 있어서 육안으로는 고체 상태이지만 망상구조 안에 액체를 포함하고 있기 때문이다.

4 유지의 산패

유지를 공기에 장시간 노출하거나 고온에 가열하였을 때 맛과 색이 나빠지고 이취가 발생하는 현상을 산패rancidity라고 한다. 산패는 크게 수분, 산, 알칼리 및 효소에 의한 가수분해적 산패, 상온에서 산소와의 반응에 의한 산화적 산패, 가수분해와 산화가 동시에 일어나는 가열에 의한 산패로 구분된다.

1) 자동산화에 의한 산패

유지는 상온에서 대기 중의 산소에 의하여 자연발생적으로 산화가 서서히 진행되므로 자동산화autoxidation라고 한다.

(1) 유도기간

산소의 흡수는 처음 일정한 기간은 매우 느린 속도로 일어나지만, 그 기간이 지나면 급격하게 속도가 증가된다. 산소를 급격히 흡수하기 직전까지의 기간을 유도기간induction period이라고 한다 그림 4-16.

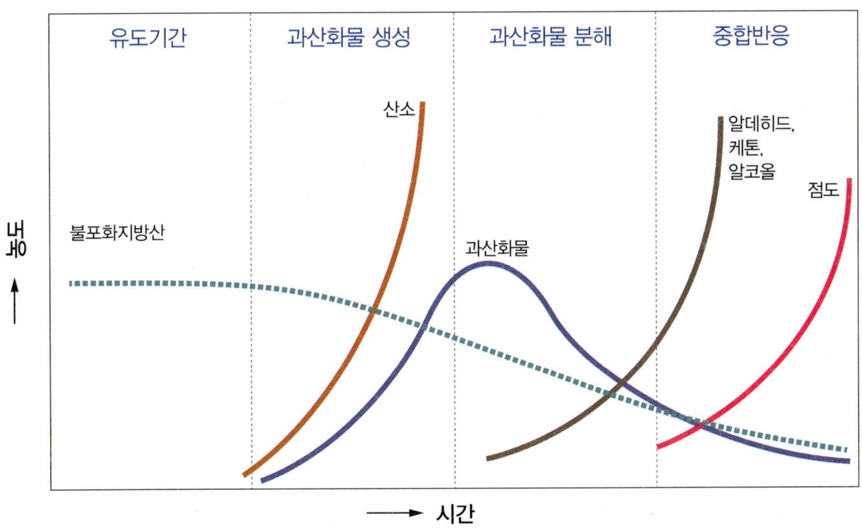

그림 4-16 유지의 산화

(2) 자동산화

유도기간이 지나면 공기 중의 산소를 빠르게 흡수하면서 유지의 자동산화가 일어나 과산화물의 생성량이 급격히 증가하기 시작한다. 하지만 자동산화가 어느 정도 진행되면 과산화물의 생성량보다 분해량이 더 많아지면서 과산화물의 농도가 감소하게 된다. 과산화물은 알코올, 카르보닐화합물(알데히드, 케톤) 등으로 분해되어 산패취를 발생한다. 한편, 라디칼들 사이에 중합 반응이 일어나 고분자물질polymer을 생

> **알아두기**
>
> - RH, R_1H: 지방산
> - R•, R_1•: 지방산라디칼(fatty acid radical)
> - RO•: 알콕시라디칼(alkoxy radical)
> - ROO•: 퍼옥시라디칼(peroxy radical)
> - HO•: 수산기라디칼(hydroxy radical)
> - ROOH : 과산화물(hydroperoxide)
>
> ◎ 라디칼은 전자 한 개가 부족한 불안정한 상태이기 때문에 전자를 얻기 위해 주위의 다른 물질을 공격하여 전자를 얻으려는 성질이 강하다.

개시단계

$$RH \longrightarrow R\cdot + H\cdot$$

$$R\cdot + O_2 \longrightarrow ROO\cdot$$

전파단계

$$ROO\cdot + R_1H \longrightarrow ROOH + R_1\cdot$$

$$ROOH \longrightarrow RO\cdot + HO\cdot$$

종결단계

$$R\cdot + R\cdot \longrightarrow RR$$

$$ROO\cdot + ROO\cdot \longrightarrow ROOR + O_2$$

$$RO\cdot + R\cdot \longrightarrow ROR$$

$$ROO\cdot + R\cdot \longrightarrow ROOR$$

$$2RO\cdot + 2ROO\cdot \longrightarrow 2ROOR + O_2$$

그림 4-17 유지의 자동산화 메커니즘

성하면서 점도가 높아진다.

유지의 자동산화는 크게 개시단계, 전파단계, 종결단계로 나뉜다 그림 4-17.

① 개시단계initiation step : 유지의 자동산화는 가열, 햇빛, 금속이온 등에 의해 불포화지방산의 이중결합 옆 탄소에서 수소라디칼(H•)이 떨어져 나가고 유리라디칼(R•)이 생성되면서 시작된다. 유리라디칼은 공기 중의 산소와 결합하여 퍼옥시라디칼(ROO•)을 생성한다.

② 전파단계propagation step : 퍼옥시라디칼은 전자가 한 개 부족한 불안정한 상태이기 때문에 주위에 있는 다른 지방산을 공격하여 수소라디칼을 빼어서 과산화물(ROOH)이 된다. 수소라디칼을 빼앗긴 지방산은 불안정한 지방산라디칼 상태이기 때문에 주위의 다른 지방산을 공격하게 된다. 이와 같이 유리라디칼의 생성반응이 유지 내의 다른 불포화지방산으로 계속 퍼지기 때문에 전파단계라고 한다.

③ 종결단계termination step : 전파단계에서 생성된 각종 라디칼들이 서로 반응하여 이중체dimer, 삼중체trimer 등의 중합체polymer를 생성한다. 중합체는 다른 지방산을 공격하지 않기 때문에 자동산화 반응은 종결된다. 중합 반응은 지방산의 분자량을 증가시켜 유지의 점도를 증가시킨다.

2) 가수분해에 의한 산패

유지는 수분, 산, 알칼리, 효소 등에 의하여 지방산과 글리세롤로 분해되어 불쾌한 냄새와 맛을 나타내는 경우를 말한다. 수분함량이 크거나 수분과 접촉할 기회가 많은 우유 및 유제품에서 주로 일어난다.

3) 가열에 의한 산패

유지가 조리 및 가공과정에서 140～200℃의 높은 온도에 노출되었을 때 일어나는 산화를 가열에 의한 산패라고 한다. 가열산화에서는 가열 반응과 산화 반응이 동시에 일어나기 때문에 매우 빠르게 진행된다. 유지가 분해되어 생성된 유리지방산은 발연점을 낮추고 산패속도를 증가시켜 유지의 안정성을 저하시키고, 글리세롤은 아크롤레인을 생성하여 불쾌한 냄새를 낸다. 산화과정에서 생성된 지방산 라디칼은 서로 반응하여 중합체를 형성함으로써 유지의 점도를 증가시킨다. 과산화물이 분해되어 생성되는 알데히드, 케톤, 알코올 등은 불쾌한 냄새를 만들 뿐만 아니라 갈변 반응을 일으켜 유지를 어두운 갈색으로 변화시킨다.

4) 산화에 영향을 미치는 인자

① 지방산의 종류 : 불포화지방산은 포화지방산보다 산화되기 쉽고, 이중결합의 수가 많아질수록 산화속도가 빠르다.

② 광선 : 자외선은 유지의 자유라디칼 생성을 촉진시켜 유도기간을 단축하고 과산화물의 분해를 촉진하여 유지의 산화를 증가시킨다.

③ 온도 : 온도가 높을수록 산화반응이 빨라지는데, 온도가 10℃씩 증가하면 산화속도는 2~3배 증가된다.

④ 산소의 농도 : 산소가 충분하면 산화속도는 산소 농도의 영향을 받지 않는다. 그러나 산소 농도가 매우 낮은 경우에는 산화속도는 산소의 농도에 비례하여 증가한다.

⑤ 중금속 : 철, 구리, 코발트, 망간, 니켈 등과 같은 중금속은 유리라디칼의 생성을 촉진하고 과산화물의 분해를 증가시켜 산화속도를 높인다.

⑥ 수분 : 수분함량에 따라 산화에 미치는 영향이 달라진다. 식품에 단분자층(영역 I)을 형성할 수 있을 정도의 소량의 수분(수분활성이 0.2~0.3)이 존재하면 유지와 산소의 접촉이 차단되므로 산화가 억제된다. 한편 다분자층을 형성하면(영역 II) 수분이 많아질수록 지방과 산화촉진인자의 움직임이 증가되어 산화가 촉진된다. 하지만 수분함량이 과다하게 되면 반응하는 물질들이 오히려 희석되면서 산화가 억제된다 그림 2-4 참조.

⑦ 헤마틴화합물 : 헤모글로빈, 미오글로빈 등의 헤마틴화합물들은 산화를 촉진한다. 육류에 존재하는 헤마틴 화합물들이 유지의 자동산화에 주로 기여한다.

5) 변향

정제한 식용유를 실온에 방치하면 수 일 이내에 좋지 않은 냄새를 내는 경우가 있는데, 이 현상을 변향flavor reversion 또는 변취라고 한다. 변향은 자동산화의 과산화물 축적이 거의 보이지 않는 초기 단계에서 생기는 것이 산패취와는 다르다. 이러한 현상은 우리나라에서 소비량이 많은 대두유에서 일어나기 쉽다. 변향의 생성에는 유지 중의 리놀렌산이 크게 관여하는 것으로 알려져 있으며, 기름의 종류에 따라 콩 냄새, 풀 냄새, 비린 냄새 등을 생성한다.

6) 항산화제

항산화제antioxidant는 유지의 산화속도를 억제하는 물질로서 산화방지제라고도 한다. 항산화제는 연쇄 반응에 참여하고 있는 각종 지방산의 유리라디칼에 자신의 수소라디칼을 내주어 유지를 안정한 상태로 바꾸어 산화를 지연시킨다 그림 4-18. 항산화제가 라디칼(A•)이 되지만 지방산의 유리라디칼과 비교하여 반응성이 거의 없는 상태이기 때문에 산화반응은 종결된다. 항산화제라디칼(A•)은 지방산이 산화되어 생성된 중간산물들과 중합체를 형성하기도 한다.

항산화제는 크게 천연 항산화제와 합성 항산화제로 구분된다 표 4-11. 산화를 방지하는 천연 항산화제로는 토코페롤, 플라본flavone 유도체, 갈산 유도체, 카테킨, 세사

$$R\cdot + AH \longrightarrow RH + A\cdot$$

$$RO\cdot + AH \longrightarrow ROH + A\cdot$$

$$ROO\cdot + AH \longrightarrow ROOH + A\cdot$$

$$R\cdot + A\cdot \longrightarrow RA$$

$$RO\cdot + A\cdot \longrightarrow ROA$$

$$ROO\cdot + A\cdot \longrightarrow ROOA$$

AH : 항산화제
A• : 산화된 항산화제

그림 4-18 항산화제의 작용기전

몰, 고시폴 등이 있다 그림 4-19. 천연 항산화제는 동물성 유지보다 식물성 유지에 주로 존재하므로 식물성 유지는 동물성 유지에 비해 불포화지방산의 함량이 높아도 산화속도가 느린 편이다. BHA, BHT, TBHQ 등이 대표적인 합성 항산화제이다.

한편, 자신은 항산화력이 없거나 매우 작지만 다른 항산화제와 함께 사용하면 항산화력을 매우 증가시키는 물질을 상승제synergist라고 한다. 구연산, 인산, 주석산, 비타민 C 등이 대표적인 상승제이다.

표 4-11 항산화제의 종류

종류	화합물	대표식품
천연 항산화제	토코페롤	식물성 기름, 어유
	세사몰	참기름
	고시폴	면실유
	레시틴	난황, 대두유
	폴리페놀성 화합물	과일류, 채소류, 콩류, 차
합성 항산화제	부틸히드록시아니솔(BHA) 부틸히드록시톨루엔(BHT) 삼차부틸히드로퀴논(TBHQ)	가공식품

폴리페놀(polyphenol)
식물에서 발견되는 화학물질의 일종으로서 분자 하나에 페놀 그룹을 한 개 이상 가지고 있음. 페놀은 벤젠의 수소원자 하나가 히드록시기(−OH)로 치환된 것이며, 폴리페놀은 두 개 이상의 히드록시기로 치환된 것임

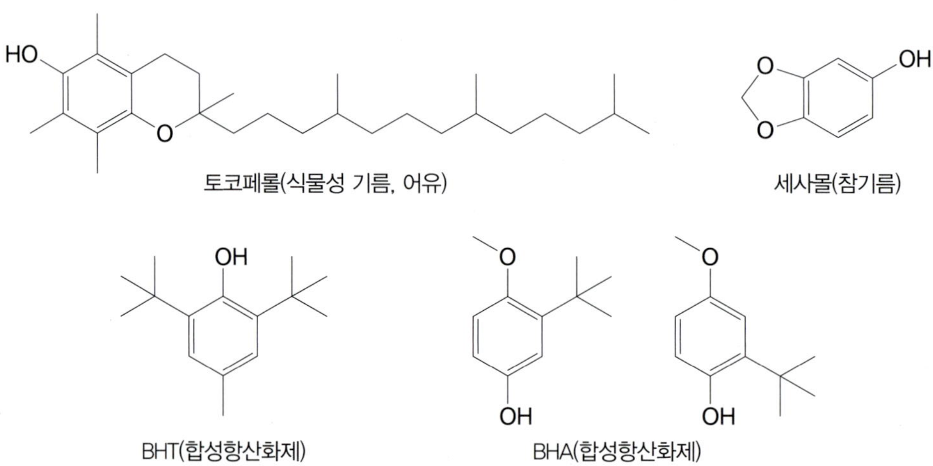

그림 4-19 항산화제의 구조

7) 유지의 산패도 측정방법

유지의 산패 측정은 산화 중 여러 물리·화학적 반응이 관여하여 매우 복잡하다. 산패도는 유지에 흡수된 산소나 1차 산화물인 과산화물의 양 또는 과산화물의 분해산물로서 2차 산화물인 알데히드, 케톤 등의 양으로 판정된다 표 4-12. 또한 유지의 색이나 점도의 변화를 관찰하여 산패도를 판단하기도 한다.

표 4-12 유지의 산패 측정방법

구분	측정목적	실험방법	단점
활성산소법	유도기간	유지를 97℃의 물에 중탕하면서 공기를 주입하고 과산화물가를 측정	
랜시매트법	유도기간	유지를 100℃로 유지하고 공기를 주입한 후 산화물의 전기전도도를 측정	
과산화물가	과산화물	유지 1 kg 중 생성된 과산화물의 mg 당량 수	산패가 진행되면서 증가했다가 감소됨
TBA가	말론디알데히드	TBA(thiobarbituric acid) 시약이 말론디알데히드와 반응하여 생성되는 적색을 비색정량	단백질 등의 다른 물질도 정량되어 과대평가될 수 있음
카르보닐가	알데히드, 케톤	디니트로페닐히드라진 시약이 알데히드, 케톤과 반응하여 생성된 적색을 비색정량	

5 유지의 가공

(1) 경화

불포화지방산에 촉매(니켈 또는 백금)와 수소를 첨가하여 반응시키면 이중결합에 수소가 부가되면서 액체에서 반고체 또는 고체로 변화되는데, 이를 경화hardening 또는 수소화 반응hydrogenation이라고 한다 그림 4-20.

액체 상태인 식물성 기름이 반고체나 고체 상태로 변하기 때문에 마가린이나 쇼트닝을 제조할 때 이용된다. 자연에 존재하는 시스형의 불포화지방산이 더 안정

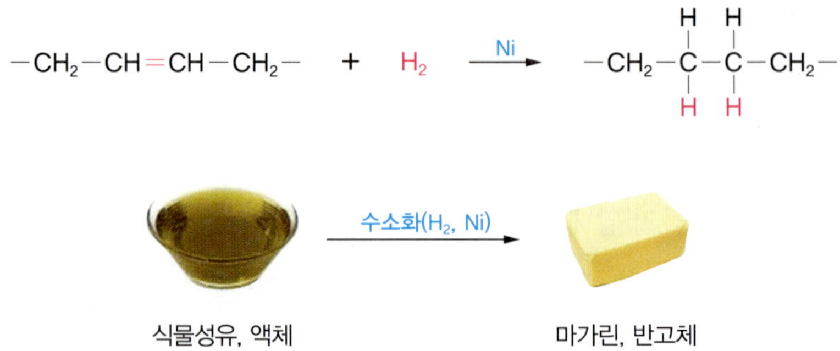

그림 4-20 유지의 수소화 반응

적이지만, 경화과정에서 일부 불포화지방산의 이중결합이 트랜스형으로 변화되기도 한다. 최근 건강에 대한 관심이 높아지면서 트랜스지방을 생성하는 수소화 반응에 의한 유지가공이 감소하고 있는 추세이다.

(2) 에스테르 교환반응

트리글리세리드 분자에 있는 지방산의 위치나 종류는 에스테르 교환반응trans-esterification에 의해 변화될 수 있다. 일반적으로 식물성유에서는 트리글리세리드의 중앙에 위치한 탄소인 C−2에 올레산과 리놀레산과 같은 불포화지방산이 위치하고, C−1과 C−3에는 포화지방산인 팔미트산과 스테아르산이 주로 위치한다. 하지만 에스테르 교환반응으로 지방산의 위치가 바뀌어 포화지방산이 C−2에 위치하게 되면 녹는점이 높아진다. 말하자면, 트리글리세리드 내에 있는 지방산을 재배치하여 유지의 물리·화학적 성질을 변화시키는 것이다 그림 4-21. 트리글리세리드의 분자 내intraesterification뿐만 아니라 분자 간interesterification에 지방산을 재배치하기도 한다. 이러한 반응은 디아실글리세롤 음이온diacylglycerol anion과 같은 촉매가 필요하다.

에스테르 교환반응은 리파아제lipase와 메톡사이드나트륨sodium methoxide의 촉매작용으로 일어나기도 하지만, 지방은 물에 용해되지 않고 효소 반응은 물이 필요하기 때문에 고도의 기술을 필요로 한다. 녹는점이 높고 질감이 거친 돼지기름은 에스테르 교환 반응으로 지방산을 재배치하면 바람직한 물성과 특성을 지닌 라드로 변한다.

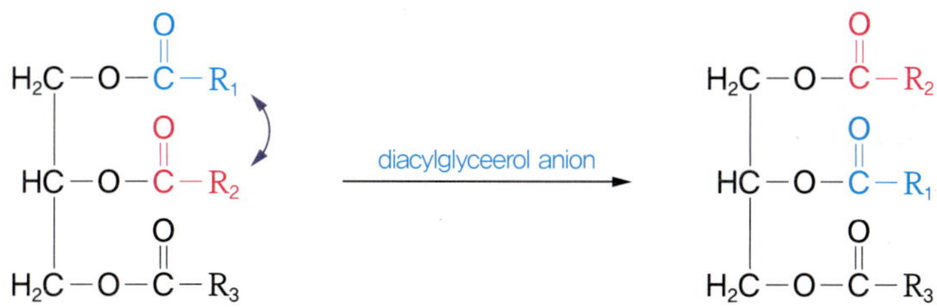

그림 4-21 분자 내 에스테르 교환 반응

(3) 유지의 정제

원유는 탈검, 탈산, 탈색, 탈취 등의 정제과정을 거쳐 무색, 무미, 무취의 식용유로 가공된다. 탈검에서는 기포를 생성하는 레시틴, 수분, 단백질 등이 제거되고, 탈산에서는 유리지방산을 제거하여 발연점을 높인다. 탈색과정은 지용성 색소인 클로로필과 카로티노이드를 제거하여 거의 색을 띠지 않도록 하고, 탈취는 알데히드, 케톤 등의 냄새 성분을 없앤다. 한편, 샐러드유는 냉장 보관하는 중에 혼탁해지는 것을 방지하기 위해 유지를 냉장 온도 이하로 냉각하여 고체화된 지방을 제거하는데, 이를 동유처리winterization 또는 탈랍dewaxing이라고 한다.

6 식용 유지

식용 유지는 천연 유지를 정제하여 유리지방산, 레시틴, 수분, 색소, 냄새 등이 제거된 것이다. 천연 유지의 산화 안정성을 높이고 상온에서의 물리적 상태를 변화시킨 가공 유지가 있다.

> **크리밍성**
> 제과과정에서 버터, 마가린, 쇼트닝 등의 가소성 고형 지방을 저었을 때 지방 안으로 공기가 들어가 부피가 증가하고 부드럽게 되는 성질

(1) 천연 유지 : 동물성 유지

우지(쇠기름)	• 소의 지방조직에서 채취한 담황색의 고체 상태 지방 • 우지를 60℃에서 물로 용출한 후 정제하여 제조 • 녹는점이 높기 때문에 더운 요리에 주로 이용
라드(돼지기름)	• 돼지의 지방조직에서 얻은 백색의 고체 지방 • 우지에 비해 녹는점이 낮아서 입 안에서의 촉감이 좋음 • 크리밍성은 떨어지지만 쇼트닝성이 뛰어나 제과용으로 이용 • 독특한 맛과 향이 있어 중국요리에 많이 이용
어유	• DHA, EPA 등의 다가불포화지방산을 다량 함유 • 자동산화가 쉽게 일어나므로 수소화 반응을 통해 경화유로 이용
버터	• 우유의 지방을 교반하여 뭉친 후 식염을 첨가하여 제조 • 비타민 A의 급원으로 유지 중에서 소화가 가장 빠름 • 산패되기 쉽고 냄새를 잘 흡수하므로 밀봉하여 냉장 보관

(2) 천연 유지 : 식물성 유지

대두유	• 콩으로부터 채취한 원유를 식용에 적합하도록 처리한 기름 • 세계적으로 가장 많이 이용 • 향기와 맛이 뛰어나고 저장성이 좋음 • 마가린, 쇼트닝 제조에 사용
올리브유	• 올리브 과육을 압착·여과·정제한 기름 • 올레산이 매우 풍부(60% 이상) • 마요네즈, 샐러드 드레싱, 볶음용으로 주로 이용
들기름	• 들깨 또는 볶은 들깨를 압착하여 얻은 원유를 정제한 기름 • 리놀렌산을 많이 함유함(≈60%) • 불포화도가 높지만 항산화제가 거의 없어서 산화안정성이 낮음
참기름	• 볶은 참깨를 압착하여 얻은 원유를 정제한 기름 • 항산화제인 세사몰과 토코페롤을 함유하여 산화 안정성이 높음 • 특유의 향이 강해 튀김용으로는 부적당 • 음식에 향을 부여하기 위해 사용
카놀라유	• 유채로부터 채취한 원유를 식용에 적합하도록 처리한 기름 • 품종을 개발하여 재래종 유채에 함유된 에루스산*을 제거한 것
팜유	• 야자 과육으로부터 채취한 원유를 식용에 적합하게 처리한 기름 • 진한 오렌지색의 반고체 상태의 지방 • 마가린, 제과용으로 이용 • 라면이나 스낵의 튀김유로 많이 이용

* 11장 독성물질 참조

(3) 가공 유지

마가린	• 버터와 비슷한 화학적 조성과 물성을 갖는 버터 대체품 • 식물성 유지를 정제하고 수소화 반응을 한 후 비타민 A와 D, 색소, 향미료, 유화제를 첨가하여 제조 • 수소화 처리의 강도를 조절하여 물성(단단함)을 조절 • 쇼트닝성과 크리밍성이 뛰어나 제과, 제빵 등에 이용
쇼트닝	• 라드의 대용품 • 식용 유지를 그대로 또는 식품첨가물을 넣어 가소성, 유화성 등을 부여한 유동성의 고체 상태인 유지 • 쇼트닝성과 크리밍성이 뛰어나 제과, 제빵에 주로 이용

요 약

- 지방산은 대부분 짝수 개의 탄소를 가지며, 이중결합의 유무에 따라 포화지방산과 불포화지방산으로 구분된다. 탄소 수가 증가할수록 녹는점이 높고, 같은 탄소 수를 갖는 지방산은 이중결합 수가 증가할수록 녹는점이 낮다.
- 동물성 지방은 포화지방산의 비율이 높아서 상온에서 고체 상태이고, 식물성유는 불포화지방산의 함량이 높아 상온에서 액체 상태이다.
- 유지의 가열 시 연기가 발생하는 온도를 발연점이라고 한다. 트리글리세리드의 분해로 생성된 글리세롤이 탈수되면서 아크롤레인을 생성하기 때문이다. 정제가 덜 된 유지는 유리지방산의 함량이 높아 발연점이 더 낮다.
- 유화제는 분자 내에 소수성기와 친수성기를 가지고 있기 때문에 서로 섞이지 않는 두 가지 액체가 혼합된 유화액을 형성한다. 연속상의 물에 기름이 분산되어 있는 수중유적형(우유, 마요네즈)과 기름에 물이 분산되어 있는 유중수적형(버터, 마가린)으로 나눌 수 있다.
- 식물성 유지에 수소와 촉매를 처리하여 이중결합을 단일결합으로 변형시켜 고체 상태인 마가린을 제조하는 것을 경화라고 한다. 에스테르 교환 반응은 지방산의 위치를 바꿔 유지의 물리적 상태를 변화시키는 방법이다.
- 자동산화는 상온에서 유지가 공기 중의 산소를 서서히 흡수하여 일어나는 산화를 말한다. 자동산화는 개시단계, 전파단계, 종결단계로 나뉜다. 유지의 산화는 고온으로 가열하거나 효소의 작용으로 일어나기도 한다. 이러한 산화는 바람직하지 않은 갈색과 불쾌한 냄새를 생성할 뿐만 아니라 점도를 증가시켜 유지의 품질을 저하시킨다.

연습문제

1. 유지를 구성하는 주요 지방산인 스테아르산, 올레산, 리놀레산, 리놀렌산의 구조적 차이와 녹는점을 비교하시오.
2. 식품산업에서 유화제로 널리 사용되고 있는 레시틴의 구조적 특징을 쓰시오.
3. 유지의 자동산화 과정에서 일어나는 물리·화학적 변화를 쓰시오.
4. 유지의 산화에 영향을 미치는 인자를 설명하시오.
5. 유지의 가공 방법 중 경화의 방법과 목적을 쓰시오.

5

CHAPTER

단백질

1. 아미노산 | 2. 단백질의 분류 및 구조 | 3. 단백질의 성질 | 4. 단백질의 변성

CHAPTER 5

단백질protein은 탄수화물, 지질과 더불어 3대 영양소이며 주요 식품성분으로, 그 어원은 그리스어의 '프로테오스(제1이라는 뜻)'에서 유래되어 생명을 유지하는 데 가장 중요하다는 의미이다. 단백질은 탄소, 수소, 산소 외에 질소를 함유한 고분자화합물로 생물체를 구성하며, 효소, 호르몬, 항체의 주요 성분이고 저장단백질과 보호단백질로써 생물체의 생명을 유지하는 데 중요한 역할을 한다. 주요 식품 구성 화합물인 탄수화물, 지질과 달리 단백질은 약 16%의 질소를 함유하고 있다. 식품 중의 질소량에 질소계수를 곱하여 산출한 단백질을 조단백질crude protein이라고 하며, 식품에 함유된 질소량을 측정하여 질수계수인 6.25(100/16)를 곱해 조단백질 함량을 계산할 수 있다. 식품성분 중 질소를 함유하는 화합물은 단백질 외에도 유리아미노산, 아마이드, 핵산의 염기류 및 크레아틴 등이 비단백태 질소를 함유하고 있다. 단백질은 20개의 서로 다른 아미노산이 펩티드결합을 통하여 중합된 고분자화합물로 아미노산의 배열순서 및 그 길이는 유전자정보에 의해 결정되며, 수많은 종류의 단백질이 존재한다. 식품 단백질은 섭취된 후 아미노산으로 소화(가수분해), 흡수되어 우리 몸에 필요한 단백질로 합성된다. 단백질이 많은 식품의 경우 단백질을 취급하는 방법에 따라 제품의 성질이 크게 달라지기 때문에 아미노산과 단백질의 구조 및 성질을 이해함으로써 조리·가공할 때의 변화를 이해하고 활용하는 것이 중요하다.

1 아미노산

아미노산amino acid은 단백질의 기본단위 화합물로, 한 분자 내에 아미노기amino group, $-NH_2$와 카르복실기carboxyl group, -COOH를 가지는 화합물이다. 카르복실기가 결합되어 있는 탄소 위치를 기점으로 하여 아미노기가 결합하는 탄소의 위치에 따라 α−, β−, γ−아미노산이라 부른다. 천연 단백질은 대부분 α−아미노산으로 구성되어 있다 그림 5-1.

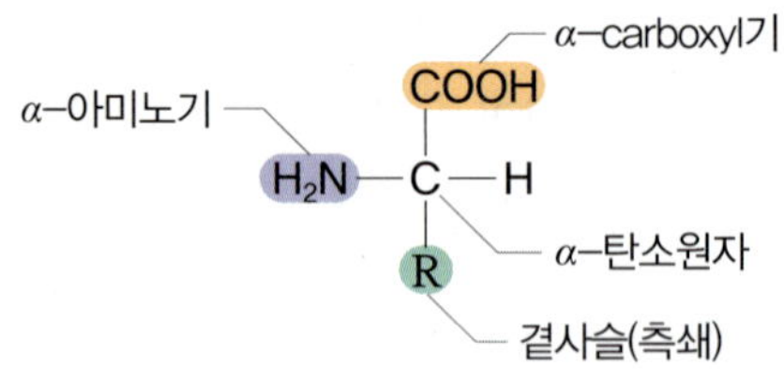

그림 5-1 아미노산 구조

1) 아미노산의 구조

아미노산은 측쇄(곁사슬) 구조가 수소-H인 글리신을 제외하고는 모든 아미노산의 α–탄소가 비대칭 탄소원자asymmetric carbon atom이므로 L–형과 D–형의 두 입체이성체가 생기게 된다. 그림 5-2와 같이 입체적인 사면체로 생각하여 상단에 카르복실기를 배치하고 하단에 측쇄-R group를 배치한 구조에서 아미노기-NH_2가 오른쪽에 있는 것을 D–형, 왼쪽에 있는 것을 L–형이라고 한다.

식품에 함유되어 있는 유리아미노산이나 단백질을 구성하는 아미노산은 α–L–아미노산이다.

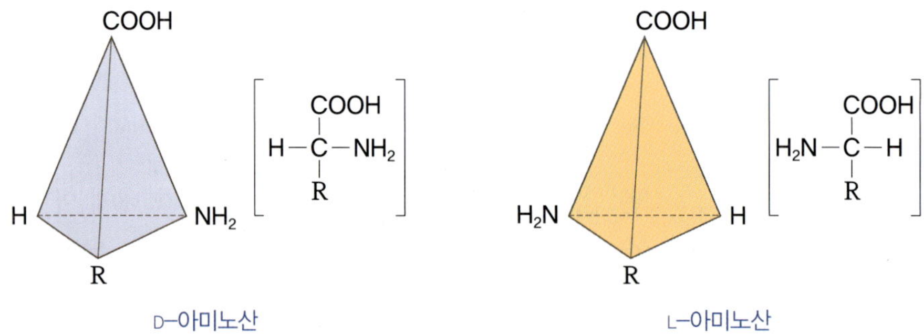

그림 5-2 α–L –아미노산의 구조

2) 아미노산의 종류와 분류

단백질을 구성하는 아미노산은 약 20여 종이며, 이들은 측쇄(R)의 화학구조에 따라 그림 5-3과 같이 분류된다. 즉, 중성 아미노산, 산성 아미노산, 염기성 아미노산으로 나눌 수 있으며 그림 5-4, 중성 아미노산은 그림 5-3과 같이 10개의 비극성아미노산과 5개의 극성아미노산으로 나눌 수 있으며, 또는 탄화수소기를 가진 지방족 아미노산, 벤젠기를 가진 방향족 아미노산과 곁가지를 가진 곁가지 아미노산으로 세분된다. 이 외에도 분자 중에 함유된 원자단의 특징에 의해 유황원자를 가지는 함황 아미노산, 수산기(-OH)를 가지는 히드록시 아미노산, 이미노기(=NH)를 가지는 이미노산imino acid 등으로 분류되기도 한다.

단백질을 구성하는 약 20개의 아미노산 중에서 발린, 루신, 이소루신, 트레오닌, 리신, 메티오닌, 페닐알라닌, 트립토판, 히스티딘의 9개 아미노산은 필수아미노산essential amino acid으로, 인체의 단백질 형성에 필요하나 체내에서 합성되지 않아 반드시 식품으로부터 섭취해야 한다.

3) 아미노산의 성질

(1) 용해성

아미노산은 일반적으로 물과 같은 극성 용매와 묽은 산이나 알칼리 및 염류용액에는 잘 녹으나 에테르, 클로로포름, 아세톤 등과 같은 비극성 유기용매에는 잘 녹지 않는다. 그러나 티로신과 시스테인은 물에 잘 녹지 않는다. 한편, 대부분의 아미노산은 알코올에 녹지 않으나 프롤린과 히드록시프롤린은 알코올에 잘 녹는다.

(2) 양성전해질 및 등전점

아미노산은 한 분자 내에 알칼리로 작용하는 아미노기($-NH_2$)와 산으로 작용하는 카르복실기(-COOH)를 동시에 가지고 있으므로 양성 물질이라고 한다. 또한 아미노산은 수용액 중에서 $-COO^-$(음이온)와 $-NH_3^+$(양이온)로 해리되어 분자 내에 염

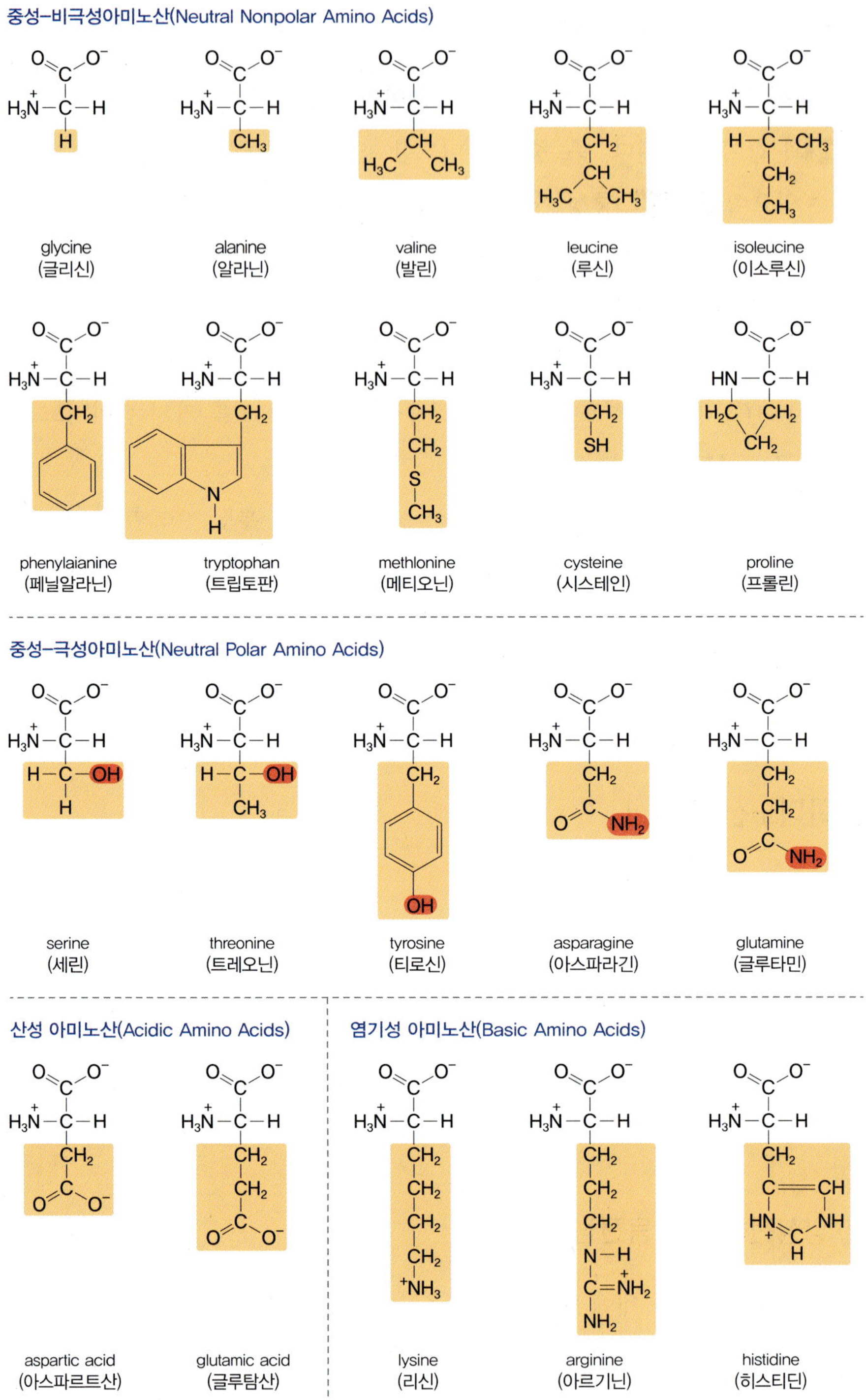

그림 5-3 단백질을 구성하는 아미노산

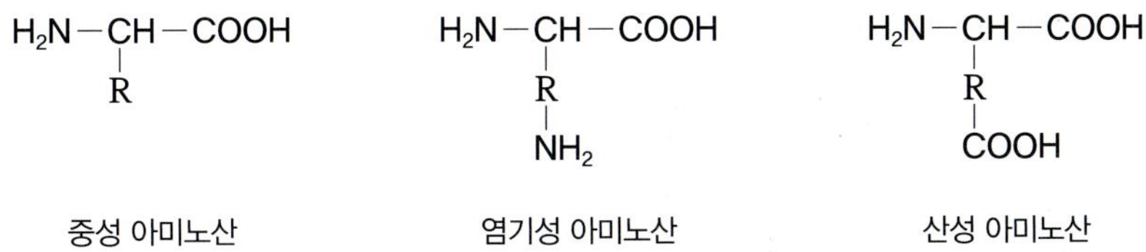

그림 5-4 중성 · 염기성 · 산성 아미노산

을 형성, 양성 이온zwitter ion의 상태로 존재하므로 이와 같은 화합물을 양성 전해질 ampolyte이라고 한다 그림 5-5. 따라서 아미노산이 물에 녹으면 카르복실기는 수소이온(H^+)을 방출하여 음이온($-COO^-$)으로, 아미노기는 수소이온을 받아들여 양이온($-NH_3^+$)으로 해리되어 양이온과 음이온의 양전하를 갖는 양성 이온을 형성하는 성질이 있다.

아미노산은 어떤 특정한 pH에서 양전하의 합과 음전하의 합이 같게 되어 그 분자의 전하가 0이 되므로 전기장 내에서 어느 전극으로도 이동하지 않는다. 이때의 pH 값을 등전점isoelectric point, pI이라고 한다. 아미노산들의 등전점은 구조와 해리상수가 다른 측쇄들의 차이로 인하여 다르나, 일반적으로 중성 아미노산의 등전점은 pH 7 부근의 약산성에, 산성 아미노산은 산성 쪽에, 염기성 아미노산은 알칼리성 쪽에 있다.

등전점에서 아미노산은 양전하와 음전하의 크기가 같아 침전되기 쉬우며, 따라서 용해도, 점도 및 삼투압은 최소가 되고 흡착성과 기포성은 최대가 된다.

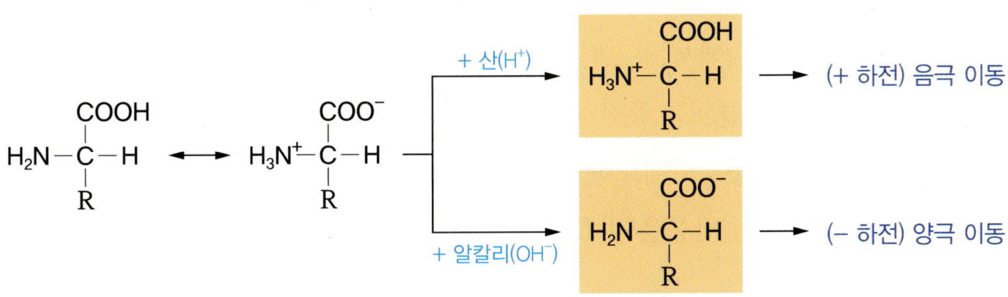

그림 5-5 양성 전해질로서의 아미노산

(3) 자외선 흡수성

단백질을 구성하는 아미노산 중 방향족 아미노산인 티로신, 트립토판, 페닐알라닌은 자외선을 흡수하여 이들의 최대흡수파장(λ_{max})은 각각 274.5, 278, 260 nm이다. 거의 모든 단백질에는 이들 방향족 아미노산이 함유되어 있으므로 280 nm 파장에서 흡광도를 측정하여 수용액 중 대략의 단백질함량을 알 수 있다.

(4) 맛

일반적으로 단백질은 타우마틴 등 특이한 경우를 제외하고는 아무 맛이 없으나 그 분해 생성물인 펩티드나 아미노산은 각각 특유한 맛을 가지고 있어 식품의 맛과 밀접한 관계를 가지고 있다. 특히 글루탐산의 Na염monosodium glutamate, MSG은 감칠맛의 대표적 성분이다.

(5) 아미노산의 화학적 반응

아미노산의 화학적 반응은 아미노산의 기능기, 즉 카르복실기, 아미노기, 측쇄(R)에 있는 기능기의 반응 등 여러 가지가 있으나 식품화학에서 중요한 대표적인 화학반응은 다음과 같다.

① 카르복실기 제거 반응(탈탄산 반응decarboxylation) : 아미노산에서 카르복실기가 제거되면 아민이 생성되는 반응으로 미생물, 특히 부패세균에 의해서 일어난다. 예를 들면, 동물체 내에서 히스타민은 히스티딘의 카르복실기가 제거되어 형성된 것으로 위장의 산 분비를 증진시키고 알레르기 반응에 관여한다.

② 알데히드와의 반응 : 아미노산의 α-아미노기는 알데히드와 축합하여 Schiff 염기를 만드는데, 이 반응은 비효소적 갈변 반응인 마이얄 반응의 첫 번째 단계이다.

③ 닌하이드린ninhydrin과의 반응 : 아미노산은 닌하이드린과 반응하여 암모니아, 탄산가스, 알데히드를 생성한다. 이때 생성된 암모니아는 산화형 및 환원형 닌하

이드린과 반응하여 570 nm에서 최대흡광도를 갖는 청자색의 화합물을 만든다. 이 반응은 아미노산의 정성과 정량에 널리 이용된다.

2 단백질의 분류 및 구조

단백질은 보통 수백 개의 아미노산이 펩티드결합으로 이루어진 고분자화합물로써 구조가 복잡하여 형태에 따라 분류하기가 어렵기 때문에 용해도에 따라 분류하고 있다. 그러나 분자의 구조나 조성에 대한 지식이 증가함에 따라 단백질의 조성과 이화학적 성질의 차이, 구조상의 특징 및 출처 등에 따라 여러 가지로 분류할 수 있다.

1) 단백질의 분류

(1) 성질에 의한 분류

단백질은 그 조성 및 이화학적 성질에 따라 단순단백질simple protein, 복합단백질conjugated protein 및 유도단백질derived protein의 3가지로 크게 분류한다.

① 단순단백질: 단순단백질은 아미노산으로만 구성된 단백질로서 비교적 구조가 간단하며, 물, 염용액, 산, 알칼리, 유기용매 등 특정한 용매에 대한 용해 특성에 따라 다음과 같이 분류된다 표 5-1.

[식품의 단순단백질]

- 알부민albumin : 물, 묽은 염류용액, 묽은 산 및 묽은 알칼리에 잘 녹으며 가열에 의하여 응고된다. 오브알부민(난백), 락트알부민(유즙), 혈청알부민(혈청), 미오겐(근육), 루코신(맥류), 레구멜린(대두) 등이 있다.
- 글로불린globulin : 물에는 거의 녹지 않고 묽은 염류용액, 묽은 산 및 묽은 알칼리에 잘 녹으며 대개 가열에 의하여 응고된다. 혈청글로불린(혈청), 락토글로불린

표 5-1 용해성에 따른 단순단백질의 분류

분류	용해성(가용 ○ · 불용 ×)					특 징	식품(단백질)
	물	0.8% NaCl	약산 pH 6	약알칼리 pH 8	60~80% 알코올		
알부민 (albumin)	○	○	○	○	×	• 열응고성 • 동식물 중에 많이 존재	• 난백(ovalbumin) • 유즙(lactalbumin) • 혈청(serum albumin) • 근육(myogen)
글로불린 (globulin)	×	○	○	○	×	• 열응고성 • 동식물 중에 많이 존재 • 글루탐산과 아스파르트산	• 근육(myosin) • 우유(lactoglobulin) • 난백(ovoglobulin) • 혈청(serum globulin) • 대두(glycinin)
글루텔린 (glutelin)	×	×	○	○	×	• 비열응고성 • 식물의 종자에 존재	• 쌀(oryzenin) • 밀(glutenin) • 보리(hordenin)
프롤라민 (prolamin)	×	×	○	○	○	• 비열응고성 • 식물의 종자에 존재 • 프롤린을 많이 함유	• 옥수수(zein) • 밀(gliadin) • 보리(hordein)
히스톤 (histone)	○	○	○	×	×	• 비열응고성 • 히스티딘과 아르기닌 • 동물 체세포와 정자의 핵에 존재	• 흉선(thymus histone) • 적혈구(globin)
프로타민 (protamin)	○	○	○	○	×	• 비열응고성 • 아르기닌 많음 • 어류의 정자에 존재	• 연어(salmin) • 정어리(clupeine) • 고등어(scombrin)
알부미노이드 (albuminoid)	×	×	×	×	×	• 비열응고성 • 경단백질(sclero protein) • 동물체 보호조직에 존재	• 결합조직, 피부(collagen) • 결합조직, 힘줄(elastin) • 머리카락, 손톱(keratin) • 명주실(fibroin)

(유즙), 오보글로불린(난백), 리소자임(난백), 액틴(근육), 미오신(근육), 피브리노겐(혈장), 글리시닌(대두), 비실린(콩류), 아라킨(땅콩), 투베린(감자) 등이 있다.

- 글루텔린glutelin : 물과 묽은 염류용액에는 녹지 않고 묽은 산, 묽은 알칼리에 잘 녹으며 가열에 의하여 응고되지 않는다. 오리제닌(쌀), 글루테닌(밀), 호르데닌(보리) 등과 같이 주로 곡류의 종자단백질이다.

• 프롤라민prolamin : 글루텔린이 알코올에 녹지 않는데 비하여 프롤라민은 70~80%의 알코올에 녹는다. 주로 곡류의 종자에 많이 함유되어 있으며, 제인(옥수수), 글리아딘(밀), 호르데인(보리) 등이 있다.

[기타 단순단백질]

• 히스톤histone : 리신과 아르기닌을 많이 함유한 염기성 단백질로 동물의 체세포 핵이나 정자핵에 DNA나 단백질과 공존한다. 글로빈(적혈구), 흉선히스톤(흉선) 등이 있으며, 식물계에는 존재하지 않는다.

• 프로타민protamine : 강한 염기성 단백질로서 가열에 의해서도 응고되지 않는다. 동물성 식품에만 존재하는데 어류의 정자핵에서 DNA와 결합하며, 살민(연어), 크러페인(청어), 스콤브린(고등어) 등이 있다.

• 알부미노이드albuminoid : 섬유상 단백질로 경단백질scleroprotein이라고도 하며 물, 묽은 염류용액, 묽은 산, 묽은 알칼리에 녹지 않고, 효소의 가수분해에 저항력이 있는 것으로 구조나 결합기능을 한다. 동물체에만 존재하며, 주로 조직을 형성하여 몸을 보호하는 작용을 하는 단백질로서 영양적인 가치는 낮다. 콜라겐(근육조직, 피부, 연골), 케라틴(손톱, 머리카락, 뿔), 엘라스틴(결합조직, 힘줄), 피브로인(명주실) 등이 있다.

② 복합 단백질conjugated protein : 아미노산으로 구성된 단순단백질에 인산, 지질, 핵산, 당질, 색소 및 금속 등의 비단백성 물질이 결합한 단백질이다. 생체세포 내에 함유되어 생리적으로 중요한 활성을 가지며 비단백성 물질의 종류에 따라 다음과 같이 나뉜다.

• 인단백질phosphoprotein : 단순단백질과 인산이 결합한 것으로 동물성 식품에서 많이 발견된다. 산성 단백질로서 때로는 칼슘염으로 존재한다. 우유의 카제인, 난황의 비텔린과 비텔레닌 등이 있다.

• 지단백질lipoprotein : 지질과 단백질이 결합한 것으로 지방질 부분은 인지질로 이루어진 것이 많다. 유화력을 가지고 있으며 거의 모든 동식물세포에 들어 있다. 난황의 리포비텔레닌과 혈액의 트롬보플라스틴 등이 있다.

• 핵단백질nucleoprotein : 단순단백질에 핵산(DNA, RNA)이 결합한 단백질로 단순단

백질 부분은 주로 염기성의 히스톤 또는 프로타민이다. 대표적인 것으로 동물체의 백혈구, 적혈구, 정자와 식물체의 배아, 효모, 세균 등에 함유되어 있다.

- 당단백질glycoprotein : 단백질에 당질이 결합한 것으로 독특한 점성이 있어 점성단백질mucoprotein이라고도 한다. 동물의 점액이나 타액, 소화액인 뮤신, 혈청과 결체조직의 뮤코이드, 난백의 오보뮤코이드 등이 있다.
- 색소단백질chromoprotein : 단순단백질과 색소가 결합된 것으로서 생체 내에서 산소 운반, 호흡작용, 산화환원작용에 관여한다. 혈액의 헤모글로빈, 근육의 미오글로빈, 엽록체의 클로로필, 갑각류 껍질의 아스타잔틴, 체조직의 시토크롬 등이 있다.
- 금속단백질metalloprotein : 금속 Fe, Cu, Zn 등과 단백질이 결합한 것으로 철단백질로는 페리틴(간), 구리단백질로는 헤모시아닌(연체동물의 혈액), 폴리페놀 산화효소, 아스코르브산 산화효소 등이 있고, 아연단백질로는 인슐린(췌장)이 있다.

③ 유도단백질derived protein : 천연단백질이 열, 자외선 등의 물리적 작용이나 산, 알칼리, 알코올 등의 화학적 또는 효소적 작용에 의해 변형된 것으로서 변형 정도에 따라 1차 유도단백질과 2차 유도단백질로 구분된다.

(2) 구조와 형태에 의한 분류

단백질은 구조와 형태에 따라 섬유상 단백질fibrous protein과 구상 단백질globular protein로 나뉜다.

① 섬유상 단백질 : 긴 섬유상의 폴리펩티드 사슬이 수소결합 또는 디설파이드결합(-S-S-)에 의해 일정한 방향으로 규칙적인 배열을 하여 섬유 모양의 구조를 갖는다. 보통의 용매에는 녹지 않는 불용성으로, 콜라겐, 엘라스틴, 케라틴 등이 있다.

② 구상 단백질 : 아미노산 측쇄의 여러 가지 결합에 의해서 폴리펩티드 사슬이 구부러지고 겹쳐져서 전체적으로 둥근 모양을 가지는 단백질로 비교적 물에 잘 용해된다. 알부민, 글로불린, 헤모글로빈, 인슐린, 효소 단백질 등이 있다.

(3) 출처에 의한 분류

단백질은 그 출처에 따라 식물성 단백질plant protein과 동물성 단백질animal protein로 나뉘고, 이들은 다시 다음과 같이 분류된다.

① 식물성 단백질 : 곡류단백질, 콩류단백질

② 동물성 단백질 : 육류단백질, 우유단백질, 난류단백질, 어류단백질

2) 단백질의 구조

단백질은 20여 종의 아미노산이 펩티드결합을 하여 하나의 긴 사슬을 이루고 있다. 펩티드결합은 한 개의 아미노산의 α−카르복실기(−COOH)와 다음 아미노산의 α−아미노기($-NH_2$)가 축합하여 1분자의 물이 빠져나와 형성된 −CO−NH− 결합이다 그림 5-6.

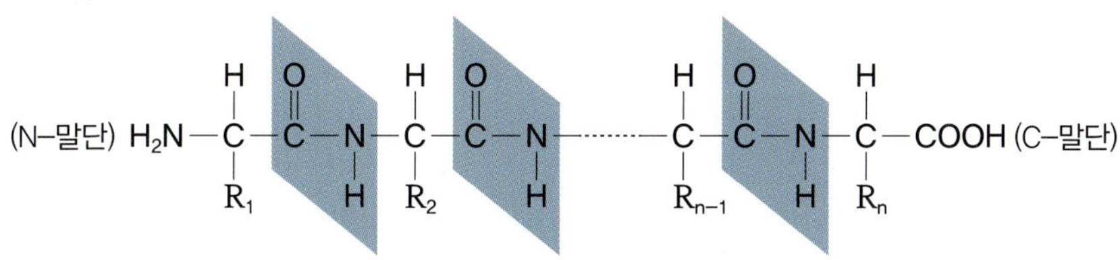

그림 5-6 아미노산의 펩티드결합

여기서 R_1, R_2, R_3 …는 각 아미노산 고유의 곁사슬을 나타내며, 펩티드결합의 기본인(−CHR−CO−NH−)의 연속체를 주사슬이라고 한다. 주사슬의 한쪽은 $-NH_2$가 유리되어 아미노기 말단(N−말단)이라 하고, 다른 한쪽은 카르복실기가 유리되어 카르복실기 말단(C−말단)이라 한다. 2개의 아미노산으로 이루어진 펩티드를 디펩티드dipeptide, 3개의 아미노산으로 이루어진 것을 트리펩티드tripeptide, 아미노산이 10개 이하인 것을 올리고펩티드oligopeptide라고 하며, 그 이상의 많은 아미노산이 펩티드결합된 것을 폴리펩티드polypeptide라고 한다. 일반적으로 아미노산이 수십 개 이상이 중합

되어 분자량이 약 1만 이상의 큰 폴리펩티드를 단백질이라고 한다.

단백질과 같은 거대 분자의 구조는 1차, 2차, 3차, 4차 구조로 나눌 수 있다.

(1) 1차 구조

1차 구조primary structure는 폴리펩티드 내의 아미노산 배열 순서이다. 단백질의 특성을 결정하는 것은 펩티드결합을 하고 있는 아미노산의 종류와 배열 순서로서 이것은

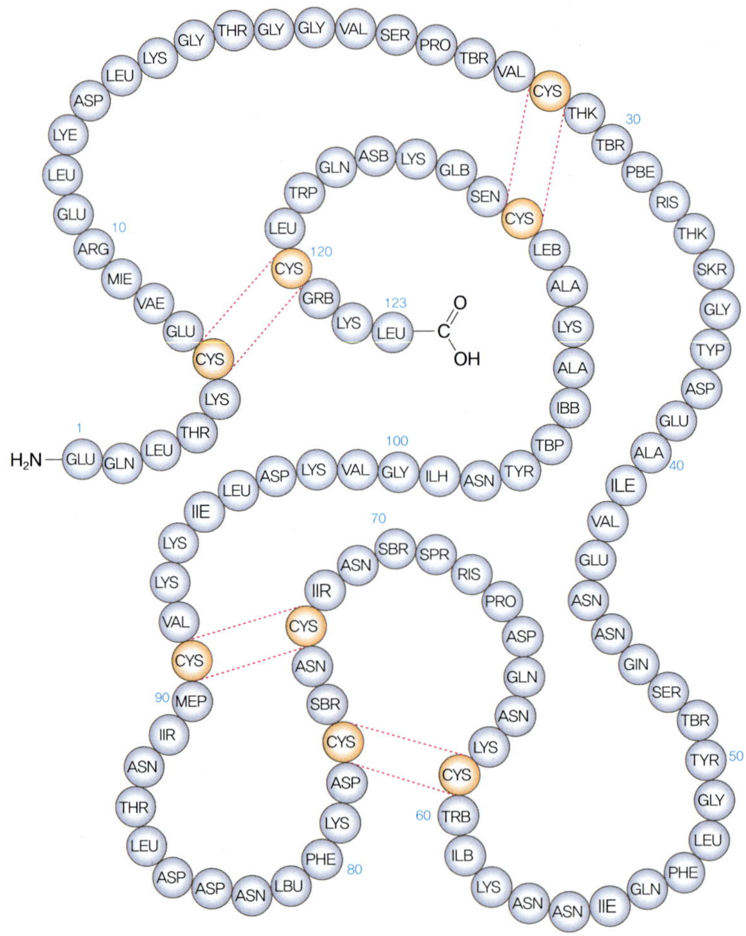

그림 5-7 우유단백질인 α-락트알부민의 1차 구조

유전자정보에 의해 결정되며 단백질의 종류에 따라 다르다. 즉, 1차 구조는 펩티드결합 중의 아미노산 배열 순서만을 고려한 구조이며 다른 결합이나 힘을 고려하지 않는다. 단백질 사슬의 길이와 아미노산 결합 순서는 단백질의 이화학적, 구조적, 생물학적 성질 및 기능을 결정한다. 아미노산 배열순서는 2차, 3차 구조의 형성 코드로 작용하고, 궁극적으로는 단백질의 생물학적 기능성을 결정한다. 대부분의 단백질은 100~500개의 아미노산으로 구성되어 있다. 그림 5-7은 유청 단백질인 α-락트알부민의 1차 구조를 나타내는 것으로, N-말단은 글루탐산이고 C-말단은 루신으로 123개의 아미노산으로 구성되어 있음을 알 수 있다.

(2) 2차 구조

2차 구조secondary structure는 폴리펩티드 사슬이 구성아미노산끼리 상호작용(수소결합 등)에 의해 입체구조를 형성하는 것으로 곁사슬 상호 간의 작용에 생긴 α-나선구조, β-병풍구조 및 불규칙 구조 등으로 이루어져 있다. α-나선구조는 주사슬 펩티드결합의 카르보닐기(>C=O)와 다른 펩티드결합의 이미노기(>NH)가 수소결합을 하여 서로 끌어당기기 때문에 주 사슬이 나선 모양으로 오른쪽으로 회전하는 구조를 갖게 된다. 이 구조는 주로 생체기능 단백질에 많이 존재하는데, 예를 들면 미오글로빈과 헤모글로빈에는 펩티드 사슬의 약 80%, 키모트립신에는 약 10%가 α-나선구조이다. β-병풍구조는 그림 5-8과 같이 분자 간 수소결합에 의해 입체적으로 주름을 잡으며 늘어진 구조로 명주실에서 볼 수 있는 섬유상 단백질에 많은 2차 구조이다. 인접한 폴리펩티드 사슬의 N-말단 → C-말단이 같은 방향으로 배열되었을 때는 평행 β-구조parallel β-structure라고 하고, 서로 반대인 경우에는 역평행 β-구조antiparallel β-structure라고 한다.

1차 구조 – 아미노산

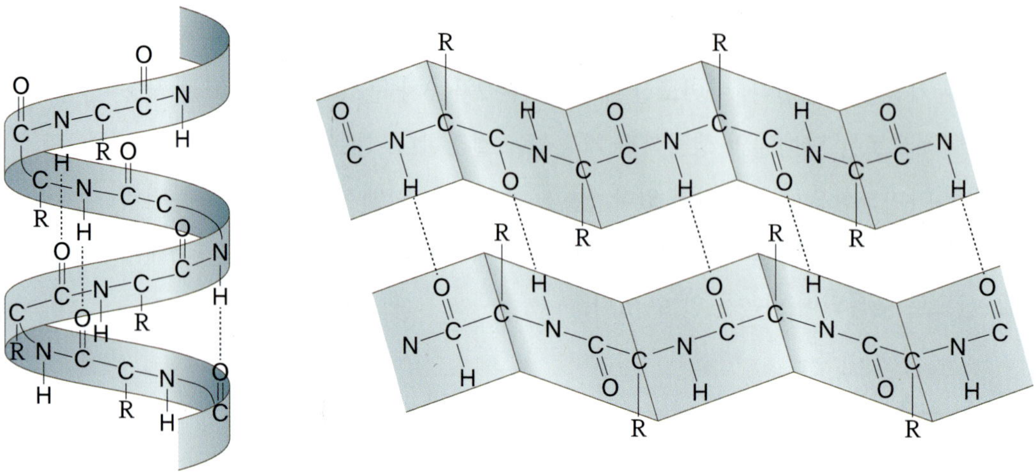

2차 구조 – 인접한 카르복실기와 아미노기 사이의 수소결합(왼쪽 : α–나선구조, 오른쪽 : β–병풍구조)

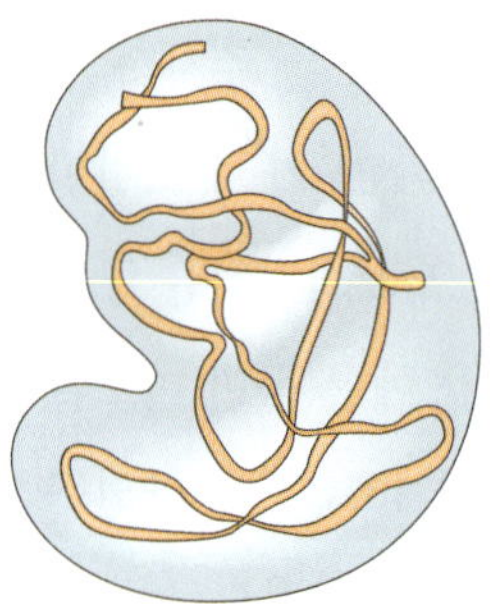

3차 구조
R 그룹 사이의 수소결합, 소수성결합, 이황화결합과 이온결합에 의해 고유의 3차원 구조 형성

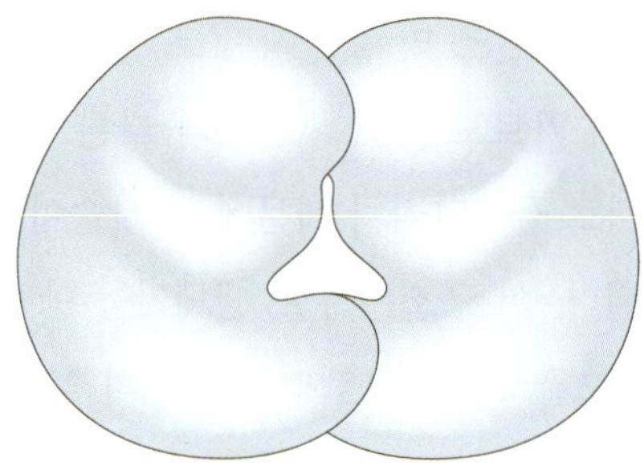

4차 구조
2개 이상의 폴리펩티드가 모여 하나의 단백질이 형성

그림 5-8 단백질의 구조

(3) 3차 구조(tertiary structure)

2차 구조인 α–나선구조, β–병풍구조 및 불규칙 구조로 이루어진 폴리펩티드 사슬이 구성아미노산의 특성에 따라 **그림 5-9**와 같이 수소결합, 이황화결합(S–S 결합, 디설파이드결합), 이온결합, 소수성결합 등에 의하여 휘어지고 구부러져서 구상 및

섬유상의 복잡한 공간 배열을 이룬 것을 말한다. 그림 5-10는 β-락토글로불린의 2차 구조와 3차 구조를 나타낸 것이다.

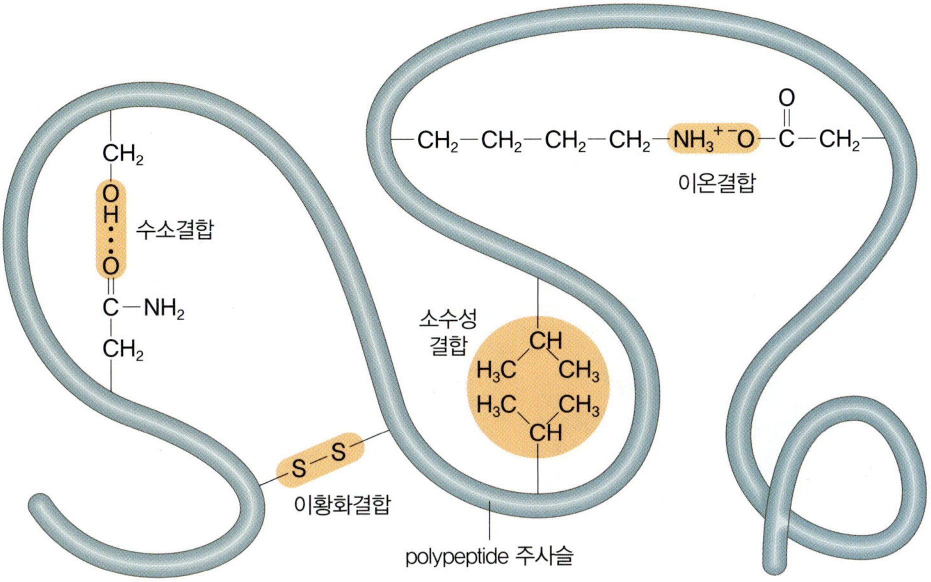

그림 5-9 단백질 3차 구조를 안정화시키는 이온결합, 수소결합, 소수성결합, 이황화결합

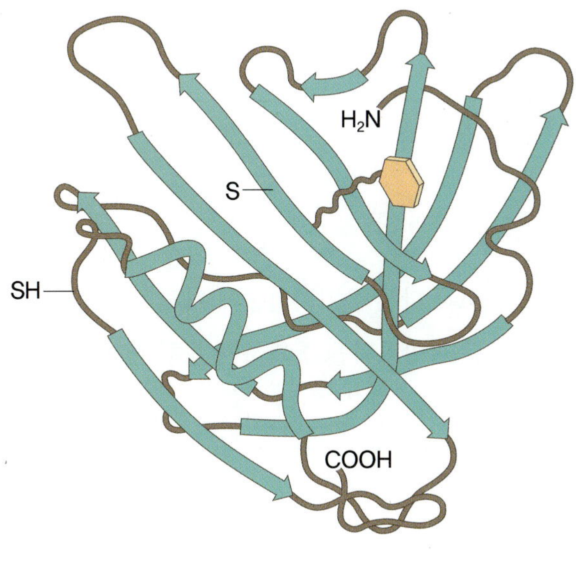

그림 5-10 β-락토글로불린의 3차 구조 : 화살표는 β-병풍구조를, 나선은 α-나선구조를 나타냄

(4) 4차 구조(quarternary structure)

단백질의 3차 구조를 이루고 있는 폴리펩티드 사슬 2개 이상이 다시 회합association에 의하여 뭉쳐서 하나의 생리기능을 가지는 단백질의 집합체의 공간적 배열을 4차 구조라고 한다 그림 5-11. 이때 집합체를 형성하면서 회합의 기초가 되는 하나의 단백질을 소단위라 한다.

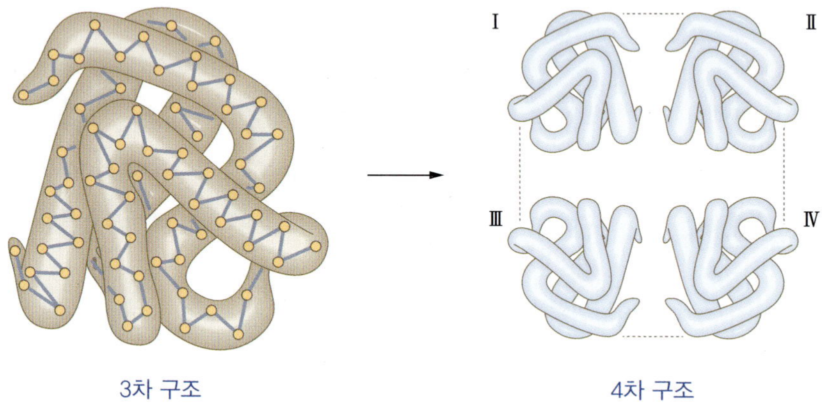

그림 5-11 헤모글로빈의 4차 구조

3 단백질의 성질

1) 분자량

단백질은 고분자화합물로서 다른 유기화합물에 비해 큰 수만~수백만에 이르는 분자량을 가지므로 셀로판 등의 반투막을 통과하지 못하며, 물에 녹으면 콜로이드 (교질) 용액을 형성한다.

2) 용해성

단백질이 용매에 녹으면 식염이나 설탕이 물에 녹아 진용액을 만드는 것과는 달리 용매 중에 분산되어 점조한 교질용액이 된다. 단백질은 분자 중에 물과 결합할 수 있는 $-COOH$, $-NH_2$, $-OH$, $-NH$ 등의 친수성기를 가지고 있으므로 이들이 물과 수소결합을 하여 수화된다. 단백질에 결합되는 물의 양은 단백질의 농도, 다른 이온들의 물에 대한 경쟁 및 용액의 pH 등에 따라 결정된다.

대부분의 단백질은 저농도의 묽은 중성 염류 용액에 의해 용해도가 증가하는데(염용salting-in효과), 이는 중성염의 해리로 생성된 이온이 단백질 분자의 이온화된 기능기와 작용함으로써 단백질 분자 사이의 인력을 감소시키기 때문이다. 그러나 중성염의 농도가 높을 때는 염과 단백질이 물에 대하여 경쟁하기 때문에 단백질은 침전(염석salting-out효과)한다.

3) 등전점

단백질은 폴리펩티드이므로 유리된 α-아미노기, α-카르복실기는 거의 존재하지 않는다. 그러나 아미노산처럼 H^+ 및 OH^-의 적당한 농도에서 그 분자 속의 양과 음의 하전이 완전히 중화되어 전기적으로 중성이 될 수 있는데, 이때의 pH를 그 단백질의 등전점isoelectric point, pI이라고 한다. 일반적으로 단백질은 산성 아미노산이 많으면 산성 쪽으로, 염기성 아미노산이 많으면 알칼리성 쪽으로 등전점을 갖는다. 이 등전점에서는 단백질의 용해도가 가장 낮아 쉽게 침전되기 때문에 단백질의 분리 및 정제에 자주 이용된다. 등전점에서는 주위의 물분자와의 수화도가 최소가 되어 침전되기 쉬워지며, 이러한 현상을 등전침전이라고 한다. 분리대두단백질soy protein isolate은 두유를 등전점인 pH 4.5로 맞춰 침전시켜 제조한다. 단백질은 등전점에서 점도·삼투압·팽윤·용해도 등은 최소가 되고, 흡착성·기포력·탁도·침전 등은 최대가 된다. 대부분 식품 단백질의 등전점은 pH 4~6이다 표 5-2.

표 5-2 각종 식품 단백질의 등전점

단백질	소재	등전점	단백질	소재	등전점
gliadin	밀	6.5	lactalbumin	우유	5.1
myogen	육류	6.3	casein	우유	4.6
zein	옥수수	5.8	lactoglobullin	우유	4.5~5.5
myosin	육류	5.4	egg albumin	달걀	4.5~4.7
glutenin	밀	5.2~5.4	glycinin	콩	4~5

4) 단백질의 침전성

단백질은 음이온과 양이온을 가진 양성 화합물이므로 트리클로로아세트산trichloroacetic aci, 피크르산picric acid, 설포살리실산sulfosalicylic acid, 탄닌산tannic acid 등의 유기침전제나 Hg^{2+}. Cd^{2+}, Pb^{2+} 등의 중금속 염류, 알코올, 아세톤 등의 유기용매에 의해 불용성의 염을 형성하여 침전한다. 이들 대부분은 비가역적 변성을 동반한다. 유기용매의 경우, 0℃ 이하에서 단시간에 처리하면 단백질 변성을 막을 수 있다. 이러한 반응은 식품성분에서 비단백질 질소화합물과 혼재하는 단백질의 분리정제에 이용된다.

5) 자외선 흡수 스펙트럼

아미노산 중에서 방향족 아미노산인 페닐알라닌, 트립토판, 티로신 등은 자외선을 흡수한다. 단백질이 280 nm 부근의 자외선을 흡수하는 것은 바로 이들 아미노산, 특히 트립토판이 함유되어 있기 때문이다.

6) 정색 반응

단백질은 구성아미노산의 종류와 그 속에 포함된 물질의 화학적인 성질에 따라 여러 가지 정색 반응을 나타낸다. 반응기가 단백질 분자의 표면에 노출되어 있는 경우와 내부에 존재하는 경우에 반응성이 다르기 때문에 조건에 따라 여러 가지 화학 반응을 사용한다. 대표적인 정색 반응은 아래와 같다.

① 뷰렛biuret 반응 : 단백질 용액에 수산화나트륨(NaOH) 용액을 가하여 알칼리성으로 만들고, 여기에 $CuSO_4$ 용액 1~2방울을 가하면 적자색~청자색을 띤다. 이것은 2개 이상의 펩티드결합이 있는 단백질에서 일어나는 반응이다.

② 잔토프로테인xanthoprotein 반응 : 단백질 용액에 진한 질산 몇 방울을 떨어뜨리면 흰색 침전이 일어나고, 이것을 다시 가열하면 황색 침전이 일어나거나 용해되어 황색의 용액이 된다. 다시 냉각시켜 암모니아로 알칼리성을 만들면 등황색이 되는데 이 반응은 벤젠핵을 가지기 때문에 나타나는 반응이며, 티로신, 페닐알라닌 및 트립토판 등이 존재하기 때문에 일어난다.

4 단백질의 변성

1) 변성과정

단백질 용액을 60~70℃로 가열하면 알부민과 글로불린은 응고되어 다시 용해되지 않으며, 결체조직 중의 불용성 단백질인 콜라겐은 가열하면 뜨거운 물에 녹는 젤라틴으로 변하고 이것을 식히면 응고된다. 이와 같이, 천연 단백질이 물리적·화학적 작용을 받으면 공유결합인 펩티드결합은 파괴되지 않고 분자 내 구조의 변형을 가져오는데 이를 변성denaturation이라고 한다 그림 5-12. 즉, 단백질의 변성은 펩티드결합이 분해되는 1차 구조의 변화가 아니라 수소결합이나 소수결합 등을 하고 있는 단백질의 2차와 3차 구조가 파괴되어 천연 단백질이 가지고 있는 원래의 성질이 변하는 것을 말한다. 변성은 열, pH, 염류, 표면효과 등 여러 가지 요인에 의해서 일어난다. 단백질이 변성되면 생물학적 활성이 떨어지고 단백질의 기능적 특성, 특히 용해도가 변화된다.

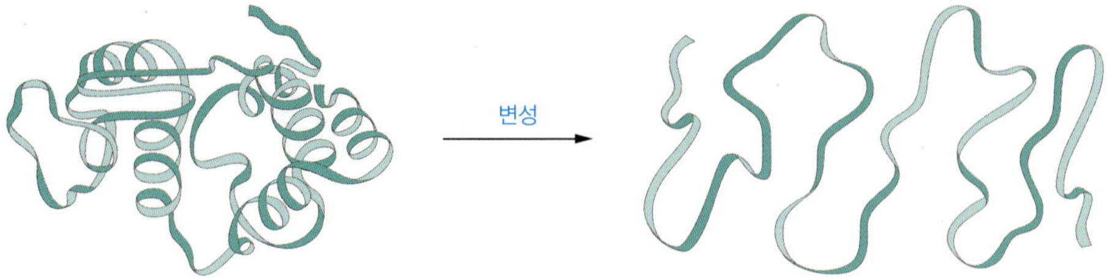

그림 5-12 단백질의 변성

단백질의 변화 중 가장 중요한 것이 변성이며, 단백질 식품의 가공, 저장, 조리과정 중에 변성이 많이 일어나므로 이에 대한 지식은 매우 중요하다. 예를 들면, 삶은 달걀(열변성), 두부 제조(가열 및 염류), 동결두부의 제조(동결), 생 빵 반죽의 형성(교반 및 산화), 요구르트 제조(산), 치즈의 제조(레닌, 염류), 생선 건어물(건조), 수산 연제품(염류 및 가열), 초절임식품(산), 염장식품(염류) 등이 단백질의 변성을 이용한 식품이다.

2) 변성 단백질의 성질

변성은 본래의 천연 단백질로 되돌아갈 수 없는 불가역적 변성이 대부분이며, 일반적으로 단백질은 변성에 의해 다음과 같은 변화가 일어난다.

(1) 용해도의 변화

단백질은 변성되면 대부분 용해도가 감소한다. 이것은 단백질이 물에 용해될 때 소수성기는 물에서 멀어지고자 단백질 구조의 내부에 들어가서 응집해 있으나, 변성에 의해 구조가 풀리면 소수성기는 단백질 분자의 표면에 나타나므로 단백질의 친수성이 감소하여 용해도가 감소한다.

(2) 점도

단백질이 변성하면 분자 부피가 커지므로 대체로 점도가 증가한다.

(3) 소화율

단백질이 열에 의해 응고되면 소화율이 높아지는데, 이는 본래의 입체구조를 이루고 있던 폴리펩티드 사슬이 변성되면서 풀어져서 겹쳐 있던 부분도 소화효소의 작용을 받기 쉽기 때문이다. 그러나 지나친 가열은 소화를 오히려 나쁘게 하는데, 과열로 인해 응고물의 구조가 빽빽해져서 효소의 작용 장소가 다시 구조 내부로 묻히기 때문이다. 날달걀이나 완숙보다 반숙이 더욱 소화율이 높은 것은 바로 이러한 이유에 기인된다.

(4) 생물학적 활성의 소실

대부분의 효소는 100℃에서 수 분간 가열하면 활성을 잃는다. 효소와 기질과의 관계는 분자의 구조 및 형태가 결정적인 영향을 미치므로 열에 의해 효소단백질의 분자가 변형되면 효소는 활성을 잃게 된다. 또 변성에 의해 항체와 항원의 결합능력도 같은 이유로 소실된다.

(5) 결정성의 소실

펩신pepsin, 트립신trypsin 등과 같은 결정성 효소단백질은 변성되면 결정성을 상실하는 경우가 많다.

(6) 반응성의 증가

단백질이 변성되면 생단백질에서는 보이지 않던 설프하이드릴기(−SH), 페놀기 등과 같은 활성기가 표면에 나타나 반응성이 증가한다. 이것은 폴리펩티드 사슬이 구부러져 겹쳐진 구조의 내부에 묻혀서 반응에 관여하지 않았던 활성기가 변성으로 인해 구조가 풀리면서 표면에 나타나기 때문이다.

(7) 변성 청색 이동

변성에 따라 단백질 용액의 자외선 흡수 스펙트럼은 단파장 쪽으로 이동하게 되는데, 이것을 변성 청색 이동denatured blue shift이라고 한다.

3) 변성의 요인

단백질의 변성을 일으키는 요인에는 물리적 요인(가열, 동결, 건조, 광선, 압력 등)과 화학적 요인(산·알칼리, 염류, 금속이온, 알코올, 아세톤, 효소 등)이 있다.

(1) 가열에 의한 변성

단백질의 가열에 의한 변성은 식품의 조리와 가공에서 일어나는 가장 일반적인 변성이다. 가용성 단백질을 가열하면 변성되어 응고되며, 이와 반대로 불용성 단백질을 가열하면 변성되어 가용성이 된다. 즉, 육류를 장시간 가열하면 결합조직 중의 콜라겐이 변성되어 가용성인 젤라틴이 생성된다. 고기 중에 함유되어 있는 콜라겐과 엘라스틴 같은 기질단백질의 양은 동물의 종류에 따라 다르다. 어육은 날 생선 상태로도 치아에 의하여 잘 끊어져 그대로 식용할 수 있으나, 쇠고기나 돼지고기는 가열을 해야만 식용할 수 있다. 단백질의 열변성에 영향을 주는 인자로는 온도, 수분, 전해질, 수소이온 농도 등이 있다.

달걀찜

① 온도 : 단백질의 종류에 따라 변성되는 온도가 다르지만 보통 60~70℃에서 일어난다. 단백질 중에서 알부민과 글로불린은 열변성이 잘 일어나며, 온도가 높아지면 열 변성 속도가 빨라지는데, 일반적으로 알부민의 열 변성은 10℃ 높아짐에 따라 20배 정도 빨라진다.

② 수분 : 단백질 주위에 수분이 많으면 낮은 온도에서 열 변성

이 일어나지만, 수분이 적으면 고온에서 변성이 일어난다. 가열에 의해 물의 분자운동이 왕성해지면 단백질의 폴리펩티드 사슬 사이의 수소결합을 분해하고, 이를 물분자가 둘러싸면서 폴리펩티드 사슬이 풀리거나 응집할 때 사슬의 움직임이 쉽게 되도록 도와준다.

③ 전해질 : 단백질은 염화물, 황산염, 인산염, 젖산염 등의 전해질이 존재하면 변성온도가 낮아질 뿐만 아니라 그 속도도 빨라진다. 두부 제조 시 두유 중의 글로불린단백질인 글리시닌은 가열만으로는 응고되지 않으나 염화마그네슘($MgCl_2$), 황산칼슘($CaSO_4$)을 첨가하면 70℃에서 응고된다.

④ 수소이온농도(pH) : 단백질의 응고온도는 pH에 의해서도 영향을 받는다. 일반적으로 단백질은 등전점에서 가장 쉽게 응고된다. 달걀 흰자에 산을 가하여 그 등전점인 4.8로 pH를 조절하면 응고온도가 내려가게 된다. 그러나 산을 너무 가하여 pH를 4.8 이하로 낮추면 응고온도가 높아지므로 응고가 어려워진다.

⑤ 설탕 : 단백질에 설탕이나 포도당을 넣고 가열하면 응고온도가 높아지며, 설탕의 양이 많아질수록 응고온도는 점점 상승한다. 이러한 현상은 설탕이 응고단백질을 어느 정도 용해시키기 때문이며 이를 단백질의 해교작용peptization이라고 한다.

(2) 동결에 의한 변성

대부분의 단백질은 동결과 해동을 반복해도 크게 변성되지 않기 때문에 동결을 식품의 보존이나 가공방법으로서 널리 이용하고 있다. 그러나 단백질의 종류에 따라 변성이 일어나는 것도 있는데, 특히 육류와 생선단백질은 동결에 의해 변성되기 쉬우며, 동결 후 질겨지고 고무처럼 되면서 수분을 잃게 된다. 어육의 동결에 의한 변성은 분산매인 물이 동결함으로써 단백질 입자가 상호 접근하여 결합되고, 또 액체의 빙결로서 잔존액 중에 용존하는 염류나 산의 농도가 높아지므로 단백질분자가 서로 결합하여 염석salting-out이 되어 변성된다. 이와 같은 동결변성은 최대빙결정대의 온도에서 잘 일어나는데, 어육에서는 −5～−1℃, 육류에서는 −3～−1.5℃에서 가장 현저하게 일어난다. 식품에서는 얼음 결정을 최소화하고, 변성의 시간을 최소로 줄이기 위해서는 최대빙결정대를 되도록 빨리 통과시키기 위한 급속 동결이 필요하다.

(3) 건조에 의한 변성

어육의 건조에 의해 근섬유를 형성하고 있는 직쇄상 폴리펩티드 사슬 사이의 수분이 제거되고 인접한 폴리펩티드 사슬이 상호 접근하여 결합을 이루면서 견고한 구조가 형성된다. 마른 멸치나 북어 등의 건조한 어육은 염석, 응집 등에 의한 육단백질의 변성이 일어났기 때문에 물에 침지시켜 수분을 흡수시켜도 흡수성이 나빠져서 생육처럼 되지 않는다. 건조에 의해 외관, 수분함량, 경도, 맛 등이 달라지는 것도 주로 단백질이 변성되기 때문이다.

(4) 계면장력에 의한 변성

단백질이 교반 등의 물리적 힘에 의해 단일 분자막 상태가 되면 불용성이 되는데 이러한 현상을 단백질의 계면변성surface denaturation이라고 한다. 난백을 세게 저을 때 기포를 형성하는 것이 좋은 예이며, 기포화하는 동안 찰지게 단단해지는 것은 기포의 표면에 흡착된 달걀의 알부민 분자가 표면장력에 의해 변성을 받기 때문이다.

(5) 광선, 압력, 초음파에 의한 변성

단백질은 광선에 의해 3차 구조의 결합이 절단되어 변성이 일어난다. 특히 α−, β−, γ− 및 X−선 조사에 의해 변성되는 것은 물론 상온에서 자외선을 조사할 경우 단백질은 등전점에서 변성이 현저하게 일어난다. 또한, 단백질은 5,000～10,000기압의 압력과 초음파 등에 의해서도 변성을 일으킨다.

(6) 산, 알칼리에 의한 변성

단백질 용액에 산 또는 알칼리를 가하면 단백질이 가지고 있는 고유의 전하가 변하기 때문에 단백질의 이온결합에 변화를 일으켜 단백질이 변성한다. 산이나 알칼리에 의한 단백질의 변성은 단백질을 등전점에 이르게 하여 응고시키는 것이라고 할 수 있다. 이는 식품의 가공, 조리에도 이용되는데 생선회에 레몬즙이나 식초를 조금 넣으면 단백질이 응고되어 생선의 육질이 단단해진다.

또한 우유에 젖산균이 생육하면 젖산에 의하여 pH가 저하되면서 우유단백질인 카제인이 등전점(pH 4.6)에 이르러 변성, 응고된다. 요구르트나, 코티지 치즈 등 산 치즈의 제조는 이 원리를 이용한 것이다. 신선한 달걀의 난백은 pH 6.0~7.7인데, 오브알부민의 등전점은 pH 4.8이므로 달걀에 구연산citric acid, 초산acetic acid, 주석산tartaric acid 등을 가하여 pH를 저하시키면 거품이 잘 생성된다.

코티지 치즈

(7) 염류에 의한 변성

단백질 용액에 다량의 염류를 넣으면 물이 염을 녹일 때 사용되어 단백질을 녹이는 데에는 부족하게 된다. 염류가 해리되어 생긴 양전하와 음전하 이온의 농도가 증가하면서 단백질 전하를 중화, 단백질 분자 사이의 반발력이 감소되므로 단백질이 응집, 침전된다. 식품 중의 알부민과 글로불린은 염류에 의하여 변성되면서 응고되는 경우가 있다.

콩의 주요 단백질인 글리시닌은 가열만으로 응고되지 않으나 가열 후 염화칼슘이나 염화마그네슘 등이 함유된 간수를 넣으면 Ca^{2+} 및 Mg^{2+}(2가 양이온)에 의하여 3차원 망상구조인 젤gel을 형성하며 응고되어 두부가 만들어진다.

두부

어육은 염장에 의해 어육단백질 중의 액토미오신이 액틴과

알아두기 **효소(레닌)에 의한 응고**

단백질은 레닌과 같은 효소작용에 의해 변성 및 가수분해된다. 우유단백질의 약 80%를 차지하는 카제인은 구상의 카제인 미셀로 존재하며 불용성인 α-카제인과 β-카제인은 미셀구조로 존재하고 κ-카제인은 미셀 표면에 존재하여 미셀을 안정화시킨다. 응유효소인 레닌(rennin)은 κ-카제인에 작용하여 파라-κ-카제인(para-κ-casein)과 당을 함유한 글리코마크로펩티드로 분해하며, 미셀의 보호 역할을 했던 κ-카제인이 분해되었으므로 카제인 미셀은 불안정하여 우유 중의 칼슘이온과 결합하여 응고되어 커드(curd)를 형성한다. 이러한 과정이 치즈 제조의 기본원리이다.

미오신으로 해리되어 미오신이 응집, 변성한다.

(8) 알코올과 아세톤에 의한 변성

유기용매인 알코올이나 아세톤을 단백질 수용액에 넣으면 단백질이 변성되어 침전하며, 이 반응은 등전점 부근에서 가장 잘 일어난다. 알코올 첨가에 의해 우유의 침전반응 유무를 보는 알코올시험법은 우유의 신선도 판정에 이용되는데, 이것은 우유가 변질되면 산이 증가하므로 등전점 부근의 pH로 되어 알코올 첨가 시 침전반응을 많이 일으키기 때문이다. 알코올에 의한 단백질 침전은 친수성이 강한 알코올의 탈수작용에 의해 단백질 분자의 수화가 감소되기 때문인 것으로 여겨진다.

요약

- 단백질은 세포를 구성하는 필수성분으로 모든 식품에 함유되어 있으며, 아미노기와 카르복실기가 있는 아미노산으로 구성되어 있다. 20여 종의 아미노산이 식품 단백질을 구성하며, 아미노산은 곁사슬의 성질에 따라 중성, 산성, 염기성 아미노산으로 구분된다.
- 아미노산은 분자 내에 아미노기와 카르복실기를 갖는 양성이온으로 특정 pH에서 전하의 합이 0이 되는데, 이때의 pH 값을 그 아미노산의 등전점(pI)이라고 한다.
- 단백질은 그 조성과 이화학적 성질의 차이에 따라 단순단백질, 복합단백질, 유도단백질로 분류하고, 단순단백질에는 용해도에 따라 알부민, 글로불린, 프롤라민, 글루텔린 단백질이 있다. 단백질의 구조적 특징에 따라 구상, 섬유상으로 분류된다.
- 구성아미노산의 아미노기와 카르복실기 사이의 펩티드결합에 의해 여러 아미노산이 폴리펩티드인 단백질을 형성한다. 단백질 1차 구조는 공유결합에 의해 형성된 기본 골격 사슬이며, 1차 구조의 단백질 사슬은 수소결합에 의해 2차 구조인 α-나선구조나 β-병풍구조로 입체 배열되어 있고, 2차 구조들이 다시 수소결합, 소수결합, 이온결합, 이황화결합에 의해 휘어지거나 구부러지고 꼬여서 3차 입체구조를 형성한다. 일부 단백질은 폴리펩티드 사슬 2개 이상이 다시 회합하여 하나의 생리기능을 가지는 단백질이 되는데 이렇게 회합된 구조를 4차 구조라고 한다.
- 단백질은 용해성, 자외선 흡수 스펙트럼, 응고성, 양성 전해질 및 등전점에서 고유의 특이한 성질을 가진다. 단백질을 구성하는 아미노산 중 산성 아미노산이 많으면 산성 쪽으로, 염기성 아미노산이 많으면 알칼리성 쪽으로 등전점을 갖는데, 대부분 식품 단백질의 등전점은 pH 4~6이다. 등전점에서 단백질의 용해도·점도·삼투압·팽윤·용해도 등은 최소가 되고, 흡착성·기포력·탁도·침전 등은 최대가 된다.
- 단백질의 변성은 펩티드결합이 분해되는 1차 구조의 변화가 아니라 수소결합이나 소수성결합 등을 하고 있는 단백질의 2차와 3차 구조가 파괴되어 천연 단백질이 가지고 있는 원래의 성질이 변화하는 것이다. 변성은 열, 동결, 건조, 효소, 산, 알칼리 등의 요인에 의해서 일어나며, 생물학적 활성이 떨어지고 단백질의 성질이 변화된다.

연습문제

1. 단백질을 구성하는 아미노산 20개를 4가지로 분류하여 나열하시오.

2. 아미노산의 등전점이란 어떤 값인지와 등전점에서의 성질 변화에 대해 설명하시오.

3. 식품의 단순단백질을 용해도에 따라 분류하고 각 예를 2개 이상 쓰시오.

4. 단백질의 1차, 2차, 3차, 4차 구조를 설명하시오.

5. 단백질의 용해도에 영향을 미치는 요인에 대해 설명하시오.

6. 단백질의 변성을 설명하고 각 변성 요인에 대해 사례를 들어 설명하시오.

6

CHAPTER

비타민 및 무기질

1. 비타민 | 2. 무기질

CHAPTER 6

비타민은 체내의 세포를 구성하거나 에너지원으로 사용되지는 않지만, 정상적인 대사작용이 일어나려면 반드시 필요한 유기물이다. 무기질은 인체의 4%를 차지하며, 뼈나 치아의 주된 구성성분으로 체내 생리작용에서 중요한 역할을 한다. 비타민과 무기질은 인체 내에서 합성되지 않으므로 식품이나 건강기능식품을 통해 섭취해야 한다.

1 비타민

비타민의 명칭은 발견 순서에 따라 붙인 이름과 화학구조가 밝혀짐에 따라 부여된 화학명을 함께 사용한다. 비타민은 용해성에 따라 지용성 비타민과 수용성 비타민으로 구분하며 현재 13종이 인정되고 있다.

1) 지용성 비타민

지용성 비타민은 물에는 녹지 않고 지방이나 지용성 용매에 용해되는 것으로 비타민 A·D·E·K가 있다.

(1) 비타민 A

비타민 A는 레티놀retinol이라고도 불리며 시각작용, 상피조직의 보호작용, 암의 예방효과, 성장 및 생식기능 등 중요한 역할을 한다.

비타민 A의 구조는 그림 6-1과 같이 β－이오논ionone 핵과 네 개의 공액이중결합이 있는 곁사슬로 되어 있다.

β－이오논 핵을 가지고 있는 카로티노이드 화합물은 체내에서 비타민 A로 전환될 수 있어서 프로비타민 Aprovitamin A라고 한다. α－카로틴, β－카로틴, γ－카로틴과 크립토잔틴cryptoxanthin 등이 대표적인 프로비타민 A이다 그림 6-2. 인체 내에서 비타민 A로의 효력은 β－카로틴이 가장 크며, 크립토잔틴, α－카로틴, γ－카로틴 등은

β-카로틴의 반 정도의 효력이 있다.

비타민 A는 산에는 불안정하나 알칼리에는 안정하고, 이중결합을 가지고 있어서 공기 중의 산소나 광선에 의해서 쉽게 산화된다. 산소가 없는 상태에서는 120℃에서 가열하거나 건조해도 안정하다. 통조림이나 냉동을 할 때는 비타민 A의 손실이 적다. 식품의 비타민 A는 일반적인 건조로 50~80%, 일반적인 가열조리 상태에서는 10% 정도 손실된다. 식품에 함유되어 있는 비타민 E, 비타민 C, SH화합물 등은 비타민 A의 산화를 억제한다.

표 6-1 지용성 비타민의 기능 및 섭취에 따른 문제점

비타민	기능	결핍증	과잉증	급원식품
비타민 A (레티놀)	• 시력 유지 • 상피세포의 건강 유지 • 신경계 및 생식계 기능 유지 • 골격 성장	• 야맹증 • 안구건조증 • 피부이상 • 면역기능 약화 • 성장 부진	• 두통, 구토 • 피부이상,탈모증 • 간비대, 췌장비대 • 뼈 통증	동물의 간, 장어, 난황, 시금치, 깻잎, 풋고추, 당근, 감
비타민 D (칼시페롤)	• 뼈의 성장과 석회화 촉진 • 칼슘의 흡수 촉진 • 인의 흡수 촉진	• 어린이- 구루병 • 성인-골연화증, 골다공증	• 성장 지연 • 신장 손상 • 연조직 칼슘 축적	생선간유, 고등어, 달걀, 장어, 버섯, 비타민 D 강화 한 마가린과 우유
비타민 E (토코페롤)	• 세포 손상 방지하는 항산화제 • 비타민 A의 흡수 증가	• 적혈구 용혈 • 근육위축증 • 빈혈 • 신경 파괴	• 근육 허약 • 두통, 피로, 오심 • 비타민 K 대사 방해	땅콩, 잣, 해바라기씨, 홍화유, 옥수수유, 올리브유, 대두유, 들기름
비타민 K	• 혈액 응고	• 출혈 • 혈액응고 지연	• 빈혈 • 황달	시금치, 깻잎, 풋고추, 브로콜리, 양배추, 간, 토마토

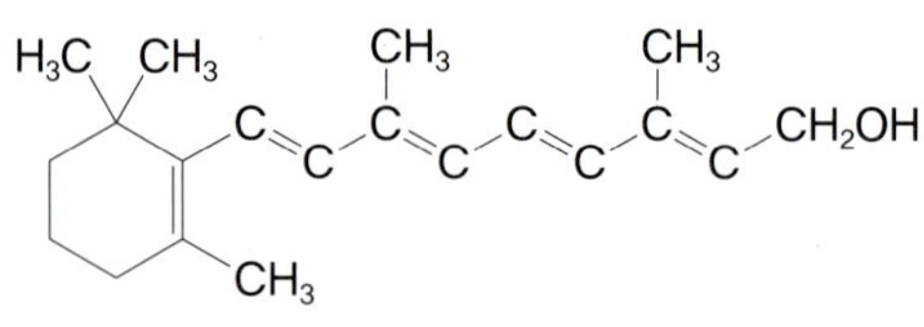

그림 6-1 비타민 A

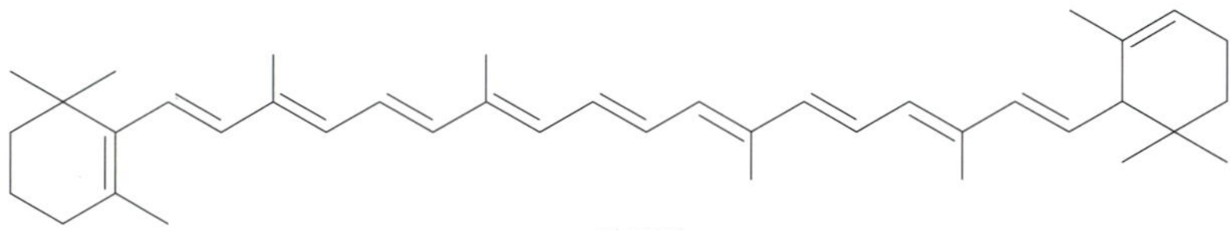

α−카로틴

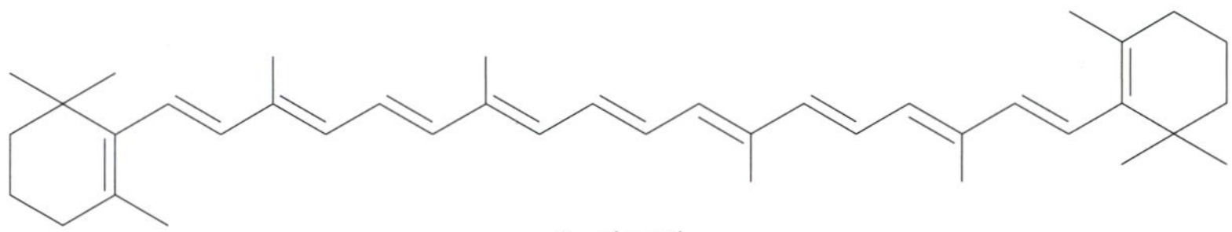

β−카로틴

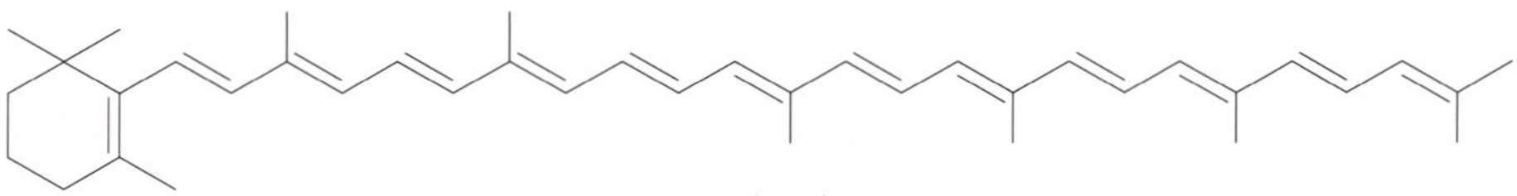

γ−카로틴

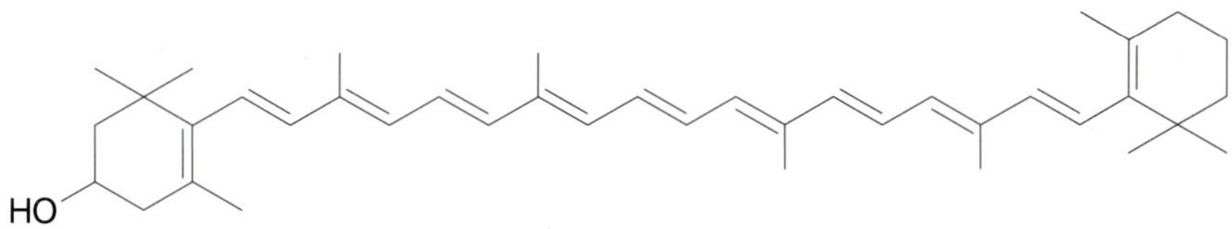

크립토잔틴

그림 6-2 프로비타민 A

비타민 A는 동물성 식품인 동물의 간, 장어, 난황, 고지방 생선, 치즈 등에 많다. 프로비타민 A는 β−카로틴을 다량 함유하고 있는 녹엽채소, 당근, 풋고추 등 식물성 식품이 이 주요 급원이다.

(2) 비타민 D

비타민 D는 칼시페롤calciferol이라고도 한다. 뼈의 석회화calcification와 관계가 있어 항구루병 인자라고 하며, 체내에서 생성될 수 있다. 비타민 D에는 생선 간유에 존재하는 비타민 D_2ergocalciferol와 동물성 식품에 존재하는 비타민 D_3cholecalciferol가 있다.

비타민 D_2는 전구체인 에르고스테롤, 비타민 D_3는 전구체인 7−데히드로콜레스테롤에 자외선을 조사하면 생성된다 그림 6-3.

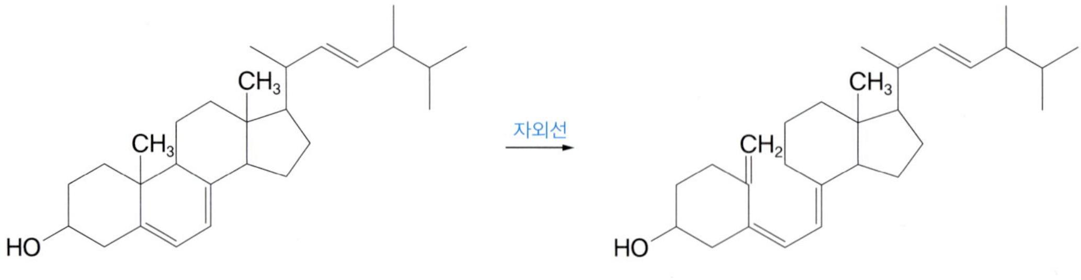

에르고스테롤 비타민 D_2

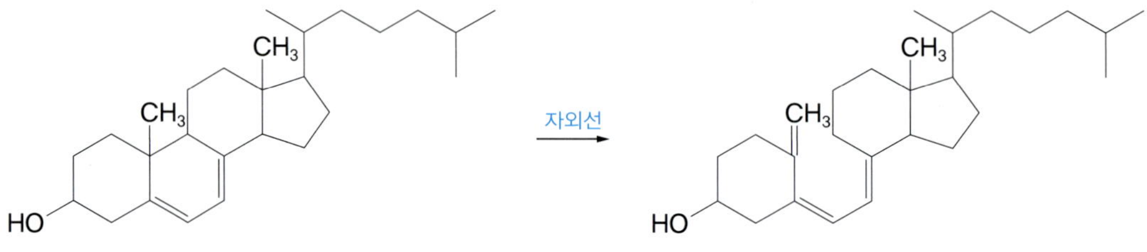

7-데히드로콜레스테롤 비타민 D_3

그림 6-3 비타민 D_2와 비타민 D_3

비타민 D_2와 D_3는 산소·열·빛·산에 대해서는 불안정하지만, 알칼리에서는 안정하다. 일반적인 가공·조리 조건에서는 비타민 D의 손실이 적은 편이다.

대구 간유, 참다랑어, 고등어, 달걀, 장어, 버섯, 비타민 D를 강화한 마가린과 우유 등이 비타민 D의 좋은 급원식품이다.

(3) 비타민 E

비타민 E는 생식과 관계가 있어 토코페롤tocopherol이라고 한다. 비타민 E는 항산화 효과가 있어서 식품의 불포화지방산, 인지질, 비타민 A의 산화를 막아주고 세포의 노화를 방지한다.

자연계에 있는 토코페롤은 토콜tocol의 유도체로서 α, β, γ, δ 형의 네 종류가 있다. α-토코페롤이 인체에서 나타내는 최대의 생물학적 활성을 100%로 할 때, β-토코페롤은 50%, γ-토코페롤은 26%, δ-토코페롤은 10% 정도이다. 식품 지질의 산

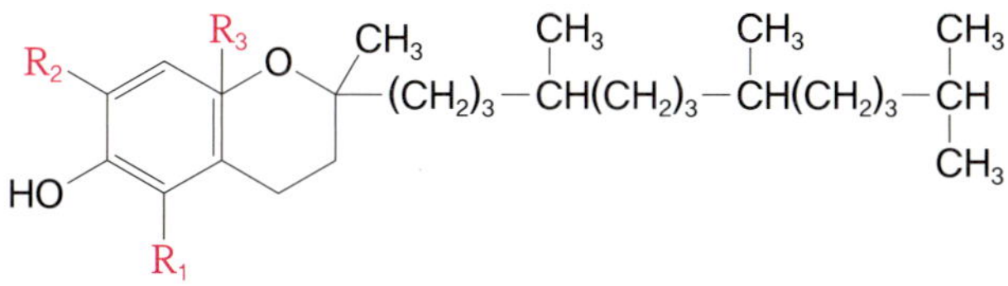

	R_1	R_2	R_3
α	$-CH_3$	$-CH_3$	$-CH_3$
β	$-CH_3$	$-H$	$-CH_3$
γ	$-H$	$-CH_3$	$-CH_3$
δ	$-H$	$-H$	$-CH_3$

그림 6-4 토코페롤(tocopherol)

화 방지효과는 δ형이 가장 크고 그 다음 γ, β, α형으로 나타난다.

비타민 E는 산소와 산화된 지질이 존재하지 않는 상태에서는 상당히 안정하지만, 불포화지방의 산화에 영향을 주는 요인에 의해서는 분해된다. 비타민 E는 주로 식물의 종자 또는 식물성 기름에 많이 함유되어 있다.

(4) 비타민 K

자연계에 존재하는 비타민 K는 녹색 식물계에서 합성된 비타민 K_1phylloquinones과 세균에 의해 합성된 비타민 K_2menaqui-nones가 있다 그림 6-5. 인공적으로 합성한 비타민 K_3menadione는 수용성이고, 천연 비타민 K보다 활성이 더 커서 혈액응고 치료제나 비타민제로 많이 사용된다. 비타민 K는 열에 안정하고 알칼리, 광선에는 불안정하다.

녹엽채소, 양배추, 대두 등이 비타민 K의 좋은 급원식품이다.

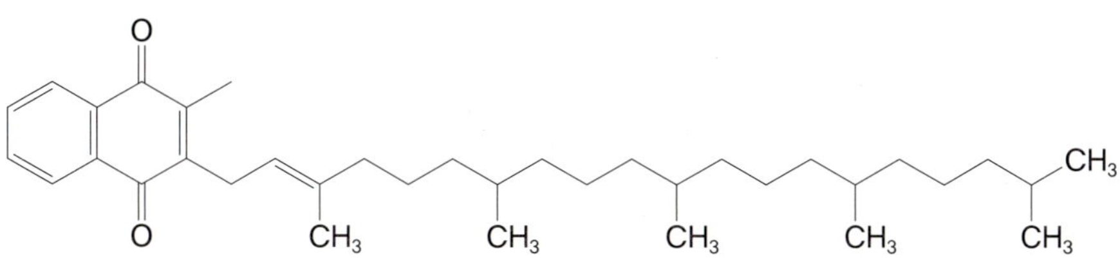

그림 6-5 비타민 K_1

2) 수용성 비타민

비타민 B 복합체와 비타민 C(아스코르브산ascorbic acid)가 수용성 비타민이다. 비타민 B 복합체에는 비타민 B_1(티아민thiamin), 비타민 B_2(리보플라빈riboflavin), 니아신niacin, 비타민 B_6(피리독신pyridoxine), 엽산folic acid, 판토텐산pantothenic acid, 비오틴biotin, 비타민 B_{12}(코발라민cobalamin) 등이 있다.

표 6-2 수용성 비타민의 기능 및 섭취에 따른 문제점

비타민	기능	결핍증	과잉증	급원식품
비타민 B_1 (티아민)	• 당질대사 촉진 • 식욕과 소화기능 자극 • 신경계에서의 기능	• 피로, 권태, 식욕 부진 • 각기병 • 신경염	• 구토	돼지고기, 쇠간, 해바라기씨, 잣, 땅콩, 현미, 강화곡류(시리얼)
비타민 B_2 (리보플라빈)	• 성장 촉진 • 입속 점막 보호 • 체내 산화-환원작용	• 성장저해 • 구내염, 구각염, 설염 • 눈부심	• 거의 없음	쇠간, 돼지 간, 달걀, 치즈, 우유, 풋고추, 시금치, 강화곡류(시리얼)
니아신	• 체내 산화-환원작용	• 펠라그라 • 설염 • 피부, 점막 손상	• 피부 발진 • 십이지장궤양 • 간 이상	쇠고기, 닭고기, 고등어, 꽁치, 표고버섯, 땅콩, 강화곡류(시리얼)
비타민 B_6 (피리독신)	• 단백질 대사 관여 • 헴 합성 • 지방 합성	• 피부염, 설염 • 빈혈 • 두통, 구토	• 신경 파괴	쇠간, 돼지고기, 닭고기, 현미, 땅콩, 바나나, 통밀, 시금치
엽산	• 핵산 합성, 아미노산 합성 • 적혈구 성숙	• 설염, 성장 장애 • 거대적아구성 빈혈	• 거의 없음	쇠간, 난황, 해바라기씨, 브로콜리, 시금치, 상추, 호박, 배추, 오렌지
비타민 B_{12} (코발라민)	• 혈액 생성 • 성장 촉진	• 악성 빈혈 • 손발 지각 이상	• 거의 없음	쇠간, 닭간, 조개, 고등어, 난황, 쇠고기
판토텐산	• 에너지 생성 • 지방산 합성, 스테롤 합성 • 헤모글로빈 합성	• 피로, 불면, 두통 • 근육 경련 • 빈혈	• 밝혀지지 않음	대부분의 동·식물성 식품, 쇠간, 난황, 우유, 땅콩
비오틴	• 포도당 합성 • 지방산 합성	• 빈혈, 식욕 감퇴, 설염 • 근육통, 피부건조증	• 밝혀지지 않음	대부분의 동·식물성 식품, 쇠간, 난황, 시금치
비타민 C (아스코르브산)	• 항산화제 • 콜라겐 형성 • 면역기능 향상 • 철 흡수 촉진	• 괴혈병 • 상처 치유 지연 • 체중 감소 • 피로, 식욕 감퇴	• 철 흡수 증가 • 신장결석	파프리카, 풋고추, 시금치, 부추, 브로콜리, 감, 딸기, 키위, 오렌지

(1) 비타민 B_1

비타민 B_1은 티아민이라고 부르며 탄수화물 대사에서 조효소로 작용한다. 신경과 뇌 기능에서 중요한 역할을 하며, 항각기성 비타민 또는 항신경염성 비타민aneurin이라고도 부른다. 비타민 B_1은 그림 6-6과 같이 피리미딘pyrimidine 핵과 티아졸thiazole 핵이 메틸렌탄소에 의해 결합되어 있다.

비타민 B_1은 산성 용액에서는 안정하지만, 중성이나 알칼리성 용액에서는 매우 불안정하다. 비타민 B_1은 특히 열에 불안정하다. 산성용액에서 가열할 경우 비타민 B_1은 서서히 피리미딘과 티아졸로 분해된다. 중성용액에서는 비타민 B_1의 분해가 빠르게 진행되어 티아졸 고리의 분해가 증가한다. 알칼리 용액에서는 티아졸 고리가 모두 분해된다. 일반적인 가열조리에서는 20~30% 정도의 비타민 B_1이 파괴되며, 냉동식품을 해동할 때는 약 10%가 손실된다. 쌀을 씻을 때 20~50%, 밥을 할 때 40~60%, 채소를 가열할 때 70~80%의 비타민 B_1이 손실된다.

비타민 B_1은 마늘의 알리신allicin과 결합하여 알리티아민allithiamin이 된다. 알리티아민의 형태로 존재하는 비타민 B_1은 흡수가 잘 되므로, 음식을 먹을 때 마늘을 함께 섭취하면 비타민 B_1의 이용률이 높아진다.

해바라기씨, 곡류의 배아, 현미, 대두, 보리쌀, 동물의 간, 돼지고기가 비타민 B_1의 좋은 급원식품이다.

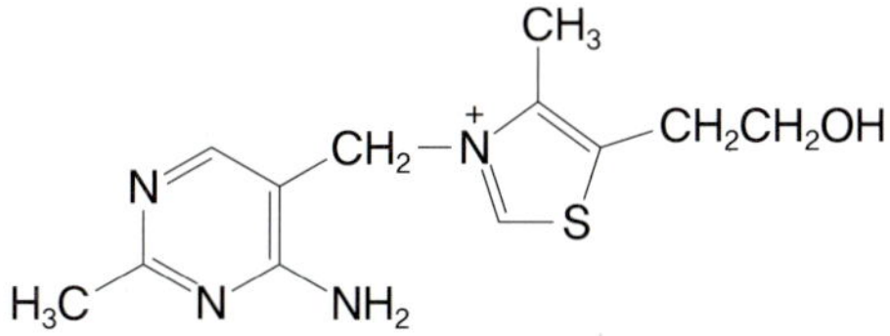

그림 6-6 비타민 B_1

(2) 비타민 B_2

비타민 B_2는 리보플라빈이라고도 부르며, 탄수화물·단백질·지질대사에서 조효소로 중요한 역할을 한다. 수용액에서는 독특한 녹황색 형광을 띠며, 당알코올인 D-리비톨ribitol이 이소알록사진isoalloxazine 고리에 결합한 구조를 갖고 있다 그림 6-7. 비타민 B_2은 단백질과 결합한 형태로서 우유에는 락토플라빈lactoflavin, 난백에는 오보플라빈ovoflavin으로 존재한다.

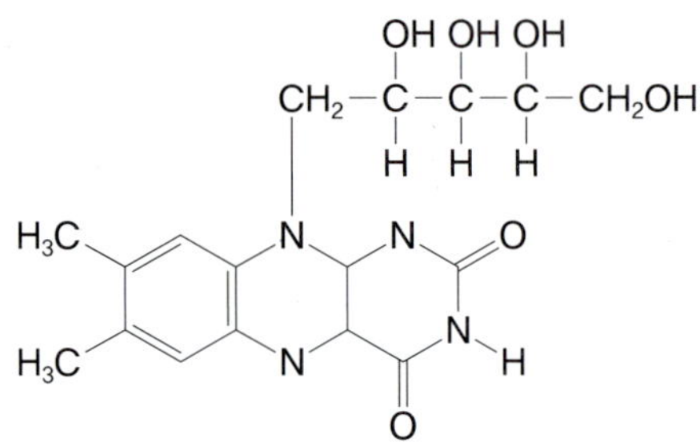

그림 6-7 비타민 B_2

비타민 B_2는 산에 안정하고 알칼리와 가시광선 및 자외선에 의해 쉽게 분해된다. 비타민 B_2를 알칼리에서 광선에 노출시키면 루미플라빈lumiflavin, 산성에서는 루미크롬lumichrome이라는 형광물질이 생성되어 비타민의 효력을 상실한다. 우유를 햇볕에 두 시간 동안 노출시키면 비타민 B_2의 약 50%가 파괴된다. 일반적인 조리와 가공조건에서는 비교적 안정하다.

비타민 B_2는 동·식물조직에 널리 분포하며 동물의 간, 달걀, 김, 미역, 풋고추, 느타리버섯, 시금치가 좋은 급원이 된다.

(3) 니아신

니아신은 비타민 중에서 구조가 가장 간단하다. 그림 6-8에 나타냈듯이 니코틴산nicotinic acid과 니코틴아미드nic-otinamide를 포함한 비타민의 명칭이다. 식품 속에는

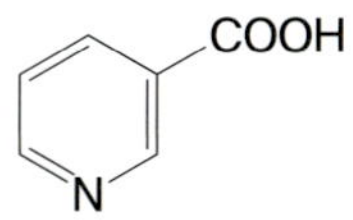

니코틴산

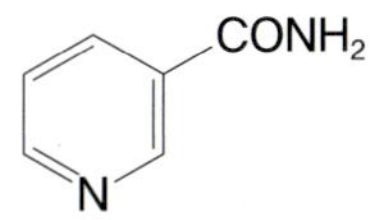

니코틴아미드

그림 6-8 니코틴과 니코틴아미드

NADnicotinamide adenine dinucleotide, NADPnicotinamide adenine dinucleotide phosphate의 형태로 존재한다.

니아신은 열·산·알칼리·광선·산화에 대하여 안정하므로, 조리나 가공에 의한 손실이 거의 없다. 그러나 수용성이어서 용출에 의한 손실이 발생한다.

체내에서 트립토판 60 mg으로부터 니아신 1 mg이 생성되므로, 트립토판을 다량 함유하고 있는 육류는 니아신의 좋은 급원이 된다. 그 외에 쇠간, 정어리, 연어, 고등어, 꽁치, 닭고기, 쇠고기, 땅콩, 밀배아, 보리쌀, 참깨 등이 니아신의 좋은 급원식품이다.

(4) 비타민 B_6

비타민 B_6는 피리독신pyridoxine이라고도 부르며, 항피부병adermin 인자라고도 한다. 자연계에는 그림 6-9의 피리독신, 피리독살pyridoxal, 피리독사민pyridoxamine으로 존재한다. 이 화합물들은 체내에서 상호 전환될 수 있어서 비타민 B_6로서의 효능은 같다. 활성형은 피리독살-5-인산pyridoxal-5-phosphate, PLP으로 아미노산 대사, 조혈작용, 신경전달물질 합성에 관여한다.

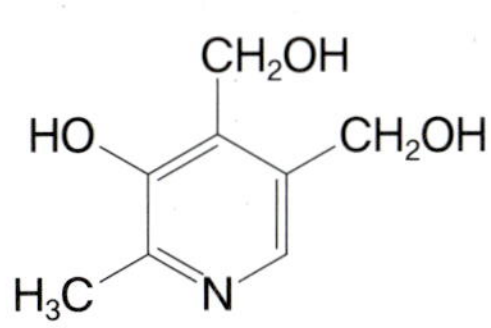

피리독신

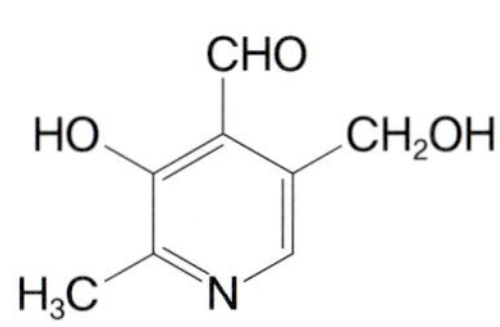

피리독살

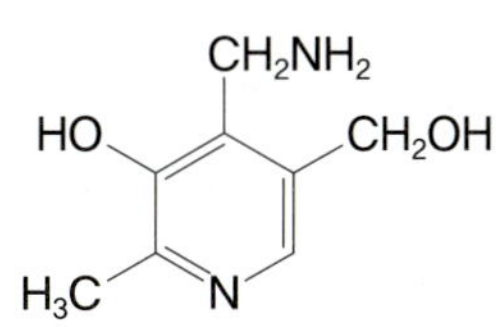

피리독사민

그림 6-9 피리독신, 피리독살, 피리독사민

피리독살과 피리독사민은 공기 중의 산소·열·자외선 조사에 의해 쉽게 파괴된다. 비타민 B_6는 피리독살과 피리독사민의 형태로 동·식물계에 널리 분포되어 있다.

쇠간, 꽁치, 닭고기, 현미, 감자, 땅콩, 시금치 등이 좋은 급원식품이다.

(5) 엽산

엽산folic acid은 아마노산, 핵산 및 적혈구 합성반응에서 조효소로 작용한다. 식품 내의 엽산은 그림 6-10과 같이 글루탐산이 3~7개 결합된 형태로 존재한다. 엽산은 산성에서 열이나 광선에 의해, 알칼리성에서는 열에는 안정하나 광선에 의해서 분해된다. 따라서 엽산은 조리, 가공, 저장할 때 쉽게 손실된다. 쇠간, 난황, 브로콜리, 해바라기씨, 시금치가 엽산의 좋은 급원식품이다.

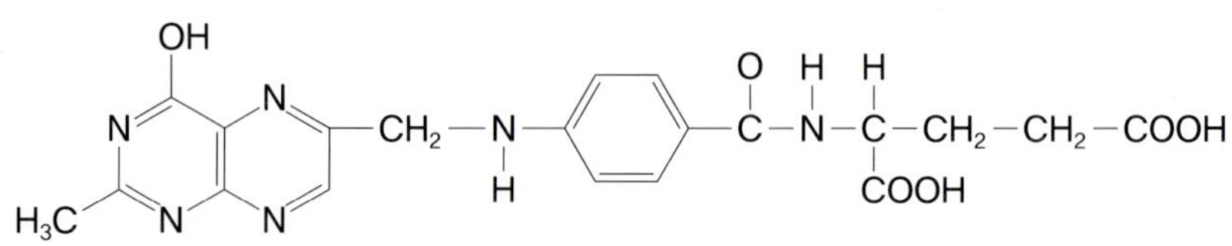

그림 6-10 엽산

(6) 비타민 B_{12}

비타민 B_{12}는 비타민 중에서 구조가 가장 복잡하며, 분자 중앙에 코발트를 가지고 있어서 코발라민cobalamin이라고도 한다 그림 6-11. 비타민 B_{12}는 항악성빈혈인자라고도 부르며 적혈구의 생성, 지방과 당질 대사, 단백질 합성, DNA 합성 등에 관여한다. 비타민 B_{12}는 일반적인 조리조건에서는 비교적 안정하다.

비타민 B_{12}는 식물성 식품에는 거의 함유되어 있지 않으며, 동물성 단백질 식품에는 풍부하다. 쇠간, 닭간, 굴, 조개, 연어, 난황이 좋은 급원식품이다.

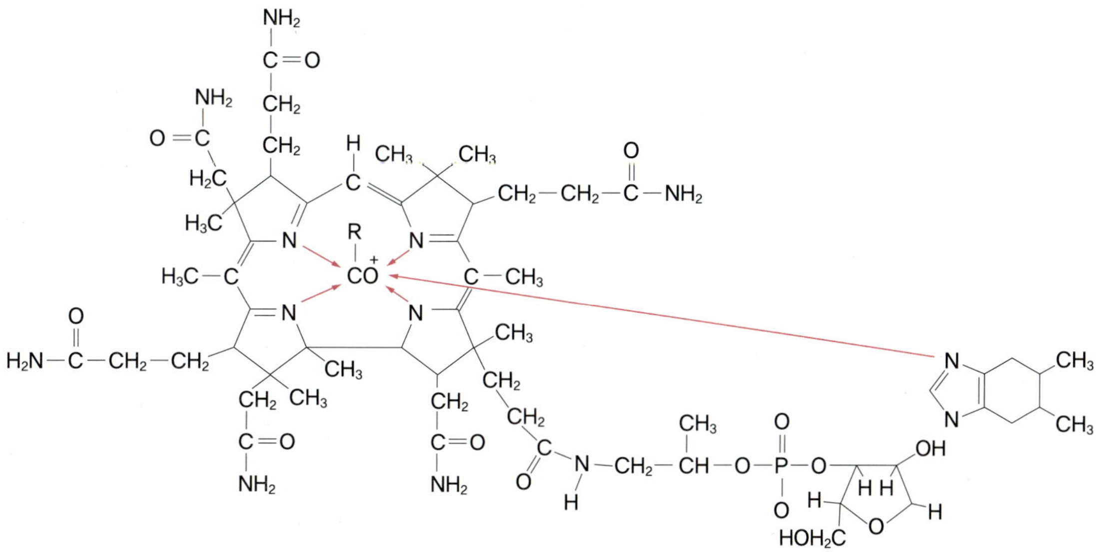

그림 6-11 비타민 B_{12}

(7) 판토텐산

판토텐산pantothenic acid은 '모든 곳'을 의미하는 명칭처럼 자연계에 널리 분포한다. 조효소 CoAcoenzyme A의 구성성분으로 에너지대사나 헤모글로빈, 지방산, 호르몬 합성 및 분해에 관여한다.

판토텐산은 그림 6-12와 같이 β-알라닌β-alanine과 파톤산patonic acid이 결합된 것이다. 판토텐산은 일반적인 조리조건에서는 안정하다.

판토텐산은 동·식물성 식품에 널리 분포하고 쇠간, 난황, 땅콩 등이 좋은 급원식품이다.

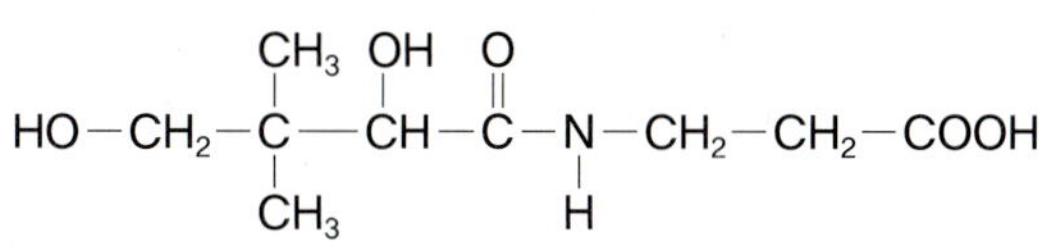

그림 6-12 판토텐산

(8) 비오틴

비오틴biotin은 카르복실라아제의 조효소로 체내에서 퓨린purine과 췌장 아밀라아제의 합성에 관여한다.

비오틴은 우레아urea, 티오펜thiophene, 발레르산valeric acid이 결합된 구조를 가지고 있다 그림 6-13. 열, 광선, 산에는 안정하나 알칼리와 산화에 불안정하다. 생달걀을 섭취하면 난백의 아비딘avidin이라는 당단백질이 장내에서 비오틴과 결합하여 비오틴의 흡수를 방해한다.

비오틴은 동·식물성 식품에 널리 분포하며 쇠간, 달걀, 닭고기, 굴, 시금치가 좋은 급원식품이다.

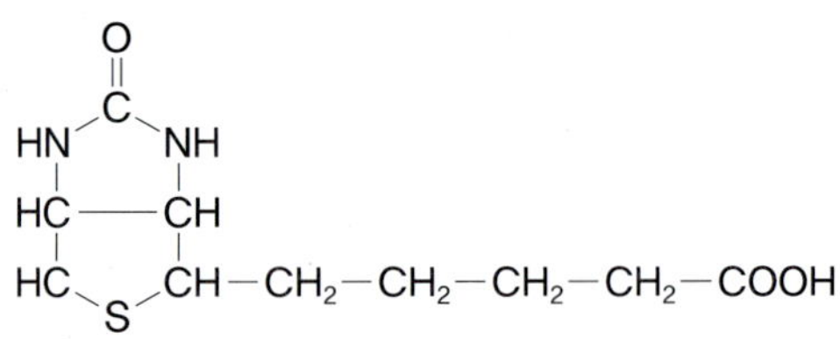

그림 6-13 비오틴

(9) 비타민 C

비타민 Cascorbic acid는 비타민 E·비타민 A·필수지방산 등의 산화를 방지하며, 철과 칼슘의 흡수를 돕고 엽산의 활성화 과정에 관여한다.

비타민 C는 환원형L-ascorbic acid, ASA과 산화형dehydroascorbic acid, DHA이 있다 그림 6-14. 비타민 C는 락톤 고리 중의 카르보닐기와 공역된 엔디올endiol 구조를 가지고 있어서 강한 환원력을 지닌다. 세 번째 탄소에 결합된 히드록시기가 쉽게 이온화되기 때문에 비타민 C는 수용액에서 강한 산성을 나타낸다.

산화형 비타민 CDHA는 환원형 비타민 CASA의 75~80% 정도의 효력을 갖는다. 산화형 비타민 CDHA는 불안정하여 더 산화되면 2,3-디케토글루콘산2,3-diketogluconic acid, DKG이 되어 비타민 C로서의 효력을 상실한다. 비타민 C는 수용액에서는 열에 불

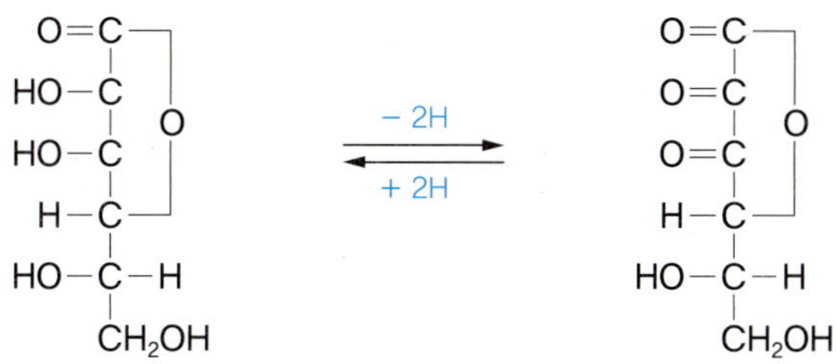

그림 6-14 비타민 C- 환원형(ASA)과 산화형(DHA)

안정하고 산화에 의해 쉽게 파괴된다. 일반적인 가열조리에서는 50% 정도의 비타민 C가 분해되고, 철·구리 등과 같은 금속이온은 비타민 C의 파괴를 촉진한다. 비타민 C는 동물성 식품에는 거의 없으며, 신선한 채소와 과일이 좋은 급원식품이다.

2 무기질

무기질은 하루 필요량을 기준으로 다량 무기질과 미량 무기질로 나뉘며, 식품과 인체 내에서 중요한 역할을 하는 무기질은 20여 종이다. 무기질은 식품 내에서 무기화합물이나 이온 형태로 존재한다. 또한, 헤모글로빈의 철, 클로로필의 마그네슘, 메티오닌의 황 등과 같이 특정 유기화합물의 구성성분으로도 존재한다.

1) 다량 무기질

하루에 100 mg 이상을 필요로 하는 무기질을 다량 무기질이라고 한다. 칼슘, 인, 칼륨, 나트륨, 염소, 마그네슘 및 황이 여기에 속한다. 다량 무기질은 신체의 구성성분이며, 체액의 산, 염기 평형 유지나 삼투압 유지에 기여한다.

- 칼슘calcium, Ca : 식품 중에 들어 있는 다른 성분과 칼슘의 형태 등에 따라 흡수정도가 다르다. 비타민 D, 유당, 펩티드, 단백질 등은 칼슘의 흡수를 촉진하고 인

산, 수산oxalic acid, 피트산phytic acid, 식이섬유, 지방 등은 칼슘의 흡수를 방해한다. 곡류나 콩류에 함유되어 있는 피트산과 과일, 채소 속의 수산은 칼슘과 불용성 염을 형성하여 칼슘의 흡수를 방해한다. 식품 속의 칼슘과 인의 비율이 1:1 또는 1 : 1.5일 때 흡수율이 가장 높다.

우유와 유제품, 멸치, 뼈째 먹는 생선 등이 칼슘의 좋은 급원이다. 녹엽채소는 칼슘함량은 높지만 수산을 다량 함유하고 있어서 칼슘의 좋은 급원은 아니다.

표 6-3 다량 무기질의 기능 및 섭취에 따른 문제점

무기질	기능	결핍증	과잉증	급원식품
칼슘 (Ca)	• 골격과 치아의 형성 • 혈액 응고 • 근육의 수축과 이완 • 신경 전달 • 삼투압 유지	• 골격과 치아 발육 부진 • 혈액응고 불량 • 골다공증 • 골연화증 • 내출혈	• 신장결석	우유, 치즈, 호상요구르트, 두부, 고등어, 꽁치, 멸치, 달걀, 깻잎
인 (P)	• 골격과 치아의 형성 • 에너지 대사 관여 • 세포의 구성성분 • 산, 염기 평형	• 골격 손상	• 신부전증이 있는 경우 골격 손실 가능	고등어, 꽁치, 쇠고기, 치즈, 대두, 쌀, 밀, 우유
마그네슘 (Mg)	• 골격과 치아의 형성 • 효소의 구성성분 • 심근에 작용 • 신경흥분 억제	• 허약 • 혈관 확장, 경련 • 심장기능 약화 • 신경장애	• 신장기능 이상의 경우 허약 증세 야기	녹색채소, 팥, 두부, 고등어, 곡류, 바나나, 오렌지
나트륨 (Na)	• 삼투압 조절 • 산-염기 평형 • 신경자극 전달 • 포도당 흡수	• 근육 경련 • 식욕 감퇴	• 고혈압 • 칼슘 손실 증가	김치, 젓갈, 가공식품, 햄, 멸치, 치즈, 간장, 된장, 식탁염
염소 (Cl)	• 삼투압 조절 • 위액 산성 유지	• 식욕 부진, 소화 불량 • 유아의 경우 혼수상태	• 고혈압	식탁염
칼륨 (K)	• 삼투압 조절 • 근육 수축, 신경자극 전달	• 식욕 상실, 체액의 이동 • 근육경련	• 신장기능 이상 시 심장박동 느려짐	시금치, 감자, 돼지감자, 팥, 마, 깻잎, 브로콜리, 미나리, 대추, 바나나, 수박
황 (S)	• 함황아미노산의 구성성분 • 약물 해독, 산염기 평형	• 발견되지 않음	• 거의 없음	육류, 우유, 달걀, 배추, 무, 파, 부추, 마늘, 양파, 콩류

- 인phosphorous, P : 인산의 형태로 곡류, 어패류, 육류 등의 식품에 풍부하게 함유되어 있다. 비타민 D는 인의 흡수를 촉진하고 마그네슘, 철, 칼슘 등은 인의 흡수를 방해한다. 칼슘과 인의 섭취 비율이 1:1 정도 되는 것이 바람직하다.
- 마그네슘magnesium, Mg : 쇠고기의 경우 칼슘보다 더 많이 함유되어 있으며, 엽록소의 구성성분으로 녹엽채소에 함유되어 있다. 팥, 시금치, 두부, 고등어, 바나나, 체리, 오렌지가 좋은 급원이 된다.
- 나트륨sodium, Na과 염소chloride, Cl : 동·식물성 식품에 풍부하게 함유되어 있다. 나트륨은 주로 소금NaCl 형태로 섭취하지만, 식품이 함유하고 있는 나트륨 자체로 섭취하기도 한다. 조개류, 육류, 토마토주스는 나트륨 함량이 높은 식품이다. 소금을 다량 사용하는 어육가공품, 피클, 김치, 젓갈류, 가공치즈, 통조림 등도 나트륨함량이 높다. 가공식품에는 보존제, 발색제, 팽창제, 조미제 등 나트륨을 함유하고 있는 첨가물을 사용하므로 나트륨함량이 높다.
- 칼륨potassium, K : 식물성 식품에 풍부하며 시금치, 양배추, 감자, 바나나, 체리, 포도 등에 다량 함유되어 있다.
- 황sulfur, S : 메티오닌, 시스테인, 시스틴, 담즙산, 비타민 B_1, 비오틴의 구성원소로 존재한다. 황의 좋은 급원은 동물의 결합조직, 육류, 우유, 달걀, 콩류, 파, 부추, 마늘, 양파, 무, 배추 등이다.

2) 미량 무기질

하루에 100 mg 이하를 필요로 하는 무기질을 미량 무기질이라고 한다. 철, 구리, 아연, 요오드, 망간, 셀레늄, 코발트, 불소 및 몰리브덴 등이 미량 무기질에 속한다. 미량 무기질은 효소, 색소, 비타민, 혈색소, 근육색소, 단백질의 구성성분으로서 각종 반응 및 식품의 색깔에 관여한다.

- 철iron, Fe : 동·식물계에 널리 분포하고 있다. 철은 헴 색소의 구성성분으로 존재하는데, 철이 Fe^{3+}보다 Fe^{2+}의 상태일 때 흡수가 더 잘 된다. 동물성 식품은 흡수가 잘 되는 철을 다량 함유하고 있어서 좋은 급원이 될 수 있다. 비타민 C가 존재

표 6-4 미량 무기질의 기능 및 섭취에 따른 문제점

무기질	기능	결핍증	과잉증	급원식품
철(Fe)	• 헤모글로빈, 미오글로빈 구성성분 • 효소의 구성성분 • 조혈작용 도움 • 면역기능 유지	• 철분결핍성 빈혈 • 유아 성장장애 • 손발톱 편형 • 피로, 허약	• 혈색소증으로 심장, 췌장에 철분 축적 • 심부전, 당뇨병 유발	동물의 간, 굴, 돼지고기, 쇠고기, 달걀, 팥, 시금치, 무청, 쑥갓
구리(Cu)	• 철분의 흡수, 이용 도움 • 결합조직의 건강에 기여 • 금속계 효소의 성분	• 빈혈, 성장장애 • 뼈의 손실 • 심장질환	• 복통, 오심, 구토 • 간질환	동물의 간, 조개, 굴, 달걀, 감자, 버섯, 바나나, 콩류
아연(Zn)	• 효소의 구성요소 • 핵산의 합성에 관여 • 성장, 면역, 생체막 구조와 기능의 정상유지에 기여	• 성장지연 • 상처회복 지연 • 미각, 후각 감퇴 • 탈모, 빈혈	• 철, 구리 흡수 저하 • 설사, 구토 • 면역 기능 억제	돼지고기, 쇠고기, 동물의 간, 굴, 조개, 새우
요오드(I)	• 갑상샘호르몬의 성분	• 갑상샘종	• 갑상샘기능 항진증	김, 미역, 다시마, 요오드 강화식품
망간(Mn)	• 금속계 효소의 구성요소 • 뼈와 연골 조직의 형성 • 포도당 산화작용 • 단백질대사에 관여	• 체중감소 • 성장장애	• 신경근육계 이상	두류, 녹엽채소, 견과류, 굴
셀레늄(Se)	• 글루타티온 과산화효소의 성분 • 항산화작용	• 근육약화, 성장장애 • 심근장애,심장기능저하	• 구토, 설사, 피부손상 • 신경계 손상	육류, 곡류, 견과류, 우유, 유제품
코발트(Co)	• 비타민 B_{12} 구성성분 • 적혈구 생성에 관여	• 비타민 B_{12} 결핍 • 악성빈혈		간
불소(F)	• 충치예방 • 골다공증 방지에 기여	• 충치유발 • 골다공증	• 불소증, 치아반점 • 위장장애	대부분의 식품, 해조류, 차, 불소 첨가 식수

하면 Fe^{3+}가 Fe^{2+}로 바뀌므로, 비타민 C를 많이 함유한 식품의 철은 흡수가 잘 된다. 식품 속에 피트산이나 인산이 존재하면, 피트산 철이나 인산 철 등과 같은 불용성 염을 형성한다. 따라서 피트산이나 인산을 많이 함유하고 있는 곡류나 콩류의 철은 이용률이 낮다. 육류, 가금류, 간 등이 철의 우수한 급원식품이다.

• 아연Zinc, Zn : 인간에게 두 번째로 중요한 미량 무기질이다. 아연을 많이 함유하

고 있는 식품은 조개, 굴, 간, 육류 등 동물성 식품이다. 곡류와 콩류는 아연함량이 적고, 아연의 흡수를 저해하는 피트산을 함유하고 있어서 아연의 좋은 급원이 아니다.

- 구리copper, Cu : 체내의 각종 효소의 성분으로 존재한다. 기능이 철과 유사한데, 구리를 많이 함유하는 식품으로는 동물의 간, 조개, 굴, 곡류의 배아, 콩류, 감자, 포도, 토마토, 바나나, 버섯 등이 있다.
- 요오드iodine, I : 갑상샘호르몬의 주성분이다. 김, 미역, 다시마 등의 해조류와 해산물, 해안지역의 토양에서 자란 농작물 등에 풍부하다.
- 망간manganese, Mn : 굴, 밀의 배아, 콩류, 녹엽채소, 견과류에 많이 함유되어 있다.
- 셀레늄selenium, Se : 간, 신장, 심장, 비장에 분포되어 있다. 글루타티온 과산화효소의 성분으로 체내에서 산화방지작용을 하고 비타민 E의 활성을 높인다. 채소와 과일은 좋은 급원이 아니고, 육류, 곡류, 견과류, 해산물, 우유 및 유제품 등이 좋은 급원이다.
- 코발트cobalt, Co : 비타민 B_{12}의 구성 원소이고 간이나 신장 등에 많이 들어 있다.
- 불소fluoride, F : 95% 정도가 뼈와 치아에 존재한다. 충치 예방 및 억제에 필요한 무기질이며, 해조류, 어류, 불소가 첨가된 식수, 차 등에 함유되어 있다.

3) 산성식품과 알칼리성식품

식품에 함유되어 있는 무기질은 음이온이나 양이온을 생성한다. PO_4^{3-}, SO_4^{2-}, Cl^-, I^- 등 음이온을 생성하는 것은 산 생성 원소라고 하며, Ca^{2+}, Na^+, Mg^{2+}, K^+, Fe^{2+}, Cu^{2+} 등 양이온을 생성하는 것은 알칼리 생성 원소라고 한다. 알칼리 생성 원소보다 산 생성 원소가 많은 식품을 산성식품이라고 하는데 탄수화물을 다량 함유하고 있는 곡류, 단백질과 지방을 다량 함유하는 육류 및 어패류는 산성식품이다. 산 생성 원소보다 알칼리 생성 원소가 많은 식품을 알칼리성식품이라고 하는데 해조류, 채소류, 과일류, 서류 등은 알칼리 식품이다.

요약

- 비타민은 지용성 비타민과 수용성 비타민으로 나뉜다. 지방이나 지용성 용매에 용해되는 비타민 A·D·E·K와 물에 용해되는 비타민 B_1(티아민, thiamin), 비타민 B_2 (리보플라빈, riboflavin), 니아신(niacin), 비타민 B_6(피리독신, pyridoxine), 엽산(folic acid), 판토텐산(pantothenic acid), 비오틴(biotin), 비타민 B_{12}(코발라민, cobalamin) 등이 있다.
- β-이오논 핵을 가지고 있는 화합물은 체내에서 비타민 A로 전환될 수 있어 프로비타민 A(provitamin A)라고 하며 α-카로틴, β-카로틴, γ-카로틴과 크립토잔틴(cryptoxanthin) 등이 있다. 에르고스테롤과 7-데히드로콜레스테롤은 비타민 D의 전구체이다.
- 비타민 B_1은 마늘의 알리신(allicin)과 결합하여 알리티아민(allithiamin)이 되며, 알리티아민의 형태로 존재하는 비타민 B_1은 흡수가 잘된다. 비타민 B_2는 광선에 의해 파괴되며, 일반적인 조리와 가공조건에서는 비교적 안정하다. 니아신은 체내에서 트립토판 60 mg으로부터 1 mg이 생성되므로 육류는 좋은 급원이 된다. 엽산은 산성에서 열이나 광선에 의해 분해되므로 조리·가공·저장할 때 쉽게 손실된다. 생달걀 난백의 아비딘(avidin)이라는 당단백질이 장내에서 비오틴과 결합하여 비오틴의 흡수를 방해한다. 비타민 C는 강한 환원력을 지니며, 일반적인 가열조리에서는 50% 정도의 비타민 C가 분해된다.
- 다량 무기질은 하루 필요량이 100 mg 이상인 무기질이며 칼슘, 인, 칼륨, 나트륨, 염소, 마그네슘 및 황이 여기에 속한다. 미량 무기질은 하루 필요량이 100 mg 이하인 무기질이며 철, 구리, 아연, 요오드, 망간, 셀레늄, 코발트, 불소 및 몰리브덴 등이 여기에 속한다.

연습문제

1. 지용성 비타민과 수용성 비타민의 종류를 말하시오.
2. 프로비타민 A의 구조적 특징과 그 종류를 말하시오.
3. 티아민과 비타민 C의 좋은 급원식품을 말하시오.
4. 다량 무기질과 미량 무기질을 간단하게 비교하시오.
5. 칼슘의 흡수를 방해하는 식품성분을 말하시오.

7

CHAPTER

효소

1. 효소의 분류 및 명명 | 2. 효소의 화학적 특성과 효소반응 | 3. 효소반응의 특이성
4. 효소작용에 영향을 주는 요인 | 5. 식품 효소의 종류와 특성

CHAPTER

7

효소는 극미량으로 생체 내에서 일어나는 화학 반응에 촉매 역할을 하는 일종의 생체 촉매이다. 신선한 과일, 채소, 어패류, 육류 등에는 여러 종류의 효소가 함유되어 있어 식품의 보존, 가공, 저장 중에 일어나는 변화에 영향을 준다.

1 효소의 분류 및 명명

국제생화학연합회IUB의 효소 명명 및 분류위원회는 표 7-1 과 같이 효소를 산화환원효소oxidoreductase, 전이효소transferase, 가수분해효소hydroxylase, 제거효소lyase, 이성화효소isomerase, 합성효소ligase 등 여섯 가지로 분류하여 효소의 분류번호를 붙이고, 각 효소명은 어미에 '-아제-ase'를 붙여서 부를 것을 제안하였다.

표 7-1 효소의 분류

효소의 종류	계통번호	효소가 촉매하는 반응
산화환원효소	1	산화 반응, 수소첨가 반응, 탈수소 반응, 환원 반응 등
전이효소	2	메틸기, 아세틸기, 글루코실기, 아미노기, 인산 등과 같은 원자단의 전이 반응
가수분해효소	3	글루코시드결합, 아미드결합, 에스테르결합, 펩티드결합 등의 가수분해 반응
제거효소	4	탈수 반응, 탈알데히드 반응, 탈암모니아 반응, 탈탄산 반응과 같은 비가수분해적 이탈반응
이성화효소	5	입체이성화 반응, 시스-트랜스전환 반응, 분자 내 산화환원 반응, 분자 내 전이 반응 등
합성효소	6	

효소는 일반적으로 관용적인 방법이나 상용적인 방법에 의해 명명된다. 관용적인 방법이란 효소를 발견했을 당시의 명칭을 그대로 사용하여 명명하는 것으로, 이때 효소의 명칭을 관용명이라고 한다. 프티알린, 펩신, 트립신, 파파인, 레닌 등은 관용명의 대표적 예이다. 상용적인 방법은 표 7-2 와 같이 효소의 기질이나 기능을 나타내

표 7-2 상용적 방법에 의한 효소의 명명

명명법	예
기질의 어미에 '-아제(-ase)'를 붙임	• 말타아제(maltase) : 맥아당(maltose)을 가수분해하는 효소 • 수크라아제(sucrase) : 자당(sucrose)을 가수분해하는 효소
효소가 촉매로 작용하는 반응에서 화학구조가 비슷한 물질의 어미에 '-아제(-ase)'를 붙임	• 프로테아제(protease) : 단백질(protein)을 가수분해하는 효소 • 에스터라아제(esterase) : 에스테르(ester) 결합을 가수분해하는 효소
효소가 촉매로 작용하는 반응 형식에 따라 '-아제(-ase)'를 붙임	• 가수분해효소(hydroxylase) : 가수분해(hydrolysis) 촉매 효소 • 탈수소효소(dehydrogenase) : 탈수소반응(dehydrogenation) 촉매 효소

는 용어의 어미에 '-아제-ase'를 붙여서 명명하며, 이 방법에 의해 명명된 효소의 명칭을 상용명이라고 한다.

2 효소의 화학적 특성과 효소반응

효소는 단백질로만 이루어진 단순단백질 효소와 단백질 외 보결분자단을 갖고 있는 복합단백질 효소가 있다. 복합단백질 효소는 그림 7-1과 같이 단백질 부분인 아포효소apoenzyme와 비단백질 부분인 조효소coenzyme 또는 보결분자단prosthetic group으로 구성되어 있다. 단백질 부분과 비단백질 부분이 결합한 효소를 홀로효소holoenzyme라 하며, 이 홀로효소는 완전한 효소의 활성을 나타낸다. 효소의 특이성을 결정하는 것은 아포효소이며, 아포효소는 열에 불안정한 것이 많은 반면, 조효소는

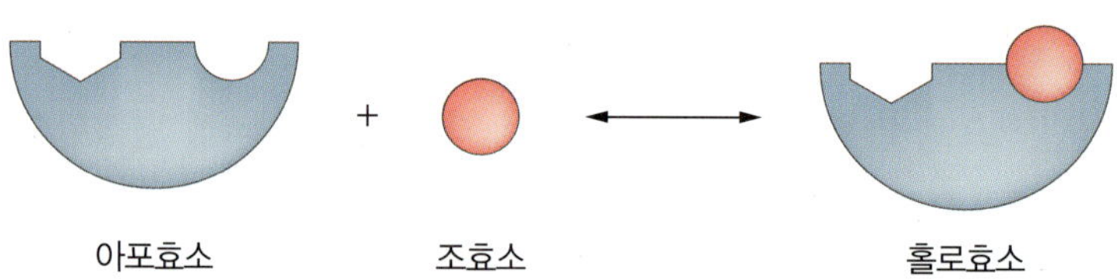

그림 7-1 복합단백질 효소

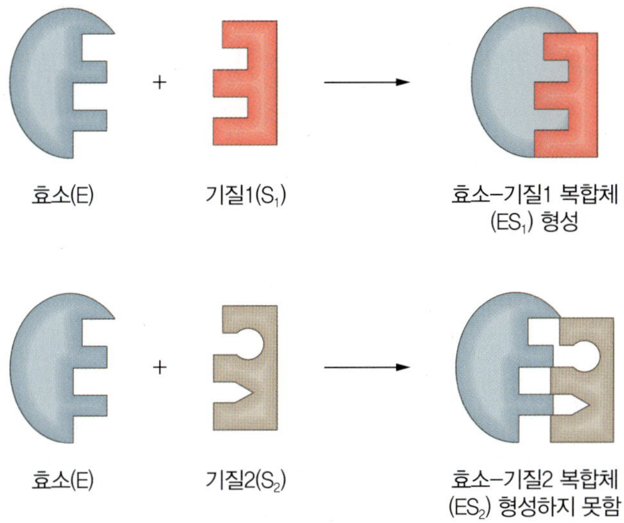

그림 7-2 효소–기질 복합체 형성

분자량이 적고 열에 안정한 것이 많다. 우리 몸에 매우 중요한 조효소의 일부는 비타민에서 만들어지므로 필요한 비타민을 충분히 섭취하지 않으면 조효소가 만들어지지 않아 체작용이 정상적으로 일어나지 않게 된다.

효소 반응(E)에서 효소가 작용하는 반응물질을 기질(S)이라고 하며, 효소는 기질과 반응하여 효소–기질 복합체(ES)를 만든다. 기질에 꼭 들어맞는 효소의 부분을 활성 부위active site라고 하며, 효소와 기질은 열쇠와 자물쇠의 관계를 가지고 있어 그림 7-2와 같이 효소의 활성부위와 기질의 형태가 일치해야 효소–기질 복합체를 만들 수 있다.

3 효소반응의 특이성

효소는 일반 금속 촉매와는 달리 특정 기질과 반응에만 선택적으로 작용하는 특이성을 나타낸다. 대부분의 효소는 한 종류의 기질, 한 종류의 반응에만 작용하는 절대적 특이성absolute specificity을 보이지만, 일부 효소는 같은 형태의 기능기를 갖는 기질에 대해 공통적으로 작용하는 상대적 특이성relative specificity을 나타내어 기질의 종류에 따라 반응 속도가 다르다. 상대적 특이성을 보이는 대표적 효소인 리파아제는 지방의 에스테르결합을 우선적으로 분해하고 다른 에스테르결합은 서서히 분해한다.

4 효소작용에 영향을 주는 요인

1) 온도

효소 활성은 온도의 영향을 받는다. 대부분의 효소는 30~40℃에서 최대 활성을 나타내며, 최대 활성을 나타내는 온도를 최적온도라고 한다. 온도가 최적온도보다 높거나 낮으면 효소의 활성이 낮아지고, 일정온도 이상에서는 효소의 주성분인 단백질이 변성되어 반응속도가 급격히 감소하고 결국 활성을 잃어버리게 된다. 일부 내열성 효소는 70~80℃ 정도에서도 활성을 나타내지만, 대부분의 효소는 50℃ 이상에서 불활성화되므로 식품을 조리하거나 가공할 때 품질 저하를 일으키는 효소를 파괴하기 위해서 가열 처리하기도 한다. 즉, 과일 또는 채소를 가공할 때 아스코르브산 산화효소, 폴리페놀옥시다아제, 리폭시게나아제 등을 불활성화시키기 위해 데치기(블랜칭)를 한다. 데치기는 100℃에서 수 분간 가열 처리하는 조작으로, 만일 데치기를 하지 않으면 식품의 갈변, 아스코르브산의 파괴, 이취 생성 등이 일어나 식품의 질을 저하시킨다.

2) pH

효소의 작용은 pH의 영향을 받아 일정 pH 범위에서 활성을 가지며 최대 활성을 나타내는 pH를 최적 pH라고 한다. 대부분의 효소는 pH 4.5~8.0에서 최대 활성을 보이며 pH가 최적 pH보다 높거나 낮으면 효소 활성이 낮아진다. 일반적으로 효소는 강산이나 강알칼리에서는 활성을 잃지만 펩신pepsin과 아르기나아제arginase 의 최적 pH는 각각 1~2, 10으로 강산이나 강알칼리에서 최대 활성을 나타내는 것도 있다.

3) 효소의 농도

기질이 충분할 때 효소의 농도가 높아지면 반응속도가 비례적으로 증가하고 생성물도 직선적으로 증가한다 그림 7-3.

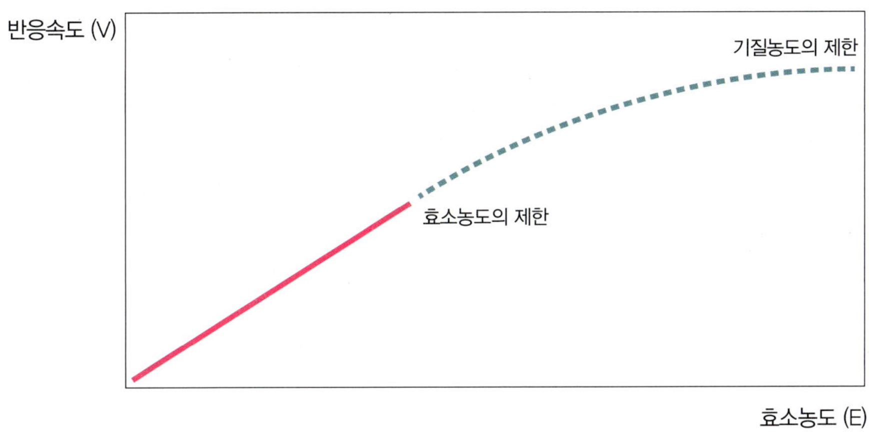

그림 7-3 효소농도와 반응속도

4) 기질의 농도

효소농도가 일정할 때 기질농도가 높아지면 반응속도가 직선적으로 증가한다 그림 7-4. 기질농도가 높아지면 효소 반응속도(V)가 증가하여 곧 최대속도V_{max}에 도달하게 된다. 최대 효소반응 속도의 1/2이 되는 점$\frac{1}{2}V_{max}$에서 기질농도K_m는 효소와 기질의 결합강도를 나타내며, 일반적으로 높은 K_m 값은 결합이 약하다는 것을 의미한다.

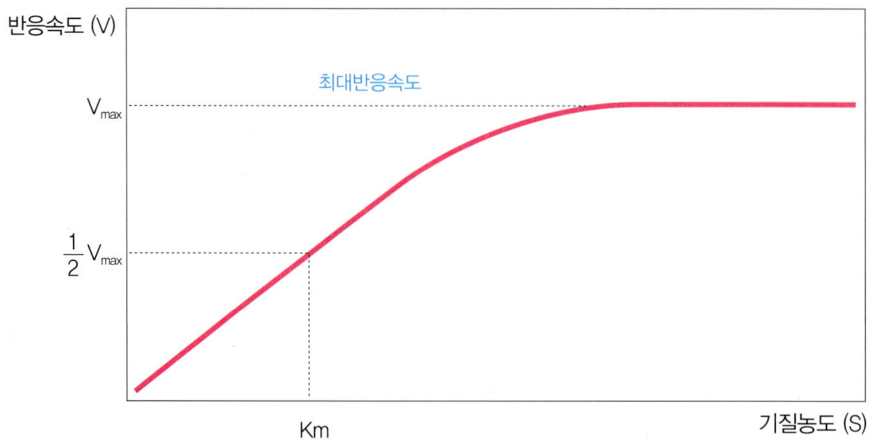

그림 7-4 기질농도와 반응속도

5) 촉진제

효소작용을 촉진시키기 위해 첨가되는 특정 물질을 효소의 촉진제 또는 활성제라고 한다. Na^{+}, K^{+}, Ca^{2+}, Fe^{2+}, Mg^{2+}, Zn^{2+}, Cu^{2+}, Mn^{2+}, Ni^{2+} 등과 같은 여러 금속이온은 효소의 작용을 촉진시키는 대표적 촉진제이다. 즉, 폴리페놀옥시다아제의 작용은 Cu^{2+}에 의해, 카르복실라아제carboxylase의 작용은 Mg^{2+}에 의해 촉진된다. 금속이온은 효소 활성 부위의 한 부분을 형성, 효소와 기질 간의 연결, 단백질 표면의 하전 변화 등과 같은 다양한 방법에 의해 효소 활성을 촉진시킨다.

6) 저해제

저해제란 효소작용을 저해시키는 물질이다. 효소는 강산이나 강알칼리, 요소, 유기용매 등에 의해 변성되어 활성을 잃게 된다. 또한 효소와 가역적 또는 비가역적으로 결합하는 Ag^{+}, Hg^{2+}, Pb^{3+}과 같은 중금속이온, 황화물, 아비산, 모노요오드 초산, 촉진제로 작용하는 금속이온과 결합하는 킬레이트 시약 등에 의해 활성이 저해된다.

5 식품 효소의 종류와 특성

신선식품에 존재하는 효소는 식품을 보관, 저장할 때 식품 성분의 변화를 일으켜 품질을 저하시키므로 데치기, pH 조절, 저해제 첨가, 저온저장 등 적당한 방법을 이용하여 효소활성을 조절해야 한다. 한편, 일부 효소는 식품의 텍스처, 향미 등을 개선하기 위해 식품 가공에 이용되기도 한다. 식품 효소는 대부분 가수분해효소와 산화환원효소에 속하며, 주요 식품 효소는 표 7-3, 표 7-4에 나타내었다.

표 7-3 식품의 조리, 가공에 관여하는 가수분해효소

효소의 종류	효소의 작용	비 고
1. 카보하이드라아제(탄수화물 분해효소)		
α-아밀라아제(액화효소)	전분 → 덱스트린+맥아당+포도당	전분의 당화에 이용
β-아밀라아제(당화효소)	전분 → 덱스트린+맥아당	맥아당의 제조, 한계 덱스트린의 생성에 이용
글루코아밀라아제	전분 → 포도당	포도당 제조에 이용
수크라아제(인버타아제)	자당 → 포도당+과당	인공벌꿀의 제조, 전화당의 제조 등에 이용
말타아제	맥아당 → 2 포도당	
락타아제	유당 → 포도당+갈락토오스	아이스크림, 농축유 제조 시 유당의 결정 석출 방지 및 감미 증진에 이용
이눌라아제	이눌린 → 과당	
셀룰라아제	셀룰로오스 → 포도당+셀로비오스	
펙티나아제	펙틴 → 갈락투론산	과즙 및 포도주의 청징에 이용
나린지나아제	나린진 → 나린제닌+당	감귤류의 쓴맛 제거에 이용
헤스페리디나아제	헤스페리딘 → 헤스페리틴+당	감귤류로 만든 과즙이나 통조림의 백탁 방지에 이용
2. 에스터라아제(에스테르 분해효소)		
리파아제	지방 → 지방산+글리세롤	치즈의 향기성분 생성, 지방산 제조에 이용
포스파타아제	인산에스테르 → 인산+기타물질	

(계속)

효소의 종류	효소의 작용	비 고
3. 프로테아제(단백질 분해효소)		
펩신	단백질 → 프로테오스+펩톤	
트립신	단백질 → 펩티드+아미노산	
키모트립신	단백질 → 펩티드+아미노산	
펩티다아제	펩티드 → 아미노산	
파파인	단백질 → 펩티드+아미노산	육류의 연화, 맥주의 혼탁 방지에 이용
레닌	카제인 → 파라-κ-카제인	치즈 제조에 이용
4. 뉴클리아제(핵산 분해효소)		
뉴클리아제	핵산 → 뉴클레오티드	
뉴클레오티다아제	뉴클레오티드 → 인산+뉴클레오시드	
뉴클레오시다아제	뉴클레오시드 → 당+염기	
5. 아미다아제(아미노기 분해효소)		
아르기나아제	알긴 → 요소+오르니틴	
우레아제	요소 → 이산화탄소+암모니아	

표 7-4 식품의 조리, 가공에 관여하는 산화환원효소

효소의 종류	효소의 작용	비 고
1. 옥시다아제(산화효소)		
폴리페놀옥시다아제	폴리페놀 → 퀴논	감자, 사과, 감, 복숭아, 배 등의 껍질을 벗겨 공기 중에 방치할 때 갈변을 일으키는 효소
티로시나아제	티로신 → 멜라닌	
아스코르브산 산화효소	L-아스코르브산 → 디히드로아스코르브산	효소적 갈변에 의한 비타민 C의 산화에 관여
퍼옥시다아제	과산화물 → 산화물+O_2	
카탈라아제	산화수소 → $H_2O+½O_2$	
리폭시게나아제	불포화지방산 → 과산화물	콩 비린내 생성에 관여
포도당산화효소	포도당 → 글루콘산+H_2O	식품의 산화에 의한 변질 방지에 이용
2. 디히드로게나아제(탈수소효소)		
숙신산 탈수소효소	숙신산 → 푸마르산+2H	구연산 회로에 관여
유당탈수소효소	유당 → 피루브산+2H	젖산 발효에 관여
알코올탈수소효소	에탄올 → 아세트알데히드+2H	알코올 발효에 관여

1) 가수분해효소

(1) 아밀라아제

아밀라아제는 전분을 가수분해하는 효소를 말하며 α-아밀라아제, β-아밀라아제, 글루코아밀라아제 등이 있다.

α-아밀라아제는 발아 곡류, 췌장액, 타액, 일부 세균, 곰팡이 등 동물, 식물, 미생물에 널리 분포되어 있다. α-아밀라아제는 전분의 α-1,4 결합을 무작위로 가수분해하여 저분자량의 덱스트린을 생성하고 점도를 급격히 감소시키는 액화를 일으키는 효소이다. α-아밀라아제는 전분 현탁액의 투명도와 환원력을 증가시키고, 50℃ 정도에서 가장 큰 활성을 보이며, 최적 pH는 4.7~6.9이다. 맥아 중의 α-아밀라아제는 맥주 제조에 매우 중요하다.

β-아밀라아제는 고구마와 같은 서류, 그리고 곡류, 콩류, 엿기름, 타액에 널리 분포되어 있으며, 최적 pH는 5.0~6.0이다. β-아밀라아제는 전분을 비환원성 말단에서부터 맥아당 단위로 가수분해하는데, 이때 단맛을 내는 맥아당이 생성되는 당화를 일으키는 효소이다. β-아밀라아제는 α-1,6 결합은 분해하지 못하므로 아밀로펙틴과 반응시키면 α-1,6 결합이 있는 분지점에서부터 2개 또는 3개 떨어진 포도당 잔기에서 반응이 멈추고 결과적으로 한계 덱스트린limit dextrin이 생성된다. β-아밀라아

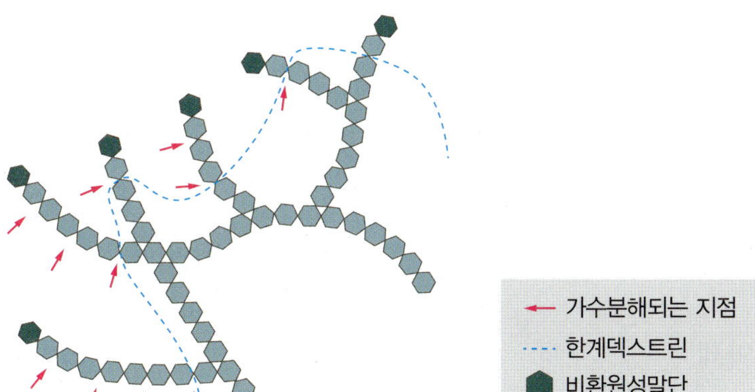

그림 7-5 β-아밀라아제에 의한 전분 가수분해와 한계 덱스트린

제는 제빵, 맥주 제조, 주정에 많이 이용된다. 그림 7-5는 β-아밀라아제에 의한 전분의 가수분해 및 한계 덱스트린을 나타내고 있다.

글루코아밀라아제는 주로 곰팡이가 생산하는 효소로 비환원성 말단으로부터 차례로 가수분해하여 포도당을 생산한다. 글루코아밀라아제는 α-1,4 결합을 분해할뿐 아니라 α-1,6 결합도 느리지만 분해할 수 있다. 이 효소는 옥수수시럽, 포도당 제조 등에 이용된다.

알아두기 **한계 덱스트린(limit dextrin)**

α-아밀라아제와 β-아밀라아제는 전분의 α-1,4 결합만을 가수분해하는 효소이므로 이들 효소는 전분의 분지점(α-1,6 결합) 근처의 α-1,4 결합을 가수분해할 수 없어 작용을 멈추고 고분자의 덱스트린을 생성하는데 이를 한계 덱스트린이라고 한다.

(2) 펙틴 분해효소

펙틴 분해효소는 고등식물의 세포벽이나 세포간질에 존재하는 다당류인 펙틴질을 분해하는 효소이다. 펙틴 분해효소는 과일 주스를 제조할 때 과즙의 여과 및 청징, 포도주의 청징 등에 이용되며 과일의 숙성과 연화에도 중요한 역할을 한다. 펙틴 분해효소에는 펙틴에스터라아제pectin esterase, 폴리갈락투로나아제polygalacturonase 등이 있다.

펙틴에스터라아제는 펙틴의 메틸에스테르기를 분해하여 펙틴산을 생성하는 효소로 최적 pH가 7~9이며 감귤류와 토마토는 이 효소의 활성이 높다. 폴리갈락투로나아제는 폴리갈락투론산의 α-1,4 결합을 가수분해하여 갈락투론산을 생성하는 효소이다.

(3) 리파아제

중성지방의 에스테르 결합을 가수분해하는 리파아제는 식물, 동물, 미생물에 존재하며, 여러 식품의 향미에 영향을 준다. 우유에 혼입된 리파아제는 유지방을 분해하여 가수분해적 산패를 일으키며, 이때 생성된 부티르산과 같은 저급지방산은 불쾌취의 원인 물질이 된다. 한편, 치즈나 초콜릿의 독특한 향미 생성에 리파아제가 이용되기도 한다. 즉, 블루 치즈에 속하는 로케포르티 치즈는 숙성 시 페니실리움 로케포르티*Penicillium roqueforti*가 분비하는 리파아제에 의해 카프론산, 카프릴산 등이 생성되어 치즈 특유의 강한 자극적 향미를 낸다.

(4) 프로테아제

프로테아제는 단백질의 펩티드 결합을 분해하는 효소로 고등식물, 동물, 미생물에 존재한다. 이 효소에는 단백질 분자 내의 펩티드 결합에 작용하는 엔도펩티다아제와 유리 상태의 α−아미노기나 카르복실기가 있는 말단의 펩티드결합에 작용하는 엑소펩티다아제가 있다.

레닌rennin은 송아지의 제4 위에서 생산되는 효소로서 치즈 제조에 이용되며 주로 뮤코Mucor 속의 곰팡이가 분비하는 효소를 사용한다. 즉, 레닌은 우유의 카제인을 부분적으로 가수분해하여 불용성인 파라−κ−카제인과 가용성인 글리코펩티드를 생성하며, 파라−κ−카제인은 우유 중의 다른 카제인과 함께 응고하여 커드를 형성한다.

파파인은 파파야에 함유되어 있는 효소로 염기성 아미노산이나 루신, 글리신과의 결합을 가수분해하며, 육류의 연육제, 맥주의 혼탁제거 등에 이용한다. 식물에 존재하는 프로테아제에는 파파인 외에 무화과에 존재하는 피신, 파인애플에 존재하는 브로멜린 등이 있다. 카텝신은 동물조직에 존재하는 단백질 분해효소로 사후경직된 육류의 연화에 관여한다.

2) 산화환원효소

(1) 폴리페놀옥시다아제

폴리페놀옥시다아제는 폴리페놀화합물을 산화시켜 갈변을 일으키는 효소이며, 이 효소의 활성화에는 산소가 필요하기 때문에 과일이나 채소의 껍질을 벗기거나 잘라서 공기 중에 방치하면 갈변이 일어난다. 바나나, 복숭아, 사과, 감자, 버섯 등과 같은 과일과 채소의 조직에는 폴리페놀옥시다아제 및 기질인 카테킨, 카테콜, 클로로겐산, 티로신 등과 같은 폴리페놀화합물이 널리 존재한다. 폴리페놀옥시다아제는 폴리페놀화합물이 공기 중의 산소와 반응하여 퀴논으로 산화되는 반응을 촉매하며, 퀴논은 자발적으로 중합 반응을 거쳐 갈색 색소인 멜라닌을 형성한다. 폴리페놀옥시다아제에 의한 갈변은 과일과 채소의 품질을 저하시키는 주원인이므로 다양한 방법으로 반응을 억제시키지만, 우롱차oolong tea와 홍차를 제조할 때는 의도적으로 이 반응을 일으킨다.

알아두기 **우롱차(oolong tea)**

우롱차는 녹차와 홍차와의 중간 정도로 발효시킨 중국의 대표적인 반발효차이다. 우롱차란 오룡차(烏龍茶)의 중국식 발음으로 까마귀(烏)처럼 검고, 용(龍)처럼 구부러져 있는 차(茶)라고 하여 붙여진 이름이다.

(2) 리폭시게나아제

리폭시게나아제는 불포화지방산의 산화에 촉매되는 효소로서, 리놀레산, 리놀렌산과 같이 시스, 시스-1,4-펜타디엔*cis, cis*-1,4-pentadiene 구조를 갖는 지방산과 그 에스테르화합물을 산화시켜 과산화물을 생성한다. 리폭시게나아제는 콩류, 밀, 감자 등에 많이 존재하며, 특히 대두, 강낭콩, 완두콩 등과 같은 콩류에 많다. 대두가공식품 특유의 콩 비린내 생성에 관여한다. 즉, 생 대두에 물을 넣고 그대로 마쇄하면 리폭시게나아제의 작용에 의해 강한 불쾌취가 생성된다. 그러나 이 효소는 가열하면 불활성화되므로 대두를 끓는 물에서 마쇄하면 불쾌취가 생성되지 않는다. 리폭시게나아제가 작용하면 불쾌취가 생성될 뿐 아니라 지용성 비타민과 카로틴, 엽록소, 안토시아닌 등의 색소도 파괴되므로 데치기 등과 같은 열처리를 하여 이 효소를 불활성화시켜야 한다.

한편, 밀가루의 제빵성 개선을 위해 리폭시게나아제가 이용되기도 한다. 즉, 밀가루에 생 대두가루를 혼합하면 리폭시게나아제가 밀가루의 카로티노이드 색소를 산화시켜 표백효과를 내고, 밀가루 반죽 내의 –SH를 산화시켜 –S–S– 결합 형성을 촉진함으로써 제빵성을 향상시킨다.

알아두기

시스, 시스–1,4–펜타디엔(*cis*, *cis*–1,4–pentadiene) 구조

필수지방산인 리놀레산(linoleic acid), α–리놀렌산(linolenic acid) 및 아라키돈산(arachidonic acid)은 모두 1,4–*cis*, *cis*–펜타디엔($-CH=CH-CH_2-CH=CH-$)의 부분 구조를 갖는다.

요약

- 효소는 극미량으로 생체 내에서 일어나는 화학 반응에 촉매 역할을 하는 일종의 생체 촉매이다. 신선한 과일, 채소, 어패류, 육류 등에는 여러 종류의 효소가 함유되어 있어 식품의 보존, 가공, 저장 중에 일어나는 변화에 영향을 준다.
- 효소 반응에서 효소는 기질과 반응하여 효소–기질 복합체를 형성한다. 기질에 꼭 들어맞는 효소의 부분을 활성 부위라고 하며 효소는 기질 특이성이 있다.
- 대부분의 효소는 30~40℃에서 최대 활성을 나타내는데 이 온도를 최적온도라고 한다. 일부 내열성 효소는 70~80℃ 정도에서도 활성을 나타내지만, 대부분의 효소는 50℃ 이상에서 불활성화된다. 효소가 최대 활성을 나타내는 pH를 최적 pH라고 한다. 대부분의 효소는 pH 4.5~8.0에서 최대 활성을 보이지만 펩신과 아르기나아제의 최적 pH는 각각 1~2, 10으로 강산이나 강알칼리에서 최대 활성을 나타내는 것도 있다.
- 효소작용을 촉진시키기 위해 첨가되는 특정 물질을 효소의 촉진제(활성제)라고 하며 Na^+, K^+, Ca^{2+}, Fe^{2+}과 같은 여러 금속이온은 효소의 작용을 촉진시키는 대표적 촉진제이다. 효소는 강산이나 강알칼리, 요소, 유기용매, 중금속이온, 황화물, 아비산, 모노요오드 초산 등에 의해 변성되어 활성을 잃는데, 이처럼 효소작용을 저해시키는 물질을 저해제라고 한다.
- 전분을 가수분해하는 효소인 아밀라아제에는 α–아밀라아제, β–아밀라아제, 글루코아밀라아제 등이 있다. α–, β–아밀라아제는 전분의 α–1,4 결합만을 가수분해할 수 있어 α–1,6 결합이 있는 분지점 근처에서 반응이 멈추어 한계 덱스트린을 생성한다.
- 폴리페놀옥시다아제, 리폭시게나아제는 대표적 산화환원효소이다. 폴리페놀옥시다아제는 과일이나 채소의 껍질을 벗기거나 잘라서 공기 중에 방치할 때 갈변을 일으키는 효소로 우롱차, 홍차 제조에 활용되며 활성화에 산소를 필요로 한다. 리폭시게나아제는 불포화지방산의 산화에 촉매되는 효소로서, 리놀레산, 리놀렌산과 같이 시스, 시스–1,4–펜타디엔(*cis*, *cis*–1,4–pentadiene) 구조를 갖는 지방산과 그 에스테르화합물을 산화시켜 과산화물을 생성한다. 콩 비린내 생성에 관여하는 이 효소는 가열하면 쉽게 불활성화된다. 밀가루의 제빵성 개선을 위해 리폭시게나아제가 이용되기도 한다.

연습문제

1. 효소작용에 영향주는 요인에 대해 알아봅시다.
2. 전분의 α–1,4 결합만을 가수분해할 수 있는 효소의 종류와 그 작용에 대해 알아봅시다.
3. 사과의 껍질을 벗겨 공기 중에 방치하면 어떻게 갈색으로 변하는지 알아봅시다.
4. 대두 가공품의 콩 비린내 형성에 관여하는 효소에 대해 알아봅시다.

8

CHAPTER

식품의 색

CHAPTER 8

식품의 색은 식품 고유의 특징을 나타내고 식품으로서의 가치를 판단하는 기준이 되며, 식품의 신선도wholesomeness를 나타내며, 수용도acceptance에도 영향을 미쳐 식품의 기호와 식욕을 결정한다. 천연식품의 색은 밝고 선명한 데 비해 변질된 식품은 어둡고 탁한데, 변색은 가공식품이나 저장식품의 색소가 파괴되었거나 식품내 각 성분의 상호작용에 의해 새로운 색소들이 형성되었음을 의미한다. 변색은 식품의 변질을 나타내는 표식이 되고, 이것은 식품의 품질을 판정하는 간접적인 기준이 된다.

이처럼 중요한 식품의 색은 수송, 저장, 가공과정에서 산소, 광선, 열, 효소, 미생물 등의 영향으로 쉽게 변색되므로 이에 관한 성질을 이해하는 것이 중요하다. 식품의 특성을 좌우하는 색소에는 식물성 식품에 존재하는 클로로필, 카로티노이드, 플라보노이드계 색소가 있고, 동물성 식품에는 동물의 혈액인 헤모글로빈과 근육의 색소인 미오글로빈이 있다. 또 조리나 가공 중에 효소의 작용으로 또는 효소와 관계없이 변색되기도 하는데 이 장에서는 자연에 존재하는 색과 조리, 가공과정 중에 생성되는 색의 변화를 다룬다.

1 발색이론과 천연색소의 분류

1) 발색이론

색소란 파장이 긴 적색부(800 nm)에서 등황색, 황색, 녹색, 청색, 남색을 거쳐 파장이 짧은 자색부(400 nm)까지의 각 파장을 반사하는 물질을 총칭하는 것이다. 색 물질은 태양의 가시광선 중에서 일부분은 흡수하고 나머지 부분은 반사하거나 통과시키는데, 이것이 우리들의 눈에 색으로 나타나는 것이다. 따라서 그들의 특징적인 화학구조에 의해 색깔이 나타난다. 유색물질의 발색이론에 의하면 색소분자는 발색의 기본이 되는 일정한 원자단을 반드시 하나 이상 가져야 하는데 C=O, −N=N−, −C=C−, NO_2, −NO, −C=S 등의 원자단을 발색단이라 하고, 발색단을 갖는 분자를 색소원이라 한다. 색소원은 한 개의 발색단만으로 색을 나타내는 것이 있으나, 대개는 자외부의 광선을 흡수할 뿐 선명한 색을 나타내지 못한다. 몇 개 또는 몇 가지 발색단이 서로 어울리거나 또는 이들 무색의 색소원에 수산기, 아미노기 등의 원자단(조색단)이 결합하면 비로소 발색하는 경우가 많고, 본래 색이 있었던 것은 더욱 더 선명해진다.

2) 천연색소의 분류

식품에 존재하는 색소들은 원래 식품 속에 존재하는 천연색소들과 착색을 목적으로 첨가된 착색제가 있다. 천연색소는 그 출처에 따라 식물성 색소와 동물성 색소로 나누고, 물에 녹는지 유기용매에 녹는지에 따라 지용성 색소와 수용성 색소로 나뉜다 표 8-1.

표 8-1 천연색소의 분류

출처	특성	색소		존재 식품
식물성 색소	불용성	클로로필류		녹색 채소와 과일류
		카로티노이드계		등황색, 녹색 채소와 과일류
	수용성	플라보노이드	안토잔틴	백색 채소, 과일, 곡류
			안토시아닌	적자색 채소, 과일류
			탄닌류	채소, 과일, 곡류
동물성 색소		헤모글로빈		동물의 혈액
		미오글로빈		동물의 근육조직

(1) 식물성 식품의 색

식물성 식품의 색소는 물에 녹지 않는 색소들과 수용성 색소들로 분류한다. 불용성 색소는 클로로필류와 카로티노이드들이 있고, 수용성 색소들로는 플라보노이드계 색소가 있다. 플라보노이드계의 색은 적자색을 나타내는 안토시아닌과 흰색의 안토잔틴, 그리고 탄닌류로 분류할 수 있다. 수렴성의 탄닌은 보통 무색 투명의 교질상태로 존재하나 쉽게 산화되어 갈색, 또는 흑갈색의 불용성 물질로 변한다.

(2) 동물성 식품의 색

동물성 식품의 색소에는 동물의 혈액에 존재하는 헤모글로빈과 근육조직에 존재하는 미오글로빈이 있다. 일반적으로 동물의 살코기 색은 거의 미오글로빈에 의해 나타난다. 난황이나 우유에는 카로티노이드 색소들이 존재한다. 특히 난황의 색소는 닭이 먹은 사료의 색에 의해 영향을 받는다고 알려져 있으나 난각의 색이 흰색 또는 누런색을 띠는 것은 사료와는 상관없는 것으로 알려졌다.

3) 화학구조에 따른 분류

식품의 색은 화학구조에 따라 표 8-2로 분류할 수 있다.

표 8-2 화학구조에 따른 색의 분류

분자명	색소	화학구조
(테트라)피롤유도체	클로로필, 미오글로빈, 헤모글로빈	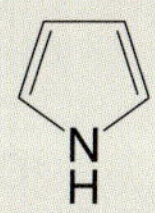
이소프레노이드	카로티노이드	$CH_2=C(CH_3)-CH=CH_2$
벤조피렌	안토잔틴, 안토시아닌	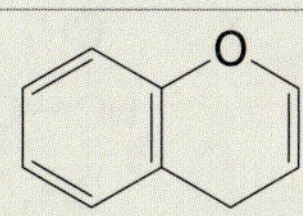
기타 구조	탄닌, 캐러멜	

2 식물성 식품의 색

1) 클로로필

채소와 과일 등의 식물이 가진 초록색은 주로 클로로필류, 즉 엽록소에 의한다. 이것은 단백질 또는 지단백질과 결합한 상태로 엽록체에 존재하고, 식물의 광합성에 중요한 역할을 하고 있다.

(1) 클로로필의 구조

클로로필에는 클로로필 a, b, c, d 등이 있다. 우리가 채소나 과일로 섭취하는 고등식물에서의 클로로필 a와 b의 존재 비는 2~3:1이다. 클로로필 a의 색깔은 429와 660 nm에서 최대 흡수파장을 나타내는 청록색이며, 클로로필 b의 색깔은 453과 642 nm에 최대 흡수파장을 가진 황록색이다. 클로로필 c와 d는 해조류에 들어 있다 그림 8-1.

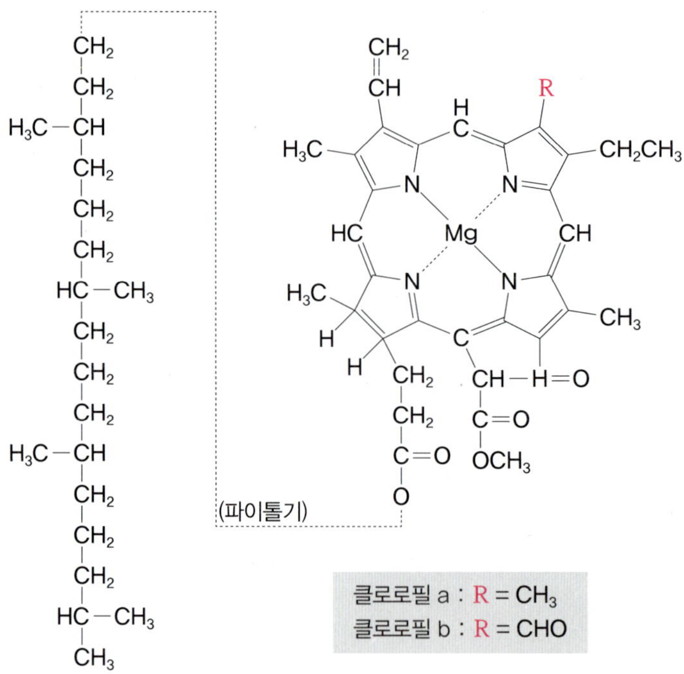

그림 8-1 클로로필의 구조

클로로필은 4개의 피롤 핵이 메틸기에 의해 서로 결합한 포르피린 고리의 중심에 마그네슘을 가지고 있으며, 파이톨기와 에스테르를 형성하고 있는 거대분자이기 때문에 지용성이다. 클로로필의 포르피린 고리와 결합하고 있는 마그네슘은 두 개의 공유결합과 두 개의 배위결합에 의해 결합되고 있다. 클로로필은 물에 녹지 않으나 아세톤, 에테르, 벤젠 등에는 잘 녹는다.

(2) 산에 의한 변화

클로로필은 산과 반응하면 마그네슘이 수소로 치환되어 갈색의 페오피틴이 된다(pheo란 갈색을 뜻한다). 이 반응은 비가역적이며(한번 페오피틴으로 바뀐 것은 클로로필로 돌아가지 않는다) 급속도로 일어난다. 한편, 산의 작용이 지속될 때 클로로필의 포르피린에 존재하는 피틸 에스테르기가 가수분해되어 제거되면 갈색의 페오포바이드가 된다 그림 8-2.

김치, 오이피클처럼 녹색채소의 발효음식이 갈색을 띠는 것은 발효에 의해 생긴 초산이나 젖산이 클로로필에 작용한 것이며, 또 푸른잎을 방치했을 때 갈색화되는 것은 자가소화에 의해 식물의 유기산이 클로로필에 작용하여 페오피틴이 생성되기 때문이다. 이와 같은 변색을 억제하기 위해서는 휘발성 산을 신속히 증발시키고 클로로필과 산의 접촉시간을 짧게 하면 도움이 된다.

(3) 알칼리에 의한 변화

클로로필은 알칼리 용액에서 가열하면 파이톨기가 떨어져 나가 수용성인 녹색의 클로로필리드가 되고 다시 메틸에스테르결합이 가수분해되어 수용성인 진한 녹색의 클로로필린이 된다. 알칼리의 농도가 클 때는 염의 형태로 존재하여 물에 잘 녹으며 청록색을 띤다 그림 8-2. 그러나 자연식품의 경우 알칼리성인 식품은 거의 없으므로 실제 식품에서 일어나는 것은 보기는 어렵다.

간혹 녹색채소를 삶을 때 중탄산나트륨(식소다, 중조)과 같은 알칼리를 가하면 녹색은 보존되지만 알칼리성에 불안정한 비타민 C를 비롯한 비타민들이 파괴되고 채소

클로로필의 산에 의한 변화

클로로필(지용성, 청록색)

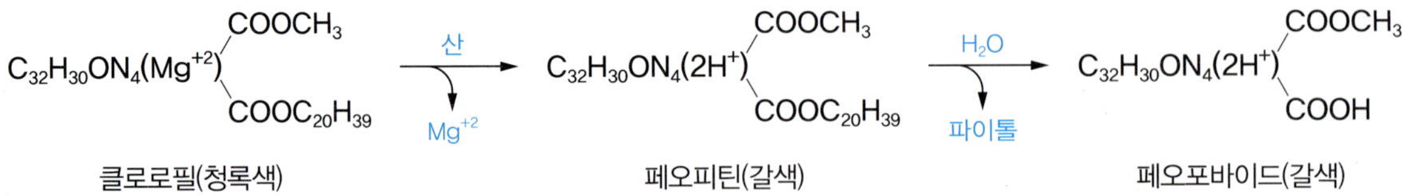

클로로필의 알칼리에 의한 변화

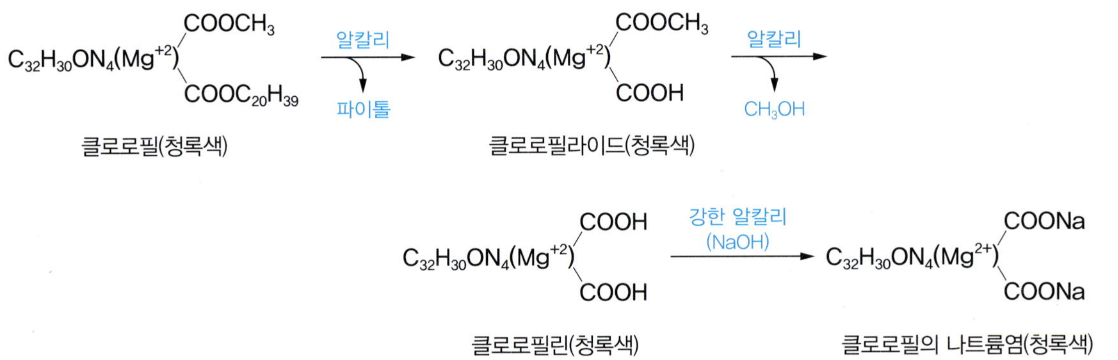

클로로필의 금속에 의한 변화

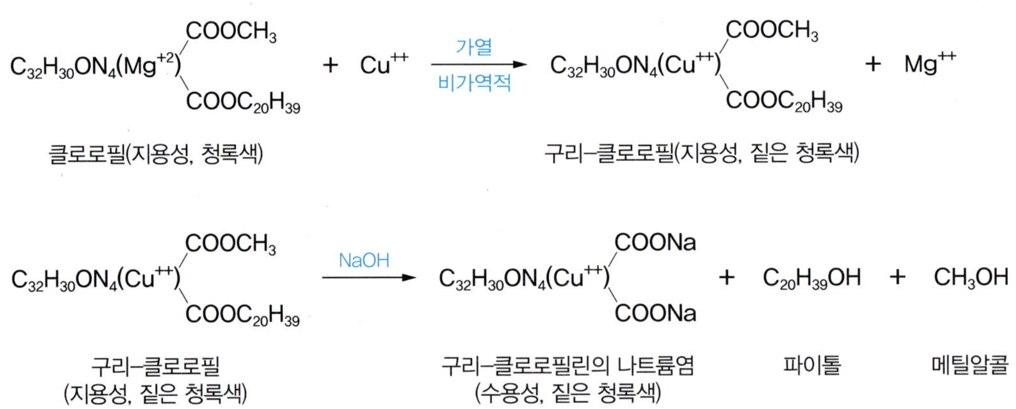

그림 8-2 클로로필의 변화

가 지나치게 물러지는 경우가 있다. 이를 방지하기 위해서는 탄산마그네슘과 초산칼슘의 혼합물을 소량 첨가하면 좋다. 조리에서는 일반적으로 소금을 첨가하여 녹색을 안정화시킨다.

(4) 클로로필라아제에 의한 변화

식물조직이 손상되면 클로로필은 조직 내의 클로로필라아제 효소의 작용으로 파이톨기가 떨어져 나가 선명한 녹색인 클로로필라이드를 형성하지만 이것은 바로 이어서 식물조직 내의 산 또는 자가산화로 생긴 산에 의해 마그네슘이 유리되면서 페오포바이드로 되어 녹색을 잃는다. 따라서 채소를 데치면 효소가 불활성화되어 색을 보존하는 데 도움이 된다. 녹차를 만들 때 녹색을 유지하기 위해 차잎을 덖거나 찌게 되는데 이 과정은 차잎의 효소를 불활성화시켜 녹색을 유지하는 전형적인 예라고 할 수 있다.

(5) 가열에 의한 변화

채소를 물에서 끓이면 채소 조직의 부분적인 파괴로 액포 내의 휘발성 및 비휘발성 유기산들이 유리된다. 녹색채소를 천천히 오래 삶을 때 갈색으로 변하는 것은 식물조직 내에서 클로로필을 안정화하고 있던 단백질과의 결합이 끊어져 클로로필이 유리되어 조직 중의 유기산과 반응해서 페오피틴을 생성하기 때문이다. 통조림 식품, 건조식품을 만들 때 과일이나 채소류를 데치면 채소의 색에 영향을 준다. 한편, 채소를 가열할 때 많은 양의 물을 사용하면 적은 양의 물을 사용하는 경우보다 유기산이 희석되는 효과가 있어 클로로필이 더 잘 유지된다.

(6) 금속과의 반응

클로로필은 구리Cu나 철Fe 등의 이온, 또는 이들의 염과 함께 가열하면 클로로필의 마그네슘이온이 이들 금속이온과 치환되어 안정한 청록색의 구리-클로로필, 또는 선명한 갈색의 철-클로로필을 형성한다. 그러나 이들은 물에 녹지 않으므로 알칼리로 가수분해하여 구리-클로로필린염, 철-클로로필린염으로 하면 물에 잘 녹으며 색깔도 안정하여 식품착색제로도 사용된다 그림 8-2.

또, 녹색채소류가 그 조리액 중의 산에 의해 페오피틴으로 변하였더라도 구리의 염류를 첨가함으로써 구리-클로로필의 짙은 청록색을 갖게 할 수 있다. 예를 들면, 완두콩 통조림을 제조할 때 가열살균과정에서의 변색을 억제하기 위해 소량의 황산구리를 사용한다. 금속-클로로필은 물에 녹지 않으므로 진한 알칼리로 가수분해한 후, 수용성의 나트륨염으로 만들어 사용하게 되는데, 이 과정이 주로 완두콩의 녹색을 유지하는 데 이용되고 있다.

알아두기

녹색채소를 잘 데치려면

① 뚜껑을 열고 데칠 것 : 녹색채소를 넣고 처음 2~3분은 냄비 뚜껑을 열고 데친다. -휘발성 유기산을 휘발시킴으로써 유기산이 다시 떨어져 조리수가 산성화되는 것을 막을 수 있다.
② 충분한 양의 물을 사용 : 조리수의 양을 많이 하면 용출된 유기산의 농도가 희석되어 변색을 막을 수 있다.
③ 소금을 첨가 : 소금은 페오피틴으로의 변화를 억제하여 변색을 막을 수 있다.
④ 식소다의 첨가 : 중조는 녹색을 유지하는 면에서는 도움을 주지만 질감을 물러지게 하던지 비타민 B_1, B_2, C의 파괴를 초래하므로 추천할 방법은 아니다.
⑤ 초 무침 시 식초의 첨가 시기 : 초 무침요리를 할 때 식초는 먹기 바로 전에 넣고 무치는 것이 좋다.

2) 카로티노이드계 색소

카로티노이드계 색소는 동·식물성 식품 중에 널리 존재하는 등황색·황색·오렌지색·주홍색의 지용성 색소로서, 배당체나 에스테르 형태 또는 단백질과 결합한 형태로 존재한다. 식물이나 미생물은 카로티노이드계 색소를 합성할 수 있으나 동물성 식품 속의 카로티노이드 색소는 동물의 먹이에서 기인한 것이다. 카로티노이드의 색은 클로로필과 공존하는 경우에는 그 녹색에 가려 나타나지 않아 녹색채소로 여기게 되지만, 청고추가 빨갛게 변하는 것처럼 클로로필이 일단 분해되면 황색 또는 주홍색의 색소가 나타난다.

(1) 분류

카로티노이드는 이오논핵(표 8-3 에 표시)과 여러 개의 이중결합을 가지고 있는 물질로 크게 카로틴류와 잔토필류로 나눈다. 카로티노이드는 이소프렌 구성단위가 8개 결합하여 형성된 테트라터펜tetraterpene 구조를 가지고 있으며, 그 분자구조 내에는 보통 7개 이상의 공액 이중결합이 있어 이 결합들이 카로티노이드 색의 원인이 된다. 카로틴류는 이소프렌의 축합체인 탄화수소이고, 잔토필류는 수산기, 카르보닐기 등을 갖는 카로틴의 산화유도체이다 표 8-3 .

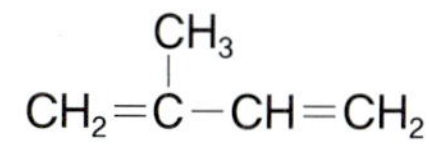

이소프렌기

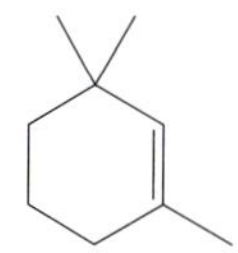

β-이오논 고리

카로티노이드는 기본구조의 양 끝에 고리 모양으로 되어 있는 경우와 사슬 모양으로 되어 있는 경우가 있으며, 카로티노이드 양 끝의 구조에 따라 색 및 화학적 성질이 달라진다.

① 카로틴계

카로틴계 색소는 석유 에테르에는 녹으나 알코올에는 잘 녹지 않으며, α–카로틴, β–카로틴, γ–카로틴, 리코펜 등이 있다. 이 중에서 α–, β–, γ–카로틴은 체내에서 분해되어 비타민 A의 효과를 나타낸다.

- α–카로틴 : 이것은 보통 β–카로틴, γ–카로틴과 함께 존재한다. 고추와 당근에 들어 있으며 α–이오논 고리와 β–이오논 고리를 갖고 있다. α–카로틴 한 분자가 산화되면 β–이오논 고리를 갖고 있는 비타민 A를 한 분자 형성한다.
- β–카로틴 : 채소류에 널리 분포하며 구조적으로 보면 체내에서 두 분자의 비타민 A가 될 수 있는 프로비타민 A이다 그림 8-3 . 우리가 섭취한 β–카로틴은 간에서 비타민 A로 전환되어 활성을 나타낸다. 공기 중에 쉽게 산화되며, 산화되면 비타민의 효력도 상실하므로 보관 시 산소를 차단하거나 산소노출시간을 줄여야 한다.
- γ–카로틴 : 당근을 비롯한 채소류나 감귤류를 비롯한 과일에 분포되어 있다.
- 리코펜 : 토마토가 가진 빨간색의 주요 카로티노이드로 다른 카로틴류와 함께 오렌지 등의 과일이나 일부 채소에 분포되어 있다.

표 8-3 카로티노이드의 분류와 구조

색소	구조	색깔	존재 식품
1. 카로틴			
α-카로틴	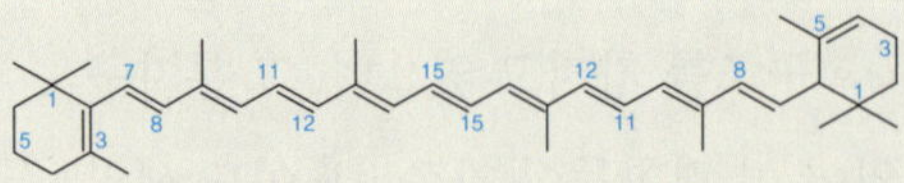	노랑	당근, 감귤, 팜유
β-카로틴	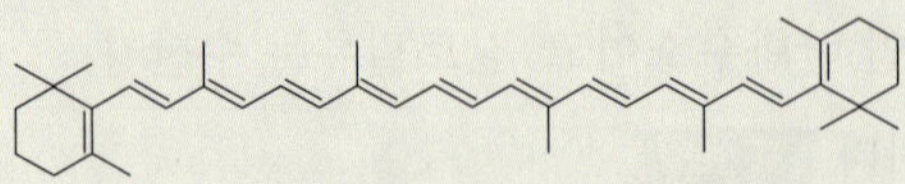	노랑	당근, 호박, 감귤, 난황, 해조류
γ-카로틴	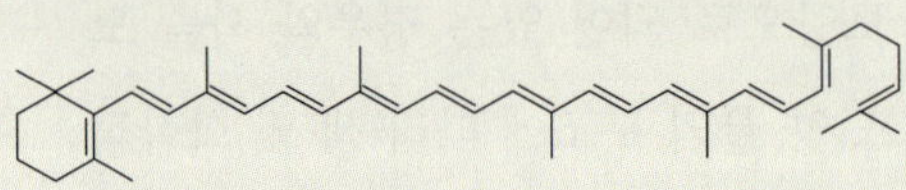	노랑	살구, 고구마
δ-카로틴	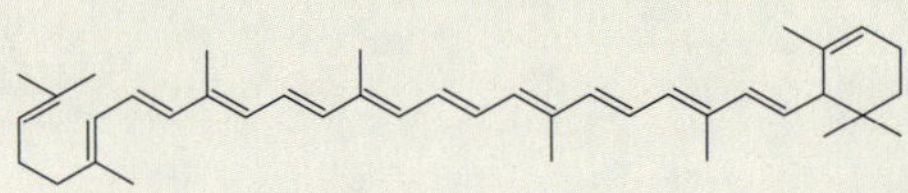	주황	당근, 토마토
리코펜	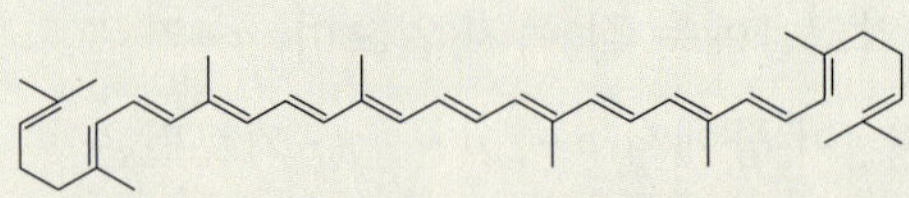	빨강	토마토, 수박, 감
2. 잔토필			
루테인	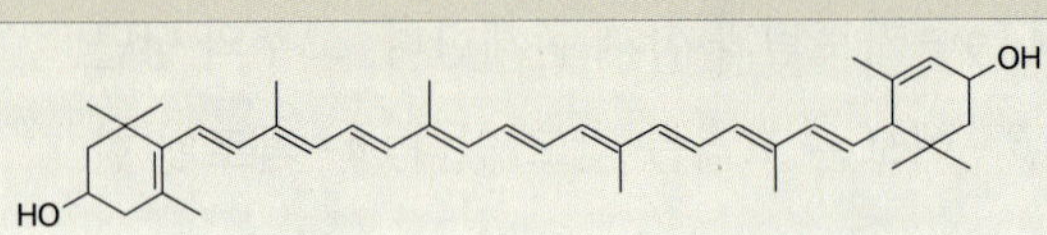	노랑	녹색채소, 호박
크립토잔틴	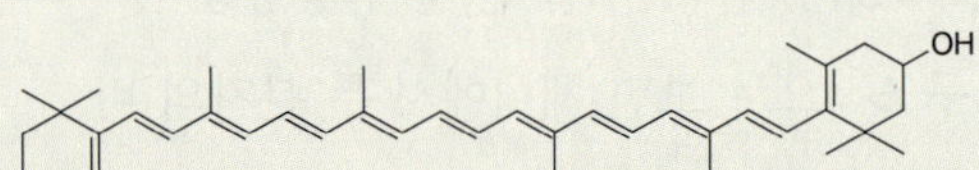	주황	옥수수, 오렌지, 감, 파프리카
비올라잔틴	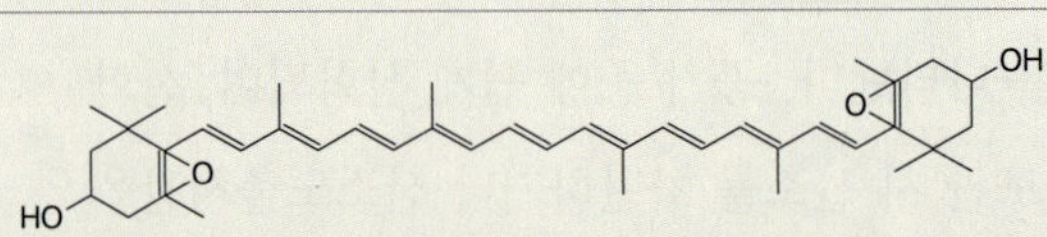	주황	감, 파파야
제아잔틴	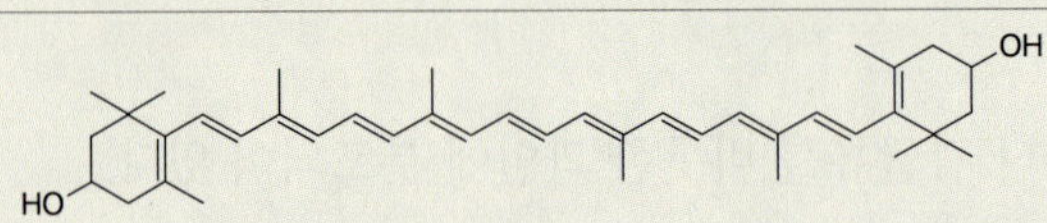	노랑	옥수수, 감귤, 호박, 난황
캡산틴	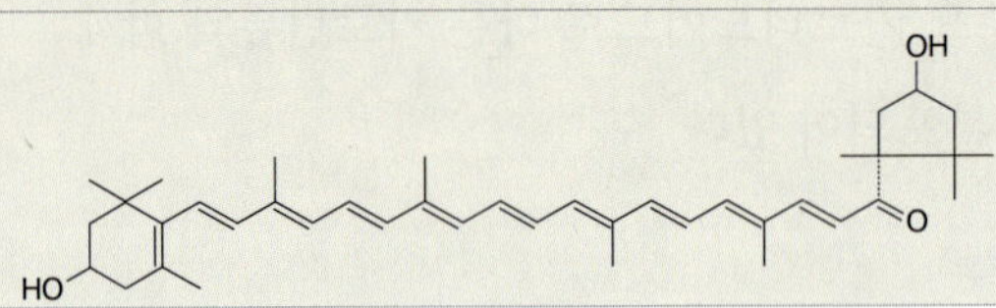	빨강	고추, 피망

(계속)

색소	구조	색깔	존재 식품
아스타잔틴	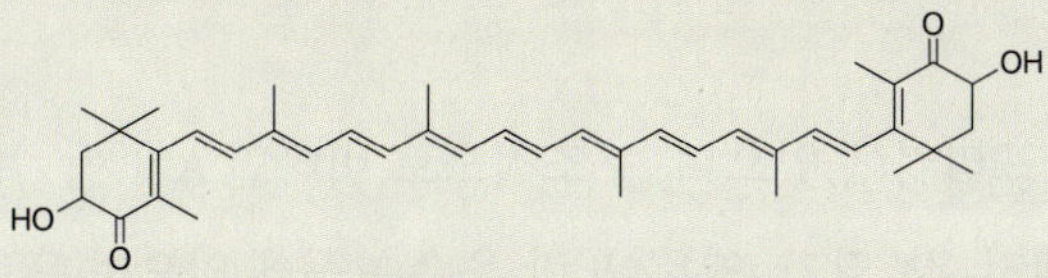	빨강	게, 새우, 연어, 가재
크로세틴	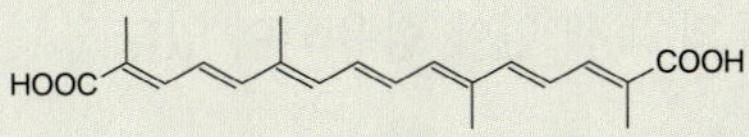	노랑	치자, 샤프론
빅신	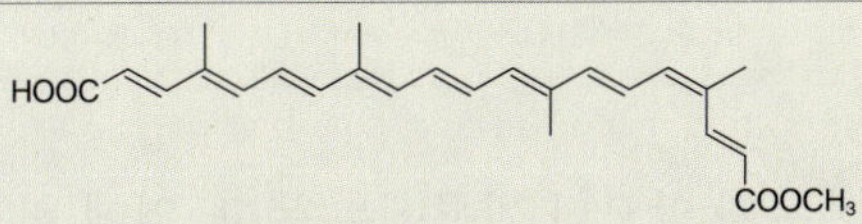	노랑	아나토
칸타잔틴	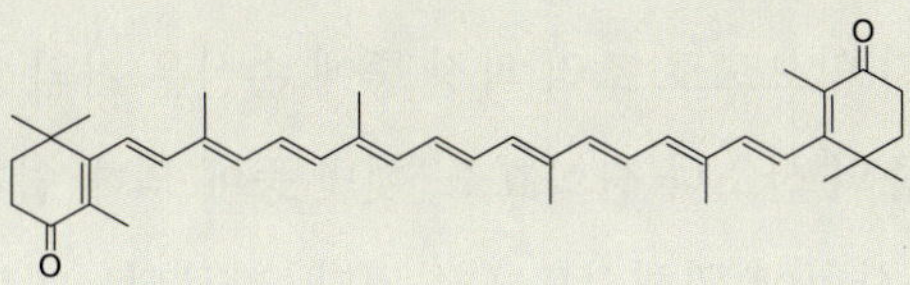	빨강	버섯, 송어, 새우, 해조류

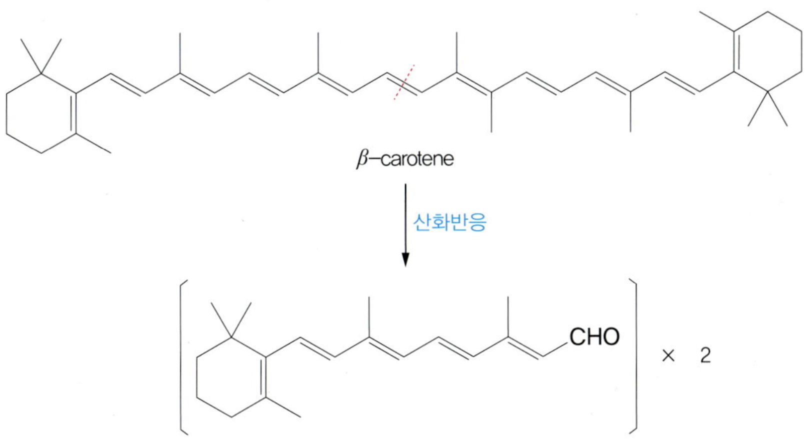

그림 8-3 β–카로틴의 비타민 A로의 전환

② 잔토필계

잔토필계 색소는 알코올에는 녹으나 석유에테르에는 녹지 않으며, 카로틴계 색소의 산화유도체이다.

- 캡산틴 : 고추, 파프리카에 있으며, 구조적으로 비타민 A가 될 수 없다.
- 크립토잔틴 : 오렌지, 감, 딸기, 앵두, 노란 옥수수 등에 있으며 프로비타민 A이다.
- 루테인 : 밀, 고추, 일부 해조류의 녹색 잎에 함유되어 있다.

(2) 성질

카로티노이드계 색은 물에는 녹지 않으나 기름에는 녹고, 열에 비교적 안정하며 약산과 약알칼리에는 파괴되지 않으므로 조리 과정 중에 손실은 거의 없으나, 산화에는 매우 약하다. 따라서 공기 중의 산소나 산화효소, 햇빛 등에 의해 쉽게 산화되어 변색된다. 카로티노이드는 자동산화에 의해서도 산화된다. 카로티노이드 함유식품을 가열하면 카로티노이드는 변화하여 프로비타민 A로서의 효력이 없어진다. 자연계에 존재하는 카로티노이드는 대부분이 트랜스형으로 존재하나 가열, 산, 광선의 조사 등에 의해 이중결합의 일부가 시스형으로 이성화되는 경우가 있다 그림 8-4. 카로티노이드계 색소의 변색 방지수단으로 효소의 불활성화, 산소의 차단(진공 포장, 질소 충진, 항산화제 첨가 등), 건조 전에 고분자물질로 피막화시키는 방법이 있으며, 햇빛에 의한 산화 촉진을 막기 위해 포장재료, 용기 등에도 주의해야 한다.

3) 플라보노이드계 색소

넓은 의미의 플라보노이드계 색소는 디페닐프로판을 기본골격으로 하는 페놀류를 말하며, 안토잔틴, 안토시아닌 그리고 저분자의 탄닌인 카테킨 및 루코안토시안 등이 있다. 이들은 모두 2개의 벤젠핵이 3개의 탄소로 연결된 $C_6-C_3-C_6$의 탄소골격을 기본구조로 하는 것으로 식물계에 널리 존재하는 수용성 색소로서 세포 내의 액포 중에 유리상태 또는 배당체로 존재한다.

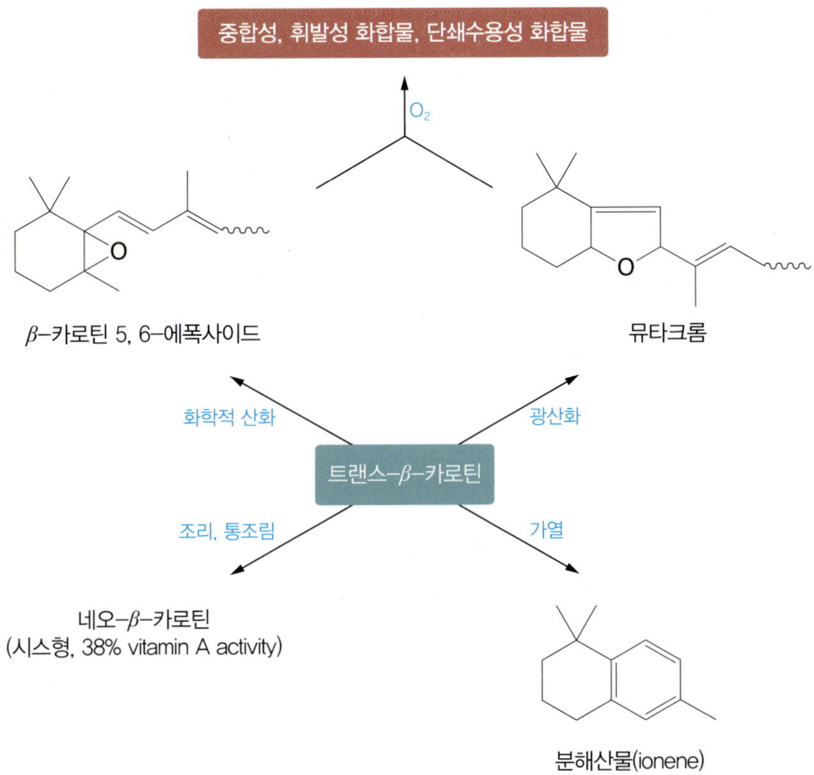

그림 8-4 카로티노이드의 변화

(1) 안토잔틴

안토잔틴은 채소, 과일에 널리 분포되어 있는 담황색 또는 황색의 색소이다. 안토잔틴은 식물체에서 유리상태(아글리콘)로 존재하나 대부분은 당류와 결합된 배당체 글리코시드glycoside로 존재한다. 안토잔틴은 구조에 따라 플라본, 플라보놀, 플라바논, 이소플라본 등이 존재한다 표 8-4.

- 플라본 : 벤조피렌의 2위치에 페닐기를 가진 2–페닐벤조피렌
- 플라보놀 : 플라본의 3위치의 수소가 OH로 치환된 것(무색)
- 플라바논 : 2, 3의 이중결합이 포화상태인 구조(무색)
- 이소플라본 : 벤조피렌의 3위치에 페닐기를 가진 3–페닐벤조피렌

표 8-4 안토잔틴의 종류와 구조

<table>
<tr><th>분류</th><th>배당체명</th><th colspan="2">아글리콘(aglycone)</th><th>당잔기</th><th>존재</th></tr>
<tr><td>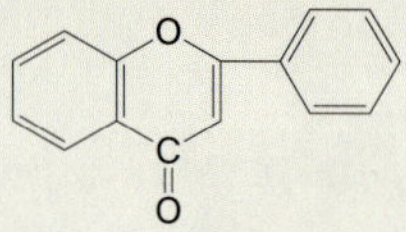
플라본</td><td>아핀</td><td>아피제닌</td><td>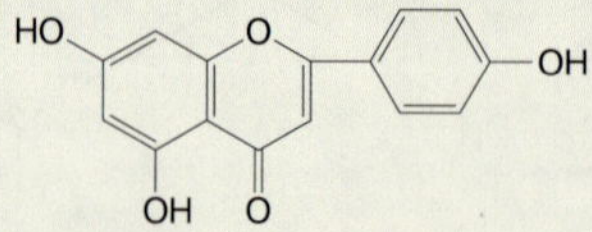</td><td>7-β-아피오실글루코사이드</td><td>파슬리, 셀러리</td></tr>
<tr><td rowspan="5">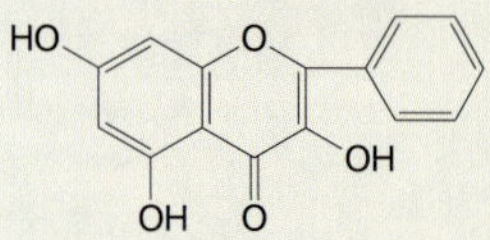
플라보놀</td><td>루틴</td><td>퀘르세틴</td><td rowspan="2">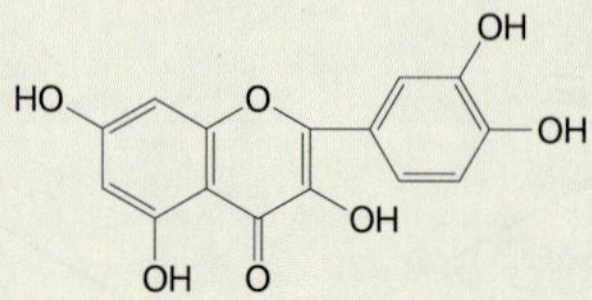</td><td>3-β-루티노사이드</td><td>양파, 메밀, 차</td></tr>
<tr><td>퀘르시트린</td><td>퀘르세틴</td><td>3-β-람노사이드</td><td>차</td></tr>
<tr><td>이소퀘르시트린</td><td>퀘르세틴</td><td rowspan="2">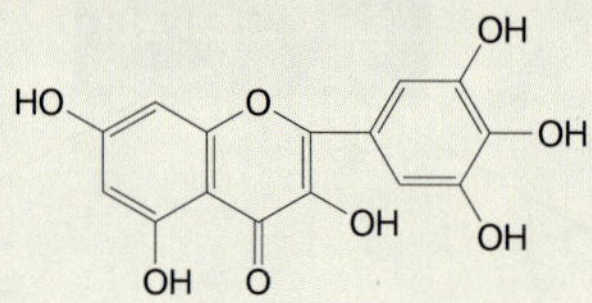</td><td>3-β-글루코사이드</td><td>옥수수, 차</td></tr>
<tr><td>미리시트린</td><td>미리세틴</td><td>3-β-람노사이드</td><td>양매</td></tr>
<tr><td>아스트라가틴</td><td>캠페롤</td><td>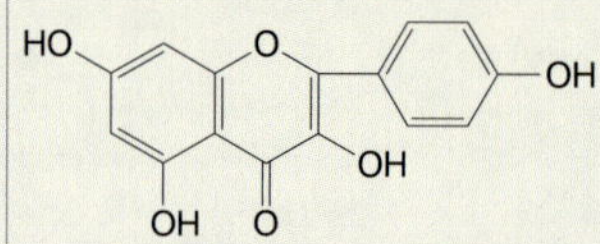</td><td>3-글루코사이드</td><td>딸기, 고사리</td></tr>
<tr><td rowspan="3">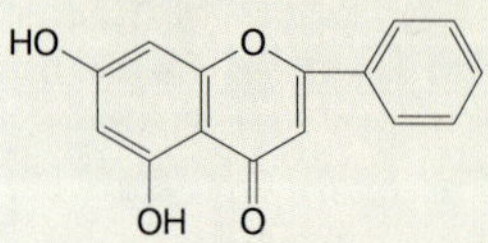
플라바논</td><td>헤스페리딘</td><td>헤스페레틴</td><td>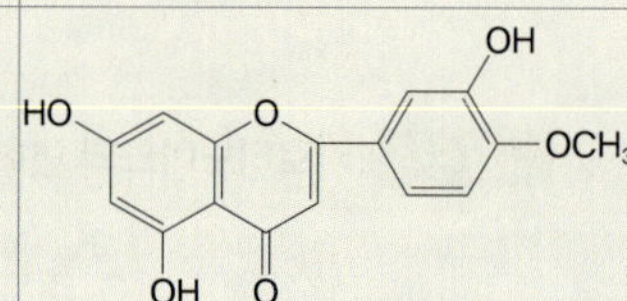</td><td>7-β-루티노사이드</td><td>온주밀감, 그레이프푸르트</td></tr>
<tr><td>나린진</td><td>나린제닌</td><td rowspan="2">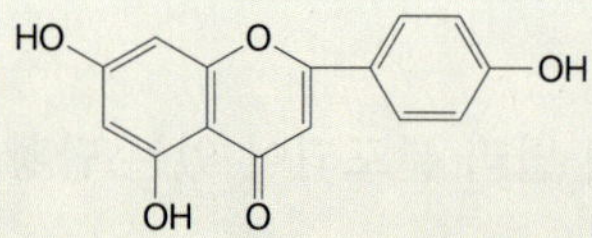</td><td>7-β-네오헤스페리도사이드</td><td>여름밀감, 밀감류</td></tr>
<tr><td>네오헤스페리딘</td><td>헤스페레틴</td><td>7-β-네오헤스페리도사이드</td><td>여름밀감</td></tr>
<tr><td>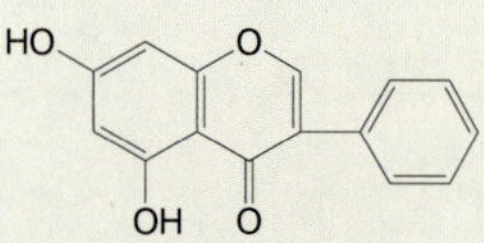
이소플라본</td><td>다이진</td><td>다이제인</td><td>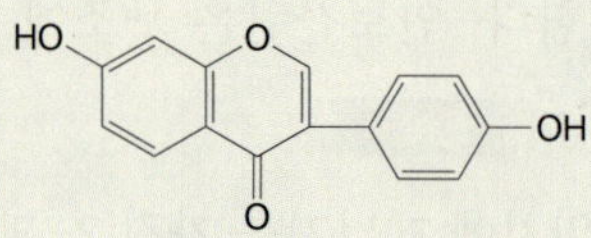</td><td>7-글루코사이드</td><td>콩</td></tr>
</table>

안토잔틴은 물에 잘 녹고, 산에는 안정하나 알칼리와 산화에는 불안정하다. 약산성에서는 무색이고, 경수로 가열하거나 알칼리성으로 하면 황색을 띠며, 산화하면 갈색이 된다. 밀가루에 중탄산나트륨을 첨가하여 빵이나 튀김 옷을 만들면 황색이 되고, 양배추, 흰 양파, 흰 감자, 고구마, 콩 등을 경수로 끓일 때 황색이 짙어지는 것은 안토잔틴 화합물에 기인하는 것이다. 일반적으로 안토잔틴을 함유한 식품은 가열하면 가수분해되어 노란 색깔이 더 짙어진다. 표 8-4 에는 식품 중의 중요한 안토잔틴계 색소를 나타내었다. 안토잔틴은 주석(Sn)과 결합하여 복합체를 형성하나 뚜렷한 색깔의 변화는 없다. 철과 결합하면 처음에는 녹색으로 착색되나 곧 갈색으로 변한다. 대표적인 안토잔틴류인 헤스페리딘은 감귤류의 과즙에 많이 존재하며 분해되면 아글리콘인 헤스페리틴과 루티노오스가 생성된다. 또한 헤스페리딘, 루틴, 퀘르세틴은 정상적인 모세혈관의 투과성을 유지하는 데 필요한 물질로 비타민 P로 부른다. 루틴은 메밀에 많이 함유된 것으로 알려져 있다.

(2) 안토시아닌

안토시아닌은 과일이나 채소 등에 존재하는 선명한 적색, 자색 또는 청색의 색깔을 가진 수용성 색소로서 화청소라고도 한다.

안토시아닌계 색소도 대부분이 당과 결합한 배당체로 존재하는데, 당이 아닌 부분(아글리콘)을 안토시아니딘이라 하며, 안토시아닌과 안토시아니딘을 일반적으로 안토시안이라 부른다. 안토시아니딘은 플라빌리움 화합물로서 그림 8-5 와 같은 구조를 가지며 분자 중에 1번 위치의 산소가 3가로 되어 있다. 즉, 산소가 갖는 2개의 비공유전자쌍의 하나에서 전자 하나가 C2와 공유결합을 하므로 (+)전하를 가진 옥소니움 화합물을 이루고 있다.

안토시아니딘을 벤젠 고리의 치환기의 수에 따라 다음과 같이 크게 3가지로 나누며, 이들은 다시 일부 수산기가 메틸화된 메톡실기에 따라 여러 가지 안토시아닌이 된다.

- 펠라고니딘계 : 안토시아니딘의 기본구조에서 2의 위치에 있는 페닐기에 OH기가 한 개 있는 구조

블루베리

자주감자

가지

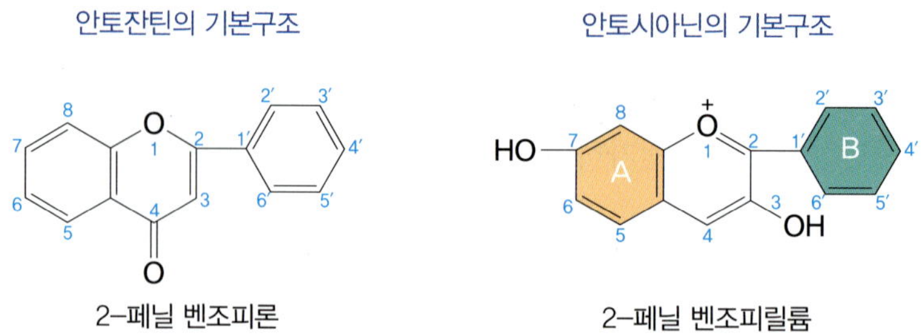

그림 8-5 안토잔틴과 안토시아니딘의 기본구조

표 8-5 안토시아닌의 구조와 종류

구조식	안토시아니딘(anthocyanidin)	안토시아닌(anthocyanin)	존재 식품
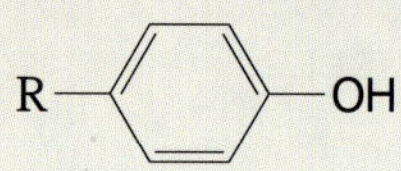	펠라고니딘(pelargonidin, 적색)	칼리스테핀(calistephin)	딸기
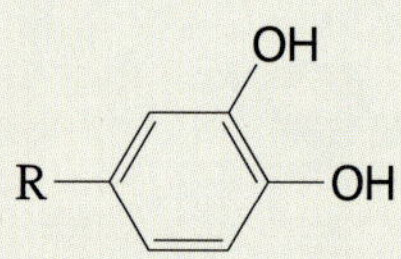	시아니딘(cyanidin, 자적색)	크리산테민(chrysanthemin) 시아닌(cyanin) 케라시아닌(keracyanin) 이데인(idein) 메코시아닌(mecocyanin)	검은콩, 팥, 체리, 복숭아 적색순무 체리 사과 신맛 체리
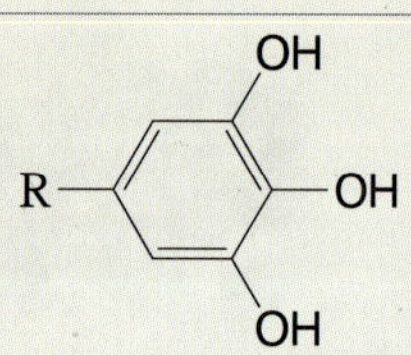	델피니딘(delphinidin, 청적색)	델핀(delphin) 나수닌(nasunin)	포도 가지
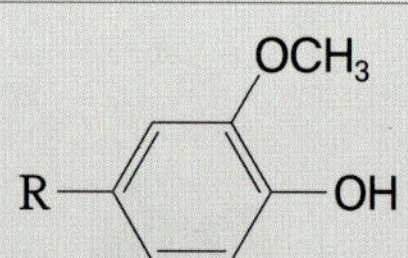	페오니딘(peonidin, 자적색)	페오닌(peonin)	포도
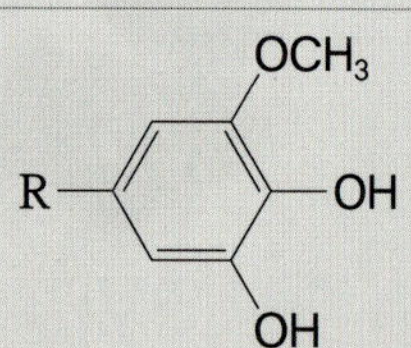	페투니딘(petunidin, 자적색)	페투닌(petunin)	포도
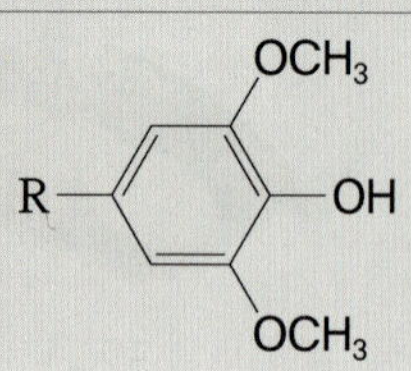	말버딘(malvidin, 자적색)	말빈(malvin) 예닌(enin)	포도 포도

• 시아니딘계 : 안토시아니딘의 기본구조에서 2의 위치에 있는 페닐기에 OH기가 두 개 있는 구조
• 델피니딘계 : 안토시아니딘의 기본구조에서 2의 위치에 있는 페닐기에 OH기가 세 개 있는 구조

여기서 펠라고니딘은 적색을, 시아니딘계는 자적색을, 델피니딘계는 청색을 띤다 표 8-5.

▲ 안토시아닌 색소에 영향을 미치는 요인들

① pH : 안토시아닌은 산성에서는 양이온, 알칼리성에서는 음이온으로 존재하는 양성물질amphoteric substance이며 pH에 따라 색의 변화가 크다. 산성에서는 적색이 되고, 중성에서는 자색이 되며, 알칼리성에서는 청색이 된다 그림 8-6.

그림 8-6 안토시아닌의 pH에 따른 변화

② 금속 : 안토시아닌 색소는 철과 반응하면 고운 청색이 되는데, 이 원리를 이용하여 가지를 염장할 때 그 속에 쇳조각을 넣어두면 가지가 고운 청색을 띤다.

③ 산소 : 산소가 없는 상태에서는 안토시아닌이나 안토시아니딘의 안정성은 증가하나 산화되면 갈변한다. 따라서 과즙 또는 과일이 산화되면 갈변되는데, 오래된 포도주가 산화되면 갈변되는 것이 좋은 예이다. 또 가지절임의 갈변은 과피의 자색 색소인 나수닌이 폴리페놀옥시다아제에 의해 산화되어 O-퀴논으로 변하고 이것

은 서로 중합하여 갈색색소를 만들기 때문이다.

④ 효소-안토시나아제는 안토시아닌을 분해하여 케톤형의 카비놀을 만들므로, 안토시아닌의 함량을 감소시켜 식품의 색을 퇴색하게 한다.

알아두기 **안토시아닌 색소는 pH indicator**

안토시아닌이 산-중-알칼리성에서 적-자-청색으로 변하는 것을 이용하여, 레드 캐비지(적채)로 샐러드를 만들 때 식초를 조금 넣은 물에 담가 적색이 되게 한다. 또, 적채는 채 썰어 물에 색소를 용출시키고 농축하여 흡수지에 흡착시킨 후 pH indicator로 사용한다.

(3) 탄닌

탄닌이란 여러 가지 특징을 공통적으로 가지는 한 그룹의 물질로 카테킨류, 루코안토시안류, 클로로겐산 등이 있으며 기본구조는 플라보노이드와 같다 그림 8-7. 탄닌은 수렴성이 있고 떫은맛을 가진 것과 보통 떫은맛이 없는 것도 포함하여 무색의 폴리페놀 성분을 총칭한다. 탄닌은 원래 무색이나 공기, 금속이온 또는 산화효소 작용으로 짙은 갈색, 흑색 또는 홍색으로 변화되는 불안정한 물질로서 식품의 갈변 반응에 중요한 기질로 작용한다.

① 카테킨류

카테킨류에는 카테킨과 갈로카테킨이 있으나 과일, 채소에는 카테킨이 대부분이고 갈로카테킨은 적다. 찻잎에는 카테킨갈레이트와 갈로카테킨 갈레이트가 존재하며, 특히 에피갈로 카테킨갈레이트의 함량이 높다. 카테킨이나 갈로카테킨 모두 떫은 맛은 없고 쓴맛을 띠나 이들의 갈레이트는 떫은맛이 있다.

카테킨류는 무색이지만 폴리페놀옥시다아제에 의해 쉽게 산화하여 갈변한다. 홍차는 발효과정에서 카테킨과 갈로카테킨이 폴리페놀옥시다아제의 작용으로 결합하여 테아플라빈 색소가 생성된 것이다.

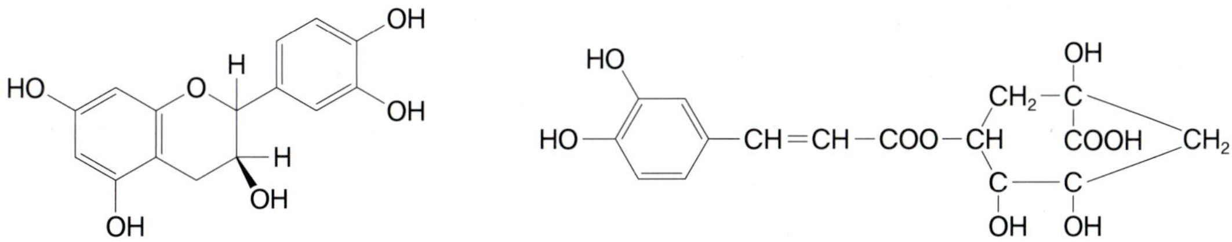

카테킨　　　　클로로겐산

그림 8-7 탄닌류

② 루코안토시안류

플라반-3,4-디올의 구조를 가지는 루코안토시아니딘을 함유하는 과일의 통조림 등에서 적변현상이 나타나는데, 이것은 루코시아니딘을 낮은 pH에서 장시간 가열하면 시아니딘(안토시아니딘계 물질)이 생성되기 때문이다.

③ 클로로겐산 및 폴리페놀류

식물체에 존재하는 폴리페놀류는 저분자의 카페산, 파라-쿠마르산, 갈산, 엘라그산 등이 있다. 이들은 유리형만이 아니라 에스테르형으로도 존재한다. 이 가운데 클로로겐산과 네오클로로겐산은 커피콩, 감자, 사과, 포도 등 채소와 과일에 존재하여 효소적 갈변의 기질이 된다. 퀸산 외에 쉬킴산과 에스테르를 구성하는 것, 또는 페놀카본산의 글루코시드도 존재한다.

(4) 탄닌의 성질

- 산화 : 탄닌은 수렴작용이 있어 떫은맛을 주고 쓴맛도 있고 공기 중에 쉽게 산화, 중합되어 흑갈색의 중합체를 형성하는데, 탄닌은 과일이 익으면 산화되어 안토시아닌 또는 안토잔틴으로 전환, 중합되어 불용성 물질로 변해서 떫은 맛과 수렴성이 소실된다.
- 단백질과 반응 : 탄닌은 단백질과 결합하면 침전된다. 예를 들면, 맥주의 원료인 호프나 보리 속의 루코안토시아닌이 보리의 글로불린 단백질과 결합하여 금속

이온을 흡착하면 불용성의 침전물을 만들어 맥주 혼탁의 원인이 된다. 이와 같은 현상은 과즙이나 과실주에서도 일어난다.

- 금속과 반응 : 탄닌은 금속과 복합염을 형성하여 회색, 갈색, 적색, 청록색을 나타낸다. 예를 들면, 떫은 감을 철제 칼로 깎으면 암갈색으로 변하는데, 이것은 탄닌이 철과 반응하기 때문이다. 또 차를 끓일 때, 경수를 쓰면 경수 중의 칼슘이온과 마그네슘이온이 탄닌과 결합하여 적갈색의 침전을 형성한다. 조리 시 간혹 흰색을 가진 식품이 조리 후 적색으로 변하는 경우가 있는데, 이것은 탄닌 물질과 금속의 반응 때문이다.

알아두기

과일 통조림을 개관하면 변색이 심한 이유

통조림의 철은 제1철이온으로 되어 Fe^{2+}–탄닌의 결합물은 옅은 회색이지만 개관하면 산소 때문에 제1철이온이 제2철이온으로 산화되어 흑청색 또는 청록색의 Fe^{3+}–탄닌 결합물이 된다. 따라서 캔 내 의 철 이온의 용출이나 탄닌과의 결합을 막거나 철이온의 산화를 막기 위해 pH를 저하시키던지 아스코르브산이나 킬레이트제를 첨가한다.

3 동물성 식품의 색

동물성 식품의 색에는 혈색소인 헤모글로빈, 육색소인 미오글로빈 그리고 일부 카로티노이드에 속하는 색들이 있다.

1) 미오글로빈

(1) 미오글로빈의 구조

미오글로빈은 피롤 유도체로서 포르피린과 철의 착염으로 되어 있는 적색 색소체인 헴(페로프로트포르피린)과 단백질인 글로빈이 결합한 복합단백질이다. 글로빈은 분자 량이 16,000~17,000 정도이다. 미오글로빈과 헤모글로빈의 헴 부분은 그 중심부에 있는 철이온이 글로빈 분자 중의 히스티딘 잔기의 이미다졸 고리의 질소원자와 직접 결합되어 있으며, 이 철이온은 공기 중의 산소와 결합할 수 있다. 미오글로빈은 글로빈 폴리펩티드사슬 1개와 헴 1분자가 결합한 것이고 헤모글로빈은 글로빈 사슬 4개와 헴 4분자가 결합한 것이다. 헴색소의 철이 2가일 때는 헤모크롬이라 하고, 3가일 때는 헤미크롬이라고 한다. 미오글로빈은 근육조직에 필요한 산소를 저장하는 작용을 한다. 그림 8-8은 미오글로빈의 3차 구조이다.

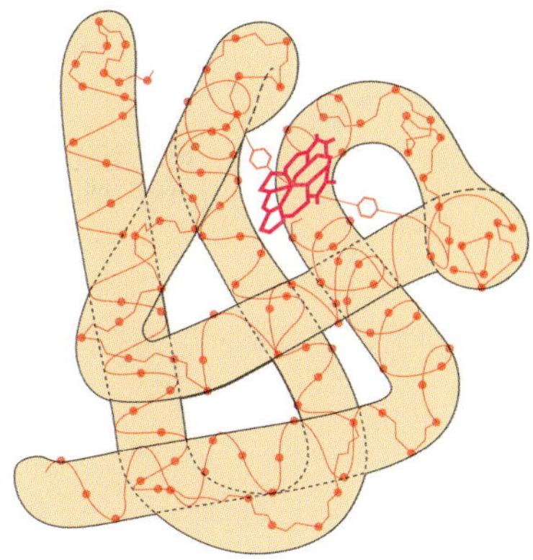

그림 8-8 미오글로빈의 3차 구조

(2) 미오글로빈과 육색

육류의 붉은색은 근육조직의 색소단백질인 미오글로빈과 혈액의 색소단백질인 헤모글로빈에 의한 것이나, 그 대부분을 차지하는 것은 미오글로빈이다. 식육으로 쓰이는 육류나 육류가공품은 방혈된 상태이므로 전체 색소 함량의 90% 이상이 미오글로빈으로 되어있다. 그러나 방혈하더라도 고기 중의 모세혈관에 혈액이 남아 있기 때문에 헤모글로빈도 육색에 관여한다. 비교적 색이 옅은 송아지고기나 돼지고기의 미오글로빈 함량은 0.1~0.3%이며, 짙은 붉은색의 소고기나 말고기에는 미오글로빈이 0.5~1.0% 정도 함유되어 있다.

육류나 육류 가공품의 색깔은 미오글로빈 자체의 색깔이므로 미오글로빈의 성질과 여러 가지 요인이 색에 영향을 미친다. 한편, 미오글로빈과 헤모글로빈은 화학적 성질이 유사하여 이들이 관여하는 반응, 예를 들면 변색, 발색, 자동산화, 아질산염과의 반응, 변성 등의 반응기작은 비슷하다.

(3) 미오글로빈의 산화

신선한 생육은 2가의 철이온을 가진 환원형 미오글로빈(Mb) 색을 띠고 있으나 고기의 표면이 공기와 접촉하면 산소가 결합하여 선명한 적색의 옥시미오글로빈으로 된다. 이 반응은 미오글로빈의 철이온이 2가 그대로 있기 때문에 산소화oxygenation라고 한다. 옥시미오글로빈(OxyMb)은 비교적 안정된 색소이지만 육류를 저장하는 동

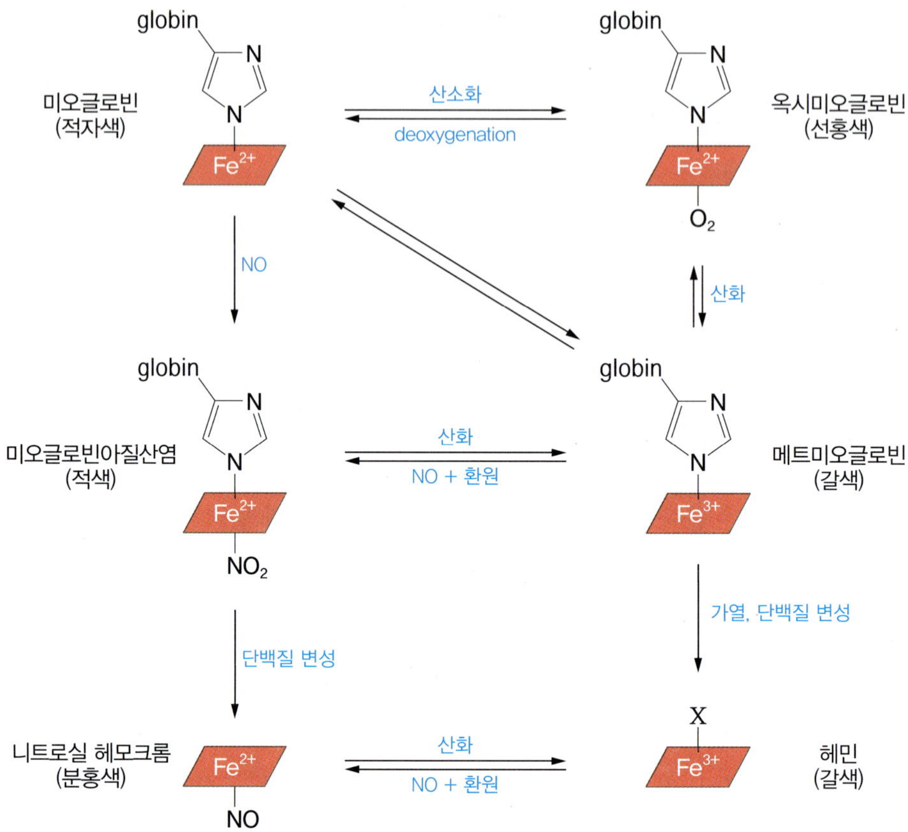

그림 8-9 미오글로빈의 변화과정

안 천천히 산화되어, 궁극적으로는 2가의 철이온이 3가의 철이온으로 산화oxidation되어 갈색을 가진 메트미오글로빈(MMb)이 된다 그림 8-9.

(4) 가열에 의한 변화

메트미오글로빈은 자동산화만이 아니라 가열에 의해서도 생긴다. 즉, 육류를 가열하면 미오글로빈은 옥시미오글로빈을 거쳐 메트미오글로빈으로 된다. 가열이 계속됨에 따라 이 메트미오글로빈의 단백질 부분인 글로빈은 변성을 일으켜 분리되며, 한편 갈색 내지는 회색의 헴 부분이 유리된다. 이 헴은 헤마틴으로 알려져 있으며, 유리된 상태에서는 염소이온과 결합하여 염화물의 형태로 존재하기도 한다. 이 헤마틴의 염화물을 헤민이라고 한다. 헤민은 계속 산화되어 각종의 갈색, 회색, 또는 무색의 산화된 포르피린 유도체들로 된다 그림 8-9.

(5) 육제품의 발색

햄이나 소시지 등은 살균을 위해 열탕처리를 하는데, 이때 제품의 색이 갈색이 되지 않도록 육색을 보존하기 위해서 발색제가 사용된다. 육제품의 발색제로는 질산염과 아질산염을 같이 사용하나 발색에 직접 관계하는 것은 아질산염이다. 즉, 질산염은 육류에 존재하는 미생물의 환원작용에 의해 아질산염으로 환원된 뒤 발색에 관여하게 된다.

① 육제품의 발색기작

수육을 질산칼륨이나 아질산칼륨 용액에 담그면 저장 중 질산칼륨이 세균의 작용을 받아 아질산염으로 환원되고, 고기의 해당작용의 결과 생성된 젖산이 아질산칼륨과 반응하여 아질산을 형성한다. 아질산에서 생성된 일산화질소는 환원형 미오글로빈과 결합하여 선명한 적색의 니트로소미오글로빈을 형성한다. 이것이 소위 염절임 육색이다 그림 8-9.

그러나 일부의 미오글로빈은 메트미오글로빈으로 되는데, 이것을 방지하기 위하여 아스코르브산을 첨가하면 산화된 메트미오글로빈이 다시 미오글로빈으로 환원되어 일산화질소와 결합, 니트로소미오글로빈이 된다. 니트로소미오글로빈은 가열되면 변성글로빈 니트로실 헤모크롬(니트로소미오크로모겐)으로 되지만 역시 선명한 적색을 보존한다. 이와 같이 니트로소미오크로모겐을 생성시키는 조작을 육색의 고정이라 부른다. 이것이 햄이나 소시지 등의 적색색소이다.

(6) 육제품의 녹변

육류나 육류가공품은 저장 중에 가끔 녹색으로 변화되는 경우가 있는데 그 원인에 대해서는 아직 확실하지 않으나, 햄의 포르피린 핵이 산화되어 생기는 녹색색소는 콜레글로빈으로 알려져 있다. 그리고 육류를 저장하는 동안 세균의 작용에 의해 생성되는 설프미오글로빈도 녹변의 색소이다.

2) 카로티노이드

동물성 식품 속에도 카로티노이드에 속하는 색들이 존재한다.

(1) 난황과 우유의 카로티노이드

달걀의 노른자에는 루테인, 지아잔틴, 크립토잔틴 등이 3～89 ppm 정도 들어 있다. 우유지방에는 카로틴류가 0.5～6 ppm 정도, 잔토필이 0.1～0.7 ppm 정도 들어 있다.

(2) 갑각류의 카로티노이드

칸사잔틴은 송어, 새우 등에 분포하는데, 이것은 구조적으로 비타민 A로 전환될 수 없다.

아스타잔틴은 원래 빨간색을 갖고 있으나 새우, 게에서는 단백질과 결합하여 복합체의 형태로 존재하여 청색, 남색을 나타낸다. 그러나 새우, 게를 가열하면 아스타잔틴과 결합해 있던 단백질이 변성하여 아스타잔틴이 유리된다. 이 아스타잔틴은 공기 중에 가열하면 산화되어 선홍색의 아스타신으로 변한다. 이것이 삶은 새우와 게에게서 볼 수 있는 선홍색이다 그림 8-10.

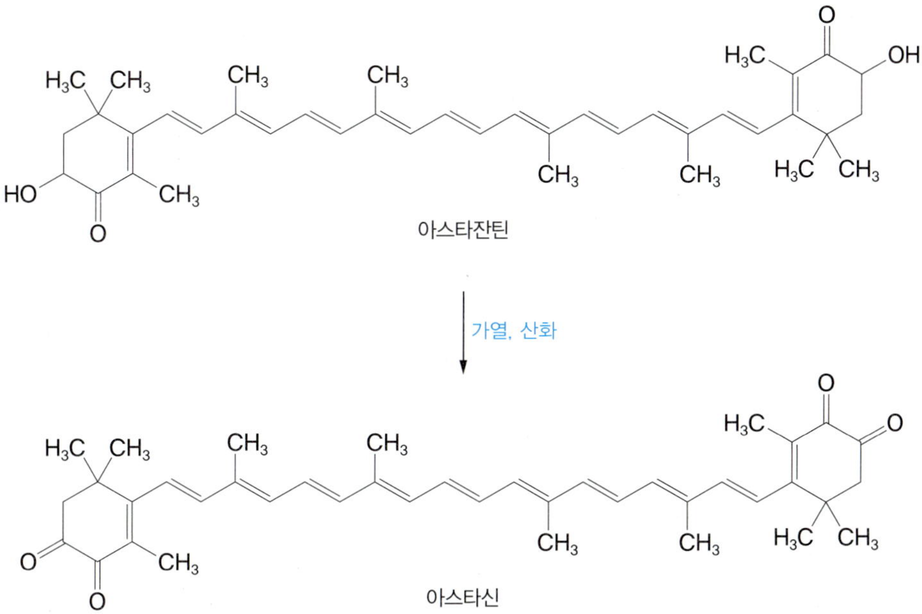

그림 8-10 새우, 게의 가열 시 색 변화

4 식품의 갈변 반응

식품에서 자연적으로 존재하는 것이 아니라 조리나 가공의 과정 중에 식품의 성분들 사이, 효소 또는 공기 중의 산소 등이 관여하는 복합적인 과정을 거쳐 식품이 갈색으로 변하는 과정이 진행되는데 이것을 갈변 반응이라고 한다. 식품에서 일어나는 갈변 반응은 효소가 관여하는 효소적 갈변 반응enzymatic browning과 효소가 관여하지 않는 비효소적 갈변 반응non-enzymatic browning으로 대별할 수 있다.

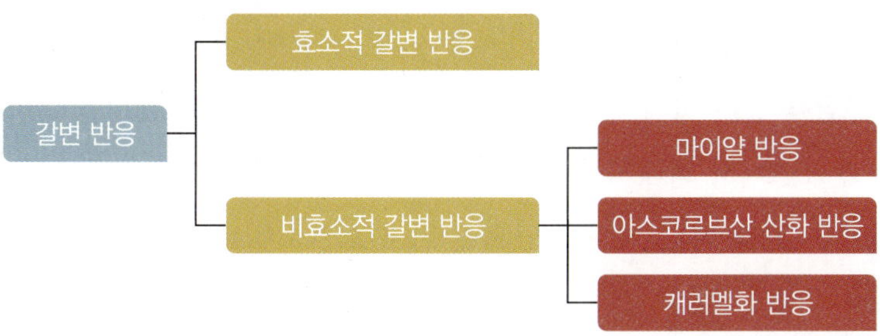

1) 효소적 갈변 반응

효소에 의한 갈변 반응은 폴리페놀 산화효소polyphenol oxidase, PPO라는 효소가 식품 속의 기질을 공기 중의 산소를 이용해 산화시켜 최종적으로 갈색의 물질을 만드는 반응이다. 이 효소는 카테콜, 또는 카테콜 유도체들(클로로겐산)이 공기 중의 산소에 의해 퀴논, 또는 퀴논 유도체로 산화되는 반응을 촉진해 준다. 이와 같이 형성된 퀴논, 또는 퀴논 유도체들은 활성이 매우 크며 계속 산화, 중합, 또는 축합되어서 멜라닌 색소들, 또는 이와 유사한 갈색 내지는 흑색의 색소들을 형성한다 그림 8-11.

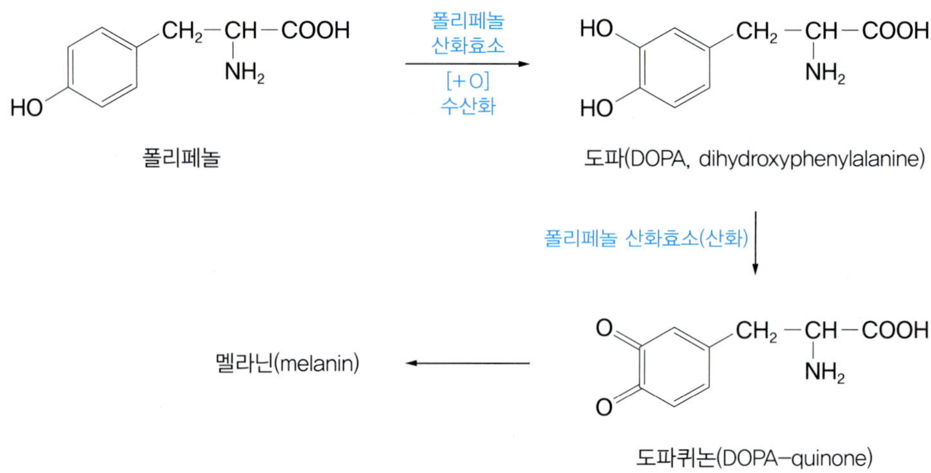

그림 8-11 PPO에 의한 갈변 반응

(1) 효소와 기질

폴리페놀의 산화에 관여하는 효소는 폴리페놀산화효소PPO, 폴리페놀라아제, 다이페놀 옥시다아제로 불리며 구리를 가지고 있다. 식물에 존재하는 PPO는 출처에 따라 특성이 조금씩 달라 사과의 PPO는 pH 5.8~6.8에서 최대의 활성을 나타내며 크렌베리의 PPO는 6.5에서 최대의 활성을 보인다. PPO에 의한 반응은 두 단계로 진행되는데, 기질이 –OH를 하나 가지고 있으면 먼저 오르소-ortho 위치에 수산화부터 하여

–OH기를 첨가하고(수산화hydroxylation) 다음으로 각 OH기를 산화시켜 케톤기로 만드는 반응(산화oxidation)이 진행된다. 이후 반응이 계속되어 멜라닌 색소를 만든다.

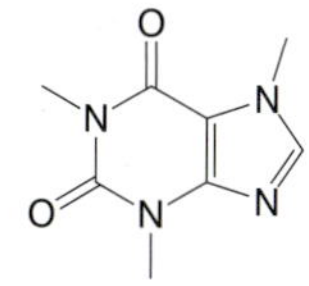

카페인

페놀라아제에 의한 갈변은 감자, 사과, 배, 고구마, 당근, 포도, 바나나, 우엉 등과 같은 채소나 과일에서 흔하게 일어난다. 효소에 의한 갈변은 과일과 채소의 품질을 떨어뜨리는 주된 요인이지만 우롱차와 홍차를 제조할 때는 의도적으로 이 반응을 일으킨다. 즉, 녹색의 찻잎을 시들게 하여 흠집을 낸 후 둥글게 말아 발효시키면 페놀라아제의 작용으로 차의 카테킨이 산화되어 홍차 특유의 오렌지색을 띠는 테아플라빈이 형성된다. 홍차를 끓이면 어두운 주황색을 띠는 것은 테아플라빈이 다시 테아루비겐으로 산화되었기 때문이다.

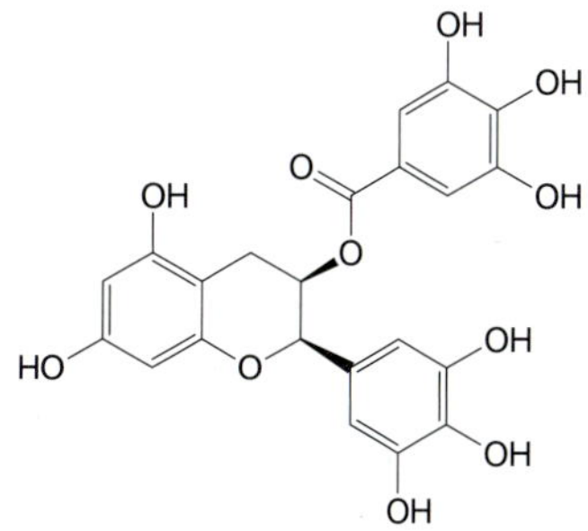

테아플라빈

티로시나아제는 넓은 의미로 PPO에 속하나 기질이 아미노산인 티로신에만 작용한다는 의미에서 따로 분류하기도 한다. 작용기작도 PPO와 유사하며 채소와 과일, 특히 감자 갈변의 주요인 물질이다. 감자에 존재하는 티로신은 이 효소에 의해 산화되어 도파DOPA 또는 도파퀴논을 거쳐 멜라닌 색소를 형성한다.

(2) 갈변 반응의 억제법

갈변 반응은 식품의 품질을 떨어뜨리므로 갈변의 억제를 위해 가능한 여러 가지 방법을 응용하지만 아직 방법상의 한계와 인체 유해성의 논란 문제로 완벽한 해결책을 찾지 못하고 있다. 우리가 이론적으로 접근할 수 있는 방법은 다음과 같다. 효소에 의한 갈변 반응의 요인은 효소, 산소, 기질이므로 이들 중 한 가지를 조절함으로써 갈변을 제어한다. 구체적인 방법은 표 8-6과 같다.

효소에 의한 갈변의 예

표 8-6 갈변 반응의 억제법

요인	방법		기작
효소	pH		PPO의 최적 pH인 5.8~6.8의 범위를 벗어나게 보관 → 시트르산(구연산) 등의 유기산 첨가로 pH 저하시킴
	가열		효소는 단백질이므로 가열에 의해 변성되어 작용 소실
	온도	냉장 냉동	효소의 최적작용 온도를 벗어나게 냉동이나 냉장 저장함
	기타		염소이온이나 아황산가스 등도 효소의 작용을 제어함
산소	공기 차단		물에 담그기, 설탕물, 소금물에 담그기
	산소 대체		탄산가스나 질소로 가스를 대체하여 산소의 반응을 차단
기질	아황산가스 아황산염 사용		PPO의 반응은 산화 반응이므로 기질을 미리 환원시켜 산화를 방지
	-SH 화합물 사용		시스테인, 글루타티온 등을 사용하여 환원시킴
	비타민 C 주석이온 사용		기질을 환원시켜 산화를 미리 방지

2) 비효소적 갈변 반응

갈변 반응에서 효소가 관여하지 않는 갈변 반응으로 마이얄 반응Maillard reaction, 아스코르브산 산화 반응ascorbic acid oxidation, 캐러멜화 반응caramelization이 있다.

(1) 마이얄 반응

① 반응기작

유리된 알데히드기나 케톤기를 가진 환원당 또는 가수분해되어 환원당을 만들 수 있는 당류는 아미노산류, 펩티드류, 단백질류와 같은 아미노기를 가진 질소 화합물들과 함께 있을 때는 쉽게 상호반응하여 갈색물질을 형성한다. 이런 환원당과 아미노 화합물에 의한 반응을 마이얄 반응(아미노-카보닐 반응, 멜라노이딘 반응)이라고 한다. 이 반응은 거의 자연발생적으로 일어나며, 어느 식품이나 당류와 함께 아미노산들을 포함하고 있으므로 식품가공이나 저장에서 가장 많이 볼 수 있는 갈변화 반응이

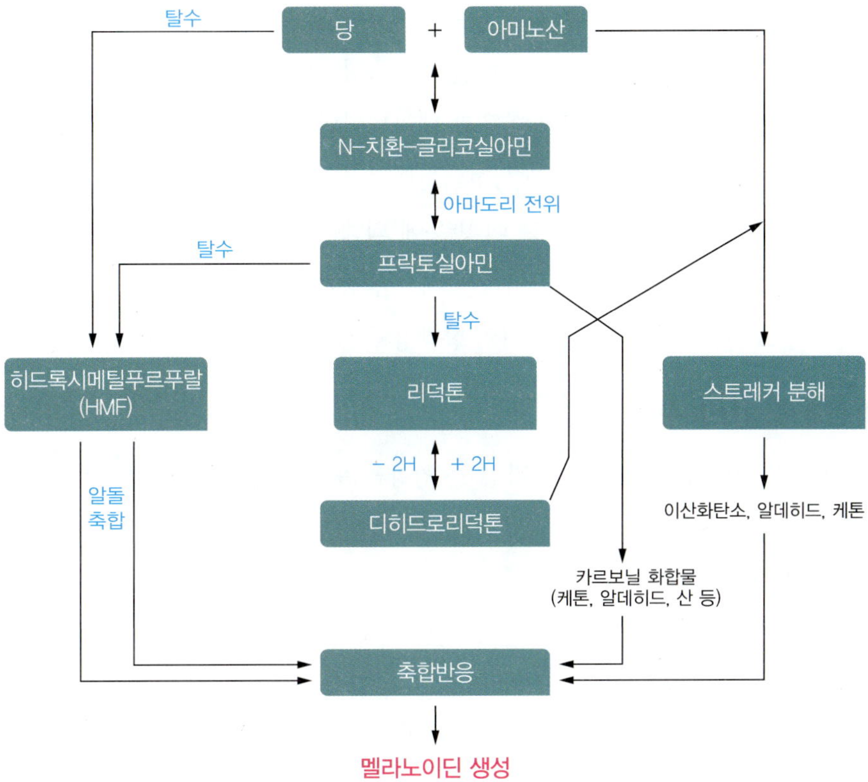

그림 8-12 마이얄 반응

다. 이 반응은 식품의 색뿐 아니라 맛, 냄새에도 영향을 주고, 당류와 아미노산이 반응에 참여함으로써 필수아미노산의 파괴 등 영양가의 감소를 가져오기도 한다. 반응은 초기단계-중간단계-최종단계로 나뉘는데 각 단계별 주요 반응은 다음과 같다 그림 8-12.

- 초기단계 : 당류와 아미노 화합물의 축합반응과 아마도리 전위반응이 진행되며 색깔의 변화는 없다.
- 중간단계 : 아마도리 전위생성물의 분해, 당의 산화, 각종 환상 물질의 형성, 산화된 당류의 분해가 일어나며 3-데옥시오존과 3,4-디데옥시오존, 리덕톤류, 히드록시메틸푸르푸랄HMF이 생성된다. 그리고 당 분해 생성물로 글리코알데히드, 디아세틸, 글리옥살, 아세트알데히드 등이 형성되어 갈변에 관여한다.

- 최종단계 : 중간단계에서 형성된 리덕톤, 푸르푸랄, 퓨란, 피롤 등의 유도체들, 각종 분열생성물의 상호 반응들, 즉 알돌형 축합 반응, 중합 반응들이 일어나는데 대표적인 반응으로 스트레커 반응과 멜라노이딘 색소의 형성이다. 스트레커 반응으로 여러 가지 알데히드가 생성되는데 식품을 가열하였을 때 나타나는 향기와 간장의 향기의 생성은 주로 이 반응에 의해 나타난다. 또한 최종단계에서 알돌형 축합반응이 나타나는데 이들은 계속 반응하여 분자량이 큰 물질을 만든다. 결국 질소를 가진 중합체인 갈색의 형광성 물질인 멜라노이딘 색소가 형성된다.

② 반응에 영향을 주는 요인

- 온도 : 마이얄 반응의 속도에 가장 큰 영향을 주는 요인으로 이 반응에서 온도계수는 Q_{10}은 3～5가 된다. 즉, 온도가 10℃ 증가함에 따라 마이얄 반응속도가 3~5배 증가한다.
- pH : 일반적으로 마이얄 반응은 pH 6.5～8.5>pH 3～5>pH 1～2로 반응속도가 다른 것으로 알려져 있다. pH가 이보다 더 알칼리에서는 더욱 반응속도가 커지나 실제 식품에서는 알칼리로 가는 경우는 드물다.
- 당의 종류 : 일반적으로 설탕보다는 육탄당류, 오탄당류와 같은 환원당의 경우 갈변속도가 크며 육탄당과 오탄당의 경우 오탄당의 갈변속도가 더 크다고 알려져 있다.

(2) 아스코르브산 산화 반응

식품 중의 아스코르브산은 비가역적으로 산화되어 항산화제로서의 기능을 상실하고 갈색화 반응을 수반한다. 이 반응은 식물의 조직에 든 아스코르브산 산화효소에 의하여 촉진되나 가공식품에서는 비효소적으로 일어난다. 아스코르브산은 산화되어 디하이드로아스코르브산이 되고 이것은 비가역적으로 산화되어 푸르푸랄이 생성되는데 이것은 반응성이 매우 커 계속 산화, 중합되어 갈색의 색소를 형성한다.

(3) 캐러멜화 반응

캐러멜화 반응은 주로 당류의 가수분해물들 또는 가열산화물들에 의한 갈색화 반응이다. 이 반응은 고온에서 당류, 또는 당류의 수용액을 가열할 때 일어나는 반응이며 각종 분해산물들은 식품의 향기나 맛에 기여한다. 간장과 된장의 색깔은 마이얄 반응에 의한 것으로 믿어지나 캐러멜화에 의한 착색도 기여한다.

캐러멜화 반응의 중간 생성물로는 여러 가지 산화물과 히드록시 메틸 푸르푸랄 및 유도체가 형성되는데, 이것은 더욱 산화되어 리덕톤, 퓨란, 락톤 등의 물질이 생성되며 이들은 더욱 산화되어 저분자량의 휘발성 카르보닐 화합물과 중합체인 휴민이라는 흑색, 또는 흑갈색의 물질이 형성된다.

5 기타식품의 색소

1) 어류의 색

어피의 붉은색은 카로티노이드인 아스타잔틴, 노란색은 루테인 등에서 기인한다. 이들 외에 타라잔틴이나 지아잔틴도 발견된다. 수중동물의 주요 색소는 멜라닌, 카로티노이드, 프테린, 담즙색소 등이다. 멜라닌은 어류의 표피나 오징어 먹물주머니 내의 티로신으로부터 합성된다. 오징어와 낙지의 표피색소는 트립토판으로부터 합성되는 오모크롬이다. 산오징어의 표피에는 갈색의 색소포가 존재하나 죽으면 색소포가 수축되어 백색으로 된다. 그리고 죽은 다음 홍색을 띠는데 이것은 오모크롬이 약알칼리성으로 변한 체액에 용해되기 때문이다. 또한 갈치의 껍질이 은색으로 빛나는 것은 주로 구아닌과 요산이 섞인 침전물이 빛을 반사하기 때문이다.

2) 강황의 색

인도의 커리 중 노란색을 띠는 것은 강황에 의한 것인데 강황은 노란색인 커큐민 curcumin을 포함하고 있다. 커큐민은 알칼로이드의 일종으로 약간쓴 맛을 내며 항산화 효과와 치매예방 효과가 있는 것으로 알려져 있다.

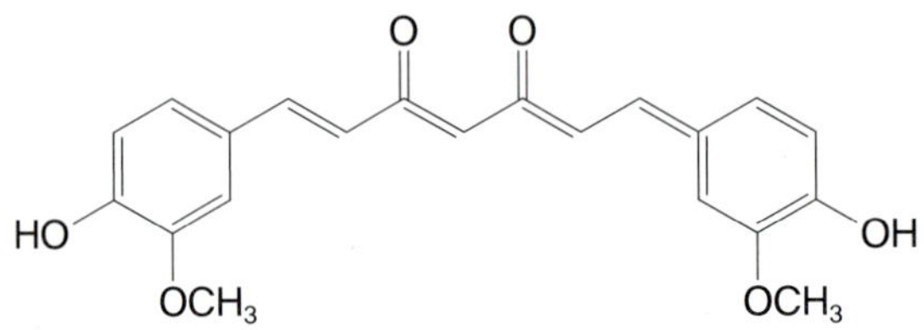

3) 코치닐

코치닐은 적색, 적갈색의 분말로, 물과 에탄올, 프로필렌 글리콜propylene glycol에 잘 녹는다. 연지벌레의 건조물로부터 물이나 에탄올로 추출한다. 착색료로 과자, 토마토케첩, 소시지 등에 쓰인다.

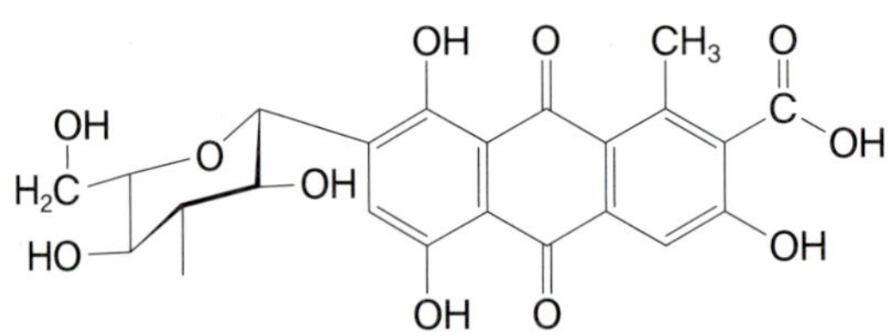

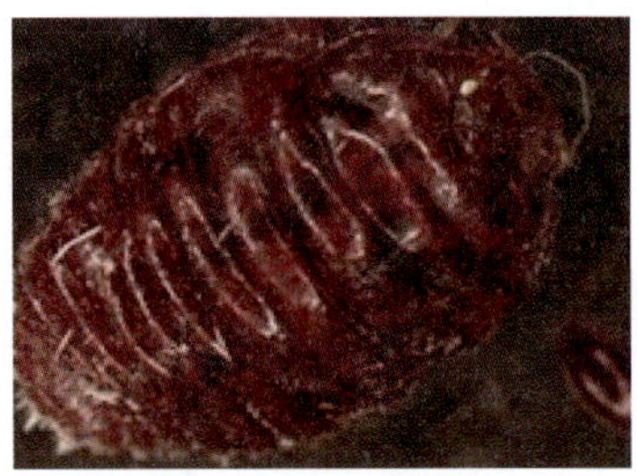

요 약

- 클로로필은 피롤핵이 4개 결합한 포르피린 유도체의 중심에 Mg이 결합한 구조를 가지며 산과 반응하면 마그네슘 자리에 수소가 치환되어 갈색의 피오피틴이 형성된다. 클로로필은 알칼리와 반응하면 파이톨기가 분해되어 클로로필리드가 되면서 녹색의 수용성 물질이 되고 계속 반응할 경우 메틸에스터결합이 분해되어 녹색의 수용성 클로로필린이 된다. 클로로필은 구리와 함께 가열하면 마그네슘 자리에 이 금속이 치환되어 안정한 구리-클로로필을 형성한다.
- 카로티노이드계 색소는 열과 약산, 약알칼리에 파괴되지 않으므로 일반적인 조리 시에 손실은 거의 없다.
- 플라보노이드 색소는 안토시아닌과 안토잔틴으로 나뉘는데 안토시아닌은 산성에서는 적색을, 중성에서는 자색을, 알칼리성에서는 청색을 나타낸다. 안토잔틴은 담황색의 색소로 산에서는 더욱 흰색을, 알칼리에서는 누런색을 나타낸다.
- 육색소인 미오글로빈은 산소가 결합되면 선홍색의 옥시미오글로빈이 되고 장시간 저장할 경우 산화되어 갈적색의 메트미오글로빈이 된다. 가열하면 단백질이 변성되어 변성글로빈 헤모크롬이 된다.
- 여러 채소와 과일은 폴리페놀 물질을 가지고 있어 공기 중에 산소와 접촉하면 산화되어 갈색의 멜라닌 물질을 만드는데, 이에 관여하는 효소를 폴리페놀 산화효소라고 한다.

연습문제

1. 엽록소인 클로로필의 산과 알칼리에서의 반응을 설명하시오.

2. 동물의 근육색소인 미오글로빈의 가열 시 변화와 육색고정 과정을 설명하시오.

3. 녹색채소를 데칠 때 유기산에 의한 변색을 방지하는 방법이 아닌 것은?
   ① 알코올을 첨가한다. ② 조리수를 많이 사용한다.
   ③ 소금을 조금 첨가한다. ④ 뚜껑을 열고 데친다.

4. 껍질을 벗긴 감자의 갈변에 관여하는 물질이 아닌 것은?
   ① 티로신 ② 티로시나아제 ③ 산소 ④ 안토시아닌

답 : 3.① 4.④

9

CHAPTER

식품의 냄새

1. 냄새의 감지 | 2. 냄새의 분류 | 3. 냄새물질의 종류
4. 식물성 식품의 냄새성분 | 5. 동물성 식품의 냄새성분

CHAPTER 9

식품의 냄새는 식품에 미량 존재하는 휘발성 물질들이 후각을 자극하여 감지된다. 냄새는 식품의 맛을 연상시키고 우리의 기호를 자극할 뿐 아니라 신선도, 익은 정도 등 식품의 품질 판단에 중요한 역할을 한다.

식품의 냄새는 신선한 과일이나 채소와 같이 식품 조직 내에서 합성된 천연성분으로 존재하기도 하지만 조리, 가공과정에서 생성되거나 인위적으로 첨가된 것도 있다. 사람들은 10만 가지 이상의 냄새를 느낄 수 있지만 실제로 표현이 쉽지 않으며 실제로 이렇게 많은 냄새를 느낀다고 생각하는 사람은 많지 않다.

후각은 매우 예민해서 냄새 물질의 농도가 매우 낮아도 쉽게 느낄 수 있다. 그러나 냄새 나는 곳에 오래 머무르면 냄새의 강도가 점점 약해지면서 결국 아무 냄새도 느끼지 못하게 되는데, 이는 후각이 피로하여 둔화되기 때문이다. 후각은 다른 감각기관에 비해 쉽게 피로해지지만 쉽게 회복되기도 하는데, 이런 둔화와 회복 현상은 1~10분 내에 일어난다고 한다.

1 냄새의 감지

냄새는 식품의 휘발성 물질이 코 안의 후각세포를 자극함으로써 느끼게 된다. 후각세포는 그림 9-1과 같이 비강의 후미에 위치하는 후각상피에 존재하며, 후각세포의 한쪽 끝에는 머리털 모양의 섬모가, 반대쪽에는 후각신경이 연결되어 있다. 후각상피의 크기는 1cm^2 정도이고 표면은 점막으로 덮여 있다. 공기를 매개로 하여 비강으로 흡입된 냄새성분이 먼저 후각상피 표면의 점막에 녹아 섬모에 충돌하면 후각세포가 흥분되고, 이 자극은 후각신경을 통해 뇌에 전달되어 냄새를 느끼게 된다.

음식을 먹을 때 냄새를 느끼는 것은 음식을 씹을 때 냄새성분이 연결통로를 통해 입에서 코로 이동되기 때문이다.

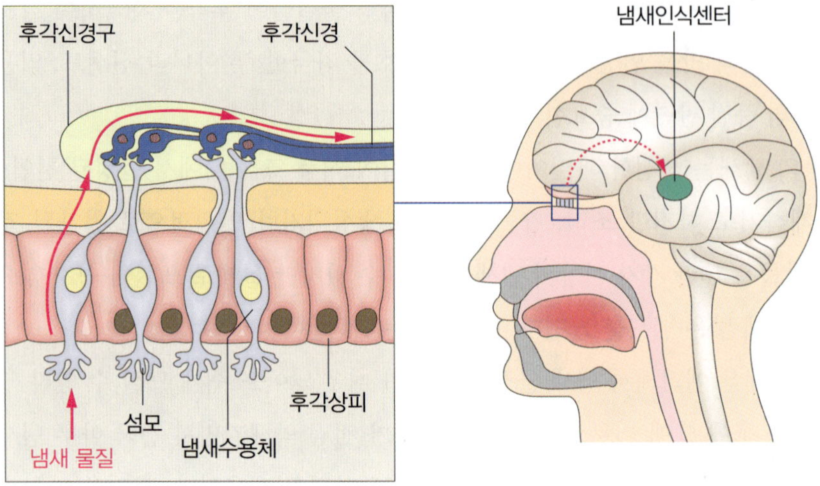

그림 9-1 냄새의 인식기관

2 냄새의 분류

사람들이 느끼는 냄새는 꽃 냄새와 같은 바람직한 냄새부터 악취와 같은 바람직하지 못한 냄새에 이르기까지 그 종류가 매우 다양하다. 냄새는 여러 식품과학자에 의해 분류되었으며 아직 만족할 만한 분류법은 없지만 일반적으로 헤닝Henning의 분류에 따르고 있다. 헤닝은 1916년 표 9-1 에서와 같이 냄새를 6가지로 분류하여 냄새 상호 간의 관계를 후각 프리즘으로 설명하였다 그림 9-2 .

표 9-1 헤닝의 냄새의 분류

냄새의 종류	예
매운 냄새(spicy)	마늘, 생강, 후추 등의 냄새
꽃 냄새(fragrant)	백합, 매화, 장미 등의 냄새
과일 냄새(fruity)	사과, 바나나, 오렌지, 레몬 등의 냄새
수지 냄새(resinous)	테르펜유(terpene oil), 유칼리유(eucalyptus oil) 등의 냄새
썩은 냄새(putrid)	썩은 고기, 부패한 달걀 등의 냄새
탄 냄새(burnt)	커피, 타르, 캐러멜 등의 냄새

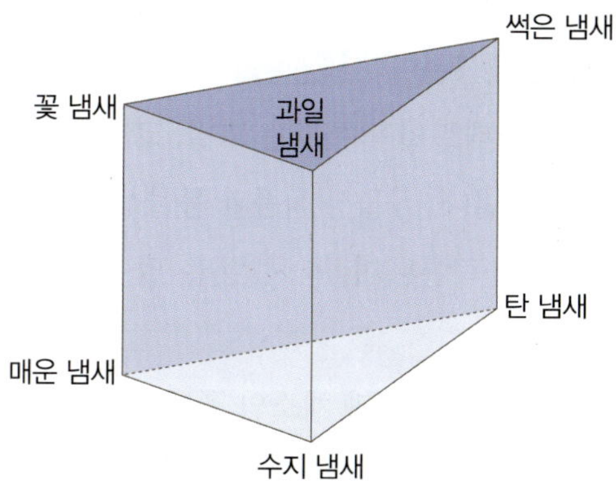

그림 9-2 헤닝의 후각 프리즘

이 외에도 1927년 크로커와 헨더슨Crocker & Henderson은 냄새의 기본 요소를 꽃 냄새fragrant, 신 냄새acid, 썩은 냄새putrid, 탄 냄새burnt 등 4가지로 분류하였으며, 1952년 아무어Amoore는 기본적인 냄새를 장뇌 냄새camphorous, 매운 냄새pungent, 에테르 냄새ethereal, 꽃 냄새floral, 박하 냄새pepperminty, 사향musky, 썩은 냄새putrid 등 7가지로 분류하였다.

3 냄새 물질의 종류

냄새 물질은 카르보닐기(−CO−), 카르복실기(−COOH), 아미노기($-NH_2$), 히드록시기(−OH), 페닐기($-C_6H_5$) 등을 갖고 있다. 냄새성분은 기능기나 화합물의 특성에 따라 에스테르, 락톤, 알코올, 알데히드, 케톤, 산 등으로 나눌 수 있으며, 각 화합물은 각기 다른 냄새 특성을 나타낸다.

- 에스테르류 : 단순에스테르류는 과일의 중요한 냄새성분으로 분자량이 증가하면 냄새가 강해지고, 냄새의 특성이 과일 냄새에서 꽃 냄새로 변한다. 사과 및 바나나의 주 냄새성분은 각각 사과 에스테르로 알려진 에틸−2−메틸부티레이트, 바나나 에스테르로 알려진 이소아밀 아세테이트이다. 메틸 시나메이트 및 에틸 시나메이트는 딸기의 주 냄새성분이다 표 9-2.
- 락톤류 : 단순분자 내 에스테르인 락톤류는 과일, 코코넛, 버터, 견과류의 냄새에 영향을 주고 강한 냄새를 낸다. 식물성 식품과 동물성 식품에 존재하는 대부분의 락톤은 각각 γ−락톤, δ−락톤이며, δ−락톤은 달콤한 크림과 우유의 주 냄새성분이다 표 9-2.
- 알데히드류 : 단순알데히드는 과일과 채소의 풋냄새 및 향미, 유지식품의 기름진 향미 및 산패취 등에 관여한다. 짧은 직쇄 알데히드는 토마토의 향미에 관여하며, 아몬드의 향기성분인 벤즈알데히드는 체리의 향기에도 영향을 준다. 지방산에서 생성된 대부분의 알데히드는 불쾌취를 낸다 표 9-3.
- 케톤류 : 단순케톤은 블루 치즈와 같은 발효 유제품의 주요 향미에 관여하는데, 아세토인과 디아세틸은 버터 및 발효 유제품의 주 냄새성분이다.
- 지방산 : 단순저급지방산인 프로피온산, 부티르산, 카프론산 등은 자극적인 냄새 를 내며, 분자량이 증가하면 휘발성이 낮아지므로 냄새가 약해진다. 프로피온산은 스위스 치즈의 주 냄새성분이며, 부티르산과 카프론산은 버터, 체다 치즈의 좋은 냄새 물질이다. 한편, 알킬기를 가진 지방산은 식품에서 강한 향미를 낸다. 이소발레르산은 림버거 치즈의 냄새성분이며 포화지방산 중 가장 역치가 낮다. 양고기 특유의 불쾌취는 탄소 수가 8~10개 정도의 곁사슬이 있는 포화지방산 때문이다.

- 알코올류 : 단순알코올류는 알데히드보다 역치가 높아서 식품의 향미에 미치는 영향은 알데히드보다 적다. 과일잼을 저장하면 향미가 약해지는 것은 알데히드, 케톤과 같은 카르보닐화합물이 해당 알코올로 변화되어 카르보닐화합물의 함량이 낮아지기 때문이다. 2,6-노나디엔올2,6-nonadienol은 오이와 수박의 향미에 영향을 주고, 푸르푸릴 알코올furfuryl alcohol은 커피향에 관여하며, 유게놀eugenol은 향신료인 정향clove, 계피, 올스파이스의 주 냄새성분이다 표 9-3.
- 테르펜류 : 단순식물체를 증류할 때 얻어지는 방향성 유상물질인 정유essential oil는 테르펜류 및 그 유도체가 주성분이며, 정유는 냄새를 낼 뿐만 아니라 매운맛 성분을 함유하고 있어 약간의 자극적인 맛을 낸다. 리모넨limonene과 시트랄citral은 오렌지, 레몬의 주 냄새성분이다 표 9-4.
- 함황화합물 : 단순휘발성 황화합물은 주로 채소류와 향신료의 매운맛 성분이다. 이들은 다량 존재하면 악취를 내지만 미량 존재하면 좋은 냄새를 낸다. 즉, 밥에 소량 존재하는 황화수소(H_2S)는 구수한 냄새를 내는 물질이다 표 9-5.
- 푸란류, 피라진류 및 헤테로고리화합물 : 냄새물질은 식품을 가열할 때 일어나는 마이얄 반응에 의해 생성된다. 푸라논과 같은 산소화 푸란은 모든 가열식품의 휘발성분이며, 푸르푸랄과 푸라논은 달콤한 과일 냄새나 캐러멜 향을 낸다. 피라진은 질소를 함유하고 있는 헤테로고리heterocyclic 화합물이며, 이들은 구운 고기, 끓인 간장, 볶은 땅콩, 볶은 참깨 등과 같은 식품에서 고기 냄새, 땅콩 냄새, 볶은 냄새 등을 내는 냄새물질이다 표 9-6.
- 질소화합물 : 단순암모니아, 아민과 같은 휘발성 질소화합물은 민물고기와 동물성 식품의 부패취에 영향을 준다 표 9-6.

알아두기

헤테로고리화합물(hereocyclic compound)

고리 모양의 구조를 가진 유기화합물 중에서 고리를 구성하는 원자가 탄소(C)뿐만 아니라 질소(N)나 산소(O) 등의 원자를 함유하는 화합물이다.

4 식물성 식품의 냄새성분

1) 채소의 냄새성분

채소의 냄새는 채소 조직 내의 효소 반응에 의해 생성되는 휘발성 알데히드, 케톤, 에스테르, 알코올, 함황화합물 그리고 이들의 분해 생성물 등에 의한 것이다. 엽채류와 경채류의 풋내를 내는 물질은 β-, γ-헥센올β-, γ-hexenol이며, 당근 특유의 냄새 성분은 피넨pinene이다. 마늘, 파, 양파, 배추, 양배추, 무, 겨자 등의 독특한 향은 휘발성 황화합물에 의해 생성된다.

(1) 백합과 채소

백합과 채소에 속하는 마늘, 양파, 파, 부추 등은 함황화합물에 의해 특유의 매운 향을 낸다 그림 9-3. 이들 채소에는 무취의 S-알킬시스테인설폭시드S-alkyl cysteine sulfoxide가 전구체로 존재하며, 이 화합물은 효소작용에 의해 매운 향을 내는 물질로 분해된다. S-알킬시스테인설폭시드의 알킬기로 마늘에서는 알릴기allyl가, 파와 양파에서는 주로 프로페닐기propenyl가 결합되어 있다.

마늘을 다지거나 자르면 마늘에 존재하는 알린은 그림 9-4와 같이 알리나아제에 의해 알리신(디알릴티오설피네이트)으로 분해된다. 알리신은 마늘의 주된 매운맛 성분으로 불쾌한 냄새는 없지만 매우 불안정하여 강한 냄새를 내는 디알릴디설피드로 전환, 마늘 특유의 냄새가 발생하게 된다. 이 물질은 시간이 지나면 다시 저분자물질로 분해되어 불쾌한 냄새가 강해지므로 마늘은 다진 즉시 사용하는 것이 좋고, 오랫동안 보관할 때는 냉장 또는 냉동 상태로 보관해야 한다.

양파의 껍질을 벗기거나 자를 때 매운 휘발성 성분이 눈을 자극하여 최루효과를 나타낸다. 양파에 존재하는 최루성분은 프로페닐설펜산[(+)-S-(프로필-1-에닐)-L-시스테인설폭시드]은 양파의 조직이 파괴되면 알리나아제의 작용으로 1-프로페닐설펜산으로 분해되고 다시 최루효과를 내는 프로판디올-S-옥시드로 전환된다. 이 물질은 불안정하여 프로피온알데히드와 황화수소로 분해된다.

그림 9-3 백합과 채소

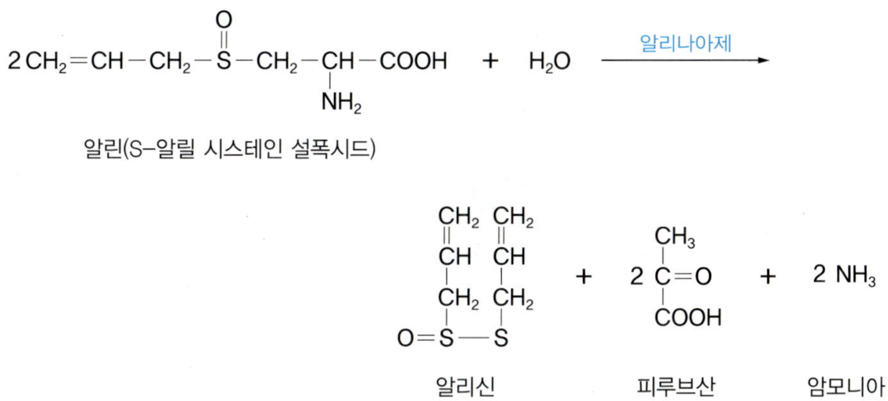

그림 9-4 마늘의 냄새성분

(2) 겨자과 채소

겨자과 채소에 속하는 배추, 양배추, 무, 순무, 브로콜리, 콜리플라워, 겨자 등도 함황화합물에 의해 독특한 향을 낸다 그림 9-5. 이들 채소에 존재하는 글루코시놀레이트로 알려진 함황화합물은 냄새 전구물질이다. 겨자씨에 존재하는 글루코시놀레이트인 시니그린은 그림 9-6과 같이 효소인 미로시나아제에 의해 분해되어 자극성이 강한 알릴이소티오시아네이트를 생성한다. 브로콜리와 양배추를 가열할 때 생성되는 주 화합물은 각각 황화수소, 디메틸설피드이며, 순무를 가열하면 황화수소와 디메틸설피드를 생성한다.

알아두기 **글루코시놀레이트(glucosinolate)**

겨자과 채소의 2차 대사산물로서 유기화합물의 일종이며 포도당에서 유래한 황, 질소 등을 함유하고 있는 화합물이다. 물에 잘 녹으며 글루코시드에 속한다.

배추

양배추

무

순무

콜리플라워

브로콜리

고추냉이

그림 9-5 겨자과 채소

$$CH_2{=}CH{-}CH_2{-}N{=}C\begin{smallmatrix} / OSO_3K \\ \backslash S{-}C_6H_{11}O_5 \end{smallmatrix} \quad + \quad H_2 \xrightarrow{\text{미로시나아제}}$$

시니그린

$$CH_2{=}CH{-}CH_2{-}N{=}C{=}S \quad + \quad C_6H_{12}O_6 \quad + \quad KHSO_4$$

알릴 이소티오시아네이트(겨자유) 포도당 중황산칼륨

그림 9-6 시니그린의 분해

2) 과일의 냄새성분

과일의 냄새성분은 조직 내에 존재하는 불포화지방산 또는 루신, 이소루신과 같은 아미노산이 숙성과정에서 효소작용에 의해 합성된다. 과일의 냄새는 미량 함유된 여러 냄새 물질이 복합적으로 작용하여 생성되지만 과일마다 특유의 냄새에 크게 기여하는 특성 냄새화합물character impact compound이 있다.

사과의 주 냄새성분은 탄소수가 6개 이하인 알코올류, 알데히드류 그리고 초산(아세트산), 프로피온산, 부티르산 등의 유기산과 이들의 에스테르류이며, 바나나의 냄새성분은 아밀아세테이트amyl acetate, 아밀이소발레레이트amyl isovalerate 등과 같은 에스테르화합물이고, 복숭아의 주 냄새성분은 γ-데카락톤γ-decalactone이다. 레몬, 오렌지, 자몽과 같은 감귤류의 공통적인 냄새성분은 δ-리모넨δ-limonene, α-, β-코페인α-, β-copaene, α-, β-큐베벤α-, β-cubebene 등과 같은 테르펜류이다. 오렌지와 자몽의 주 냄새성분은 각각 β-시넨살β-sinensal, 누트카톤nootkatone이며, 레몬과 라임의 주 냄새성분은 각각 시트랄citral, 리모넨limonene이다.

5 동물성 식품의 냄새 성분

1) 육류의 냄새성분

육류를 가열할 때 생성되는 독특한 냄새는 주로 마이야 반응에 의하며, 이 외에 당류, 아미노산의 열분해 등이 냄새 물질 생성에 관여한다. 육류의 주 냄새물질은 피라진, 푸란, 티아졸, 피롤과 같은 헤테로고리화합물이며, 이 외에 황화수소, 암모니아, 알킬설피드 등도 육류의 냄새물질이다. 육류를 가열하면 종류에 따라 각기 다른 냄새가 나는데 이것은 지방산 조성이 다르기 때문이다.

2) 어류의 냄새성분

어류의 독특한 냄새는 어류에 자연적으로 존재하는 저급지방산과 어류지방의 산화에 의해 생성된 알데히드, 케톤 등과 같은 카르보닐화합물에 의한 것이다.

어류의 비린내는 생선의 종류와 신선도에 따라 다르다. 바닷물고기는 신선도가 떨

그림 9-7 TMA의 생성

어질수록 강한 비린내를 내며, 주 비린내 성분은 트리메틸아민trimethylamine, TMA이다. 이 외에도 피페리딘piperidine, δ-아미노발레르산δ-aminovaleric acid, δ-아미노발레르알데히드δ-aminovaleric aldehyde 그리고 함황화합물인 황화수소, 디메틸설피드 등이 바닷물고기의 비린내 성분이다. 트리메틸아민은 생선 조직에 있는 트리메틸아민옥시드trimethylamine oxide, TMAO가 세균의 작용으로 환원되어 생성되는데 TMAO는 냄새를 내지 않지만 TMA로 환원되면 특유의 비린내를 낸다 그림 9-7. 한편, 민물고기의 비린내 성분은 피페리딘과 아세트알데히드가 축합되어 생성된 것이다. 신선할 때 바닷물고기는 비린내가 약하지만 민물고기는 비린내가 강하다. 홍어, 가오리 등을 저장하는 동안 생성되는 자극성 냄새의 원인물질은 암모니아로, 이 물질은 미생물에 의해 요소가 분해되어 생성된다.

3) 우유 및 유제품의 냄새

신선한 우유의 냄새성분은 아세톤, 아세트알데히드, 메틸설피드, 프로피온산, 부티르산 등이다. 버터의 냄새는 저급지방산, 디아세틸, 아세토인 등이며, 치즈의 주된 냄새는 에틸 β-메틸메르캅토프로피오네이트ethyl β-methylmercaptopropionate에 의해 느끼게 되는 것이다.

우유와 유제품을 가열할 때 나는 독특한 냄새는 유기산, 카르보닐화합물, 락톤, 디아세틸, 아세토인 등에 의한 것이다.

표 9-2 식물성 식품의 냄새성분-에스테르류 및 락톤류

냄새성분	화학구조	식품 예
에스테르류		
에틸포르메이트(ethyl formate)	$HCOOCH_2CH_3$	복숭아
아밀포르메이트(amyl formate)	$HCOOCH_2(CH_2)_3CH_3$	사과, 배
이소아밀포르메이트(isoamyl formate)	$HCOOCH_2CH_2CH(CH_3)_2$	사과, 배
에틸아세테이트(ethyl acetate)	$CH_3COOCH_2CH_3$	파인애플
이소아밀아세테이트(isoamyl acetate)	$CH_3COOCH_2CH_2CH(CH_3)_2$	사과, 배
메틸부티레이트(methyl butyrate)	$CH_3CH_2CH_2COOCH_3$	사과
에틸부티레이트(ethyl butyrate)	$CH_3CH_2CH_2COOCH_2CH_3$	파인애플
아밀부티레이트(amyl butyrate)	$CH_3CH_2CH_2COOCH_2(CH3)_2CH_3$	살구
이소아밀발레레이트(isoamyl valerate)	$(CH_3)_2CHCH_2COOCH_2CH_2CH(CH_3)_2$	바나나
락톤류		
γ-부티로락톤(γ-butyrolactone)	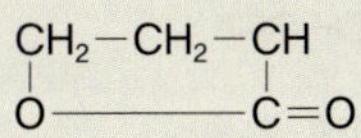	파인애플
γ-카프로락톤(γ-caprolactone)	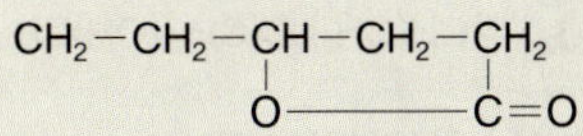	살구, 복숭아
γ, δ-데카락톤(γ, δ-decalactone)	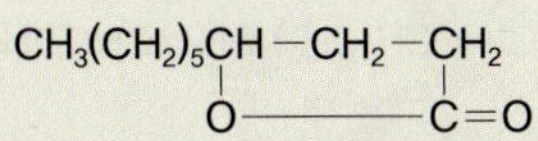	살구, 복숭아
γ, δ-옥타락톤(γ, δ-octalactone)	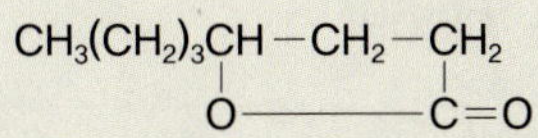	살구, 복숭아

표 9-3 식물성 식품의 냄새성분-알데히드류 및 알코올류

냄새성분	화학구조	식품 예
알데히드류		
벤즈알데히드(benzaldehyde)	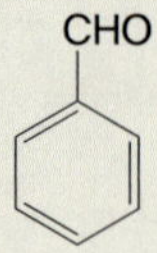	아몬드향
시남알데히드(cinnamaldehyde)	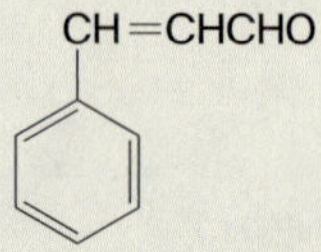	계피
헥센알(hexenal)	$CH_3CH_2CH=CHCH_2CH_2OH$	찻잎
바닐린(vanillin)	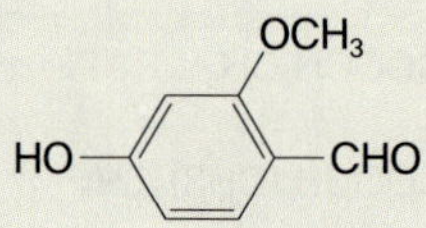	바닐라향
알코올류		
프로판올(propanol)	$CH_3CH_2CH_2OH$	양파
펜탄올(pentanol)	$CH_3CH_2CH_2CH_2CH_2OH$	감자
헥센올(hexenol)	$CH_3CH_2CH=CHCH_2CH_2OH$	찻잎
리날로올(linalool)	$(CH_3)_2C=CH(CH_2)_2C(CH_3)(OH)CH=CH_2$	찻잎, 복숭아
1-옥텐-3-올(1-octen-3-ol)	$CH_3(CH_2)_4CHOHCH=CH_2$	송이버섯
2,6-노나디엔올(2,6-nonadienol)	$CH_3CHCH=CH(CH_2)_2CH=CHCOH$	오이
푸르푸릴 알코올(furfuryl alcohol)	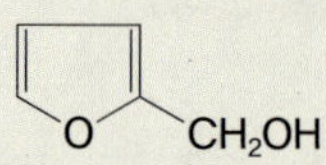	커피
유게놀(eugenol)	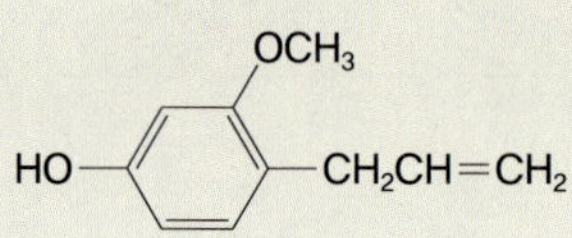	계피, 정향, 올스파이스

표 9-4 식물성 식품의 냄새성분-테르펜류

냄새성분	화학구조	식품 예
α-코페인(α-copaene)	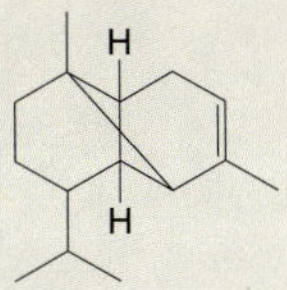	레몬, 오렌지, 자몽
β-코페인(β-copaene)	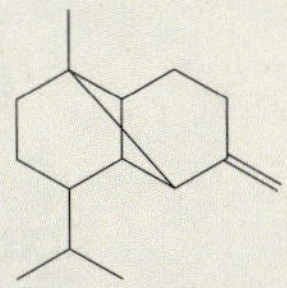	레몬, 오렌지, 자몽
α-큐베벤(α-cubebene)	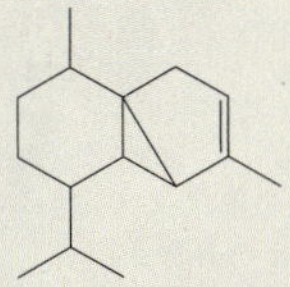	레몬, 오렌지, 자몽
β-큐베벤(β-cubebene)	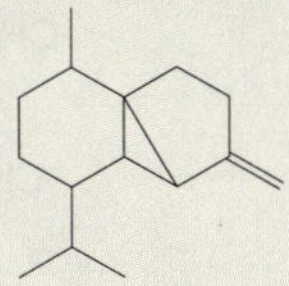	레몬, 오렌지, 자몽
시트랄(citral)	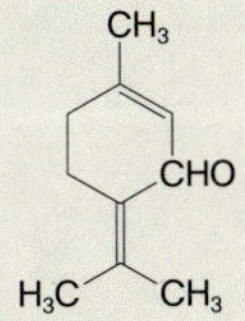	레몬, 라임
누트카톤(nootkatone)	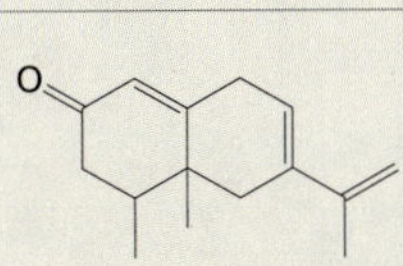	자몽
멘톤(methone)	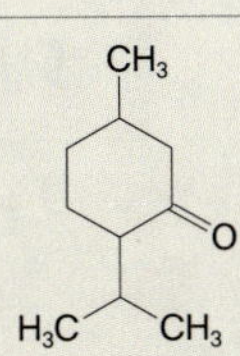	박하
δ-리모넨(δ-limonene)	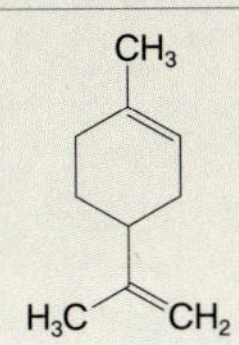	레몬, 오렌지, 자몽

표 9-5 식물성 식품의 냄새성분-함황화합물

냄새성분	화학구조	식품 예
알릴이소티오시아네이트 (allyl isothiocyanate)	$CH_2=CHCH_2NCS$	겨자, 고추냉이, 무, 양파
디알릴디설피드(diallyl disulfide)	$(CH_2=CHCH_2-S)_2$	마늘, 양파, 파
디알릴트리설피드(diallyl trisulfide)	$(CH_2=CHCH_2S)_2S$	마늘, 양파, 파
디비닐설피드(divinyl sulfide)	$CH_2-CH-S-CH-CH_2$	마늘, 양파, 파
설포라펜(sulforaphen)	$CH_3-S(=O)-CH=CHCH_2CH_2NCS$	무
S-알릴시스테인설폭시드 (S-allyl cystein sulfoxide)	$CH_2=CHCH_2S(=O)CH_2CH(NH_2)COOH$	마늘
S-메틸시스테인설폭시드 (S-methyl cystein sulfoxide)	$CH_3S(=O)CH_2CH(NH_2)COOH$	순무, 양배추
메틸메르캅탄(methyl mercaptan)	CH_3SH	마늘, 무, 파
프로필메르캅탄(propyl mercaptan)	$CH_3CH_2CH_2SH$	양파
아세트알데히드 디메틸메르캅탄 (acetaldehyde dimethyl mercaptan)	$CH_3CH(SCH_3)_2$	단무지
메틸 β-메틸 메르캅토프로피오네이트 (methyl β-methyl mercaptopropionate)	$CH_3SCH_2CH_2COOCH_3$	파인애플
β-메틸메르캅토프로판올 (β-methyl mercaptopropanol)	$CH_3SCH_2CH_2CH_2OH$	간장
β-메틸메르캅토프로판알 (β-methyl mercaptopropanal)	$CH_3SCH_2CH_2CHO$	간장
푸르푸릴메르캅탄(furfuryl mercaptan)	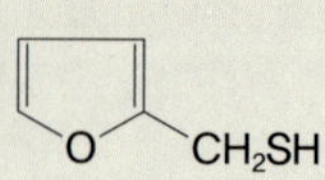	커피

표 9-6 동물성 식품의 냄새성분

냄새성분	냄새성분의 생성	비 고
트리메틸아민	$O=N(CH_3)_3 \xrightarrow{\text{환원}} N(CH_3)_3$ 트리메틸아민옥시드 → 트리메틸아민	바닷물고기의 비린내 성분
피페리딘, δ-아미노발레르알데히드, δ-아미노발레르산	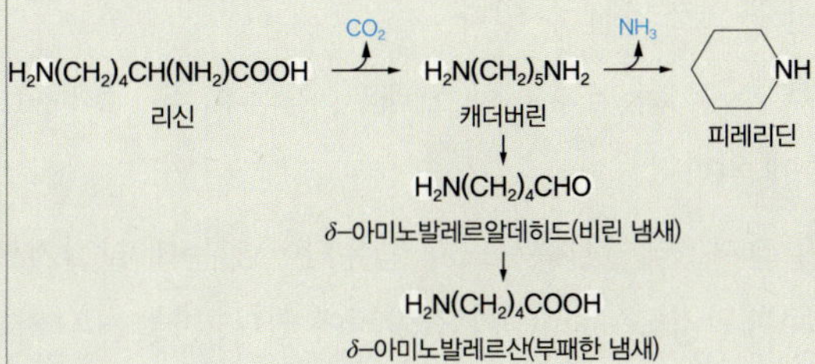	민물고기의 비린내 성분 및 부패취 성분
암모니아	$CO(NH_2)_2 \xrightarrow{+H_2O} 2NH_3 + CO_2$ 요소 → 암모니아	육류 및 어류의 선도 저하 시 생성
메틸메르캅탄, 황화수소, 인돌, 스카톨	시스틴 → 시스테인 → $CH_3SH + CO_2 + NH_3$ / $H_2S + NH_3 + CH_3COOH + HCOOH$ 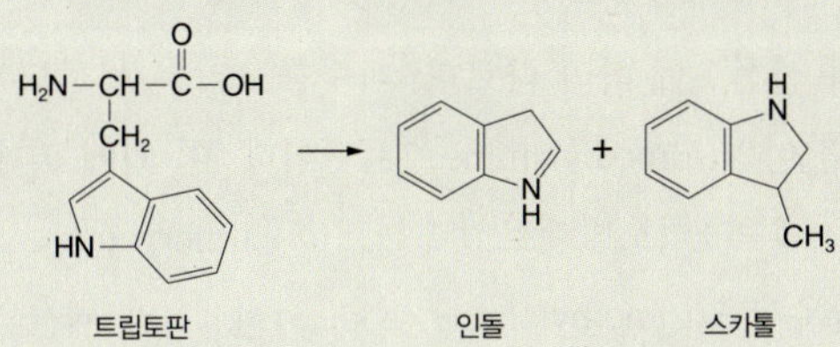	육류 및 어류의 부패취 성분
헤테로고리화합물	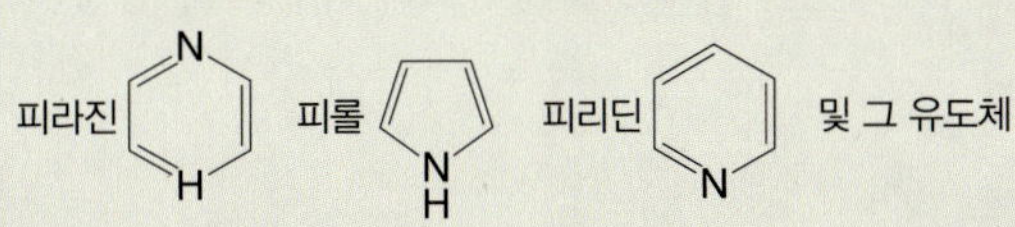	육류 가열 시 냄새성분
카르보닐화합물, 저급지방산	유지방 $\xrightarrow{\text{가수분해}}$ 휘발성지방산 (프로피온산, 부니프산, 카프론산 등)	• 신선한 우유의 냄새성분 : 카르보닐화합물(아세톤, 아세트알데히드 등), 저급 지방산, 메틸설피드 • 발효유의 냄새성분 : 젖산 발효에 의해 생성된 카르 보닐화합물
아세토인, 디아세틸	$CH_3-CH(OH)-C(=O)-CH_3 \longrightarrow CH_3-C(=O)-C(=O)-CH_3$ 아세토인 → 디아세틸	버터의 냄새성분

요약

- 냄새는 식품의 휘발성 성분이 비강의 후미에 위치하는 후각세포를 자극함으로써 느끼게 된다. 냄새성분이 후각세포 표면을 덮고 있는 점막에 녹아 후각세포의 끝의 섬모에 닿아 후각세포가 흥분되면 이 자극이 후각신경을 통해 뇌에 전달되어 냄새를 느끼게 된다.
- 냄새 물질은 카르보닐기, 카르복실기, 아미노기, 히드록시기, 페닐기 등을 갖고 있다. 냄새성분은 에스테르, 알코올, 알데히드, 케톤, 산 등으로 나눌 수 있다.
- 백합과 채소(마늘, 파, 양파, 부추 등)와 겨자과 채소(배추, 양배추, 무, 순무, 브로콜리, 콜리플라워 등)의 독특한 향은 휘발성 황화합물에 의한다.
- 백합과 채소에는 무취의 S-알킬시스테인설폭시드가 함유되어 있는데 알킬기로 마늘에서는 알릴기(allyl)가, 파와 양파에서는 주로 프로페닐기(propenyl)가 결합되어 있다. 마늘을 다지거나 자르면 마늘에 존재하는 알린은 알리나아제에 의해 알리신(디알릴티오설피네이트)으로 분해되며 이때 생성된 알리신은 마늘의 주된 매운맛 성분이다. 양파의 껍질을 벗기거나 자르면 프로페닐설펜산[(+)-S-(프로필-1-에닐)-L-시스테인설폭시드]가 알리나아제의 작용으로 최루효과를 내는 프로판디올-S-옥시드를 생성한다.
- 겨자과 채소에는 글루코시놀레이트라는 전구물질이 존재한다. 겨자씨에 존재하는 글루코시놀레이트인 시니그린은 미로시나아제에 의해 분해되어 자극성의 알릴이소티오시아네이트를 생성한다. 브로콜리와 양배추를 가열하면 각각 황화수소, 디메틸설피드를, 순무를 가열하면 황화수소와 디메틸설피드를 생성한다.
- 어류의 비린내는 생선의 종류와 신선도에 따라 다르다. 바닷물고기는 신선도가 떨어질수록 강한 비린내를 내며, 주 비린내 성분은 트리메틸아민(trimethylamine, TMA)이다. 이 외에 피페리딘(piperidine), δ-아미노발레르산(δ-aminovaleric acid), δ-아미노발레르알데히드(δ-aminovaleric aldehyde) 등이 있다. 트리메틸아민은 무취의 트리메틸아민옥시드(trimethylamine oxide, TMAO)가 세균의 작용으로 환원되어 생성된다. 민물고기의 비린내 성분은 피페리딘과 아세트알데히드가 축합되어 생성된 것이다.

연습문제

1. 냄새를 어떻게 느끼는지 알아봅시다.
2. 마늘을 다지면 어떻게 자극성이 강한 매운 향이 나는지 알아봅시다.
3. 양파를 다질 때 눈물을 흘리게 하는 물질에 대해 알아봅시다.
4. 겨자의 매운 향이 어떻게 형성되는지 알아봅시다.
5. 생선의 비린내 성분이 트리메틸아민(trimethylamine, TMA)이 어떻게 생성되는지 알아봅시다.

10

CHAPTER

식품의 맛

1. 미각 | 2. 맛성분의 종류

CHAPTER

10

식품의 맛taste은 냄새odor와 함께 향미 또는 풍미flavor라고 하며, 입 안에서 침이나 음식물의 즙에 녹아 있는 화학성분들에 의해 느껴지는 감각이다. 향미는 색color, 텍스처texture와 함께 식품의 관능적 특성을 구성하는 요소로써, 식품의 기호적 가치와 밀접한 관계를 가진다. 모든 식품은 고유한 맛 특성을 가지고 있으며, 식품의 맛 자체가 영양과 직접적인 관계가 있는 것은 아니지만 좋은 맛은 식욕을 증진시킬 뿐만 아니라 소화·흡수에도 긍정적인 영향을 주므로 식품의 품질을 결정하는 중요한 요소가 된다.

본 장에서는 식품의 맛 성분을 지각하는 인체의 미각기관 및 미각생리를 이해하고, 미각성분들의 기본구조와 특성을 학습하고자 한다.

1 미각

1) 미각기관

미각은 혀뿐만 아니라 입 천장, 입술, 뺨의 안쪽 등 입 안의 모든 부분과 인두, 후두, 후두개까지 포함하는 넓은 부위에서 인식되지만, 맛 성분이 맛 수용체에 의해 감지되는 기본맛은 혀에서만 느껴진다. 미각기관으로서 혀 표면에는 유두가 존재하는데 유두는 그 생김새에 따라 윤상유두, 엽상유두, 사상유두, 버섯상유두의 네 가지가 있다. 유두의 밑 부분에는 여러 가지 미뢰taste bud가 분포하며, 미뢰는 타원형으로 50개 정도의 맛세포와 지지세포로 구성되어 있다. 외부에서 미뢰로 들어가는 입구를 미공이라고 하며, 맛세포의 위쪽 끝에는 미세융모가 있어 이곳의 세포막에 기본맛을 인식하는 맛 수용체가 분포되어 있다. 미공을 통해 들어온 맛성분은 맛 수용체와의 결합이나 상호작용에 의해 자극이 일어나며, 맛세포의 밑에 존재하는 신경섬유는 이 자극을 신경절을 통해 중추신경에 전달한다. 이와 같은 미각기관의 구조는 그림 10-1과 같다.

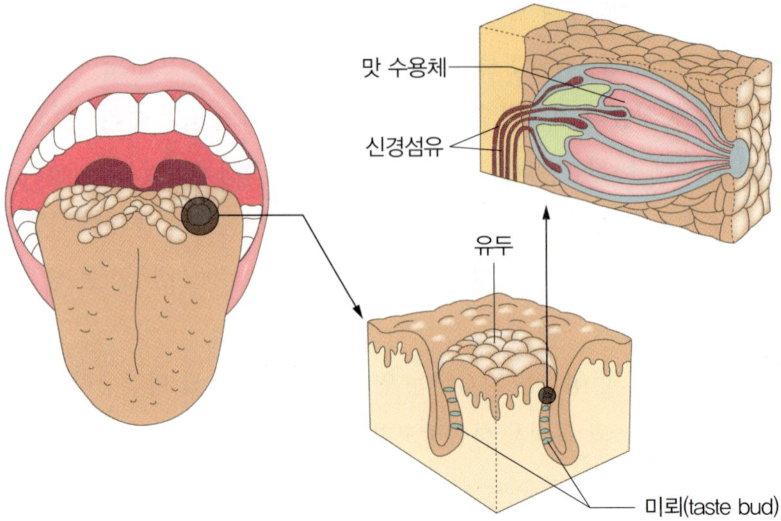

그림 10-1 혀 표면, 유두 및 미뢰(맛봉오리)의 구조

2) 맛의 인식기작

식품의 맛은 혀의 표면에 있는 미뢰에 연결된 미각신경이 화학적인 자극을 받아 일어나는 감각이다. 침이나 음식물의 즙액에 녹아 있는 정미(맛) 물질이 미공을 통과하여 미뢰로 들어와서 맛세포의 수용체와 결합하여 화학적인 자극이 일어나면, 이 자극이 미뢰의 내부에 분포되어 있는 미각신경에 의해 대뇌의 미각중추로 전달됨으로써 기억되었던 어떤 맛으로 인식된다. 따라서 맛을 내는 화합물은 세포 내의 특이한 specific 수용체와 상호결합을 함으로써 각각의 기본맛이 인식된다고 알려져 있다.

3) 맛의 분류

식품의 맛은 관점에 따라 여러 가지로 나눌 수 있으나, 가장 기본적인 맛은 단맛 sweet, 짠맛salty, 신맛sour, 쓴맛bitter 의 네 가지로 4원미라고 한다. 감칠맛umami이 기본맛 중 하나에 해당되는지 오랫동안 논쟁되어 오다가, 1985년 하와이에서 개최된 제

1회 우마미 국제 심포지엄에서 '감칠맛'이라는 용어가 글루탐산과 뉴클레오티드의 맛을 나타내는 기본맛으로 인정되었다. 그 밖에 매운맛, 떫은맛, 감칠맛과 아린맛, 금속맛, 교질맛 등이 있다.

4) 맛의 역가

어떤 맛성분에 대하여 그 맛을 뚜렷이 인식할 수 있는 최소의 농도를 말한다. 맛의 종류와 맛성분에 따라 다르다. 일반적으로 맛의 역가는 쓴맛이 가장 낮아 예민하고, 그 다음이 신맛, 짠맛, 그리고 단맛의 역가가 가장 높다 표 10-1. 맛의 역가는 사람의 연령, 흡연 여부, 건강 및 심리 상태, 피로의 정도 등에 따라 영향을 받을 수 있으며, 맛을 가진 물질의 온도와 그 물질이 존재하는 기질 등에 의해서도 영향을 받는다. 역가는 몰mole 농도나 백분율(%)로 표시한다.

표 10-1 기본 정미물질의 역가

맛의 종류	표준 정미물질	역가(%, g/100 mL)
단맛	설탕	0.4108
짠맛	소금	0.1229
신맛	염산	0.0056
쓴맛	퀴닌	0.00038

5) 미각의 변화

(1) 온도

맛에 대한 온도의 영향은 일정하지 않으며, 연구자들의 실험결과도 일정하지 않다. 일반적으로 혀의 미각은 10~40℃일 때 잘 느끼고, 특히 30℃ 정도에서 가장 예민해지며, 이 온도에서 멀어지면 미각이 둔해진다. 온도에 따른 4가지 기본맛의 인식 강

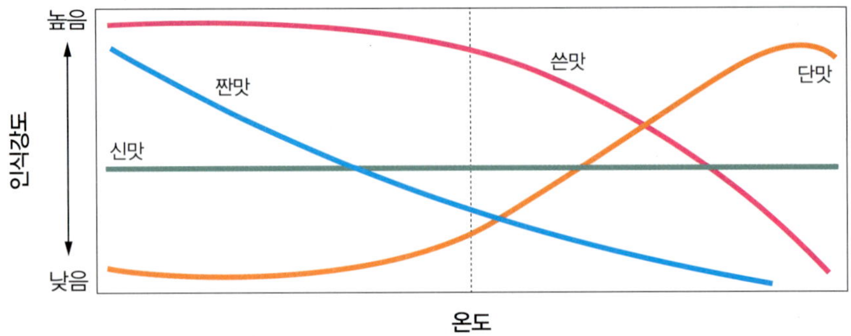

그림 10-2 온도에 따른 기본맛 인지도 변화

도는 그림 10-2와 같다. 일반적으로 온도의 증가에 따라 단맛은 증가하고, 짠맛과 쓴맛은 감소하며, 신맛은 온도 변화에 차이를 보이지 않는다.

(2) 용매와 기질

정미 물질이 용해되어 있는 용매나 기질에 따라 맛과 그 역가에 차이를 나타내는데, 대체로 수용액<거품 및 커스터드<젤<유지의 순서로 역가가 나타난다. 일반적으로 맛성분이 전분 젤(묵)이나 한천젤리 같은 젤, 그리고 유지 중에 존재할 때는 역가가 매우 높아서 맛을 예민하게 느끼지 못한다.

(3) 나이와 성별

나이에 따른 미각에 대한 예민도의 감퇴는 50대 후반기 또는 60대 이후부터 현저하게 나타나며, 성별에 있어서는 여자가 단맛과 짠맛에서 남자보다 감도가 높고, 신맛에서는 감도가 떨어지지만, 쓴맛은 성별에 따라 차이가 없다고 한다.

(4) 기타

3일 정도 잠을 안 잔 경우, 단맛과 짠맛에 대한 역가에는 큰 영향이 없었지만 신맛에 대한 역가는 현저하게 증가하였다. 4가지 기본 맛의 감도가 식후 1시간에는 크게 둔화되었다가 3~4시간 후에는 증가되었는데, 식사에 의한 감도의 감소는 식사의 열량과 크게 관계가 있다고 한다. 흡연자와 비흡연자 사이에 단맛, 짠맛, 신맛에 대한 역가는 차이가 없었지만 쓴맛에 대한 역가는 흡연자가 현저하게 높다고 한다. 그 외 미각의 변화에 영향을 주는 요소로서 신체적·정신적 건강상태, 식습관, 음주상황 등이 있다.

6) 미각의 생리현상

(1) 맛의 대비효과(contrast effect)

주된 맛을 내는 물질에 다른 물질이 섞임으로써 미각이 증가되는 것을 맛의 강화현상 또는 대비효과라고 한다. 일반적으로 단맛, 감칠맛에 대해서는 짠맛이, 짠맛에는 신맛이 강화현상을 나타내는 경우가 많다.

- 15% 설탕용액 + 0.01% 소금, 15% 설탕용액 + 0.0001% 퀴닌 설페이트 → 단맛 증가
- 팥죽 : 설탕 + 소금 → 단맛 증가
- 동치미 : 소금물 + 유기산(구연산, 젖산) → 짠맛 증가
- MSG + 소금물 → 감칠맛 증가

(2) 맛의 억제효과(inhibitory effect)

서로 다른 맛성분이 몇 가지 혼합되었을 경우 주된 맛성분의 맛이 다른 맛에 의해 약화되는 현상이다.

- 커피에 설탕을 넣으면 쓴맛이 단맛에 의해 억제됨 ➡ 커피 + 설탕 → 쓴맛 억제
- 신맛이 강한 과일에 설탕을 넣으면 신맛이 억제됨 ➡ 신 과일 + 설탕 → 신맛 억제

(3) 맛의 상승효과(synergistic effect)

같은 종류의 맛을 가지는 2종류의 맛성분을 서로 혼합하면 각각 가지고 있는 맛보다 훨씬 강하게 느껴지는 현상이다.

- MSG에 핵산 조미료 성분을 혼합하였을 경우 감칠맛 증가 ➡ 다시마(MSG) + 멸치(핵산) → 감칠맛 증가
- 설탕용액 + 사카린 → 단맛 증가

(4) 맛의 상쇄효과(compensating effect)

2가지 맛성분을 혼합함으로써 각각의 고유한 맛을 나타내지 못하고 약해지거나 없어지는 현상이다.

- 간장이나 된장의 소금함량이 높지만 감칠맛과 상쇄되어 짠맛이 강하지 않음
- 김치맛은 짠맛과 신맛이 상쇄
- 청량음료의 맛은 단맛과 신맛이 상쇄

(5) 맛의 변조효과(modulation effect)

한 가지 맛을 느낀 직후에 다른 맛을 정상적으로 느끼지 못하는 현상이다.

- 설탕을 맛본 직후 물을 마시면 순수한 물일지라도 쓴맛이나 신맛을 느낌
- 오징어를 먹은 후에 식초나 밀감을 먹으면 쓴맛 느낌
- 쓴 약을 먹은 직후에 물을 마시면 달게 느낌

(6) 맛의 피로효과(fatigue effect)

같은 맛을 계속 맛보면 그 맛이 변하거나 미각이 둔해져서 맛이 약할 때는 거의 느끼지 못하고 진하면 싫증이 나는 현상이다.

(7) 미맹(taste blindness)

어떤 물질의 맛에 대하여 맛을 느끼지 못하는 사람이 있다. 예를 들면 페닐티오카바미드phenyl thiocarbamide, PTC는 대부분의 사람에게 쓴맛을 주나, 일부 사람들은 그 맛을 인식하지 못하여 무미로 느낀다. 이러한 미맹은 쓴맛을 느끼지 못할 뿐 다른 정

미성분에 대해서는 정상이므로 일상생활에는 지장이 없으며, 유전적인 것으로 알려져 있다.

2 맛성분의 종류

1) 단맛

단맛sweet taste은 식생활과 매우 밀접한 관계를 가지고 있으며, 단맛에 대한 욕구는 매우 강하다. 많은 학자가 단맛과 단맛을 내는 물질 간의 상관관계를 알아내려고 노력한 결과, 이에 대한 몇 가지 학설이 제시되고 있으며 가장 대표적인 것이 AH–B설이다. 이 설에 의하면 단맛을 내는 모든 물질은 산소나 질소와 같은 전기 음성원자(A)를 가지고, 이들은 수소와 결합하여 AH에 해당하는 히드록시기(–OH)나 아미노기(–NH_2)로 존재한다. AH의 약 3Å 거리에 다른 전기음성원자인 B가 존재하여야 하는데, 주로 산소나 질소이다. 예를 들면 과당과 같은 당류의 경우, AH에 해당되는 것은 탄소 2번에 결합되어 있는 OH기이며, 탄소 1번에 결합되어 있는 OH기의 산소 원자가 B에 해당된다. 한편, 단맛을 내는 물질에 존재하는 AH–B는 미뢰 수용 부위에 존재하는 동일한 AH–B 단위와 반응하여 수소결합을 형성하여, 이 자극이 뇌신경을 따라 전달되어 단맛을 느끼게 된다는 것이다.

단맛성분의 상대감미도를 비교하기 위해 10% 설탕용액의 단맛을 100으로 하여 표준을 삼는다. 그 이유는 설탕이 가장 많이 사용되는 감미료인 동시에 순수한 상태로 얻기 쉽고, 다른 당류와는 달리 α, β형의 이성질체가 존재하지 않아 단맛 강도가 변하지 않기 때문이다. 각종 단맛 성분의 상대감미도는 표 10-2와 같다. 단맛을 내는 화합물은 천연 감미료와 인공(합성) 감미료로 분류할 수 있다.

표 10-2 단맛 성분의 상대 감미도

종류	감미도	종류	감미도
당류		글리세롤(glycerol)	48
설탕(sucrose)	100	소르비톨(sorbitol)	48
과당(fructose)	150	에리스리톨(erythritol)	45
전화당(invert sugar)	120	이노시톨(inositol)	45
포도당(glucose)	70	만니톨(mannitol)	45
람노오스(rhamnose)	60	둘시톨(dulcitol)	41
글루코사민(glucosamine)	50	**방향족화합물**	
맥아당(maltose)	50	페릴라틴(perillartine)	200,000~500,000
자일로오스(xylose)	40	글리시리진(glycyrrhizin)	5,000
갈락토오스(galactose)	30	필로둘신(phyllodulcin)	20,000~30,000
유당(lactose)	20	**인공감미료**	
당알코올		사카린(saccharin)	20,000~70,000
자일리톨(xylitol)	75	아스파탐(aspartame)	20,000

(1) 천연 감미료

천연 감미료는 포도당, 과당, 맥아당, 젖당, 설탕 등의 당류와 에틸렌글리콜, 글리세롤, 에리스리톨, 만니톨, 소르비톨 등과 같은 당알코올류와 방향족 아미노산류가 대표적이며, 천연 감미료의 종류와 성질은 표 10-3과 같다.

(2) 인공 감미료

인공 감미료는 열량을 거의 발생하지 않으며, 소량만 사용해도 단맛을 낼 수 있으므로 저칼로리를 요하는 사람이나 설탕의 섭취가 금지되어 있는 환자용으로 활용되는 경우가 많다. 인공 감미료 중 우리나라에서 사용이 허가된 것은 사카린, 아스파탐, 아세설팜칼륨 등이다. 인공 감미료의 종류와 성질은 표 10-4와 같다.

표 10-3 천연 감미료의 종류와 성질

종류		감미도	성질
당류	포도당	50~74	• α형이 β형보다 더 달다.
	과당	100~173	• 천연 당류 중 단맛이 가장 높고 상쾌한 단맛이다. • β형이 α형보다 더 달다.
	설탕	100	• α, β이성체가 없어서 단맛이 일정하다 (감미표준물질로 사용).
	맥아당	50~60	• α형이 β형보다 더 달다. • 용액 상태에서 가열하면 감미도가 증가한다.
	유당	16~28	• β형이 α형보다 조금 더 달다. • 분유가 물을 흡수하면 β가 α형으로 되어 단맛이 감소한다.
당알코올	솔비톨	48~70	• 포도당을 환원하여 얻는다. • 물에 잘 녹고 청량한 감미, 흡습성, 보수성, 보향성이 우수하다.
	만니톨	45	• 만노오스를 환원하여 얻는다. • 상쾌한 감미, 다시마와 곶감의 흰가루 성분이다.
	자일리톨	75	• D-자일로오스를 환원하여 만든 당알코올이다.
아미노산	L-루신산	설탕의 25배	• 고상한 맛을 가지고 있어 당뇨병 환자의 감미료로 사용한다.
	글리신, 알라닌 프롤린, 세린		• 일반적으로 분자량이 적은 아미노산들이 감미가 있다.
방향족화합물	글리시리진 (glycyrrihizin)	설탕의 50배	• 감초의 뿌리에 많다. • 비식품용 감미료로 담배 향료로 이용한다.
	필로둘신 (phyllodulcin)	설탕의 200~300배	• 감차잎을 건조시켜 차를 끓일 때의 감미성분이다. • 당뇨병 환자의 감미료로 사용한다.
	페릴라틴 (perillartin)	설탕의 200~500배	• 차조기잎의 단맛 성분이다. • 비식품용 감미료로 담배 향료로 이용한다.
	스테비오사이드 (stevioside)	설탕의 300배	• 스테비아잎에 많이 들어 있다. • 비발효성, 무칼로리로 충치 예방과 다이어트에 효과적이다. • 남아메리카와 일본에서는 30년 이상 감미료로 사용해 왔다. • 한국, 중국, 러시아, 브라질, 파라과이, 아르헨티나, 인도네시아, 말레이시아, 호주, 뉴질랜드 등에서는 허가되어 사용되고 있으나, 미국과 유럽연합에서는 식품원료로 허가하지 않고 있다.
황화합물	메틸메르캅탄(무), 프로필메르캅탄 (양파, 마늘)	설탕의 50~70배	• 무, 양파, 마늘 등의 매운맛 황화합물이 가열에 의해 단맛 황화합물로 변한다.

표 10-4 인공 감미료의 종류와 성질

종류	감미도	성질
사카린	설탕의 500배	• 1879년에 톨루엔에서 합성한 감미료, 세계 90여 나라에서 사용 • 하루 3 g 미만으로 섭취해야 인체에 무해함 • 뻥튀기, 오이피클, 어묵 등에 사용
아스파탐	설탕의 200배	• 1973년에 발견, 1974년에 미 FDA로부터 허가 • L-아스파르트산과 L-페닐알라닌의 디펩티드 • 건조한 상태에서는 장기간 분해되지 않지만, 수용액 상태에서는 pH 및 온도의 영향을 받음 : 가열에 불안정 • 설탕, 과당, 포도당 등과 혼합할 경우 상승효과 나타냄 • Nutra Sweet(뉴트라스위트), Equal(이퀄)이라는 상품명으로 출시 • 캔디, 껌, 과자 등에 사용함
아세설팜칼륨	설탕의 200배	• 세계 90여 나라에서 사용됨 • 식품의 가공이나 저장 시 매우 안정하여 여러 식품에 단독 또는 다른 감미료와 혼합하여 사용 • 설탕, 소르비톨, 포도당, 과당 등과 혼합하면 상승효과를 보임 • 체내에 대사되지 않아서 안전성이 뛰어남 • 껌, 혼합음료, 캔디 등에 사용함
수크랄로스	설탕의 600배	• 1976년 영국 과학자가 발견, 현재 80여 나라 이상에서 사용됨 • 설탕분자에 염소 3개를 치환하여 만들어짐 • 단맛의 지속시간에 설탕과 유사하며, 고품질의 단맛과 안정성을 가짐 • 사카린처럼 쓴맛이나 불쾌한 뒷맛이 없고 물에 잘 녹음 • 혼합음료, 캔디, 발효유 등에 사용함

2) 짠맛

짠맛salty taste은 생리적으로 매우 중요한 맛성분이며, 조리의 가장 기본적인 맛이다. 짠맛 성분은 무기 및 유기 알칼리염으로서 주로 음이온에 의존하고, 양이온은 오히려 쓴맛을 낸다. 음이온의 경우 그 짠맛의 강도는 $Cl^- > Br^- > I^- > HCO^{3-} > NO^{3-}$의 순서이며, NaCl은 가장 순수한 짠맛을 가지고 있다. 천일염은 순수한 NaCl이 아닌 소량의 염화칼륨(KCl), 염화마그네슘($MgCl_2$), 염화칼슘($CaCl_2$), 황산마그네슘($MgSO_4$) 등을 함유하고 있어서, 순수한 짠맛 이외에 쓴맛이 느껴진다. 주요 식품의 소금농도(염도) 및 나트륨함량은 표 10-5와 같다.

표 10-5 주요 식품의 염도 및 나트륨 함량

구분	식품	나트륨 (mg/100g)	염도(%)	구분	식품	나트륨 (mg/100g)	염도(%)
장류	간장	7157	18~20	가공식품류	라면	1465	4~8
	된장	4991	10~15		치즈	965	3~4
국류	어묵국	344	0.8~1.2		훈제연어	794	3~5
찌개류	된장찌개	505	1~2		햄버거스테이크	730	3~5
	김치찌개	491	1~2		햄	607	2~4
젓갈류	명란젓	3530	10~15		버터	576	1.5~2
	어리굴젓	2374	10~15		햄버거(빅맥)	495	1~3
	오징어젓	2374	10~15		식빵	434	1~1.5
절임류	김치	1050	7~10		떡볶이	426	1~3
	마늘장아찌	1607	2~8		김밥	417	1~3
	단무지	783	2~8		짜장면	368	1~3
	오이피클	665	2~8		냉면(물)	327	1~3

자료: 식품의약품안전처 식품영양데이터베이스

3) 신맛

식품의 신맛sour taste은 향기를 동반하는 경우가 많으며, 미각의 자극이나 식욕 증진에 필요하다. 신맛성분에는 무기산과 유기산이 있으며, 신맛은 용액 중에 해리되어 있는 수소이온과 해리되지 않은 산 분자에서 기인한다. 따라서 신맛의 정도는 수소이온 농도인 pH와는 정비례하지 않으며, 같은 pH인 경우 유기산은 무기산보다 신맛이 더 강하다. 이는 무기산이 대부분 빠르게 해리되기 때문에 수소이온의 농도가 높지만 혀에 접촉되면 곧 중화되어 신맛이 없어지는 반면, 유기산은 해리도가 작아 수소이온의 농도는 낮으나 혀의 점막에 접촉된 수소이온이 상실되면 점차적으로 해리되지 않았던 수소이온이 해리되어 신맛이 계속되기 때문에 전체적으로 신맛을 강하게 느끼게 된다. 산이 해리될 때 생기는 음이온은 신맛에 영향을 주는데, 무기산의 음이온은

표 10-6 주요 유기산

종류	구조식	함유식품	특징	이용
초산 (acetic acid)	CH_3-COOH	식초, 김치류	식초 중 3~4%	3~5% 농도로 널리 사용
젖산 (lactic acid)	$CH_3-CH(OH)-COOH$	김치류, 젖산음료, 발효유제품	품위 있는 산미, 방부성	산미와 살균력으로 식품공업에 널리 사용
숙신산, 호박산 (succinic acid)	$HOOC-CH_2-CH_2-COOH$	청주, 조개류, 사과, 딸기	감칠맛을 주는 산미	청주, 합성청주, 된장, 간장 등에 사용
말산, 사과산 (malic acid)	$HOOC-CH_2-CH(OH)-COOH$	사과, 배	상쾌한 산미	젤리나 과자의 산미료 유화 안정제로 사용
시트르산, 구연산 (citric acid)	$HOOC-CH_2-C(OH)(COOH)-CH_2-COOH$	살구, 감귤류	상쾌한 산미	청량음료, 치즈, 젤리, 잼 등에 사용, 산화 방지제의 상승제
타르타르산, 주석산 (tartaric acid)	$HOOC-(CHOH)_2-COOH$	포도	칼륨염으로 존재	청량음료, 젤리, 잼 등에 사용
아스코르브산 (ascorbic acid)	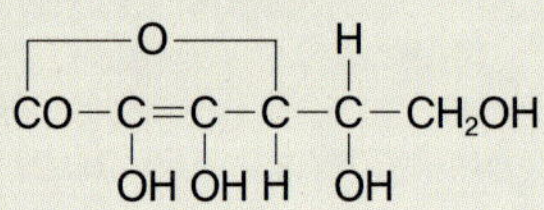	과일, 채소류	비타민 C 산화방지	과일통조림, 주스 제조 등에 사용
글루콘산 (gluconic acid)	$HOOC-(CHOH)_4-COOH$	곶감, 발효식품	풍미 있는 산미	

쓴맛이나 떫은맛을 부여하며 불쾌한 신맛을 내는 반면, 젖산, 구연산, 주석산 등의 유기산에서는 상쾌한 맛과 특유한 감칠맛을 부여해 식욕을 증진시킨다 표 10-6.

보통 우리가 섭취하는 식품 중의 중요한 신맛은 초산acetic acid, 젖산lactic acid, 숙신산succinic acid, 말산malic acid, 타르타르산tartaric acid, 시트르산citric acid 등이며, 식품에 신맛을 부여하는 동시에 식품의 pH를 낮추어 부패를 방지하는 효과도 있다. 또한 과일에 함유된 말산, 시트르산 등은 과일 특유의 풍미를 부여하기도 한다. 자연식품

표 10-7 여러 식품의 pH

식품	pH	식품	pH	식품	pH
0.1N 염산	1.0	복숭아	3.4~4.6	고구마	5.3~5.6
위액	1~3	포도	3.5~4.5	어류	6
레몬	2.2~2.4	맥주	4~5	밀가루	6~6.5
식초	2.4~3.4	감자	4.1~4.4	우유	6.4~6.8
사과	2.9~3.3	호박	4.8~5.2	모유	7.2
밀감류	3~4	당근	4.9~5.2	백미밥	6.7
딸기	3.2~3.6	콩	5~6	증류수	6.8~7.0
앵두	3.2~4.1	시금치	5.1~5.7	크래커	7.0~8.5
잼	3.5~4.0	양배추	5.2~5.4 0.1N	중조	8.4

의 pH는 대부분 5.0~6.5이며 표 10-7, 식초나 과일 외에는 신맛을 특별히 느낄 수 없다.

4) 쓴맛

쓴맛bitter taste은 일반적으로 식미를 나쁘게 하지만 쓴맛성분에는 약리작용을 하는 것이 많이 있다. 식품에서의 쓴맛은 미량으로 존재하며, 다른 맛성분과 조화된 약간의 쓴맛은 오히려 식품의 기호성을 높이는 작용을 한다. 커피, 코코아, 맥주, 차, 초콜릿 등의 쓴맛이 좋은 예이다.

알칼로이드(alkaloid)
식물체에 들어 있는 염기성 함질소 화합물의 총칭으로 강한 약리작용을 나타냄

쓴맛은 혀의 뒷부분에서 예민하게 지각되어 비교적 장시간 지속되는 맛이며, 단맛, 신맛, 짠맛에 비해 가장 감도가 예민하여 맛의 역가가 상당히 낮다. 식품 중의 쓴맛 성분으로는 크게 알칼로이드alkaloid, 배당체glycoside, 케톤류ketone, 무기염류 및 단백분해물 등으로 구분된다 표 10-8.

표 10-8 식품의 쓴맛 성분

구분		구조식	식품	특징
알칼로이드	카페인 (caffeine)	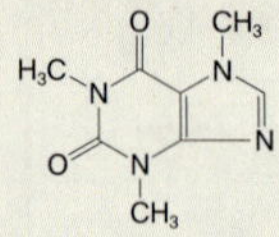	차 커피 콜라 견과류	• 녹차, 홍차, 커피, 코코아의 쓴맛 • 중추신경계 흥분작용
	테오브로민 (theobromine)	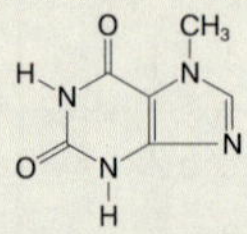	코코아 초콜릿	• 이뇨제 • 퓨린 유도체
	퀴닌 (quinine)	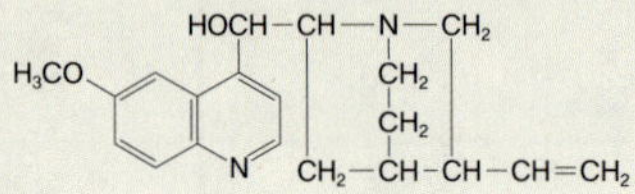	키나	• 쓴맛의 표준물질로 염기성 식물추출물 • 해열제, 진통제(특히, 말라리아)
배당체	나린진 (naringin)	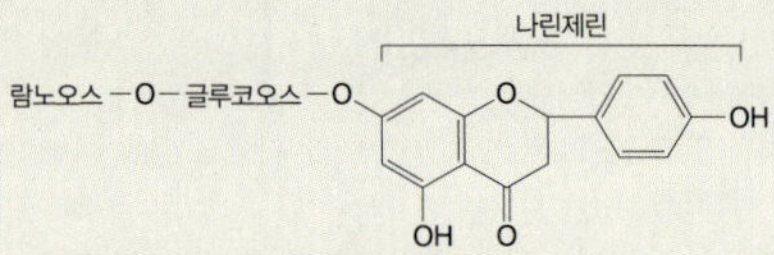	밀감 자몽	• 플라본인 나린제닌의 배당체 • 효소 나린지나아제에 의해 분해되어 당이 제거되면 쓴맛이 없어짐 예: 과즙, 통조림 제조 시 적용
	큐커비타신 (cucurbitacin)	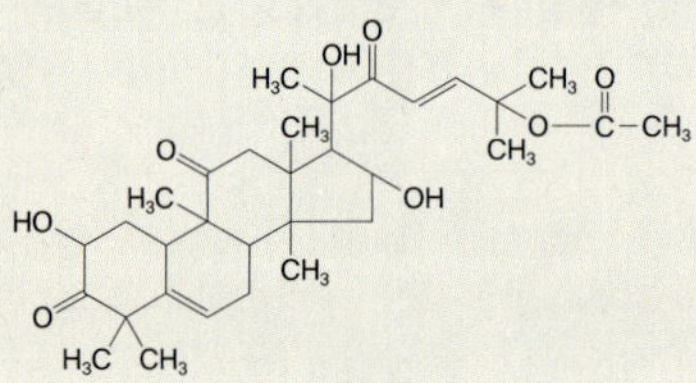	오이의 꼭지 부분	• A, B, C, D, E 등 약 20종 • 오이가 미숙할 때는 함량이 많으나 익어감에 따라 감소
	쿼르세틴 (quercetin)	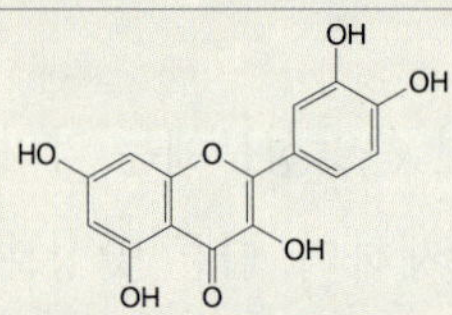	양파 껍질	• 루틴의 아글리콘
케톤류	후물론 (humulon)	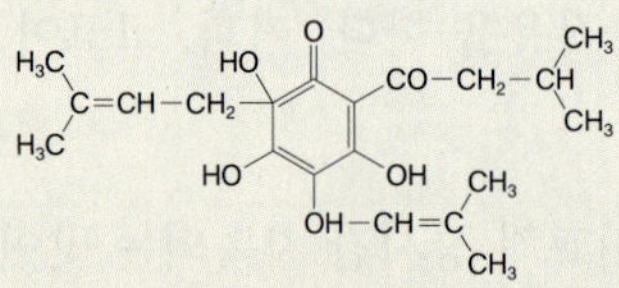	호프 (맥주 원료)	• 후물론은 암꽃에 많이 존재 • 항균력 • 기포성과 지포성 부여
	루풀론 (lupulon)	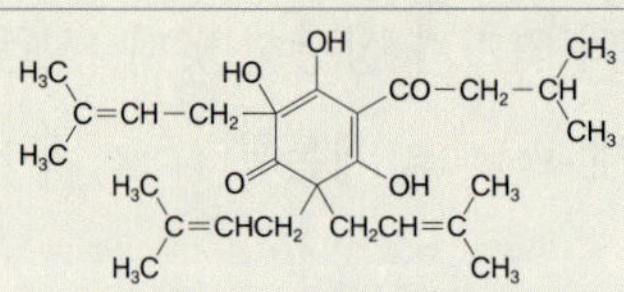		
	투존 (thujone)	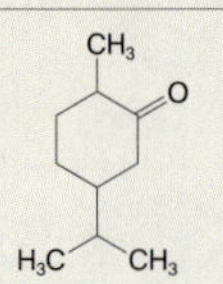	쑥	• 독성이 없고 분자 안에 질소가 없음

(계속)

구분		구조식	식품	특징
무기염류	염화마그네슘 염화칼슘	$MgCl_2$ $CaCl_2$	간수	• 두부 응고제(쓴맛을 제거하기 위해 두부는 응고 후 3~4시간 물에 담가둠)
아미노산	L-트립토판	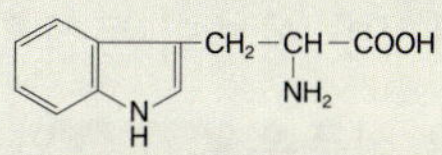	단백질 분해물	• 치즈, 된장, 젓갈, 막걸리 등 발효식품에서 단백질의 가수분해과정 중에 생성
	L-루신	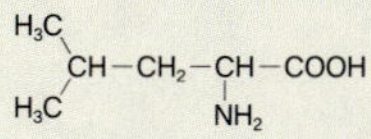		
	L-페닐알라닌	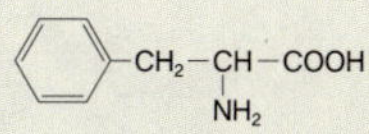		
기타	이포메아마론 (ipomeamarone)	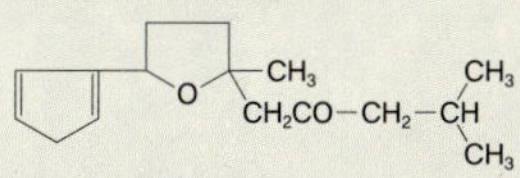	흑반병 고구마	• 저장 고구마의 쓴맛성분 • 유독성분
	리모넨 (limonen)	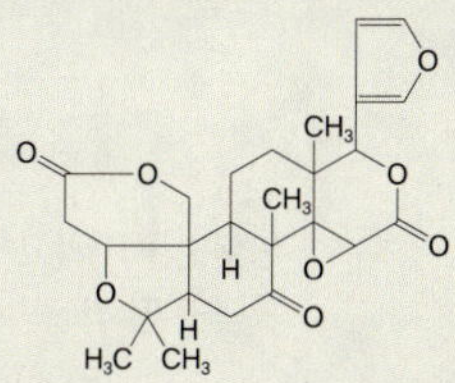	레몬 오렌지	• 지연성 쓴맛 • 과즙이 신선할 때는 쓴맛이 없지만 저장하거나 가공처리하면 쓴맛을 나타냄
	사포닌 (saponin)	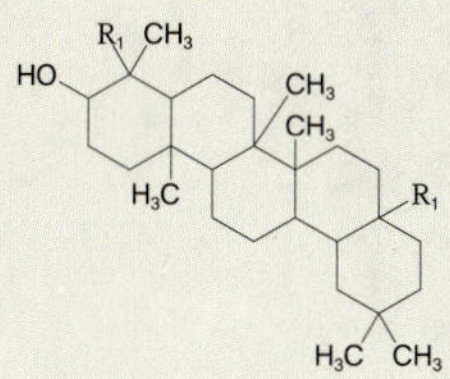	콩 도토리	• 약한 유독성분

5) 감칠맛

(1) 감칠맛의 성분과 특징

감칠맛savory, umami taste이란 단맛, 짠맛, 신맛, 쓴맛이 잘 조화된 구수한 맛을 표현한 것으로, 단일 물질에 의한 맛이 아닌 여러 맛을 내는 성분이 혼합된 것이라고 할 수 있다. 일반적으로 식품은 다소라도 감칠맛을 가지고 있으며, 특히 단백질 식품에 감칠맛이 많이 함유되어 있다. 감칠맛은 아직도 일부에서 기본맛으로 인정하지 않고 있으나, 근래의 연구에 의하면 감칠맛이 기본맛으로의 여러 조건을 충족하고 있음을 보여주고 있다. 감칠맛을 내기 위하여 오래전부터 천연 조미료로서 간장, 된장, 젓갈류, 해조류, 버섯을 사용하여 왔고, 근래에 와서는 향미 증진제 또는 향미 강화제flavor intensifier, flavor enhancer라 부르는 감칠맛 성분의 물질을 공업적으로 대량 생산하여 사용하고 있다. 감칠맛의 성분과 주요 식품은 표 10-9 와 같다.

표 10-9 식품의 감칠맛 성분

구분		구조식	함유식품 및 특성
아미노산과 유도체	글리신 (glycine)	NH_2-CH_2-COOH	• 조개류, 게 또는 새우
아미노산과 유도체	베타인 (betaine)	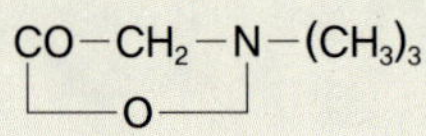	• 오징어, 새우, 문어, 전복, 조개류, 게 등
아미노산과 유도체	테아닌 (theanine)	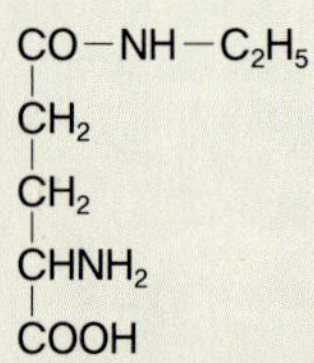	• 햇빛을 가리고 재배한 녹차 • 단맛 띤 감칠맛성분
아미노산과 유도체	아스파라긴 (asparagine)	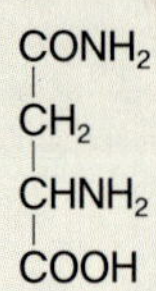	• 어류, 육류 및 채소
아미노산과 유도체	트리코롬산 (trichoromic acid)	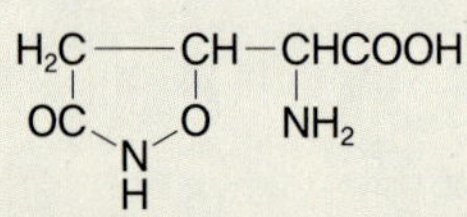	• 향미 증진제 • 파리버섯의 감칠맛 성분으로 분리된 새로운 아미노산 • *Tricholoma*속과 *Amanita*속 버섯으로부터 분리 • 감칠맛은 L-글루탐산와 유사하면서도 강도가 높음
아미노산과 유도체	이보텐산 (ibotenic acid)	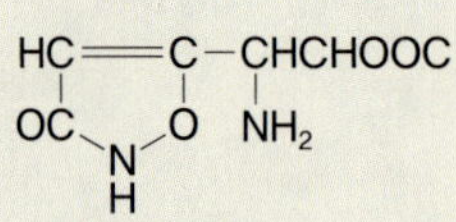	
아미노산과 유도체	글루탐산의 나트륨염 (monosodium glutamate, MSG)	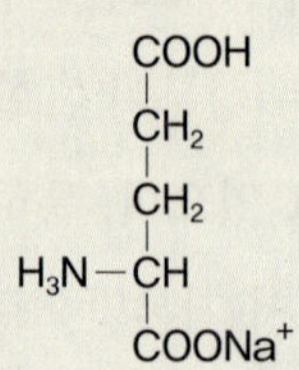	• 대표적인 감칠맛 • 향미 증진작용이 매우 우수 • 사용기준량은 0.1~0.3%

(계속)

구분		구조식	함유식품 및 특성
콜린 및 유도체	콜린 (choline)	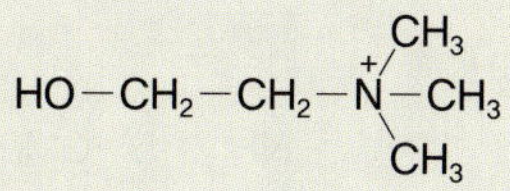	• 일반적인 식품에 광범위하게 분포되어 있는 감칠맛
	트리메틸아민 옥시드 (trimethylamine oxide, TMAO)	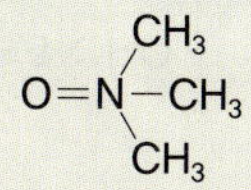	• 어류의 감칠맛 성분 • 환원하면 트리메틸아민이 생성되는데 이것이 어류의 비린내 성분임
기타	숙신산 (succinic acid)	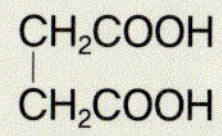	• 청주 등의 양조주와 조개류 등에 들어 있는 감칠맛 성분으로서 유기산
	타우린 (taurine)	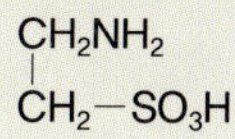	• 오징어, 문어 등에 함유

(2) L-글루탐산나트륨(monosodium glutamate, MSG)

L-글루탐산나트륨은 흔히 MSG라는 약자로 부르며, 1908년 일본의 이케다 교수가 다시마에서 새로운 맛을 내는 물질인 글루타메이트를 수용성 추출과 결정화 과정을 통해 분리하였다. MSG의 맛은 일본의 가다랑어와 다시마 육수 특유의 맛성분이었고, 특허를 출원하여 오늘날 많은 감칠맛 조미료의 원료로 사용되고 있다. 인체 유해성과 관련해 지난 1960년대 후반부터 (MSG가 많이 들어간) 중국음식을 먹은 후 메스껍거나 불편을 느낀다는 '중국음식점증후군'을 비롯해, MSG가 뇌 손상과 비만 및 기타의 불편감과 관련이 있다는 논의가 있었으나, 1995년 미국 FDA와 세계보건기구의 공동연구 결과에 따라 평생 먹어도 안전한 식품첨가물로 인정함에 따라 우리나라도 안전한 조미료로 인정하였다.

(3) 핵산의 감칠맛

뉴클레오티드nucleotide는 염기-당-인산의 3성분으로 구성되어 있으며, 핵산RNA, DNA의 구성단위가 된다. 감칠맛을 내는 핵산성분으로는 5′-GMP, 5′-IMP, 5′-XMP 등의 5′-리보뉴클레오티드이며 그림 10-3, 이들 감칠맛의 강도는 5′-GMP>5′-IMP>

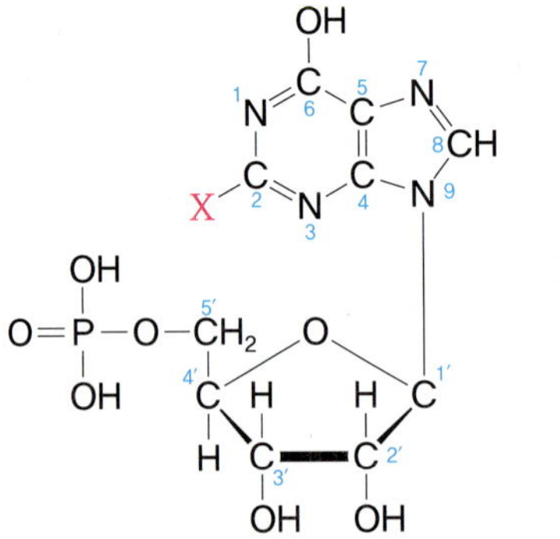

그림 10-3 감칠맛을 내는 퓨린 뉴클레오티드(purine nucleotide)의 구조

5′-XMP의 순으로 5′-GMP의 강도는 5′-IMP의 3배이다. 특히 이들 핵산화합물의 감칠맛은 모노소디움 글루탐산monosodium glutamate, MSG과 혼합 시에 감칠맛이 훨씬 더 강하게 느껴지는 상승효과를 내므로 실제로 핵산염은 MSG와 혼합하여 복합 조미료로 시판되고 있다. 식품 중의 5′-IMP는 육류와 어류의 중요한 감칠맛성분이고, 5′-GMP는 표고버섯의 중요한 감칠맛성분이다. 식품의 5′-리보뉴클레오티드의 함량은 표 10-10과 같다.

표 10-10 식품의 5′-리보뉴클레오티드 함량(mg/100 g)

종류	5′-IMP	5′-GMP	종류	5′-IMP	5′-GMP
마른 표고버섯	-	95.0	생선	200	-
가다랑어	362	-	돼지고기	123	2.5
마른 멸치	304	-	쇠고기	107	2.1
고래고기	214	3.5	새고기	75	1.4

6) 매운맛

매운맛hot taste, pungent taste은 미각이라기보다는 구강 내의 신경을 통해 느끼는 일종의 생리적 통각이다. 일반적으로 매운맛은 향기를 동반하는 경우가 많으며, 두 가

표 10-11 식품의 매운맛성분

구분		구조식	식품	특징
산아미드류	캡사이신 (capsaicin)	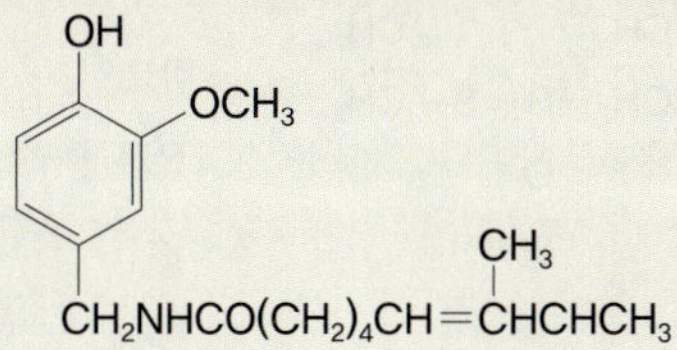	고추	• 대기 중에 방치하면 점차 휘산됨 • 체내에서 항산화작용
	차비신 (chavicine)	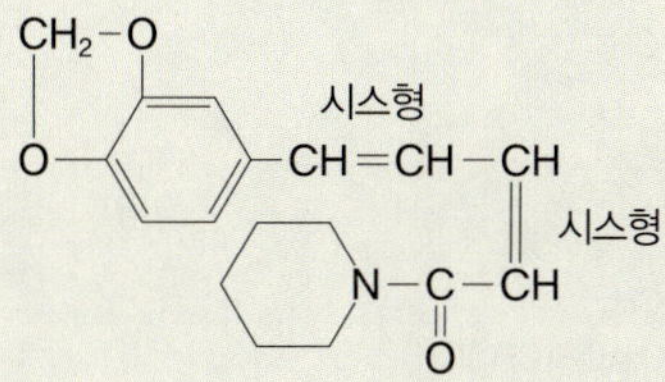	후추	• 트랜스형 이성체 피페린은 매운맛이 없고, 시스형인 차비신이 매운맛을 가짐
	산스훌 (sanshool)	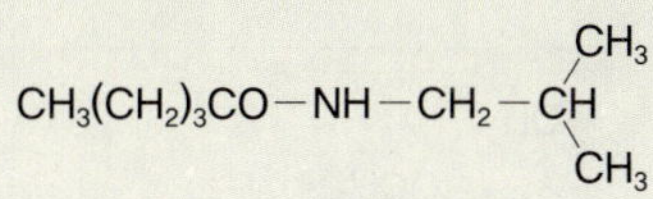	산초	• 조피나무(Chinese pepper) 열매에서 얻음
황화합물류	시니그린 (sinigrin)	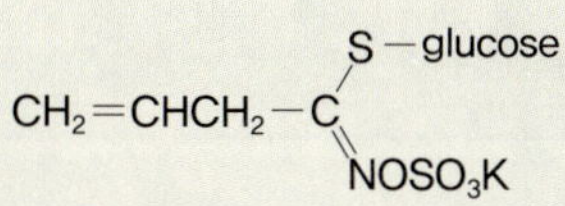	흑겨자, 고추냉이	• 흑겨자에 존재하는 시니그린은 미로시나아제에 의해 가수분해되어 알릴이소티오시아네이트를 생성하면서 매운맛을 냄 *CH_2=$CHCH_2$·N=C=S (allyl isothiocyanate)
	디비닐설피드 (divinylsulfide)	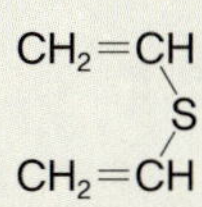	마늘, 파, 부추 등	• 마늘, 파, 양파, 부추 등의 매운맛
	디알릴설피드 (diallylsulfide)	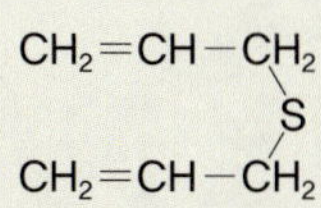		
	디알릴디설피드 (diallyldisulfide)	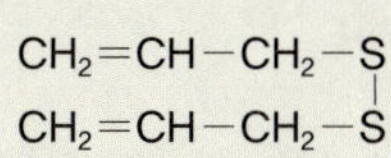		
	프로필알릴설피드 (propylallylsulfide)	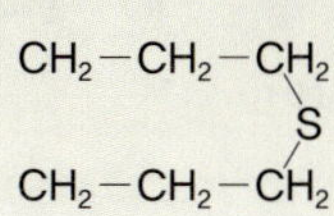		

(계속)

구분		구조식	식품	특징
황화합물류	알리신 (allicin)	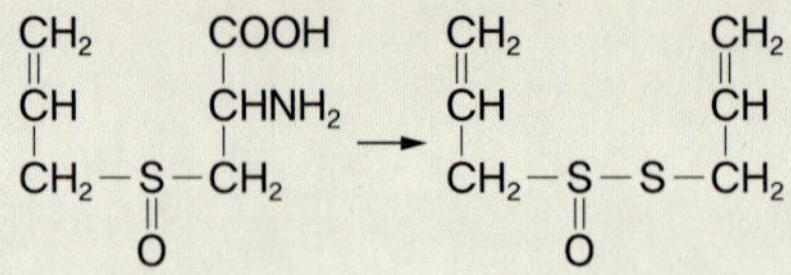 알린 → 알리신	마늘, 양파	• 알린이 알리나아제에 의해 가수분해되어 생성
방향족 알데히드 및 케톤류	진저론 (zingerone)	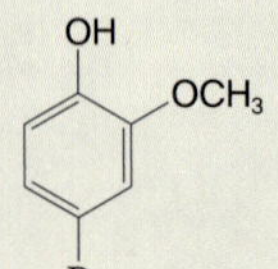 R: zingerone : $-CH_2CH_2COCH_3$; shogaol : $-CH_2CH_2COHC=CH(CH_2)CH_3$; gingerole : $-CH_2CH_2COCH_2CH(OH)(CH_2)_4CH_3$	생강	• 신선한 생강에서는 진저롤이 주성분이지만 정유로 가공한 경우에는 쇼가올이 주성분 • 쇼가올의 매운맛은 진저롤의 2배 정도
	쇼가올 (shogaol)			
	진저롤 (gingerol)			
	커큐민 (curcumin)	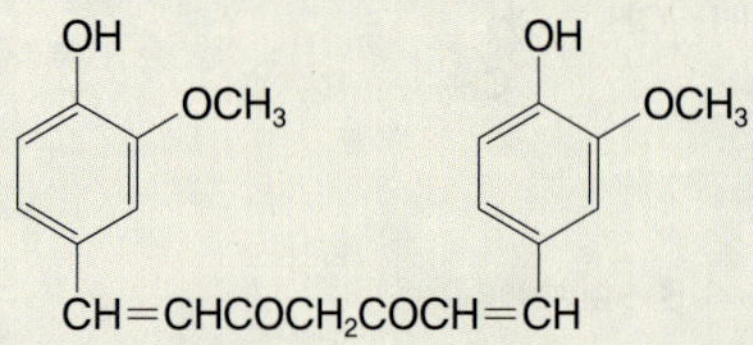	강황 (울금)	• 강황(심황, turmeric)의 매운맛과 황색의 성분 • 카레가루의 재료
	바닐린 (vanillin)	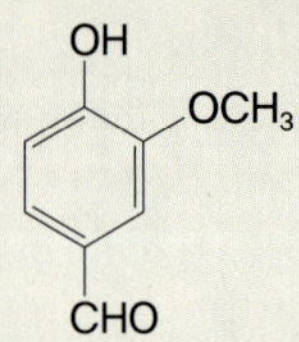	바닐라콩	• 바닐라콩의 달콤한 방향성 매운맛성분
	시남알데히드 (cinnamic aldehyde)	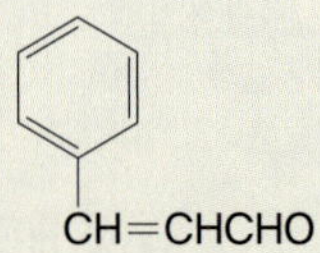	계피	• 수정과, 과자, 소스에 사용됨
아민류	히스타민 (histamine)	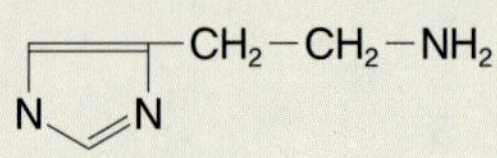	썩은 생선, 변패간장	• 히스티딘 및 티로신이 세균에 의해 탈탄산화되어 히스타민, 티라민이 생성
	티라민 (tyramine)	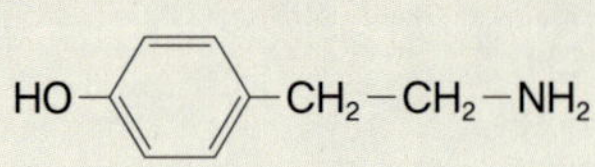		

지가 합쳐져 식욕을 촉진시키고 건위작용을 한다. 따라서 이러한 효과를 가지는 조미료를 향신료spice라고 부르며, 적당한 매운맛은 맛에 긴장감을 주고 식욕증진 및 살균, 살충작용을 돕는다. 식품 중의 매운맛 성분은 화학구조에 따라 산아미드류, 황화합물류, 방향족 알데히드 및 케톤류, 아민류 등으로 구분된다 표 10-11.

7) 떫은맛

떫은맛astringent taste이란, 혀 표면에 있는 점성 단백질이 일시적으로 변성 응고되어 미각신경이 마비됨으로써 일어나는 수렴성의 불쾌한 맛으로, 특히 감, 차, 커피, 맥주, 포도주, 도토리 등에서 나타난다. 식품에서는 주로 폴리페놀성 물질인 탄닌류가 떫은맛의 대표적인 원인이지만, 지방산도 때로는 떫은 경우가 있다. 떫은맛이 강하면 불쾌하나 약하면 쓴맛에 가깝게 느껴지고, 특히 차나 포도주에서의 약한 떫은맛은 다른 맛과 조화되어 독특한 풍미를 부여한다. 훈제품, 말린 생선과 같이 지방질이 많은 식품을 오래 저장하였을 때 떫은맛을 가지는 것은 지방질의 분해에 의하여 생긴 지방산과 알데히드에서 기인하는 것이다 표 10-12.

표 10-12 식품의 떫은맛 성분

구분	식품	특징
시부올 (shibuol)	감	• 감이 익을수록 떫은맛이 적어지는 것은 성숙됨에 따라 과일 내에 생긴 알코올이나 알데히드가 시부올과 중합하여 불용성 물질로 되기 때문임
엘라그산 (ellagic acid)	밤	• 2분자의 갈산이 축합한 구조
클로로겐산 (chlorogenic acid)	커피 고구마 감자 가지 사과 배	• 폴리페놀화합물 • 폴리페놀 산화효소에 의해 갈변됨 • 감자, 고구마, 사과 등의 갈변 기질물질
카테킨류 (catechin)	차 과실	• 찻잎의 떫은맛 • 홍차 제조 중의 발효과정에서 대부분이 불용성됨

8) 교질맛

교질맛 또는 점활미colloidal taste란 식품이 혀 표면과 입 속 점막의 물리적인 접촉에 의하여 일어나는 감각으로, 맛을 느끼는 데 있어서는 중요한 것이다. 이 감각은 주로 식품의 교질상태에 의하여 좌우되는 것으로, 식품 중의 고분자화합물인 다당류와 단백질에서 유래되는 경우가 많다. 예를 들면, 밥이나 떡의 호화전분, 찹쌀밥의 아밀로펙틴, 곤약의 글루코만난, 과일잼의 펙틴질, 한천의 갈락탄, 해조의 알긴산 등의 다당류는 각각의 식품에 교질맛을 주는 성분이다. 또 밀가루의 글루텐, 고깃국의 젤라틴, 토란의 뮤신 등의 단백질은 교질성 미각을 준다.

9) 기타 맛

(1) 금속맛

금속맛metal taste은 금속이온에 의해 나타나는 맛으로 혀의 표면이나 구강 안의 넓은 구역에서 감지되며 뒷맛으로 느껴지는 경우가 많다. 금속맛은 수은이나 은의 염에서 가장 강하게 느껴지지만 보통은 철, 구리, 주석의 염에서도 느껴지므로 수저, 포크에서도 느낄 수 있다.

(2) 알칼리맛

수산이온(OH^-)이 알칼리맛alkaline taste을 나타내어 식품에 존재하거나 가공 중에 첨가되는 NaOH, KOH, $NaHCO_3$ 등에 의해 알칼리맛이 느껴지며, 초목회나 중조에서 느낄 수 있다.

(3) 아린맛

아린맛acrid taste은 쓴맛과 떫은맛이 복합적으로 섞인 불쾌감을 주는 맛으로, 죽순, 고사리, 고비, 우엉, 토란, 가지 등의 채소와 산채에서 볼 수 있다. 이들을 식용으로 조리하기 전에 물에 담그는 것은 아린맛을 제거하기 위한 과정으로서 무기염류, 배당체, 탄닌, 유기산 등에 의한다.

(4) 시원한 맛

중요한 맛 중의 하나로 시원한 맛cooling taste이 있다. 이 감각은 물질이 코나 입의 조직을 자극하여 느끼는 것으로, 대표적인 것은 박하에 함유되어 있는 멘톨이다. 당알코올 중 자일리톨, 만니톨, 소르비톨 등은 단맛과 함께 시원한 맛도 나타낸다.

요 약

- 식품의 맛은 입 안에서 침이나 음식물의 즙에 녹아 있는 화학성분들에 의해 느껴지는 감각이다. 모든 식품은 고유한 맛 특성을 가지고 있으며 식품의 품질을 결정하는 중요한 요소이다.
- 맛을 느끼는 미각기관은 주로 혀이며, 혀 표면에 보이는 다양한 모양의 유두의 밑 부분에 존재하는 미뢰 안으로 미공를 통해 맛성분이 들어가면 맛세포의 위쪽 끝에 기본맛을 인식하는 맛 수용체가 분포되어 있어 맛성분과의 상호작용에 의해 자극이 일어나고 이것이 중추신경에 연결되어 맛이 인식된다.
- 기본적인 4가지 맛은 단맛, 짠맛, 신맛, 쓴맛이며, 어떤 맛 성분에 대하여 그 맛을 뚜렷이 인식할 수 있는 최소의 농도를 맛의 역가라고 한다. 쓴맛이 가장 낮아 예민하고, 그 다음이 신맛, 짠맛, 그리고 단맛의 역가가 가장 높다. 미각 인식은 온도, 용매와 기질, 나이 등에 따라 변화하며, 미각의 생리현상으로 대비, 억제, 상쇄, 변조효과 등이 있다.
- 단맛 인식기작은 AH−B설에 의해 설명되며, 주로 당류와 당알코올 및 방향족 화합물 등이 단맛을 낸다. 천연 감미료와 인공 감미료로 나눌 수 있으며, 여러 감미료의 단맛 강도는 비환원당인 수크로스(자당, 설탕) 10% 수용액을 기준으로 상대적 감미도로 나타낸다.

- 짠맛성분은 주로 소금과 같은 무기염류들이며, 주로 음이온이 짠맛의 원인으로 염화나트륨(NaCl)이 가장 순수한 짠맛을 가지고 있다. 천일염은 순수한 NaCl이 아닌 소량의 염화칼륨, 염화마그네슘, 염화칼슘, 황산마그네슘 등을 함유하고 있어서 순수한 짠맛 외에 쓴맛이 느껴진다.
- 신맛성분은 무기산과 유기산이며, 신맛은 용액 중에 해리되어 있는 수소이온과 해리되지 않은 산 분자에서 기인한다. 식품에서는 주로 초산, 젖산, 숙신산, 말산, 타르타르산, 시트르산 등의 유기산이 다양한 신맛을 낸다.
- 커피, 코코아, 맥주, 차, 초콜릿 등의 쓴맛은 알칼로이드, 배당체, 케톤류, 무기염류 및 단백분해물 등에 의해 나타난다.
- 감칠맛의 주요 성분은 L-글루탐산나트륨(monosodium glutamate, MSG)과 5′-GMP, 5′-IMP, 5′-XMP 등의 핵산이며, 이 외에도 아미노산, 콜린, 타우린 및 일부 유기산이 감칠맛을 낸다. 이들은 천연 조미료인 멸치, 쇠고기, 간장, 된장, 젓갈류, 해조류, 버섯의 감칠맛 성분이다.
- 매운맛은 미각이라기보다는 구강 내에서 느끼는 일종의 생리적 통각이다. 고추, 후추, 겨자, 산초, 마늘, 생강, 카레 등 다양한 매운맛이 있으며, 매운맛 성분은 산아미드류, 황화합물류, 방향족 알데히드 및 케톤류, 아민류 등으로 구분된다.
- 떫은맛은 혀 표면 단백질의 일시적 응고로 인한 수렴성의 불쾌한 맛으로, 감, 차, 커피, 맥주, 포도주, 도토리 등에서 주로 폴리페놀성 물질인 탄닌류가 주요 성분이다.
- 이외에 기타 금속맛, 알칼리맛, 아린맛과 시원한 맛이 있다.

연습문제

1. 기본맛의 역가 및 온도에 따른 맛 인식 변화를 설명하시오.
2. 맛의 상호작용에 대해 사례를 들어 설명하시오.
3. 천연 감미료와 인공 감미료를 각각 3개씩 선택하여 감미도와 특성을 설명하시오.
4. 감칠맛을 내는 아미노산과 핵산 조미료에 대해 설명하시오.

11

CHAPTER

독성물질

CHAPTER 11

산업 발전에 의한 환경오염 증가, 지구 온난화로 인한 생태계 변화, 일본의 원전 사고 등으로 식품의 안전성에 대한 관심이 점점 높아지는 추세이다. 식품은 환경으로부터 유래된 독성물질에 노출되어 있을 뿐만 아니라 제조·가공·조리 과정에서 독성물질에 노출되거나 새로운 독성물질이 생성되기도 한다 그림 11-1. 식품에 함유된 독성물질이 미량일지라도 음식물을 통해 일생동안 꾸준히 섭취되기 때문에 만성독성에 의한 인체 위해 가능성도 고려되어야 한다.

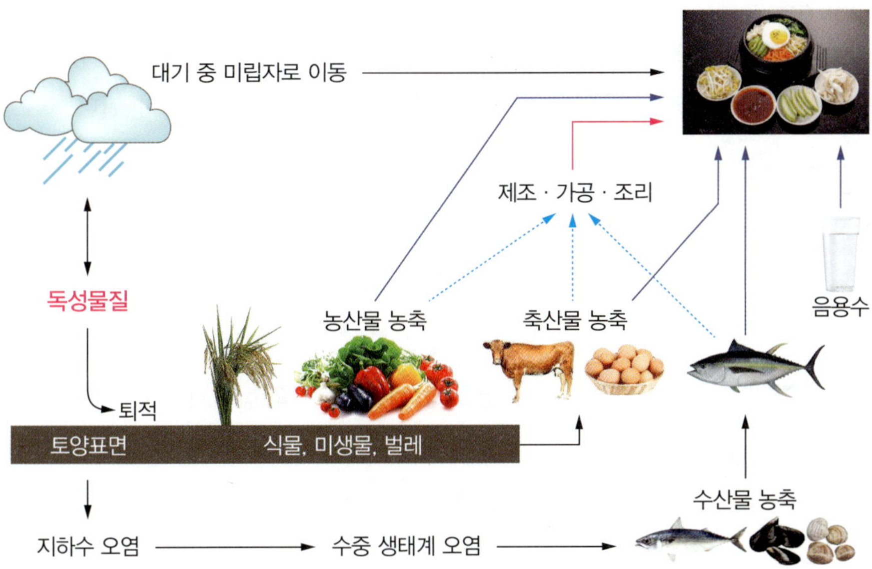

그림 11-1 식품 섭취를 통한 유해물질에 노출 경로

알아두기

- 급성독성은 실험동물을 독성물질에 1회 노출시킨 후 최대 2주 정도까지 나타나는 증상을 말한다.
- 만성독성은 평상시에는 치명적이지 않아도 장기간 노출로 발생하는 독성이다. 식품첨가물과 잔류농약 등은 소량이라도 장기간 섭취할 가능성이 있는 물질이므로 만성독성시험으로 안전성이 평가된다.

1 식물성 독성물질

식물성 식품은 인체에 이로운 성분뿐만 아니라 유해한 물질을 함유하고 있는 경우가 많다. 식물은 외부의 환경(해충, 벌레, 가뭄 등)으로부터 자기를 보호하기 위해 특정 화합물의 생합성을 높이는데, 이러한 물질이 인체에 유해한 경우가 있다. 인류는 수백만 년 동안 식품을 섭취하면서 급성독성을 나타내는 식물의 전체 또는 일부를 섭취하지 않거나, 발효 등의 가공을 통해 독성물질을 제거하고 섭취하였다. 잘못된 저장으로 인해 식품이 유해물질에 오염되기도 하고, 일부 식품은 생육 시기에 따라 독성물질의 함량이 크게 변화되기도 한다. 예를 들어, 봄나물인 원추리는 자랄수록 콜히친이라는 독성물질이 증가하기 때문에 어린순만 식용으로 사용된다.

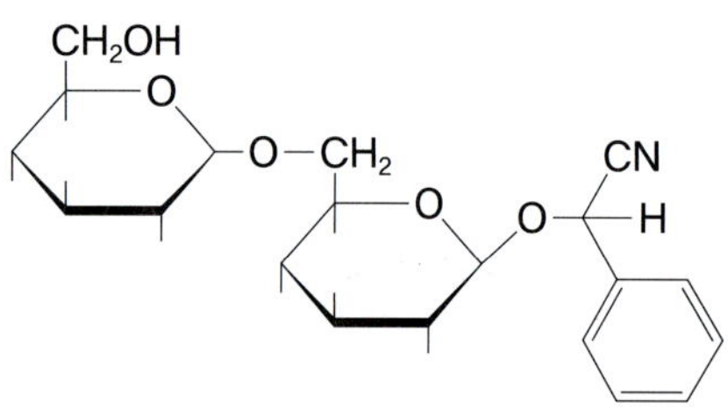

아미그달린

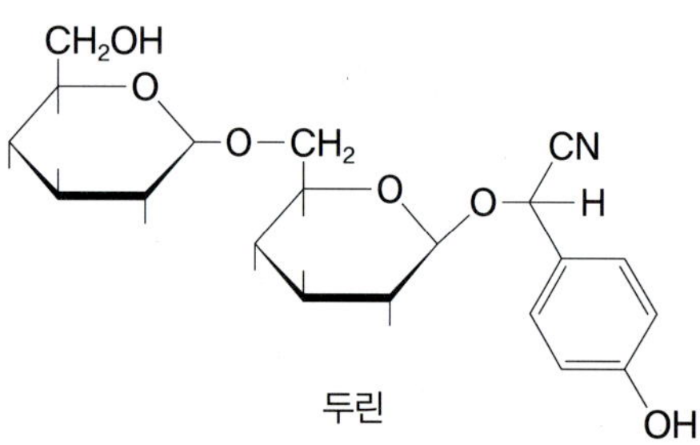

두린

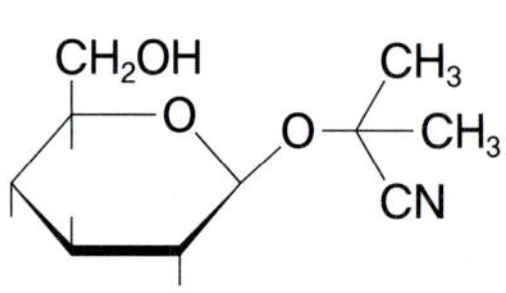

리나마린

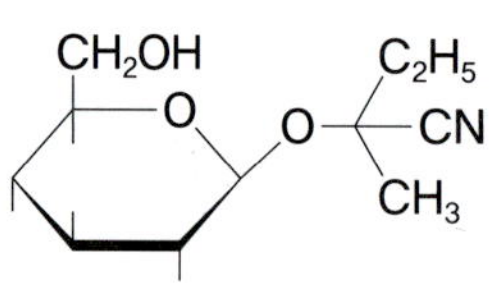

로타우스트랄린

(1) 시안배당체

시안배당체cyanogenic glycoside 자체는 독성이 매우 낮은 물질이지만, 식물조직의 손상, 건조, 냉동, 조리에 의해 효소적 가수분해가 일어나 독성이 매우 높은 시안화수소(HCN)를 생성한다. 현재 발견된 20개의 시안배당체 중에서 아미그달린, 두린, 리나마린, 로타우스트랄린이 가장 많이 알려져 있다. 아미그달린은 청매실, 쓴 아몬드bitter almond, 복숭아씨, 살구씨, 자두씨, 체리씨에, 두린은 수수에, 리나마린과 로타우스트랄린은 카사바 뿌리, 아마씨, 리마콩에 많이 함유되어 있다. 급성증상으로 과호흡증후군(호흡을 통해 이산화탄소가 과도하게 배출되어 동맥혈의 이산화탄소가 정상 범위 아래로 떨어지는 상태), 두통, 구역질, 구토를 유발하며, 과다 섭취하면 사망할 수도 있다. 아미그달린은 식품의 건조 또는 조리과정에서 파괴되지 않지만, 가열처리에 의해 시안화수소를 생성하는 효소가 불활성화되기 때문에 시안화수소의 생성을 억제할 수 있다.

(2) 알칼로이드

알칼로이드는 질소를 포함하는 이환고리heterocyclic 화합물을 말한다. 일반적인 식생활에서 알칼로이드를 섭취하고 있지만 양이 매우 적어서 심각한 독성을 나타내지 않는 편이다.

① 피롤리지딘 알칼로이드

피롤리지딘 알칼로이드pyrrolizidine alkaloids 중에서 레트로네신retronecine과 세네시오닌senecionine은 독성이 가장 높은 물질이다.

이러한 물질은 컴프리, 박쥐나물, 동의나물, 머위 등에 많이 함유되어 있다. 흡수된 후에 간에서 독성이 더 강한 물질로 대사되어 복수와 부종을 일으키고, 어린 아이의 경우에는 사망에 이르기도 한다.

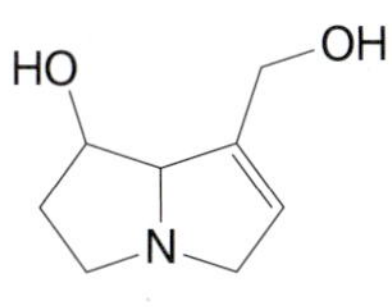

레트로네신

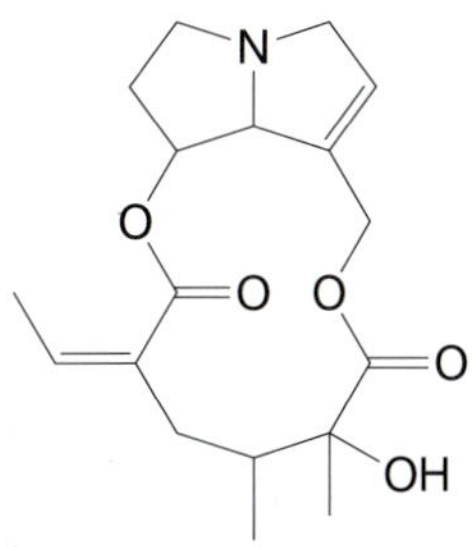

세네시오닌

컴프리

박쥐나물

동의나물

② 솔라닌 계열의 당알칼로이드

솔라닌 계열의 당알칼로이드solanine-group alkaloids는 솔라닌, 챠코닌, 토마틴이 있으며, 주로 감자, 가지, 덜 익은 녹색 토마토 등에서 발견된다. 이러한 물질은 감자의 싹 부위, 녹색 부위, 썩거나 상처가 난 부위에 많이 함유되어 있다. 특히, 감자의 껍질에 분포되어 있다. 과다 섭취 시 두통, 구토, 설사, 언어장애 등을 일으키게 된다. 일반적인 조리법으로는 파괴되지 않으므로 감자의 껍질을 제거한 후 섭취하고, 보관 시에는 서늘하고 어두운 곳이 바람직하다.

감자의 싹

③ 에페드린 알칼로이드

에페드린 알칼로이드ephedrine alkaloids는 에페드라Ephedra 속 식물인 마황에 높게 함유되어 있다. 에페드린ephedrine은 가장 대표적인 화합물로서 구조적으로 에피네프린(아드레날린)과 매우 유사하기 때문에 에피네프린 길항제agonist로 작용하여 교감신경을 흥분시킨다. 에페드린을 과다하게 섭취하면 불안감, 불면증, 고혈압 등 부작용을 유발할 수 있어 식품 원료로의 사용이 금지되어 있다. 체중감량제 또는 운동기록 증진제로 오용되기도 한다.

길항제
물질의 수용체에 결합해서 그 물질이 갖는 작용과 같거나 유사한 작용을 하는 물질

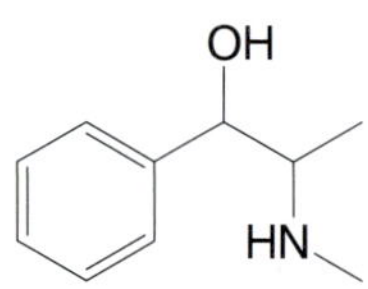

에페드린

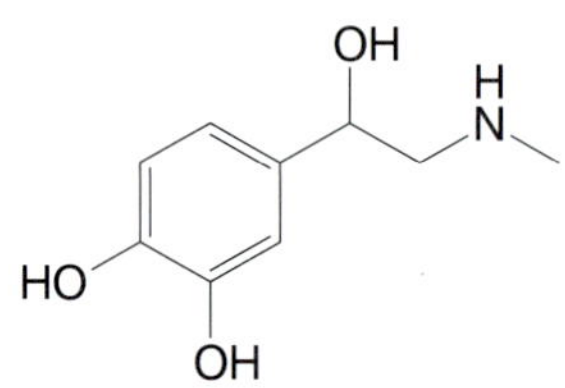

에피네프린

(3) 글루코시놀레이트

글루코시놀레이트glucosinolates는 주로 양배추, 브로콜리, 콜리플라워, 겨자 등의 십자화과 채소에 존재하는 화합물이다. 대표적인 물질인 시니그린은 식품의 전처

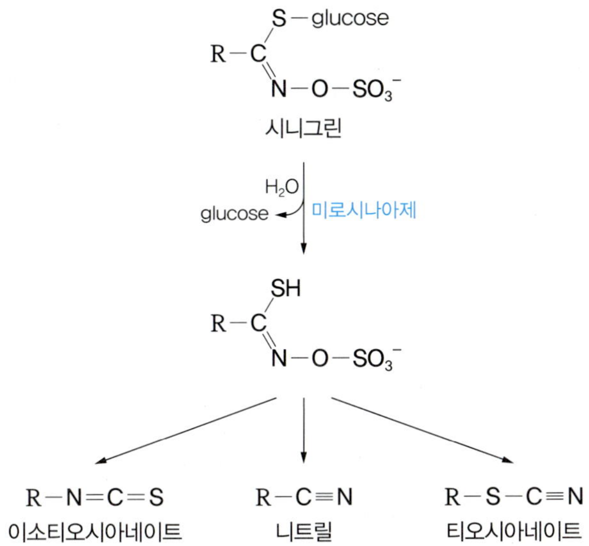

그림 11-2 글루코시놀레이트의 대사기전

리과정에서 식물조직이 파괴되면 미로시나아제라는 효소에 의해 이소티오시아네이트isothiocyanate, 니트릴, 티오시아네이트thiocyanate, oxazolidinthione으로 바뀐다 그림 11-2. 이러한 대사물질은 갑상샘에서 요오드 흡수를 억제하여 갑상샘호르몬인 티록신 합성을 저해함으로써 갑상샘 비대증인 갑상샘종goiter과 성장 저해를 유발한다.

(4) 쿠마린

쿠마린coumarin은 실험동물에서 간 독성을 야기한다고 보고되면서 미국에서는 식품에서의 사용이 금지되었으나, 쿠마린을 본래 함유하고 있는 식품은 규제되고 있지 않다. 실론계피Ceylon cinnamon의 경우 계피나무의 껍질 안쪽 물질을 건조시킨 것으로 쿠마린 함량이 매우 낮다. 그러나 계수나무cassia로 알려진 다른 식물 종에서 얻은 계피에는 쿠마린이 많이 함유되어 있으므로 주의가 필요하다.

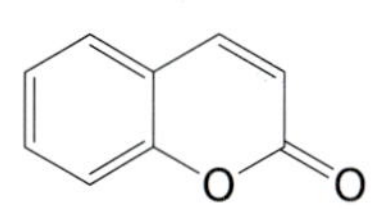

쿠마린

(5) 렉틴/헤마글루티닌

> **헤마글루티닌**
> **(hemaglutinin)**
> hematocyte + agglutinate

렉틴lectin은 가열에 의해 파괴되는 단백질로 콩류에 널리 분포되어 있고, 일부 동물에서도 발견된다. 렉틴은 적혈구에 결착되어 염증을 유발하기 때문에 헤마글루티닌hemaglutinin이라고도 부른다. 대표적인 화합물로 아주까리(피마자)에 함유된 리신ricin과 리시닌ricinine, 열대성 콩과식물인 홍두jequirity bean에 존재하는 아브린abrin이 있다. 폴리펩티드 2개로 구성된 렉틴은 소장 점막세포에 결합하여 영양소의 흡수를 방해하거나 소장 상피세포의 괴사를 유발한다. 사람이 섭취하면 구토, 용혈성 위장염, 간과 신장 장애, 혈압 및 호흡 저하 등을 일으키고 심하면 사망할 수도 있기 때문에 식용 및 채유 목적으로 사용해서는 안 된다.

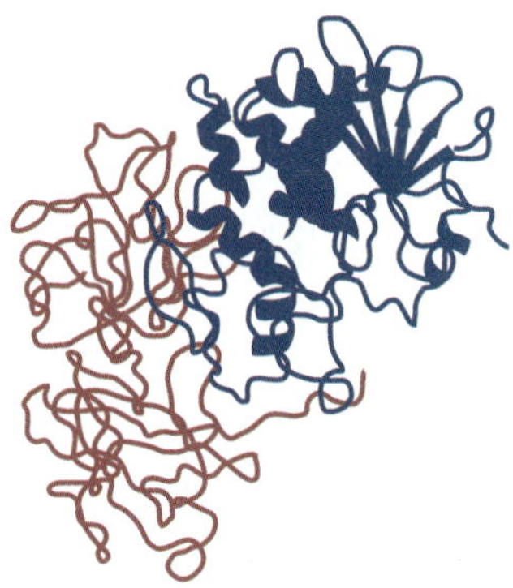

리신

아주까리

(6) 효소 억제제

단백질, 탄수화물, 지방을 분해하는 효소의 활성을 억제하는 물질이 대두에 많이 함유되어 있으며, 다른 콩류, 완두콩, 비트, 옥수수, 클로버, 감자 등에서도 발견된다. 식품에 존재하는 효소 억제제는 대부분 단백질 분해효소인 트립신, 키모트립신, 카르복시펩티다아제B를 억제한다. 일반적으로 심각한 급성중독을 야기할 만큼 효소 억제제를 다량 섭취하는 것은 쉽지 않다. 하지만 소량이라도 장기간 섭취하게 되면 성장저해, 췌장비대, 암을 유발한다. 하지만 열처리에 의해 변성되어 활성을 잃는 단백질이기 때문에 가열된 음식을 먹는 경우에는 문제가 되지 않는다.

(7) 에루스산

에루스산erucic acid($C_{22:1}$)은 탄소 22개에 이중결합 1개를 갖는 불포화지방산이다. 에루스산은 십자화과 식물에서 주로 발견되며, 유채rapeseed 또는 겨자의 종자로 제조된 식용유에서 총 지방산의 20~55%를 구성하는 주요 지방산이다. 재래종 유채씨는 심장 질환을 일으키는 독성물질인 에루스산이 함유되어 있으므로 식용 및 식용유를 채유할 목적으로 사용해선 안 된다. 하지만 유통되는 카놀라유는 독성물질을 제거한 유채품종(카놀라)을 이용하여 별도 정제공정을 거쳐 생산된다.

유채

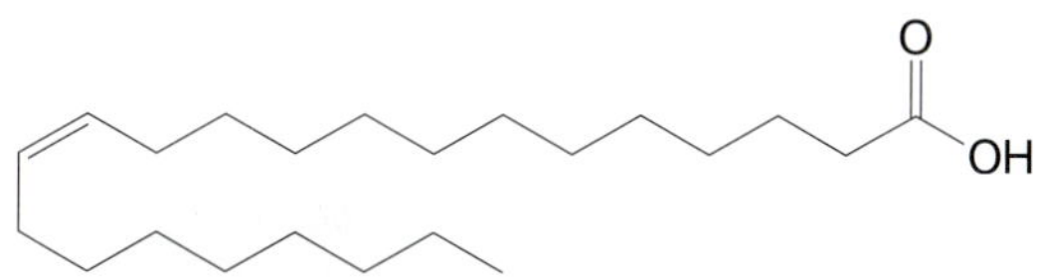

에루스산

(8) 고시폴

고시폴gossypol은 목화의 잎, 줄기, 꽃, 종자에 존재하며, 특히 종자인 목화씨에 가장 높게 분포되어 있기 때문에 목화씨로부터 제조된 면실유에 상당량 존재한다. 하지만 면실유의 정제방법 중 탈산공정에서 알칼리에 의해 제거된다. 이 물질은 체내에서 필수아미노산인 리신과 결합하거나 철과 결합하여 체내 이용률을 낮추고, 남성의 정자 생성을 억제하여 불임을 유발할 가능성이 있다.

목화

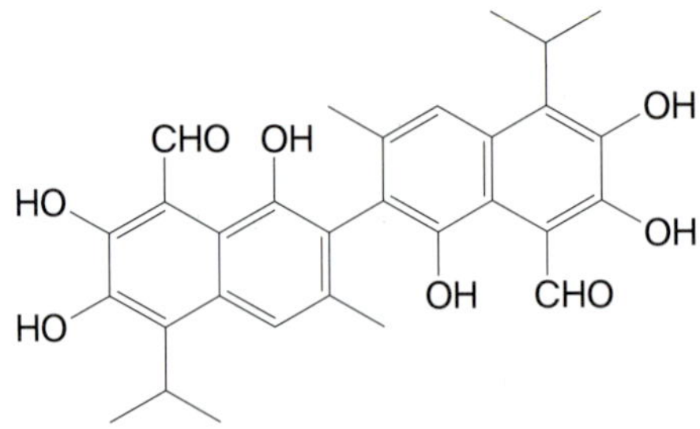

고시폴

(9) 사프롤

사프롤safrole은 식물계에 널리 분포되어 있는 페놀화합물로, 육두구nutmeg에 높게 함유되어 있으며 오향분, 생강, 계피유에서도 발견된다. 사프롤은 청량음료의 착향료flavoring agent로 널리 이용되고 있다. 실험동물의 간에서 발암성이 알려지면서 우리나라에서는 식품원료로의 사용이 금지되었다.

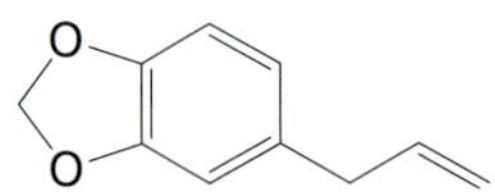

사프롤

육두구

(10) 글리시리진

글리시리진glycyrrhizin은 감초의 주성분으로 설탕보다 50배 높은 단맛을 내는 물질이다. 이 물질은 고온에서 갈변반응을 일으키지 않는 비착색 감미료이다. 구조적으로 스테로이드 화합물과 유사하기 때문에 과다 섭취하면 고혈압, 나트륨 배설 장애, 심장비대를 일으킨다.

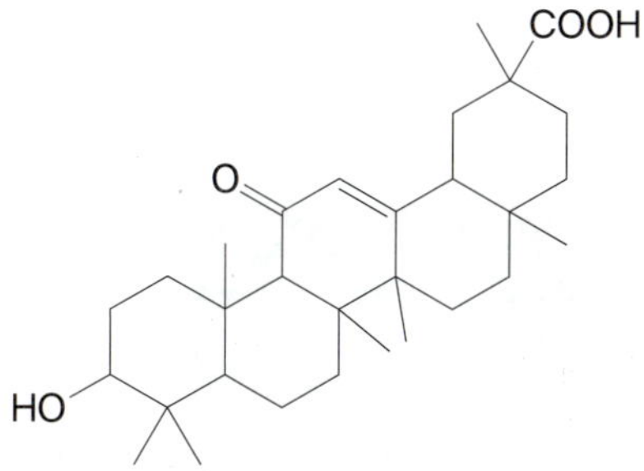

글리시레트산

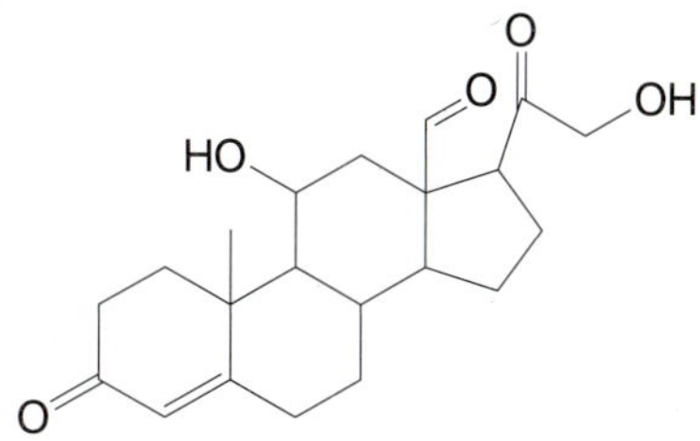

알도스테론(스테로이드 호르몬의 일종)

(11) 프타퀼로사이드

프타퀼로사이드ptaquiloside는 고사리 등의 양치류에 존재하는 물질이다. 고사리에서 당과 결합된 배당체로 존재하는데, 약알칼리에서 당이 떨어져 나가면서 암을 유발시킨다. 이 물질은 고사리의 떫고 쓴맛을 우려내는 과정에서 분해되어 독성이 제거되므로, 고사리를 충분히 우린 후 조리하여 먹으면 안전하다.

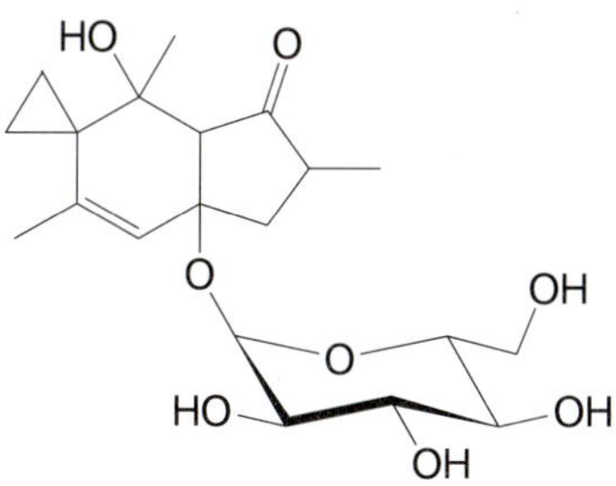

프타퀼로사이드

고사리

(12) 그레이아노톡신

그레이아노톡신grayanotoxin은 해발 3000m 이상의 고산지대에서 자생하는 철쭉 *Rhododendron* 속 식물의 꽃가루, 꽃, 꿀에서 발견되는 독소이다. 섭취 후 3시간이 지나면 과도한 침 분비, 땀 분비, 구토, 현기증, 저혈압, 서맥(분당 60 이하의 맥박) 증상이 나타나고, 심한 경우에는 사망하기도 한다. 2010년에 우리나라에서 네팔산 꿀을 섭취한 후 안면마비, 구토, 설사 증세를 보인 사례가 있었는데, 원인물질이 그레이아노톡신으로 밝혀졌다.

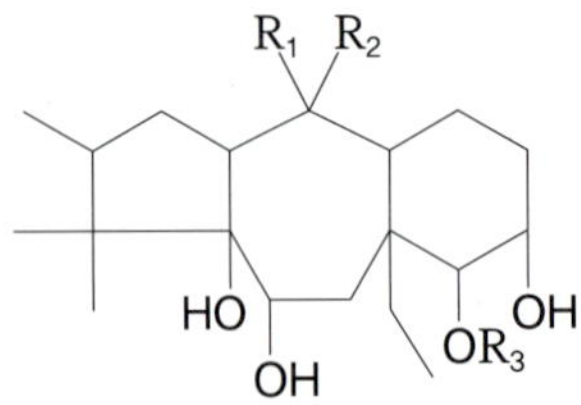

그레이아노톡신

철쭉

2 독버섯 독소

우리나라에 자생하는 것으로 보고된 1,600여 종의 버섯 중에서 식용이 가능한 버섯은 350여 종, 독버섯은 90여 종이고, 나머지는 식용인지 독버섯인지 구분이 불명확하다. 특히, 야생에서 채취해 식용할 수 있는 버섯은 20~30여 종에 불과하다. 독버섯은 일반적으로 색깔이 화려하고, 곤충이나 벌레가 먹지 않는 것, 은수저의 색을 변하게 하는 것, 세로로 잘 찢어지지 않는다고 알려져 있지만 이러한 판별법을 과신해서는 안 된다. 전문가가 아니면 독버섯 구분이 불가능하므로 야생버섯 등을 함부로 채취하지 않아야 하며, 가열로 독소가 파괴되지 않으므로 섭취하지 말아야 한다 그림 11-3.

독버섯 섭취에 의한 중독 형태 및 증상에 따라 표 11-1과 같이 분류된다.

독우산광대버섯

개나리광대버섯

파리버섯

갈황색미치광이버섯

솔땀버섯

화경버섯

노란다발버섯

마귀광대버섯

그림 11-3 우리나라에서 발견되는 독버섯

자료: 식약처, 독버섯 식중독 예방을 위한 분포도 조사 연구, 2013

표 11-1 독버섯의 중독 형태에 따른 분류

중독형태	증상	독성분	버섯명
원형질독	콜레라 증상	아마톡신(amatoxin)	알광대버섯, 흰알광대버섯
	위장 장애	팔로톡신(phallotoxin), 지로미트린(gyromitrin), 비로톡신(virotoxin), 콜린(choline)	독우산광대버섯, 노란다발버섯, 붉은싸리버섯, 삿갓외대버섯
	신염	오렐라닌(orellanine)	끈적버섯류, 개나리광대버섯
신경독	발한	무스카린(muscarine), 지로미트린(gyromitrin)	솔땀버섯, 화경버섯, 마귀곰보버섯
	환각	이보텐산(ibotenic acid), 무시몰(Muscimol), 실로신(psilocine), 실로시빈(psilocybin)	광대버섯, 파리버섯, 갈황색미치광이버섯
	마비	지로미트린(gyromitrin)	마귀곰보버섯
위장독	복통, 설사	일루딘(illudine)	화경버섯, 삿갓외대버섯, 노란다발버섯
혈액독	백혈구와 혈소판 감소	지로미트린(gyromitrin)	마귀곰보버섯
격통독	수족부종, 격통	글리진(glyzicin)	배불뚝이 깔때기버섯

3 해산물 독소

해산물 독소는 물고기나 조개가 체내에서 직접 생성하거나, 바다에 서식하는 플랑크톤이나 조류에 의해 생성된 독소가 먹이연쇄에 의해 물고기나 조개에 축적되는 경우가 있다.

(1) 테트로도톡신

일부 복어의 간, 난소, 정소, 피부 및 내장 등에는 신경독소인 테트로도톡신 tetrodotoxin이 함유되어 있다. 복어의 근육에는 독이 없지만 내장에 있는 독성분이 조리 중 근육으로 옮겨가기도 한다. 복어독에 중독되면 보통 20분에서 6시간 사이에 입술이나 혀끝의 감각이 둔해지고, 얼굴, 손, 발에 마비가 일어나며, 심한 경우 호흡마비로 사망한다. 복어는 일 년 내내 독소를 가지고 있으며, 특히 산란기인 봄철에는 테트로도톡신이 많이 생성되므로 복어 섭취에 주의해야 한다. 복어의 알, 간 등 내장 부위는 먹지 말아야 하며, 껍질에도 강한 독성을 가지는 종이 있으므로 각별한 주의가 필요하다. 이 독소는 열에 강하여 120℃에서 1시간 이상 가열해도 파괴되지 않기 때문에 전문 조리사가 복어를 조리해야 한다. 식용가능한 복어로 까치복, 졸복, 자주복, 검복, 황복, 매리복 등 21종이 알려져 있다.

(2) 시구아톡신

적조 플랑크톤이 생성한 시구아톡신은 어류의 체내에 축적되기 때문에 먹이연쇄를 통해 사람이 노출될 수 있다. 시구아톡신ciguatoxin은 위도 35도 이상인 인도양과 태평양의 열대 및 아열대 지역과 카리브해 지역의 물고기에서 주로 발견되는 독소이다. 400여 종의 물고기가 이 독소를 가지고 있으며, 방어, 곰치, 꼬치고기, 쑴뱅이, 놀래기 등이 대표적인 물고기이다. 시구아톡신이 함유된 물고기를 섭취하면 오한, 마비, 설사, 복통, 구토, 근육통 등이 나타나는데, 이를 시구아테라 중독ciguatera poisoning이라고 한다.

(3) 조개 독소

패독shellfish poisoning은 주로 먹이사슬에 의해 발생되는 식중독이다. 섭취 후 증상에 따라 마비성, 기억상실성, 설사성, 신경마비성 패류독소로 분류된다. 우리나라에서는 마비성 패독이 주로 발생한다. 조개 독소는 열에 안정한 편이라서 일반적인 조리방법에 의해 파괴되지 않는다.

① 마비성 패독

마비성 패독paralytic shellfish poisoning은 유독성 플랑크톤*Alexandrium tamarense*을 먹고 자란 조개류에 독소(삭시톡신, 고니오톡신)가 축적되고 이를 섭취한 사람에게 나타나는 중독증이다. 조개를 섭취하고 30분 후에 입술, 혀, 안면 마비에 이어 목, 팔, 전신마비가 나타나고, 심하면 호흡마비로 사망하게 된다. 주로 진주담치, 백합, 굴, 바지락, 피조개 등을 먹고 식중독이 발생한다. 매년 3~6월 중 남해안 일대에서 발생하고, 수온이 18℃ 이상으로 상승하는 6월 중순에 자연 소멸된다.

② 설사성 패독

설사성 패독diarrhetic shellfish poisoning은 독소(okadaic acid, dinophysistoxin)가 든 플랑크톤*Dinophysis fortil, D. acuminata*을 진주담치, 굴, 모시조개가 섭취하고 이것을 사람이 먹었을 때 발생되는 식중독이다. 섭취 시 설사, 구토, 복통 등을 일으킨다.

③ 기억상실성 패독

기억상실성 패독amnesic shellfish poisoning은 1987년 캐나다에서 홍합을 섭취한 사람들에게 구역질, 구토, 복통, 두통, 설사, 기억상실 등의 증상이 나타나면서 알려지게 되었다. 마비성 패독과 달리 기억상실을 동반하는 것이 특징이다. 대표적인 독소는 플랑크톤*Pseudo-nitzschia* Spp.이 생성한 도모산domoic acid으로, 이러한 플랑크톤을 먹은 홍합, 대합조개, 가리비 등에 독소가 축적된다.

④ 신경마비성 패독

신경마비성 패독neurotoxic shellfish poisoning은 멕시코만과 미국 남부 해안에 서식하는 플랑크톤이 지용성 독소인 브레베톡신brevetoxins을 생성하고, 이 플랑크톤을 먹은 조개를 섭취하였을 때 발생되는 식중독이다. 이 독소를 함유한 조개를 섭취하면 수초 내에 구역질, 설사, 손발저림현상이 나타난다. 특히 입술, 혀, 목의 감각 이상, 발열, 현기증, 동공 확대 등이 나타나지만, 일반적으로 24시간 이내에 회복이 된다.

4 곰팡이 독소

곰팡이 독소mycotoxin는 곰팡이가 생산한 2차 대사산물로서 사람과 가축에 질병이나 비정상적인 생리작용을 일으킨다. 세계식량기구FAO는 전 세계 곡류의 25%가 곰팡이 독소에 오염되어 있으며, 일부 질환은 곰팡이 독소로 오염된 식품이나 사료의 섭취와 관련이 있다고 하였다. 곰팡이 독소는 곰팡이가 번식하기 쉬운 곡류와 견과류에서 주로 발생하며, 온도, 습도, 수확 전후의 강우량 등 환경적 요인에 의해 영향을 받는다. 자연계에는 수만 종의 곰팡이가 존재하지만 지금까지 알려진 곰팡이 독소는 300여 종이다. 2014년 현재 우리나라의 곰팡이 독소에 대한 기준은 7종의 곰팡이 독소(아플라톡신 B_1, 아플라톡신 M_1, 오크라톡신 A, 푸모니신, 데옥시니발레놀, 제랄레논 파툴린)에 대하여 설정되어 있으며, 곰팡이 독소별로 관리대상 식품이 정해져 있다.

(1) 아플라톡신

아플라톡신aflatoxin은 1960년 영국에서 곰팡이로 오염된 브라질산 땅콩 사료를 먹은 칠면조 10만 마리가 집단 폐사하면서 알려졌다. 아플라톡신은 *Aspergillus* 속 곰팡이(*A. flavus, A. parasiticus*)가 생성하는 강력한 독소로서, 아플라톡신 B_1, B_2, G_1, G_2, M_1이 대표적인 물질이다. 곰팡이 독소 중에서 독성이 가장 높은 아플라톡신 B_1은 장기간 다량 섭취할 경우 사람에게 간암을 일으킬 수 있다. 동물이나 사람이 아플라톡신 B_1에 오염된 사료를 섭취하면 체내에서 아플라톡신 M_1으로 변환되어 유즙으로 분비된다. 따라서 아플라톡신 M_1이 발견되는 대표적인 식품은 우유와 유제품이다. 전 세계적으로 아플라톡신 B와 G는 땅콩, 파스타치오, 호두, 건조 과일 등과 곡류에서 발견된다. 아플라톡신은 강한 내열성을 갖고 있어 270~280℃ 이상으로 가열해야 독성이 사라지기 때문에 일반적인 조리법이나 유제품의 생산 공정에서 독성이 제거되지 않는다.

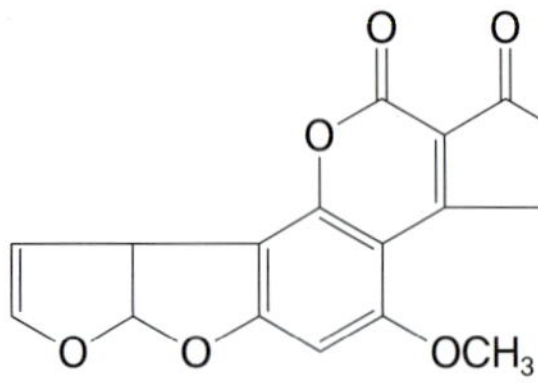

아플라톡신 B_1

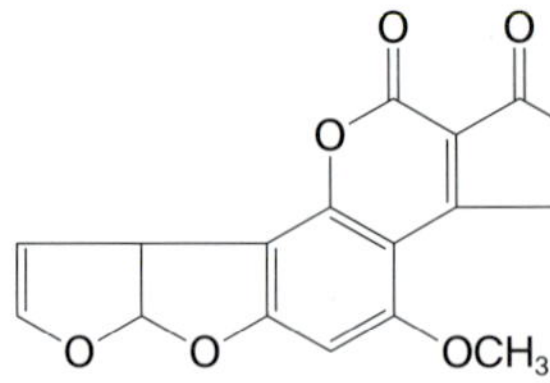

아플라톡신 G_1

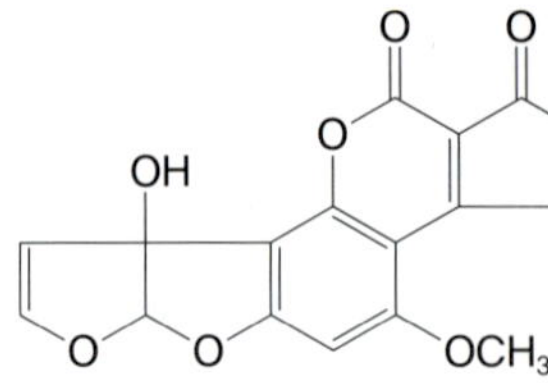

아플라톡신 M_1

(2) 오크라톡신

오크라톡신ochratoxin은 *Aspergillus* 속 곰팡이(*A. ochraceus*) 또는 *Penicillium* 속 곰팡이(*P. verrucosum*)에 의해 생성되는 독소이다. 오크라톡신 A, B, C 등의 동족체 중에서 독성이 가장 강한 것은 오크라톡신 A로, 이것을 일반적으로 오크라톡신이라고 한다. 오크라톡신 A는 열에 비교적 안정하여 조리 및 가공 시에도 잘 파괴되지 않기 때문에 농산물뿐만 아니라 그 가공식품에도 존재할 수 있다. 특히, 곡물, 콩류, 메주, 커피, 맥주, 포도주스, 건포도, 와인, 코코아, 너트, 향신료에 존재한다. 오크라톡신 A는 신장의 근위세뇨관에서 세포 독성과 암을 일으킨다. 신장 독성 이외에도 간 독성과 유전 독성, 면역 독성을 일으키며, 기형을 유발할 수 있는 것으로 알려져 있다.

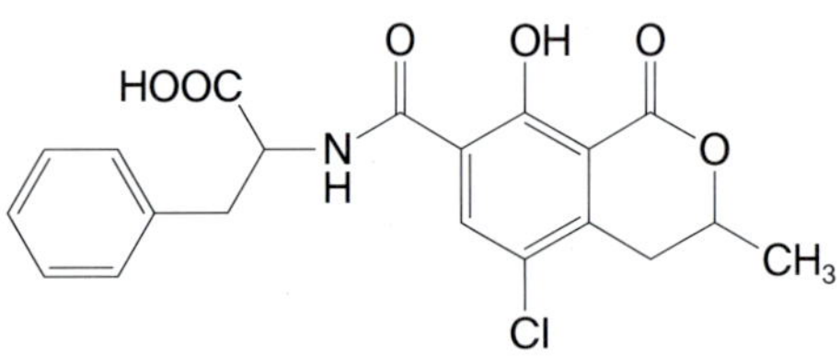

오크라톡신 A

(3) 데옥시니발레놀

데옥시니발레놀deoxynivalenol은 온도가 낮은 온난지역과 한랭지역의 농산물에서 발견되며, 밀, 옥수수, 보리 등의 곡류에 기생하는 *Fusarium* 속 곰팡이(*Fusarium graminearum, F. culmorum*)에 의해 주로 생성되는 트리코테신 진균 독소의 일종이다. 일반적으로 돼지가 이 독소에 가장 민감한 것으로 알려져 있으며, 어린 가축이 오염된 사료를 섭취하면 구토를 일으키기 때문에 보미톡신vomitoxin이라고도 한다. 급성 중독으로 멀미, 구토, 복부

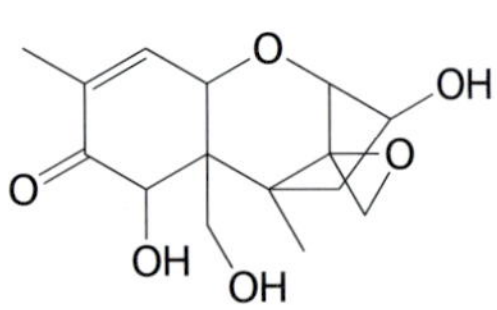

데옥시니발레놀

통증 및 팽창, 설사, 혈변, 어지러움, 오한 등이 일어난다. 내열성이 강해서 210℃ 이상에서 40분 동안 가열해야 독소가 분해될 수 있다.

(4) 제랄레논

제랄레논zearalenone은 *Fusarium* 속 곰팡이(*F. roseum, F. graminearum, F. culmorum*)에 의해 생산되는 곰팡이 독소로서, F−2 toxin으로도 알려져 있다. 곡류 중에서 밀과 옥수수에 존재하고, 바나나, 콩, 호두 등의 일부 과일과 채소에서 발견되기도 한다. 제랄레논은 구조적으로 여성호르몬인 에스트로겐과 비슷하기 때문에 에스트로겐 유사물질로 작용하여 생식기능에 이상을 일으킨다.

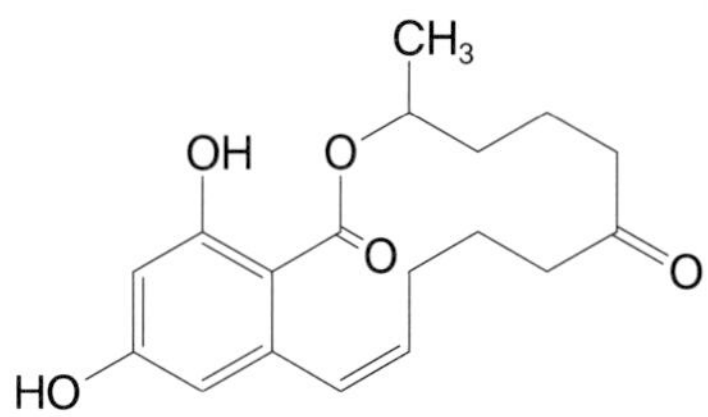

제랄레논

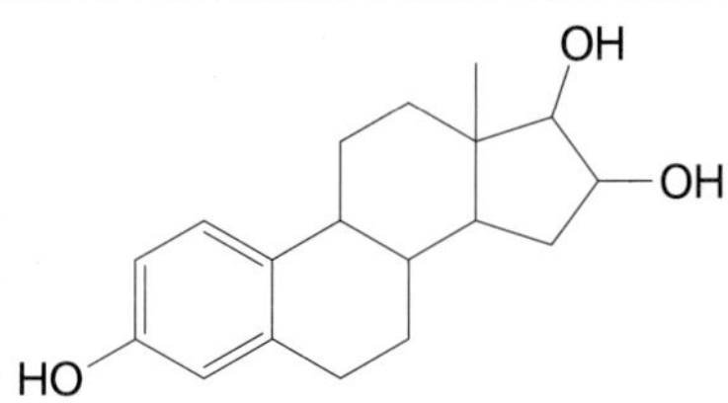

에스트로겐

(5) 푸모니신

푸모니신fumonisin은 주로 *F. moniliforme*와 *F. proliferatum*에 의해 생성되는 독소이다. 푸모니신의 동족체는 12종이 알려져 있으며, 푸모니신 B 계열이 자연계에 가장 널리 퍼져 있고, 푸모니신 B_1이 독성이나 발생 빈도가 가장 높은 것으로 알려져 있다. 푸모니신은 옥수수 및 옥수수 가공식품에서 주로 발견되는 수용성의 내열성 물질이다. 가축이 푸모니신이 오염된 사료를 섭취하였을 때 식욕 부진, 피로감 등의 경미한 증상을 보이지만, 심한 경우에는 폐부종, 신경독성 등을 나타낸다.

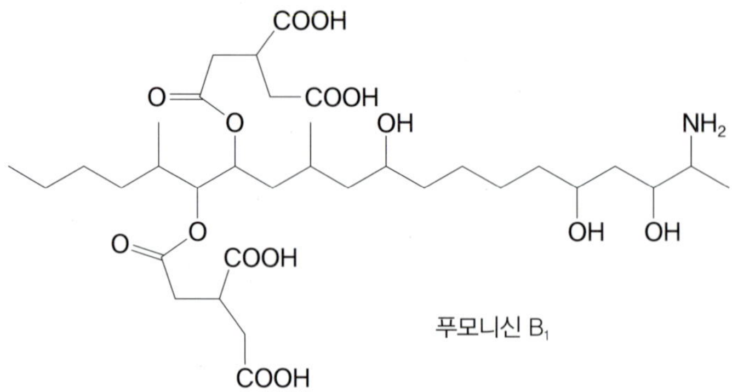

푸모니신 B_1

(6) 파툴린

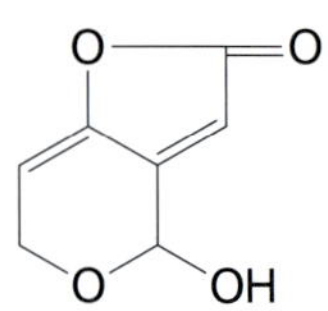

파툴린

파툴린patulin은 *P. expansum*에 의해 생성되는 독소로서, 사과, 배, 포도 등의 상한 과일류나 과일 가공품에서 주로 발견된다. 급성독성으로 초조, 경련, 호흡 곤란, 폐울혈, 부종, 소화기의 궤양 및 출혈 등이 일어나며, 뇌 및 중추신경계에 장애를 일으킨다. 가열처리에 의해 감소될 수 있으며, 저온살균 처리한 사과주스에 파툴린이 존재할 수 있다.

알아두기

곰팡이 독소의 피해 최소화 방법

- 곡류 등을 보관할 때는 습도 60% 이하, 온도 10~15℃ 등 최대한 온도 변화가 적은 곳에 보관한다.
- 옥수수나 땅콩은 껍질째 보관하는 것이 껍질을 벗겨 보관하는 것보다 안전하다. 껍질째 보관한 곡물의 껍질에 곰팡이가 증식되어 있다면 그 곡물을 제거한다.
- 곡류에 부서진 알갱이가 섞여 있을 경우에는 해충이나 곰팡이가 증식하기 쉽고 일단 증식하면 쉽게 전파되므로 부서진 곡류 알갱이는 분리한다.
- 곰팡이 독소의 대부분은 가열 조리해도 파괴되지 않기 때문에 곰팡이가 생긴 식품은 섭취하지 않는다.

5 조리 · 가공 · 저장 중에 생성되는 독성물질

식품은 안전성, 질, 맛을 증진시키기 위해 건조, 염장, 발효 등의 가공과정을 거친다. 이러한 과정에서 식품성분이 서로 화학적으로 반응하거나 분해되면서 다양한 새로운 물질을 생성하는데, 이 중에서 일부 화합물은 인체에 유해한 영향을 미치기도 한다.

(1) 다환방향족 탄화수소

벤조피렌benzopyrene, 벤조안스라센benzoanthracene, 플루오르안센fluoranthene을 포함한 다환방향족 탄화수소polycyclic aromatic hydrocarbons, PAHs는 300~600℃에서 화석연료나 식품의 유기물이 불완전 연소될 때 생성된다. 환경오염으로 인해 농산물, 어패류 등 조리·가공하지 않은 식품에서 벤조피렌이 발견되기도 하며, 식품의 주성분인 탄수화물, 단백질, 지방 등이 조리·가공 중에 분해되어 생성되기도 한다. 식용유지류, 볶음견과류, 훈제식품, 숯불구이 등이 대표적인 함유식품이다. 벤조피렌은 단기간에 다량 노출되었을 경우에는 적혈구가 파괴되어 빈혈을 일으키고 면역력이 저하된다. 장기간 노출되었을 때에는 신경계와 생식계에 독성을 일으키며 암을 유발한다. 벤조피렌 섭취를 줄이려면 육류를 조리할 때 직화보다는 불판을 이용하고, 검게 탄 부분이 생기면 반드시 제거하고 섭취해야 한다.

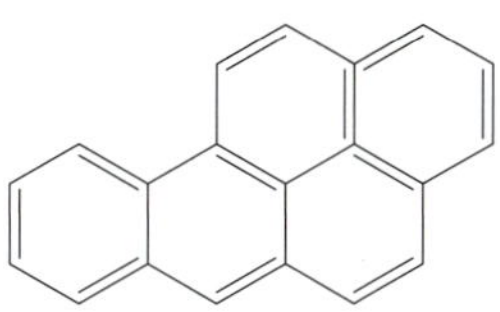
벤조피렌

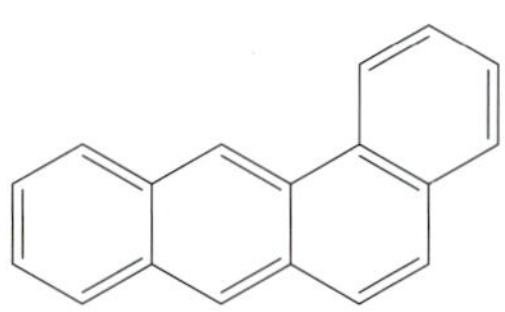
벤조안스라센

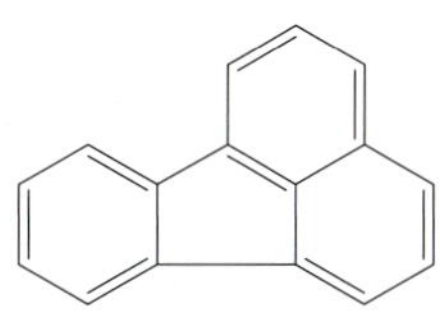
플로오르안센

(2) 헤테로사이클릭아민

헤테로사이클릭아민heterocyclic amines, HCAs는 고기 근육 부위의 아미노산과 크레아틴이 식품 중의 당과 300℃ 이상의 고온에서 반응하여 생성된다. 15종의 물질이 알려져 있으며, IQ2-amino-3-methylimidazo[4,5-f]quinoline와 PhIPphenoxymethylimidazopyridine는 암을 유발한다. 소, 돼지, 닭, 오리, 생선과 같이 단백질이 풍부한 고기를 가공할 때 많이 생성된다. 100℃ 이하에서는 거의 생성되지 않지만 조리온도가 200~250℃로 높아지면 생성량이 3배로 증가된다. 식육의 조리방법 중 튀기기, 굽기, 바비큐로 조리하는 방식은 대부분 높은 온도에서 이루어지기 때문에 상대적으로 많은 양의 헤테로사이클릭아민이 생성된다. 헤테로사이클릭아민의 생성을 최소화하려면 튀김이나 직화구이보다는 끓이기, 찌기 등의 조리방법을 선택하는 것이 좋다.

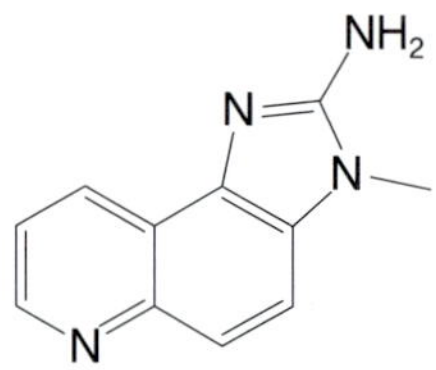

IQ

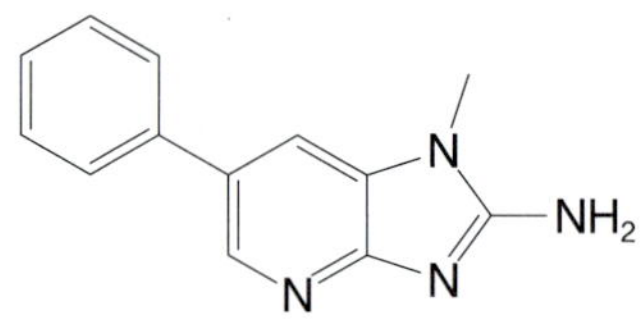

PhIP

(3) 아크릴아마이드

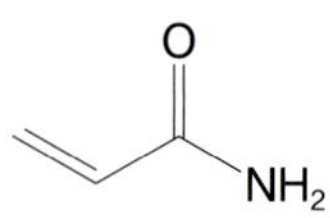

아크릴아마이드

아크릴아마이드acrylamide는 감자나 시리얼 같은 탄수화물 식품에 자연적으로 존재하는 아스파라긴과 당이 160℃ 이상의 고온에서 반응하여 생성된다. 아크릴아마이드는 프렌치프라이, 감자칩, 감자스낵류, 시리얼, 빵, 건빵, 비스킷, 커피 등에 상당량 존재한다. 아크릴아마이드는 신경계와 생식계에 독성을 일으키며, 유전자 변형 및 암을 유발한다. 아크릴아마이드의 생성을 억제하려면 튀김온도는 160℃를 넘지 않게 하고, 오븐에서도 200℃를 넘지 않도록 조리한다. 감자는 장기간 냉장보관을 하지 말고, 8℃ 이상의 서늘한 곳에서 보관해야 한다. 또한 감자를 튀기거나 구울 때는 황금색 정도가 적당하고 갈색으로 변하지 않도록 주의해야 하며, 식품을 조리할 때 지나치게 높은 온도로 가열하지 않아야 한다.

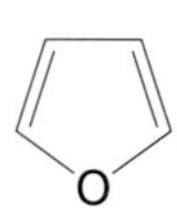

퓨란

(4) 퓨란

퓨란furan은 발암가능성이 있는 물질로서, 식품의 제조나 조리 과정에서 마이얄 반응의 중간산물로 생성된다. 휘발성이 강해 가열과정에서 대부분 공기 중으로 날아가지만, 캔이나 병 포장 식품의 경우는 밀폐용기 내에 잔류될 수 있다. 퓨란은 주로 커피, 통조림 고기, 구워진 빵, 조리된 닭고기 등의 열처리식품에 존재한다. 적절한 환경에서 캔 및 병 포장 식품의 뚜껑을 열어 두면 퓨란 함량을 줄일 수 있다.

(5) 에틸카바메이트

에틸카바메이트ethyl carbamate는 알코올 음료를 포함한 발효식품에 존재하는 동물성 발암물질이다. 에틸카바메이트는 식품 저장 및 숙성과정 중에 자연적으로 생성되기 때문에 발효과정을 거쳐 제조 및 가공되는 식품에 존재한다. 포도주, 청주, 위스키 등의 알코올 음료에 높은 농도로 존재하며, 된장, 청국장, 요구르트, 치즈, 김치, 간장에 미량 함유되어 있다.

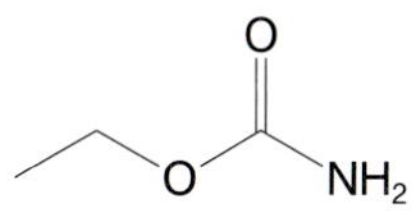

에틸카바메이트

(6) 바이오제닉아민

바이오제닉아민biogenic amines은 단백질을 함유한 식품을 저장하거나 발효와 숙성과정에서 미생물의 작용으로 생성된다. 대표적인 물질로는 히스타민histamine, 티라민tyramine, 푸트레신putrescine, 카다베린cadaverine 등이 있다. 바이오제닉아민은 어류제품, 육류제품, 유제품 등의 다양한 식품에 함유되어 있다. 히스타민 등과 같은 일부 바이오제닉아민은 고등어나 꽁치, 정어리, 참치 등을 비위생적으로 관리하는 경우에 부패되면서 생성되기 때문에 부패의 지표물질로 이용되고 있다.

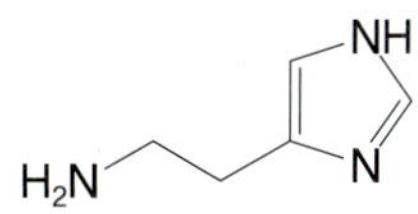

히스타민

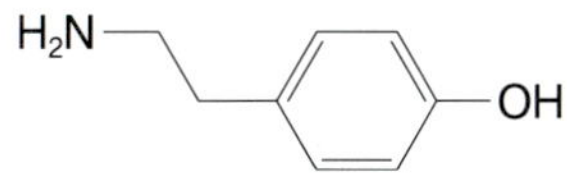

티라민

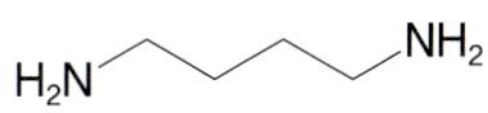

푸트레신

카다베린

일반적으로 인체에는 바이오제닉아민을 분해하는 효소가 있어 독성이 나타나지 않도록 하는 체계를 갖추고 있다. 하지만 과다 섭취하거나 이를 소량 섭취했어도 분해효소가 제대로 작용하지 않는 경우에는 인체에 유해한 증상이 나타날 수 있다. 히스타민의 독성 증세로 구역질, 호흡 곤란, 발열홍조, 발한, 심계항진(심장 두근거림), 두통, 구강 작열통, 설사, 경련, 홍반, 혈압 상승 및 강하, 두드러기 등이 있다.

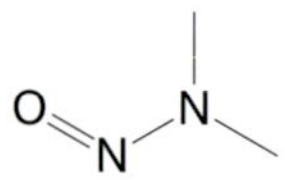

니트로소디메틸아민

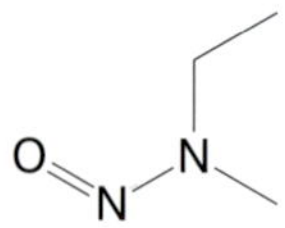

니트로소디에틸아민

(7) 니트로사민

니트로사민nitrosamines은 식품의 제조과정에서 육류나 생선 등에 함유된 2차 아민이 아질산염과 같은 산화질소화합물과 반응하여 자연적으로 생성되는 화합물이다. 대표적인 물질로는 니트로소디메틸아민nitrosodimethylamine, 니트로소디에틸아민N-nitrosodiethylamine이 있다. 소시지, 햄 등의 식육제품은 보존 및 발색제로서 질산염 및 아질산염이 첨가되기 때문에 니트로사민이 생성될 가능성이 높다.

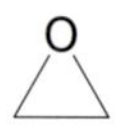

에틸렌옥사이드

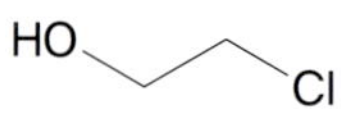

에틸렌클로로히드린

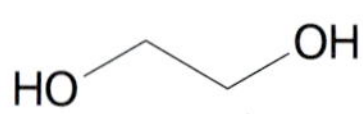

에틸렌글리콜

(8) 에틸렌옥사이드

에틸렌옥사이드ethylene oxide는 훈증 처리 후 잔류되는 화합물이다. 에틸렌옥시드 및 2차 생성물인 에틸렌클로로히드린ethylene chlorohydrin과 에틸렌글리콜ethylene glycol에 만성 노출되면 염색체 변형을 증가시켜 자연유산, 돌연변이, 기형아 출산, 백혈병, 암을 유발한다.

6 잔류농약

농약은 농작물의 생산성을 높이기 위해 사용되는 약품으로 사용목적에 따라 살충제, 살균제, 제초제, 살서제, 식물생장조절제 등으로 분류된다. 한편 농약의 주요 성분에 따라 유기인제, 유기염소제, 카바메이트제, 유기수은제, 유기비소제, 유기불소제 등으로 분류되기도 한다. 농작물 재배에 사용되었던 농약이 수확 후에도 식품에 남아 있거나 자연계에 남아 토양과 수질을 오염시켜 동·식물로 옮겨질 수 있다.

(1) 유기염소제

유기염소제organochlorine는 분자 내에 염소chloride를 포함하는 화합물이다. 유기인제에 비해 사람과 동물에 대한 급성독성이 낮은 편이지만, 산과 빛에 안정한 화합물이기 때문에 환경에 잔류하여 농작물이나 우유를 통해 사람이 다시 노출되기도 한다. 대표적인 유기염소제로는 디디티dichloro-diphenyl-trichloroethane, DDT, 비에치씨 benzene hexachloride, BHC, 헵타클로르heptachlor, 엔도설판endosulfan, 알드린aldrin, 디엘드린dieldrin 등이 있다. 식품을 통해 섭취된 유기염소제는 지용성이기 때문에 체외 배설이 어렵고 지방조직과 신경조직에 축적되어 만성독성을 유발한다.

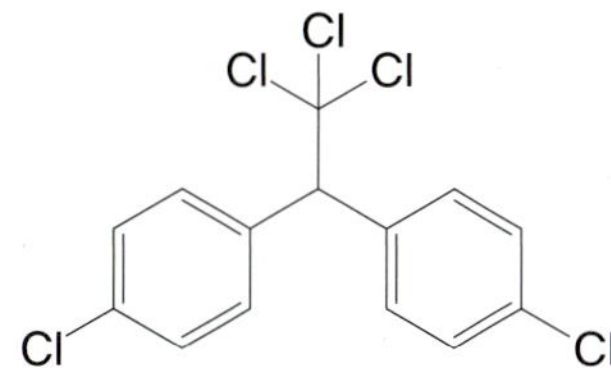

DDT

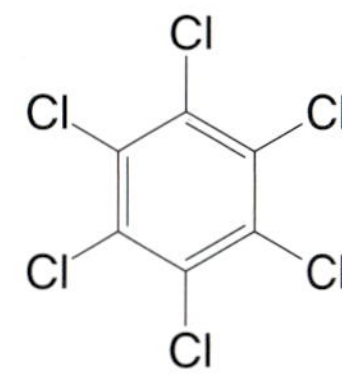

BHC

(2) 유기인제

유기인제organophosphate는 분자 내에 인phosphorus을 포함하는 화합물로서 독성이 매우 강하다. 대표적인 유기인제인 파라티온parathion, 말라티온malathion, 디아지논diazinon은 살충제로 사용되었으며, 유기염소제의 사용이 금지된 후 사용량이 증대되었다. 이 물질은 포유동물과 곤충의 신경전달 물질인 아세틸콜린의 분해효소인 콜린에스터라아제acetylcholinesterase의 활성을 억제하여 신경독성을 일으키고 심각한 경우에는 사망에 이르게 한다.

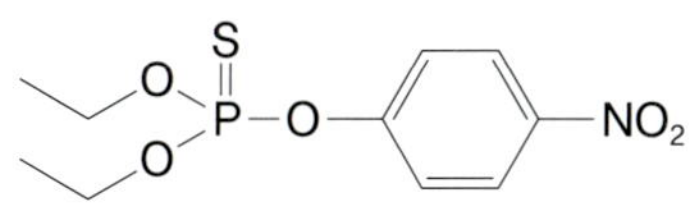

파라티온

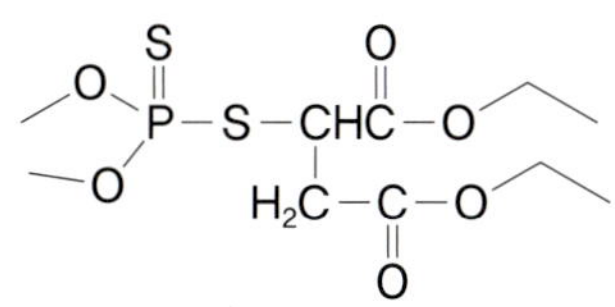

말라티온

(3) 카바메이트제

카바메이트제cabamate는 카밤산의 기본구조를 갖는 농약을 총칭하는 것으로, 살충제인 알디카브aldicarb, 카바릴carbaryl 등이 있다. 유기인제와 유사하여 콜린에스터라아제 활성를 억제하지만 독성과 증상이 약하고 대사속도가 빠른 편이다.

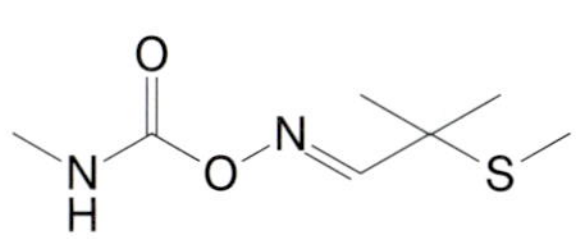

알디카브

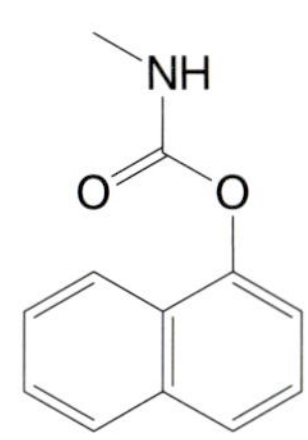

카바릴

7 중금속

중금속은 농약성분으로 또는 산업재료로 사용량이 급증하고, 이러한 화합물이 환경에 오래 잔류하면서 문제가 되고 있다. 납, 비소, 수은, 카드뮴, 크롬이 독성이 알려진 대표적인 중금속이다.

(1) 납

납lead, Pb은 배터리나 탄약, 납땜 및 파이프 등 금속제품과 엑스레이 기기의 제조 등에 다양한 용도로 사용되고 있다. 납에 장기간 노출될 경우 작업 수행능력이 떨어지고, 손가락, 손목, 발목 등이 약해질 수 있다. 중년층과 노년층의 경우에는 혈압이 증가하거나 빈혈이 발생할 수 있고, 높은 농도의 납에 노출될 경우 뇌와 신경에 심각한 손상이 생길 수 있으며, 심한 경우에는 사망할 수도 있다.

(2) 비소

비소arsenic, As는 산소, 염소, 황 등과 결합하여 무기비소화합물을 생성하고, 동·식물에서는 탄소 및 수소와 결합하여 유기비소화합물을 형성한다. 무기비소화합물은 주로 목재 방부제로 사용되고, 유기비소화합물은 살충제로 사용된다. 일반적으로 무기비소가 유기비소에 비해 독성이 높다. 비소는 해산물, 곡물, 버섯, 가금류 등에 높게 존재한다. 다량의 무기비소를 흡입하면 목이나 폐에 자극이 생길 수 있고, 소량의 비소에 노출되는 경우에도 구토, 혈액세포 생산 감소, 비정상적인 심장박동, 혈관 손상, 손·발에 바늘로 찌르는 듯한 감각 등이 일어날 수 있다. 과량 섭취하면 피부암, 방광암, 폐암의 위험성이 증가된다.

(3) 수은

수은mercury, Hg은 방부제, 살균제 및 살충제, 온도계 및 기압계, 건전지, 형광등의 제조에 사용된다. 환경에 방출된 무기수은은 물속에서 미생물에 의해 메틸수은으로 전환된 후 물 속에 사는 생물에 빠르게 확산되어 플랑크톤과 어패류의 체내에 농축되며, 먹이사슬에 의해 먹이 피라미드 상위에 있는 어류나 사람이 섭취함으로써 생체 축적이 일어난다. 어패류 및 해산물에는 90% 이상이 메틸수은으로 존재한다. 유기수은은 무기수은보다 독성이 강하고 중추신경계, 특히 뇌장애를 일으키기 쉽고 보행기립불능, 사지마비, 언어장애, 난청, 시야 축소, 정신장해, 뇌병변 등을 유발한다.

알아두기 **미나마타병**

1956년 일본 구마모토현의 미나마타라는 작은 어촌에서 질소비료를 생산하는 공장이 수은이 포함된 폐수를 하천에 방류하였는데, 무기수은이 물 속에서 메틸수은으로 전환되어 어패류에 축적되고, 이 어패류를 섭취한 사람들은 신경 마비, 뇌기능 손상, 시력 상실, 근육 이완, 전신 마비 및 혼수상태 등의 중추신경계 손상을 나타냈다.

(4) 카드뮴

카드뮴cadmium, Cd은 니켈-카드뮴 전지, 금속 판금, 페인트, 플라스틱, 금속합금 제조 등에 사용된다. 카드뮴은 반감기가 20~30년으로 매우 길어서 섭취된 카드뮴은 체내에 장기간 남아 있기 때문에 더욱 문제가 되고 있다. 토양에 스며든 카드뮴은 식물의 뿌리를 통해 잘 흡수되며, 동물 체내로 흡수되면 초기에는 간에 많이 축적되고 시간이 지나면서 신장에 많이 축적된다. 카드뮴은 고혈압, 뼈와 관절의 이상, 간과 신장 장애를 일으킨다.

알아두기 **이타이이타이병**

1950년대 일본의 광산촌 주변 주민들에게 나타난 카드뮴 중독증이다. 일본의 동방아연신강광업소에서 폐기한 폐광석에서 카드뮴이 하천에 용출되어 이 하천수를 농업용수로 사용한 쌀에 카드뮴이 오염되어 장기간 쌀을 섭취한 주민들은 요통, 고관절통을 일으키고 점차 보행 곤란, 보행 불능, 사지와 늑골의 골절, 폐기종을 일으켜 합병증으로 사망하였다.

(5) 크롬

크롬chromium, Cr은 크롬산염 제조공정, 도금 및 합금, 시멘트 제조, 잉크, 페인트 및 플라스틱의 제조에 사용된다. 크롬은 여러 가지 산화형(Cr^{0}, Cr^{2+}, Cr^{3+}, Cr^{6+})으로 존재하는데, 자연계에 주로 존재하는 3가 크롬(Cr^{3+})은 흡수율이 0.5～2%로 매우 낮기 때문에 독성도 미비한 편이다. 하지만 6가 크롬(Cr^{6+})은 호흡기와 피부를 통해 유입되면 간, 신장, 골수에 축적되어 비염, 폐기종, 기관지염, 폐암 등을 일으킨다.

알아두기 영화 〈에린 브로코비치〉

2000년에 개봉된 영화로 줄리아 로버츠가 마을사람들을 병들게 한 원인이 크롬이라는 것을 밝혀내는 이야기이다. 1992년 미국 캘리포니아의 작은 도시인 힝클리의 주민 900여 명이 암 등의 여러 질환에 시달렸다. 원인은 PG&E(미국 서부의 에너지회사)가 냉각탑의 부식을 막기 위해 수 년 간 첨가한 6가 크롬이 방출되어 지역의 지하수를 오염시켰기 때문이었다.

8 내분비계 장애물질

사람이나 동물의 내분비계에 영향을 미쳐 인간이나 동물의 번식 장애 등 건강에 위해를 주는 외인성 화학물질을 내분비계 장애물질endocrine disrupter 또는 환경호르몬이라고 한다. 이러한 물질들은 수질이나 토양에 잔류하여 먹이사슬을 통해 동물이나 사람의 체내에 축적되면 여성 호르몬과 같은 역할을 하거나 그 역할을 방해하는 작용을 한다. 식품 중 함유량이 미량일지라도 평생 지속적인 노출로 생체에 축적되어 만성중독을 일으키게 되므로 그 심각성이 크다.

알아두기 내분비계

우리 몸의 내부로 호르몬을 분비하는 신체기관들을 총칭한다. 뇌하수체, 갑상샘, 부갑상샘, 이자(췌장), 부신, 생식샘(성샘)을 포함한다.

(1) 다이옥신

다이옥신dioxins은 2개의 벤젠 핵을 산소로 결합시킨 화합물로서, 사염화다이옥신2,3,7,8-tetrachlorodibenzo-ρ-dioxin, 2,3,7,8-TCDD 동족체가 가장 독성이 강한 화합물로 알려져 있다.

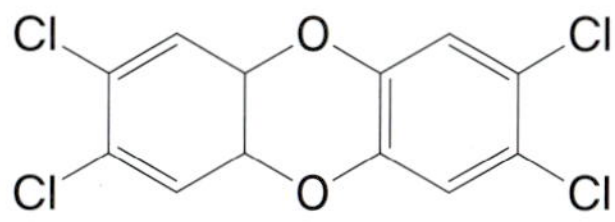

사염화다이옥신

다이옥신은 염소가 함유된 쓰레기의 소각, 화학물질의 제조 및 종이 표백 등의 과정에서 생성된다. 이 물질은 매우 안정하여 환경에서 잘 분해되지 않고 생물체에 축적되기 쉬운 특성 때문에 오염원 주변 지역이나 인근 해역의 각종 환경매체뿐만 아니라 일반 지역의 농·축·수산물에도 축적되어 있을 가능성이 매우 높다. 육류, 어패류 등의 동물성 지방을 함유한 식품들은 다이옥신이 높은 농도로 존재한다. 다이옥신은 피부손상, 간과 내분비계에 유해한 영향을 줄 뿐만 아니라 면역독성과 생식독성을 일으키며 기형아 출산과 암을 유발한다.

(2) 폴리염화비페닐

폴리염화비페닐polychlorinated biphenyls, PCBs는 변압기의 절연제와 같은 전기산업, 플라스틱, 페인트, 잉크, 접착제, 도료 제조 산업 등에 주로 사용된다. 이 물질의 반감기가 10~20년이기 때문에 환경에 한 번 노출되면 거의 분해가 되지 않고, 지용성이기 때문에 식육 및 수산물 등의 지방조직에 축적된다. 과량을 섭취하면 간기능 이상, 갑상샘 기능 저하, 갑상샘 비대, 피부 발진, 피부 착색, 염소좌창(특정 염소화합물이 피부에 묻었을 때 발생하는 좌창 같은 피부 발진), 면역기능 장애, 기억력, 학습, 지능 장애, 반사신경 이상, 생리 불순, 저체중아 출산 등을 유발한다.

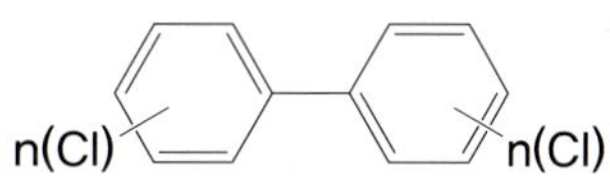

폴리염화비페닐

알아두기 가네미 유증 사건

1968년 일본에서 손톱, 발톱, 얼굴 피부가 거뭇해지고 미열이나 발진이 수많은 사람들에게서 나타났다. 원인은 가네미회사에서 미강유(현미를 도정할 때 나오는 쌀겨에서 채유한 기름)의 냄새를 제거하는 공정에서 가열용 열매체로 사용된 PCB가 가열 파이프에서 새어나와 미강유에 혼입되었기 때문이었다.

(3) 프탈레이트

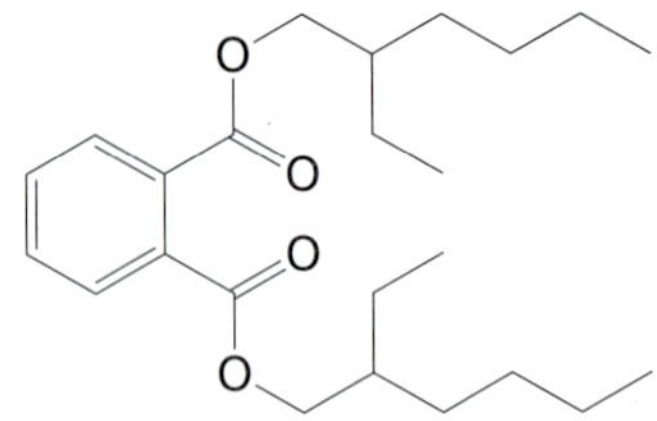

DEHP

프탈레이트류phthalates는 플라스틱을 유연하게 만드는 데 사용되는 가소제뿐만 아니라 의료용품, 장난감, 일부 병마개 개스킷, 화장품 등 생활에 밀접하게 이용되는 플라스틱 소재에 광범위하게 사용된다. 프탈레이트류 중에서 생산 및 소비가 가장 많은 DEHPdiethylhexyl phthalate는 생식 독성과 내분비계 교란작용, 간 독성 및 암을 유발한다.

개스킷
가스나 물이 새지 않도록 끼워 넣는 패킹

(4) 비스페놀 A

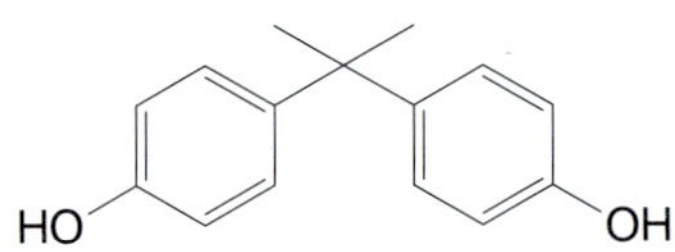

비스페놀 A

비스페놀 Abisphenol A, BPA는 폴리카보네이트 플라스틱Polycarbonate plastic, PC과 에폭시 레진 epoxy resin 합성의 기본원료로 사용된다. 일반적으로는 비스페놀 A를 포함하는 포장재와 접촉한 식품의 섭취를 통해 인체에 노출된다. 또는 환경오염으로 비스페놀 A가 체내에 축적된 생선을 섭취함으로써 노출될 수 있다. 여성 호르몬인 에스트로겐과 유사한 효과를 냄으로써 내분비계를 교란시킨다.

(5) 알킬페놀류

알킬페놀alkylphenol은 세제, 페인트, 제초제, 살충제 등을 제조할 때 비이온성 계면활성제로 사용되는 알킬페놀폴리에톡실레이트alkylphenol ethoxylate의 분해산물이다 그림 11-4. 알킬페놀은 비교적 안정한 화합물로 어류 및 기타 수산물 등에 에스트로겐 효과를 일으키며, 해저 퇴적물에 잔류되어 먹이사슬로 전이 및 생체 축적이 일어난다. 알킬페놀의 한 종류인 노닐페놀과 옥틸페놀은 호르몬과 유사한 작용을 하거나 호르몬작용을 방해하여 생식과 발달을 조절하는 호르몬의 역할을 저해한다.

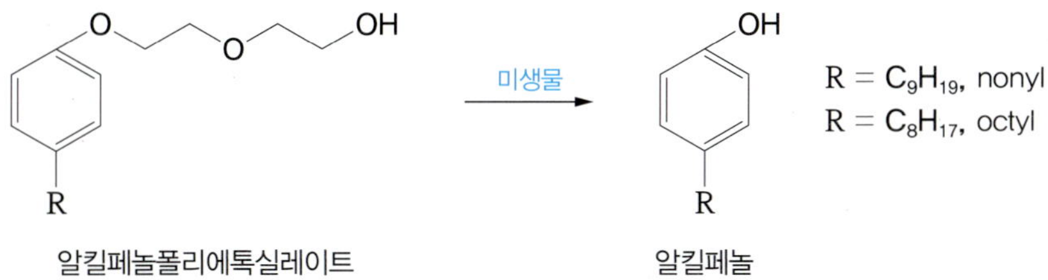

그림 11-4 알킬페놀의 생성기전

9 방사능 오염

방사능은 방사능(방사성) 물질의 원자핵이 단위시간당 붕괴되는 수를 의미하며, 방사선은 원자핵이 붕괴될 때 방출하는 α선, β선, γ선과 같은 에너지를 말한다. 원자력발전소 사고로 각종 방사능 물질이 대기로 방출되고, 대기로 방출된 물질이 낙진 또는 비를 통해 토양이나 해양을 오염시킨다. 과량의 방사능 물질에 노출된 음식을 섭취할 경우 구토, 탈모 등이 나타날 수 있다. 방사능 물질로는 세슘(^{134}Cs, ^{137}Cs), 요오드(^{131}I), 우라늄(^{235}U), 스트론튬(^{90}Sr) 등이 있다. 요오드(^{131}I)는 갑상샘을 손상시켜 갑상샘호르몬의 생성을 저해하여 갑상샘염이나 갑상샘암 등의 발생 위험을 높인다.

알아두기 **식품의 방사선 조사**

식품에 열이 거의 발생되지 않고 물리화학적 변화 없이 원래 상태를 그대로 유지하면서 살균하는 기술이다. 식품 조사에는 코발트(^{60}Co) 또는 세슘(^{137}Cs)의 방사성핵종, X선, 전자선 등이 이용된다. 방사선조사식품에 사용되는 감마선에 대하여 흡수선량별 식품에 대한 안전성 자료를 검토 후 사용 승인을 하고 있으며, 감자, 양파, 마늘 등의 발아 억제, 건조향신료 및 소스류 등에 살충 또는 살균의 목적으로 사용되고 있다.

10 수의약 및 사료 첨가제

동물용 의약품이 치료목적 이외에 질병 예방이나 성장 촉진의 목적으로 과도하게 투여되거나 장기간 지속적으로 사용되는 등 사용설명서 이외의 용법 및 용량을 무시한 경우 축산물에 동물성 의약품 성분이 잔류되면서 문제가 되고 있다. 항생제를 가축의 치료목적 이외에 지속적으로 다량 사용되면 질병의 원인균들이 항생제에 저항하는 능력이 매우 강해져서 내성균이 출현하면 가축뿐만 아니라 축산식품을 먹는 사람의 질병 치료에도 어려움을 주게 된다.

요약

- 일부 식물성 식품에는 시안배당체, 알칼로이드, 글루코시놀레이트, 렉틴, 효소 억제제, 에루스산, 고시폴, 샤프롤, 글리시리진산, 프타퀼로사이드 등의 독성물질이 함유되어 있다. 이러한 물질의 독성은 식품의 조리·가공과정에서 불활성화되거나 제거되기도 한다.
- 복어의 내장 및 알에는 신경독소인 테트로도톡신이 존재하고, 조개류에는 마비, 설사, 기억 상실, 신경 마비를 유발시키는 물질이 함유되어 있을 수 있다. 이러한 물질은 일반적인 조리과정에서 파괴되지 않는다.
- 곡류와 견과류는 저장조건, 수확 전후의 기후에 따라 곰팡이 독소인 아플라톡신, 오크라톡신, 데옥시발레놀, 제랄레논, 푸모니신, 파툴린 등을 생성한다. 아플라톡신 B_1은 간독성이 가장 강하고, 제아랄레논은 에스트로겐과 유사한 작용을 한다.
- 식품을 가열할 때 벤조피렌 등의 다환방향족 탄화수소, 헤테로사이클릭아민, 아크릴아마이드, 퓨란 등의 발암물질이 생성될 수 있다. 한편 발효과정에서 에틸카바메이트와 바이오제닉아민이 부산물로 생성되기도 한다.
- 식물을 재배하는 과정이나 저장 중에 사용되는 농약은 주요 성분에 따라 유기염소제, 유기인제, 카바메이트제 등으로 분류된다. 신경독성이 매우 강한 유기인제에 비해 유기염소제의 급성독성은 낮은 편이지만 섭취 후 체내에 축적되어 만성독성을 유발한다.
- 환경오염 또는 포장용기로부터 식품으로 이행된 내분비계 장애물질은 체내에서 호르몬과 같은 역할을 하거나 그 역할을 방해한다. 다이옥신, 폴리염화비페닐, 프탈레이트, 비스페놀 A 등이 대표적인 물질이다.

연습문제

1. 아래 독성물질이 주로 높게 함유된 식품을 찾아서 연결하시오.

글리시리진 ■	■ 면실유
에루스산 ■	■ 유채
쿠마린 ■	■ 계피
고시폴 ■	■ 고사리
프타퀼로사이드 ■	■ 감초

2. 복어의 알 및 내장 등에 함유된 독소의 이름과 중독증상을 쓰고, 중독을 예방할 수 있는 방법을 쓰시오.

3. 우리나라에서 관리하고 있는 곰팡이 독소 7종을 쓰고, 독소별 중독증상을 간략하게 쓰시오.

4. (　　　　　　　　)은 화석연료나 식품의 유기물이 불완전 연소될 때 생성된다. 지용성 물질이기 때문에 체내에 들어오면 잔류기간이 길고 신경계와 생식계에 독성을 일으키며 암을 유발한다. 이 물질의 섭취를 줄이려면 육류를 조리할 때 직화 보다는 불판을 이용하고 탄 부분은 제거해야 한다.

5. 육류나 생선에 존재하는 2차 아민은 발색제로 첨가된 아질산염과 반응하여 발암물질인 (　　　　　　　　)을 생성한다.

6. 방부제, 살균제, 온도계 등의 제조에 사용된 무기수은은 환경에 방출되면 수중 미생물에 의해 (　　　　　　　　)으로 전환되어 플랑크톤과 어패류에 농축된다. 이런 어패류를 사람이 과다 섭취하면 중추신경계에 독성을 일으켜 보행 기립 불능, 사지 마비, 언어 장애, 뇌병변 등이 유발된다.

7. 내분비계 교란물질은 생물체의 호르몬 작용을 교란시키는 물질을 말한다. 아래에 제시된 각 물질과 관련이 있는 것을 연결하시오.

알킬페놀 ■	■ 플라스틱 가소제
프탈레이트 ■	■ 쓰레기 소각
비스페놀 A ■	■ 세제
다이옥신 ■	■ 에폭시 수지

12

CHAPTER

식품의 분산과 텍스처

1. 식품의 분산 | 2. 식품의 텍스처

CHAPTER 12

식품은 여러 물질이 분산되어 존재하여 기체, 액체, 고체상을 이루기 때문에 그 물리적인 특성도 다양하다. 액체의 경우, 분산되어 있는 물질의 크기에 따라 다양한 용액이 형성되고, 녹아 있는 용질의 크기에 따라 액체상의 분산액은 진용액, 콜로이드 용액, 부유상태로 나뉜다. 각 용액은 각자 고유의 성질을 가지고 있으므로 특성이 다양하다. 따라서 이 장에서는 소비자의 기호도에 맛, 냄새, 색만큼 중요한 영향을 미치는 식품의 분산과 리올로지, 텍스처 등을 다룬다.

1 식품의 분산

액체상의 식품은 분산상태에 있는 입자의 크기에 따라 진용액과 콜로이드용액, 부유상태로 나뉜다. 표 12-1은 각 분산액의 특징과 예를 간단히 정리하였다.

1) 진용액

진용액은 물에 1 nm 이하의 분자나 이온상태의 물질이 녹아 있는 상태를 말한다. 우리가 식생활에서 흔히 접하는 진용액에는 소금물, 간장, 꿀, 설탕시럽 등이 있다.

표 12-1 분산액의 유형

분산	분산질의 크기	분산액의 구성	특 성	예
진용액	<1 nm	용매 용질	빙점 강하, 비등점 상승, 확산, 삼투	소금물 설탕물
콜로이드용액	1 nm~1 μm	분산매(연속상) 분산질(분산상)	반투성, 점성, 가소성, 틴달현상, 흡착성	난백 휘핑크림 마요네즈
부유상태	>1 μm	물 큰 입자	중력에 의한 침전	전분 부유액

진용액true solution을 이루는 전체 구성액을 용매solvent라 하고, 용매에 녹아 있는 물질을 용질solute이라 한다. 소금용액에서 용매는 물, 용질은 소금이다. 이러한 진용액은 확산성diffusibility, 비점boiling point, 빙점freezing point, 증기압vapor pressure이 순수한 물, 콜로이드용액, 부유상태와는 다르다.

(1) 진용액의 분류

진용액은 용매에 녹은 용질의 양에 따라 표 12-2 와 같이 분류한다. 용매가 녹일 수 있는 용질의 최대량을 포화도라 하는데, 이 포화도의 정도로 구분하는 것이다. 일정한 온도에서 용매가 녹일 수 있는 최대한의 용질이 녹아 있으면 포화용액, 더 적은 양의 용질이 녹아 있으면 불포화용액, 더 많이 녹아 있으면 과포화용액이라고 한다. 그러나 용액은 온도에 따라 용질의 용해도가 다르므로 일정한 온도를 전제로 해야 한다.

표 12-2 진용액의 분류

종류	특징
불포화용액	일정한 온도에서 용매가 녹일 수 있는 최대한의 용질이 녹아 있지 않은 상태의 용액. 따라서 용질이 더 녹을 수 있음
포화용액	일정한 온도에서 용매가 녹일 수 있는 최대한의 용질이 녹아 있어 평형을 이루고 있는 상태의 용액
과포화용액	일정한 온도에서 용매가 녹일 수 있는 용질의 양보다 더 많은 용질이 존재하는 용액

(2) 진용액의 특성

진용액에서만 볼 수 있는 몇가지 특징을 정리하면 표 12-3 과 같다. 채소나 과일을 물에 넣고 가열하면 채소나 과일의 세포간질과 세포벽, 원형질막 사이에서 진용액을 형성하고 있는 물질들(무기질, 당, 수용성 비타민 등)이 세포벽을 통과하여 조리수로 용출된다. 이러한 용출현상은 식물조직 내의 농도와 조리수의 농도가 같아질 때까지 계속된다. 따라서 조리수가 높을수록, 그리고 가열시간이 길수록 식물조직으로부터 용질의 손실량은 많아진다. 그러나 이때 식물조직 내에 존재하는 물질 중 진용액을

표 12-3 진용액의 특성

특성	설명	예
확산	• 투과성 막에서 용액에 있는 용질이 물 쪽으로 이동하여 물의 농도를 진용액의 농도와 같게 하려는 경향	• 배추를 소금에 절일 때 초기에 소금이 배추 속으로 들어가 농도를 같게 하려는 과정
삼투	• 막이 반투막일 경우에는 물은 통과시키나 용질은 통과시키지 않으므로, 투과성 막일 때와는 달리 물이 막을 통과하여 막 양측의 액체 농도를 같게 하는 경향	• 배추를 절일 때 소금이 세포간질과 세포벽까지 침투해 들어가면 수분이 빠져나와 절여지는 과정
비점 상승	• 이온화되지 않는 용질 : 1 g 분자량을 물 1,000 mL에 용해시키면 0.52℃만큼 비점 상승 • 이온화되는 용질 : 해리되는 수만큼 비점 상승	• 예: 설탕용액(설탕 342 g/1,000 mL 물)의 비점 ⇒ 100.52℃ • 예: 소금용액(소금 58 g/1,000 mL물)의 비점 ⇒ 101.04℃
빙점 강하	• 이온화되지 않는 용질 : 1몰당 1.86℃를 저하 • 이온화되는 용질 : 이온마다 각각 1.86℃를 저하	• 아이스크림의 빙점 강하
증기압	• 용액에 존재하는 용질에 의하여 저하되는데, 그 저하되는 정도는 용액에 존재하는 용질의 농도에 비례	• 케이크와 식빵을 밀봉한 그릇에 함께 넣어 두면 빵은 마르고, 케이크는 더 습기를 가짐

형성하지 않는 단백질, 전분, 섬유소 등은 조직 내에 그대로 머물러 있게 된다. 그 외 진용액은 비등점 상승, 빙점 강하 등의 현상이 나타난다.

① 확산과 삼투

투과성 막을 중심으로 하여 농도의 차가 존재하면 그 막을 통하여 용액에 있는 용질이 물 쪽으로 이동하여 물의 농도를 진용액의 농도와 같게 하려는 경향이 있다. 따라서 시간이 경과함에 따라 진용액의 농도는 낮아지고 물의 농도는 높아져 어느 시간에 달하면 양쪽의 농도는 평형에 달하게 된다. 이것을 확산이라고 한다.

이러한 현상은 채소나 과일을 조리할 때 일어난다. 예를 들어, 김치를 담그기 위하여 배추를 소금으로 절일 때 처음 단계에서 이러한 현상이 일어난다. 배추조직의 세포벽은 주성분이 섬유소로, 그 조직이 성기어 배추를 절이면 소금이 외부로부터 세포벽을 뚫고 세포간질과 세포의 원형질막 사이까지 침투해 들어가서 배추는 짜지고, 외부의 소금농도를 희석시키기 위하여 세포에서 물이 빠져나감으로써 배추가 절여진다.

그러나 용매만 통과하고 용질이 통과할 수 없는 반투막에서는 이러한 현상이 나타나지 않고, 투과성 막일 때와는 달리 물이 막을 통과하여 막 양측의 액체의 농도를 같게 한다. 이러한 현상을 삼투라고 한다. 이러한 현상은 배추를 절일 때 소금이 세포간질과 세포벽까지 침투해 들어간 다음 단계에 일어나는 현상인데, 세포의 원형질막을 중심으로 하여 그 내부는 소금농도가 낮고 외부는 소금농도가 높으므로 내부와 외부의 소금농도를 같게 하기 위하여 내부의 물이 원형질막을 통과하여 외부로 나온다. 계속 물이 빠져나오면 결국 원형질 분리가 일어난다.

② 비점(끓는점) 상승

진용액은 용질의 존재로 인하여 비점이 높다. 즉, 진용액의 비점은 순수한 물보다 높은데 그 높아지는 정도는 용질의 양에 따라 달라진다.

이온화하지 않은 용질 1 g 분자량을 물 1 L에 용해시키면 그 비점이 0.52℃만큼 높아진다. 예를 들어, 설탕 1몰(분자량) 342 g을 1 L의 물에 용해시켜 가열하면 100.52℃에서 끓는다. 그러나 소금과 같이 이온화하는 용질을 물에 용해시키면 나트륨과 염소로 해리되어 해리되는 분자만큼 비점을 상승시킨다. 즉, 1 g 분자량의 소금인 58 g을 1 L의 물에 용해시켜 가열하면 순수한 물의 비점보다 0.52×2=1.04℃가 더 높은 온도에서 끓는다. 따라서 설탕이나 소금의 농도가 높아질수록 비점은 올라간다.

③ 빙점(어는점) 강하

진용액의 빙점은 순수한 물보다 낮다. 1몰의 이온화하지 않는 용질은 1.86℃를 저하시키고 이온화하는 용질은 이온마다 각각 1.86℃를 저하시킨다. 식품은 다양한 무기질이 녹아 있으므로 일반적인 식품의 빙점은 아주 낮은 온도에서 얼게 되고, 따라서 식품을 냉동시키기 위해 -18℃ 이하의 온도를 추천한다.

④ 증기압

증기압이란 액체가 기체가 되려는 압력을 말한다. 증기압은 용액에 존재하는 용질에 의하여 저하되는데, 그 저하되는 정도는 용액에 존재하는 용질의 농도에 비례한다. 이와 같은 원리에 의해 케이크와 식빵을 밀봉한 그릇에 함께 넣어 두면 빵은 마르고, 케이크는 더 습기를 가지게 된다. 즉, 케이크는 진용액을 형성하는 용질인 설탕의 농도가 높지만, 식빵은 그 농도가 낮아서 식빵에서 수분이 쉽게 증발하여 케이크로 흡수되기 때문이다.

2) 콜로이드용액

콜로이드용액을 구성하는 입자의 직경은 1 nm~1 μm이다. 콜로이드 입자는 진용액보다 크고 부유상태보다 작아서 용해되거나 침전되지 않고 분산상태로 존재한다. 콜로이드용액의 전 체계를 이어주는 것을 분산매(연속상)라고 하고 녹아 있는 물질을 분산질(분산상)이라고 한다. 분산매와 분산질의 구성에 따라 다양한 콜로이드용액이 존재한다 표 12-4.

표 12-4 콜로이드용액의 유형

분산매	분산질(분산상)	식품
액체	기체	난백거품, 휘핑크림
고체	기체	케이크
액체	액체	마요네즈, 버터
고체	액체	묵, 두부

(1) 콜로이드용액의 특성

① 반투성 : 이온이나 작은 분자는 통과시키나 콜로이드 입자는 통과시키지 않는 것을 반투막이라 한다. 조리, 가공되지 않은 생식품은 원형질막이 반투막이며 조리, 가공에 의해 막이 찢어지면 반투성이 없어진다.

② 틴달 현상 : 영국의 물리학자인 틴달에 의하여 발견된 현상으로 콜로이드 용액에 강한 빛을 비추면 빛의 통로가 하얗게 보인다.

③ 흡착성 : 콜로이드용액을 형성하는 분산상은 표면적이 넓기 때문에 다른 물질

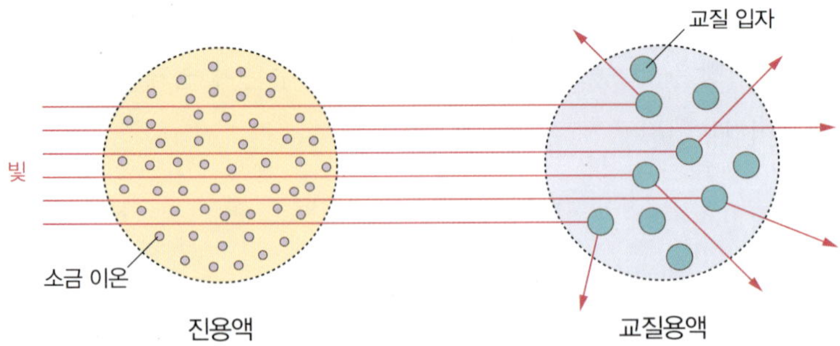

그림 12-1 틴달현상

을 흡착하는 성질이 있다. 분산상의 크기가 작아 표면적이 넓으면 넓을수록 그 표면에 흡착되는 이물질의 양이 증가한다.

④ 점성과 가소성 : 컵에 담긴 꿀을 쏟으면 쉽게 흐르지 않는다. 이러한 흐름에 대한 저항을 점성이라고 한다. 점성viscosity은 분산상의 농도에 따라 달라서 농도가 높을수록 점성은 증가한다. 예를 들어, 크림은 지방 입자의 개수나 농도가 증가하면 더욱 걸쭉해진다.

농도가 높아지면 가소성plasticity이 생기는데, 물질에 따라서는 농도가 낮아도 가소성을 보인다. 가소성이란, 특별한 힘을 가해야 흐르기 시작하는 상태를 말하며, 예를 들어 쇼트닝이나 전분의 풀은 가소성이 있다고 말한다.

(2) 콜로이드용액의 안전성

콜로이드용액에 분산되어 있는 물질의 크기는 진용액과 부유상태의 중간 정도이다. 콜로이드용액에서 분산상이 침전하는 것은 분산상의 크기가 부유상태의 크기 정도로 성장한 것을 뜻한다. 그러한 예로는 우유에 산을 넣었을 때 응고된 덩어리가 생기는 것을 들 수 있다. 이와 반대로 콜로이드용액을 형성하고 있는 산포물질이 분해되어 진용액으로 변할 때가 있는데, 예를 들면 콘시럽을 만들기 위하여 옥수수 전분의 풀에 산을 가하면 전분이 당으로 가수분해됨으로써 진용액을 형성하게 되는 것이다. 그러나 콜로이드입자는 쉽게 응결, 침전되지 않는데 그 이유는 콜로이드용액의

알아두기 **짠 국물을 싱겁게 하려면**

졸은 그 용액에 존재하는 다른 물질을 흡착하여 침전된다. 이러한 원리를 이용하여 짠 국물을 간이 맞게 할 수 있다. 짠 국물에 난백을 풀어 국물에 섞으면 난백단백질(분산상)이 응고되며 침전할 때 소금을 흡착, 침전하기 때문에 국물은 싱거워진다.

브라운 운동, 입자의 전하와 수화 때문이다.

① 브라운운동 : 영국의 로버트 브라운이 발견한 것으로 '액체 또는 기체 내의 미립자는 불규칙적인 운동을 계속한다'는 것이다. 콜로이드입자는 브라운Brown운동에 의하여 모든 방향으로 움직이고 분자들끼리 충돌함으로써 중력에 저항하여 가라앉지 않는다 그림 12-2.

② 입자의 전하 : 분산상이 단백질인 경우에는 그 입자의 표면에 전하를 가지고 있다. 그러나 한 콜로이드용액 내에는 같은 분산상이 존재하므로 같은 전하를 가진 물질들이 분산되어 있다. 분산상들이 브라운운동에 의하여 서로 가까이 갔을 때, 같은 전하끼리는 서로 반발하는 성질이 있으므로 서로 결합 또는 응결하려는 것을 막아 교질용액으로서의 안정성을 지니게 된다.

③ 입자의 수화 : 단백질이나 호화된 전분입자같이 분산상이 수분을 흡착하는 것을 친수성hydrophilic 콜로이드라고 하고 수분을 흡착하지 않는 것을 소수성hydrophobic 콜로이드라고 한다.

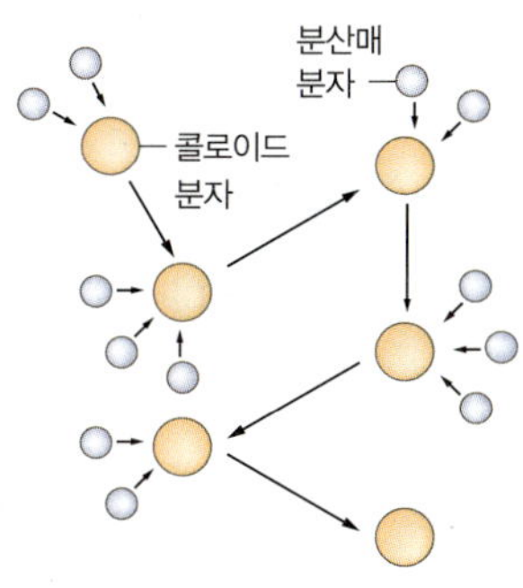

그림 12-2 브라운운동

친수성 콜로이드에서는 분산물질들이 브라운운동에 의하여 가까이 갔을 때, 흡착된 수분층으로 서로 합쳐지는 것이 방지된다. 소수성 콜로이드는 조리과정에서 응결되는데, 소수성 콜로이드에 소량의 친수성 콜로이드를 가하면 응결이 잘 일어나지 않는다. 예를 들면, 토마토수프를 만들 때 화이트소스를 사용하면 토마토의 산에 의해 덩어리가 생기는 것을 방지할 수 있다. 그 이유는, 화이트소스의 전분과 밀가루의 글루텐이 친수성이므로 이들이 카제인 분자를 둘러쌈으로써 서로 합쳐지는 것을 방지하기 때문이다. 또 아이스크림을 만들 때 젤라틴 같은 친수성 콜로이드를 첨가하면 카제인 단백질의 응고를 방지하여 얼음 입자가 작은 부드러운 제품을 만들 수 있다.

알아두기

콜로이드용액의 종류

- 친수성 콜로이드 ; 물과 친화력이 강한 콜로이드
  -OH, COOH 등의 원자단이 있음
  물 속에서 안정됨
  (예) 비누, 녹말, 단백질, 한천
- 소수성 콜로이드 ; 물과의 친화력이 약함
  금속의 단체 및 수산화물 등
  (예) 금, 은, 황, 점토, 먹물, $Al(OH)_3$, $Fe(OH)_3$ 등
- 보호성 콜로이드 ; 소수성 콜로이드 + 친수성 콜로이드 → 안전한 콜로이드

(3) 졸과 젤

콜로이드용액 중에서 액체 내에 고체 입자가 분산되어 있는 것을 졸sol이라 하며, 졸이 일정한 형태를 띠면 젤gel이 된다. 예를 들어, 젤라틴 같은 단백질이 뜨거운 물에 분산되어 있을 때는 졸이지만 식히면 젤이 된다. 전분 풀paste은 졸인데, 굳으면 젤이 된다.

분산상의 농도, 온도, 수소이온 농도, 전해질 함량이 변할 때 졸이 젤로 변한다. 졸이 젤로 변했을 때에는 분산매와 분산상 간의 관계가 바뀐다. 비연속적이었던 분산상이 계속적으로 연결되어 연속상태가 되고, 반대로 연속상인 수분(분산매)은 망상

구조 사이에 갇혀 분산상이 된다. 족편이나 굳은 생선 국물을 가열하면 액체가 되는데 이것은 젤이 졸로 변화하는 것이다. 그러나 커스터드나 묵과 같은 젤은 가열해도 졸로 되돌아갈 수 없는 비가역적 젤이다.

젤리를 장시간 방치하면 젤리의 망상구조에서 분산매가 분리되는데 이 현상을 이액syneresis이라 하고, 이와는 반대로 젤라틴젤, 글루텐젤은 물에 담그면 물을 흡수하여 팽창하는데 이것은 흡수imbibition라고 한다. 젤이 건조된 상태가 된 것을 제로젤xerogel이라 하는데, 그 예로 한천분말과 판상젤라틴이 있다.

(4) 유화

식품 중에는 서로 섞이지 않는 두 액체가 분산되어 있는 경우가 있다. 이렇게 하나의 액체가 방울이 되어 서로 섞이지 않는 다른 액체 내에 분산되어 있는 상태를 유화액emulsion이라고 하고, 유화액은 분산상의 크기에 따라 콜로이드용액일 수도 있고, 부유상태일 수도 있다.

① 분산매와 분산질에 따른 분류 : 유화액을 구성하는 두 액체는 식품에서 주로 물과 기름이다. 이 중 어느 것이 분산매 역할을 하며 연속상을 이루고 어느 액체가 분산질을 이루고 있는지에 따라 수중유적형oil-in-water type, O/W, 유중수적형water-inoil type, W/O의 두 종류로 나눌 수 있다 그림 12-3. 이들의 특성과 식품의 예를 표 12-5 에 제시하였다.

② 안정성에 따른 분류 : 유화액은 안정성을 기준으로 영구적 유화액permanent emulsion, 반영구적 유화액semi-permanent emulsion, 일시적 유화액temporary emulsion으로 나뉜다 표 12-5.

유화액의 안정성은 내적요인과 외적요인에 의하여 영향을 받는데, 내적요인으로는 유화제의 종류와 양, 분산질과 분산매의 비, 그리고 산포물질의 크기 등을 들 수 있다. 외적요인으로는 젓기 또는 흔들기, 표면에서의 수분 증발, 저장온도 등을 들 수 있다.

③ 유화제 : 유화액 형성 시 서로 섞이지 않는 두 액체가 서로 잘 분산되어 있으려

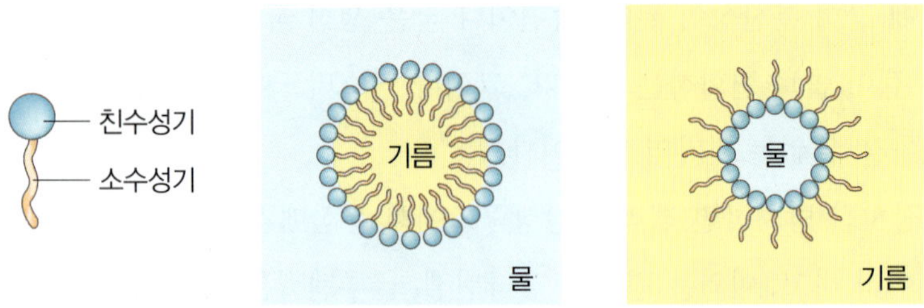

수중유적형(O/W) 유화액　　유중수적형(W/O) 유화액

그림 12-3 유화액의 종류

면 물에도 친화력을 가지고 있고 기름에도 친화력을 가지고 있는 중간 역할을 하는 제3의 물질이 있어야 한다. 이러한 역할을 하는 물질이 유화제이다. 특히 유화제가 단백질일 경우 보호층에 전하가 존재하므로 기름방울이 합쳐지는 것을 한층 더 방해한다. 분자 중의 $-OH$, $-CHO$, $-COOH$, $-NH_2$ 등에는 전하가

표 12-5 유화액의 분류

분류	상태	예
분산매에 따른 분류		
수중유적형 유화액	분산매가 물이고 분산상이 기름인 것	아이스크림, 마요네즈, 우유
유중수적형 유화액	분산매가 기름이고 분산상이 물인 것	버터, 마가린
안전성에 따른 분류		
영구적 유화액	영구적으로 유화상태가 유지되는 유화액	마요네즈
반영구적 유화액	어느 정도의 안정성이 유지되는 유화액	시럽이나 꿀, 된 수프
일시적 유화액	유화상태가 불안정하여 사용하기 직전에 흔들어 유화상태를 일시적으로 형성하는 유화액	프렌치 드레싱

> **알아두기** **유화제의 능력 평가지수인 HLB**
>
> HLB(hydrophile-lipophile balance)란 유화제 분자 내의 친수기와 소수기의 균형을 나타내는 것으로 그 수치가 3.6~6은 유중수적형, 8~18은 수중유적형 유화에 적합하다.
>
> $$HLB = 20(1 - S/A)$$
>
> S; 검화가, A; 산가

편재하므로 이들은 극성기라고 부른다. 이 극성기들은 물과의 친화력이 강하기 때문에 친수성기라고도 한다. 그것에 비해 $CH_3-CH_2-CH_2$와 같은 탄소의 사슬은 알킬기라고 부르는데 이 부분은 전하가 편재하지 않으므로 비극성기, 소수성기, 친유성기라고도 한다.

유화제로서 작용하는 물질 중에는 천연식품 중에 존재하는 물질도 있고 인공적으로 합성된 것도 있다.

(5) 거품

거품은 액체에 기체가 분산되어 있는 콜로이드용액으로, 휘핑크림, 난백거품 등이 그 예이다. 난백은 거품을 내면 액체인 난백에 공기가 분산되어 거품을 성하고 변성된 난백단백질이 공기를 둘러싸고 거품벽을 단단하게 하여 안정화된다. 거품의 안전성은 액체의 표면장력과 증기압의 영향을 받는데, 표면장력이 낮은 액체는 쉽게 펼쳐지고 응집이 잘 일어나지 않아 거품이 쉽게 꺼지지 않지만 표면장력이 큰 액체의 거품은 쉽게 꺼진다. 한편 증기압이 큰 액체는 쉽게 증발하여 거품이 꺼진다. 따라서 표면장력과 증기압이 낮은 액체를 사용해야 안정한 거품을 만들 수 있다.

3) 부유상태

부유상태를 형성하는 입자의 직경은 1 μm 이상으로, 콜로이드 입자보다 커서 안정된 분산상태를 유지하지 못한다. 부유상태는 분산상이 계속 분산되어 있도록 계속

젓거나 흔들어야 한다. 젓기를 멈추면, 분산상이 분산매보다 무거울 경우에는 중력에 의하여 밑으로 가라앉고 가벼울 경우에는 위로 떠오른다. 예를 들어, 옥수수 전분이나 감자 전분을 냉수에 타서 저으면 부유상태가 되지만 젓기를 멈추면 전분 입자들은 밑으로 가라앉고 위에는 맑은 물만 남게 된다.

2 식품의 텍스처

1) 액체식품의 리올로지 특성

리올로지rheology는 유동이란 뜻의 그리스어에서 유래된 말로서 물체의 변형과 흐름에 관한 연구분야로 유동학이라 할 수 있다. 콜로이드계, 고분자의 점탄성 등을 다루지만 물이나 가스 등의 유동현상은 제외하므로 유동학이라 하지 않고 리올로지라고 한다.

식품의 텍스처를 객관적으로 평가하는 것은 이 유동학을 잘 이해해야 하는데 유동학은 힘과 변형을 다루고 있다. 변형은 흐름이라 불리는 비가역적 변형과 탄성이라 불리는 가역적 변형 등으로 이뤄진다.

(1) 액체식품의 점성

액체는 외부에서 힘을 가하면 유동하는데 이러한 유체에 있어서 흐름에 대한 저항이 점성viscosity이다. 잘 흐르는 물은 점성이 낮고 저항성이 큰 물엿은 점성이 높다. 액체는 온도를 올리면 점성이 줄고 압력이 함께 증가한다. 용액의 점성은 용매의 점성 외에 용질의 종류, 농도에 의해 변화한다. 점도는 포이즈poise란 단위로 나타내는데 물의 점도는 0.01poise이다.

(2) 가소성

버터, 마가린, 생크림 등은 외부에서 힘을 받아 변형된 후 그 힘을 없애도 본래의 상태로 되돌아가지 않는데 이것을 가소성plasticity이라고 한다. 버터나 생크림 등을 수저로 떠서 접시에 놓으면 연하지만 접시 위에서 흐르지 않는다. 이것이 가소성의 특징이다.

(3) 점탄성

점탄성viscoelasticity은 외부에서 힘을 가했을 때 점성유동과 탄성변형을 동시에 나타내는 성질을 말한다. 이러한 성질을 갖는 물질을 점탄성체라 한다.

2) 반고체, 고체식품의 텍스처

넓은 의미의 텍스처texture는 식품의 전체 조직감을 나타내지만 협의의 의미로는 고체, 반고체식품의 조직감을 나타낸다.

식품의 텍스처는 관능적인 방법과 기계적인 방법으로 측정하는데, 관능적인 방법은 개인의 상태나 기호에 따라 차이가 있을 수 있다. 그러나 기계적인 방법은 객관성을 가지고 있는데 텍스트로미터 등의 기계로 그 특성을 측정한다. 그 결과는 텍스처 프로필TPA로 알 수 있는데 TPA의 예를 그림 12-4에 제시하였다. 기록계에 그려진 그림의 높이나 면적 등으로 식품의 텍스처 특징을 계산할 수 있다.

텍스처 특성은 기계적 특징, 기하학적 특징, 기타 특성 등 세 가지로 나눌 수 있다.

(1) 기계적 특성

이것은 스트레스에 대한 식품의 반응으로, 표준평가 척도에 의하여 정량적으로 표 시할 수 있다. 표준경도hardness scale의 예를 보면 크림치즈와 같은 경도가 낮은 식품에서 시작하여 단단한 캔디와 같은 경도가 높은 식품에 이르기까지 9가지 식품으로 식품의 경도를 분류하고 있다 표 12-7. 기계적 특성을 나타내는 변수는 일차적 변수와 이차적 변수가 있는데 일차적 변수는 경도hardness, 응집성cohesiveness, 점성viscosity, 탄성elasticity 과 부착성adhesiveness이 있다. 이차적 변수에는 부서짐성

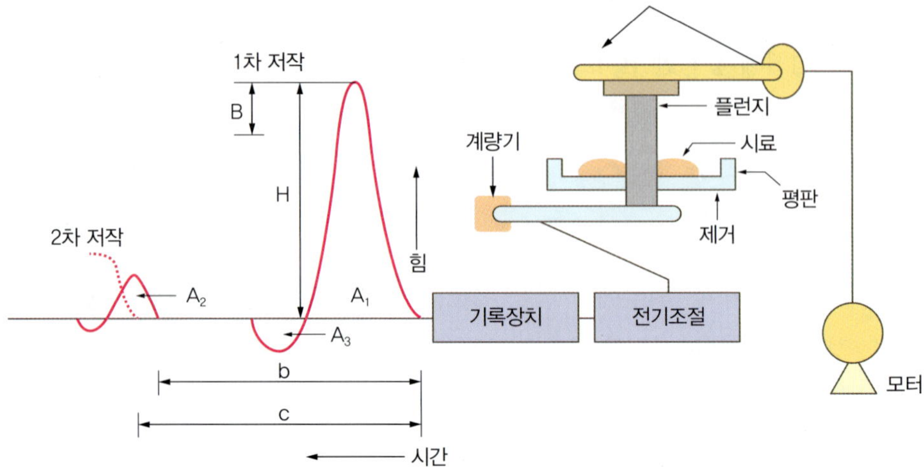

견고성 : 첫 번째 peak의 높이(H)
응집성 : 두 번째 peak의 면적/첫 번째 peak의 면적(A_2/A_1)
탄력성 : 첫 번째 peak의 시발점에서 두 번째 peak의 시발점까지의 거리와 완전 비탄성 물질에 의한 같은 측정치와 차이(c−b)
부착성 : 기준선 아래에 생긴 peak의 면적(A_3)
취약성 : 첫 번째 peak의 굴곡의 높이(B)
점착성 : 견고성×응집성×100
저작성 : 견고성×응집성×탄력성×100

그림 12-4 텍스처 프로필

brittleness(fracturability), 씹힘성chewiness, 검성gumminess이 있다.

① 경도 : 경도는 고체물질을 어금니 사이로 압축하는 데 필요한 힘 또는 반고체 물질을 혀와 천장 사이에 놓고 혀로 입천장을 향해 압축하는 데 필요한 힘이다. 가장 강한 경도를 가진 것은 락캔디이며 가장 부드러운 식품은 크림치즈이다.

② 점성 : 스푼에 있는 액체를 혀에 끌어 내리는 데 필요한 힘이다. 가장 점성이 낮은 식품은 물이며 가장 큰 것은 가당연유이다.

③ 부착성 : 정상적으로 음식을 먹을 때 입천장에 붙은 물질을 떼는 데 필요한 힘이다.

④ 부서짐성 : 어떤 물질을 부수는 데 필요한 힘으로 크래커나 캔디에 일정한 힘 이상의 힘을 가하면 부서지는데, 쉽게 부서지는 식품은 응집성이 약하고 어느 정도 경도를 갖는 것이다.

⑤ 씹힘성 : 어떤 식품에 일정한 힘을 가하여 씹어서 삼킬수 있을 정도로 분쇄하는 데 걸리는 시간을 말한다. 표준식품을 입에 넣고 매초 한 번씩의 속도로 씹어 삼킬 수 있는 정도로 분쇄하는 데 씹어야 하는 횟수이다.

⑥ 검성 : 식품을 씹는 동안에 흩어지지 않고 남아 있는 성질 또는 반고체식품을 삼킬수 있을 정도로 분쇄하는 데 필요한 힘이다.

이들의 특성은 표 12-6 에 요약하여 제시하였다.

표 12-6 식품의 텍스처 특성

기계적 특성		
일차적 변수	경도	식품의 형태를 변형하는 힘
	응집성	식품의 형태를 구성하는 내부적 결합에 필요한 힘
	점성	액체가 단위의 힘에 의하여 유동되는 정도
	탄성	외력에 의하여 변형을 받고 있는 물체가 본래의 상태로 되돌아가려는 성질
	부착성	식품의 표면에 다른 물체의 표면이 부착되어 있는 것을 떼어내는 데 필요한 힘
이차적 변수	부서짐성	물질을 파쇄하는 데 필요한 힘
	씹힘성	고체식품을 삼킬 수 있는 상태까지 씹는 데 필요한 힘
	검성	반고체식품을 삼킬 수 있는 상태까지 씹는 데 필요로 하는 힘
기하학적 특성		
크기와 모양	모래의(gritty)	분리된 입자가 모래 같은 느낌을 주는 것(입자가 작은)
	과립의(grainy)	분리된 입자가 과립상의 느낌을 주는 것
	거친(coarse)	분리된 입자가 거친 느낌을 주는 것(입자가 큰)
모양과 배열	균일한	작고 균일한 기공(아이스크림)
	불균일한	크고 균일하지 못한 기공(튀긴 쌀)
기타 특성		
수분, 지방함량	축축한(watery)	수분이 많은
	느끼한(fatty)	기름기가 많은

기계적 특성을 나타내는 경도를 비롯한 몇가지 특성들의 구체적인 예를 들어 특성강도를 표시하면 표준경도는 9가지 단계로 가장 단단한 캔디에서부터 가장 낮은 경도인 크림치즈까지 단계별로 나타낼 수 있다. 이 식품들은 미국의 특정회사 제품이기는 하지만 우리가 일반적으로 알고 있는 식품이므로 상품명은 기록하지 않았다. 이를 통해 경도의 특성을 이해할 수 있다. 숫자가 낮은 식품이 그 특성이 낮은 것이다.

다른 특성도 이해가 쉽도록 미국인들이 즐겨 먹는 음식으로 특성강도에 해당하는 식품을 제시하였다 표 12-7.

표 12-7 기계적 특성을 나타내는 식품의 예

표준경도척도									
등급	1	2	3	4	5	6	7	8	9
식품	크림치즈	익힌 난백	플랭크 푸르트	가공치즈	올리브, 피클	피넛	생당근	땅콩, 브리틀	락캔디
표준점도척도									
등급	1	2	3	4	5	6	7	8	
식품	물	라이트 크림	헤비크림	무가당 연유	메이플 시럽	초콜릿 시럽	1/2컵마요네즈 + 2T 헤비크림	가당연유	
표준부착성 척도									
등급	1	2	3	4	5				
식품	경화유	버터밀크, 비스킷, 반죽	크림치즈	마시멜로 토핑	땅콩버터				
표준부서짐성 척도									
등급	1	2	3	4	5	6	7		
식품	옥수수 머핀	엔젤퍼프	그레이험 크래커	멜바 토스트	Jan Hazel 쿠키	진저스냅 (생강쿠키)	땅콩, 브리틀		
표준씹힘성척도									
등급	1	2	3	4	5	6	7		
식품	호밀빵	플랑크 푸르트	검드롭스	스테이크	black crows캔디	피넛츄스 (초코바)	투치롤 (tootsie rolls, 초콜릿캔디)		

(계속)

표준검성척도									
등급	1	2	3	4	5				
식품	40% flour paste	45% flour paste	50% flour paste	55% flour paste	60% flour paste				

자료: 김광옥 외, 1991

(2) 기하학적 특성

기하학적인 특성은 크기, 모양, 식품의 입자 배열, 표면의 울퉁불퉁함 등과 같이 식품의 물리적 성분의 배열과 관련이 있다. 기하학적 특성은 다음과 같이 두 가지로 구분할 수 있는데 크기와 모양에 관련된 것과 모양과 배열에 관련되는 특성이다. 기하학적 특징은 주로 혀로 감지되지만, 일부는 입천장이나 치아로 느낄 수도 있다.

(3) 기타 특성

식품의 수분 및 지방함량과 관련된 특성으로, 수분의 양과 지방의 함량을 알 수도 있지만 물리적인 느낌을 나타내는 정성적인 특성을 말한다.

요 약

- 식품의 분산 형태는 녹아 있는 물질의 입자 크기에 따라 진용액, 콜로이드용액, 부유상태로 나뉜다. 진용액은 소금물과 설탕용액 등이 그 예로서, 확산을 하며 녹아 있는 용질의 양만큼 빙점 강하와 비등점의 상승을 가져온다.
- 콜로이드용액은 다양한 기체, 고체, 액체의 분산매에 기체, 액체, 고체의 분산질이 녹아 있는 것으로 틴달현상, 브라운운동을 하며 친수성 콜로이드의 경우 수화하는 성질을 가지고 있다.
- 물과 기름의 두 액체가 분리되지 않고 존재하는 것을 유화액이라하며 유중수적형, 수중유적형 유화액이 있으며, 유화액의 안전성에 따라 영구적 유화액, 일시적 유화액으로 나뉜다.
- 식품의 텍스처는 기계적 특성과 기하학적 특성 등으로 나뉘는데 기계적 특성으로는 경도, 부서짐성, 점도, 부착성 등이 있다.

연습문제

1. 식품의 분산 중 진용액의 예를 들고 이들의 특징을 설명하시오.
2. 콜로이드용액에서 브라운운동과 흡착을 설명하시오.
3. 식품의 텍스처에서 경도를 설명하고 우리가 먹는 식품에서 경도가 가장 큰 식품과 가장 낮은 식품을 쓰시오.

13

CHAPTER

동물성 식품

1. 육류 | 2. 어패류 | 3. 난류 | 4. 우유류 및 가공품

CHAPTER 13

동물성 식품은 식생활에서 단백질의 중요한 급원이 된다. 식생활에서 많이 이용하는 동물성 식품으로는 축산물인 육류·우유류 및 가공품·난류 및 가공품이 있고, 수산물인 어패류와 그 가공품이 있다. 육류의 주된 급원으로는 소·돼지·양·닭 등과 그 외에 염소·오리·거위·칠면조·토끼·말 등이 있다. 건강한 식생활에 대한 중요성이 강조되면서 육류보다는 생선의 섭취에 관심이 증가하고 있는데, 어패류로는 명태·조기·고등어·삼치·꽁치·갈치·오징어·새우·게·굴·전복·바지락 등이 있다. 우유류는 주로 소·양·염소 등에서 얻으며, 알은 닭·오리·거위·메추리 등에서 얻는다.

1 육류

도살된 동물의 근육이 생화학적 변화를 거쳐 식품으로 섭취하기에 알맞게 된 것을 육류라고 한다. 육류는 필수아미노산을 다량 함유하고 있는 양질의 단백질과 지방·비타민·무기질 등을 공급한다.

1) 근육의 구조

근육은 골격에 붙어 있는 골격근, 내장을 구성하는 평활근, 그리고 심장을 구성하는 심근으로 분류한다. 식용으로 주로 이용되는 근육은 골격근으로 생체의 30~40%를 차지한다. 골격근은 두꺼운 근육막으로 둘러싸여 있다. 식품으로 이용되는 것은 근섬유인데, 그림 13-1과 같이 각각의 근섬유는 얇은 근섬유막이 싸고 있고 여러 개의 근섬유 다발을 근속막이 둘러싸고 있다. 굵은 혈관과 신경은 근속막에 묻혀 있고 모세혈관과 신경섬유는 근섬유막을 따라서 근육 내부에 분포한다. 근육막, 근속막, 근섬유막은 결합조직인데, 여기에 지방조직이 함유되어 있다. 근육에 함유되어 있는 결합조직과 지방조직은 육류의 질에 영향을 준다.

근섬유는 1,000~2,000개의 근원섬유로 구성되어 있는데, 근원섬유는 근장이라고 부르는 세포질 속에 묻혀 있다. 근장은 단백질함량이 높고, 비타민·무기질·글리코

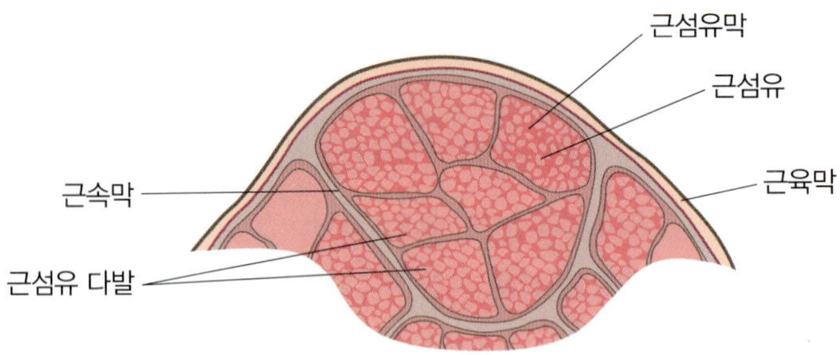

그림 13-1 근육 단면의 구조

겐·미오글로빈·효소·대사중간산물·지질·염류 등을 함유하고 있다. 근섬유를 현미경으로 관찰하면 그림 13-2와 같이 명암의 무늬가 규칙적으로 나타나는데. 이것은 근원섬유가 규칙적으로 배열되어 있기 때문이다.

어두운 부분은 A띠라고 부르는데, 미오신 단백질로 구성되어 있어서 미오신 필라

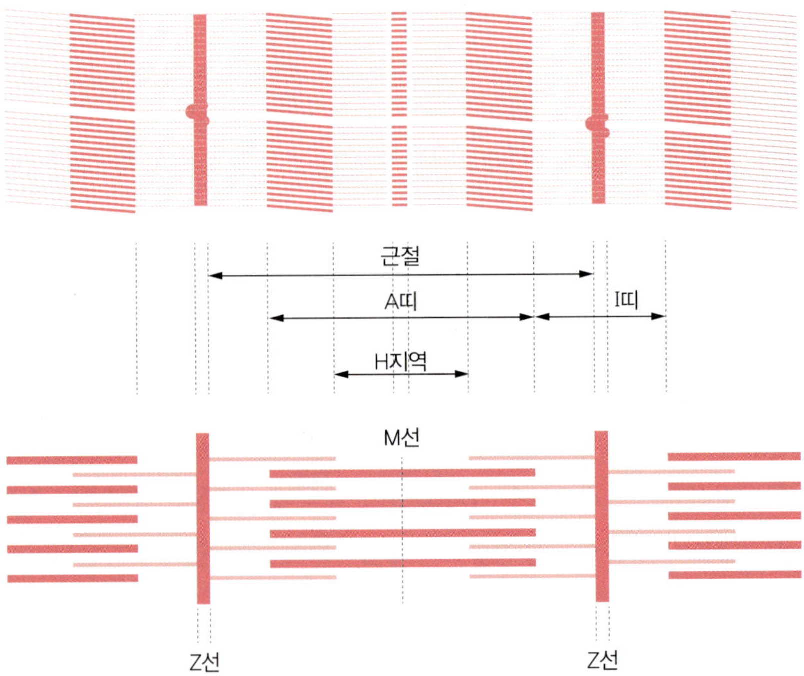

그림 13-2 근원섬유의 구조

멘트라고 하며 굵다. 밝은 부분은 I띠라고 부르는데, 액틴 단백질로 구성되어 있어서 액틴 필라멘트라고 하며 가늘다. A띠 중앙에는 약간 밝은 부분이 있는데 H지역이라고 부른다. 액틴 필라멘트는 Z선에 연결되어 있고, 미오신 필라멘트 중앙에는 M선이 있어서 H지역을 이등분하고 있다. 근원섬유의 단일 수축단위를 근절이라고 하는데, Z선과 다른 Z선 사이의 길이를 의미한다.

2) 육류의 구성성분

동물의 종류·품종·사육방법·사료·사육지역 및 부위에 따라 육류의 구성성분은 다르다. 육류의 종류와 부위에 따른 구성성분은 표 13-1과 같다.

(1) 수분

수분함량은 육류의 부위와 지방 함량에 따라 차이가 있는데, 보통 65~80%이다. 수분에는 각종 성분들이 녹아 있거나 분산되어 있어서 육류의 유연성, 맛, 색 등에 영향을 준다.

표 13-1 육류의 일반성분

(가식부 100 g 기준)

종류	수분(%)	단백질(g)	지질(g)	당질(g)	인(mg)	철(mg)	나트륨(mg)	칼륨(mg)
쇠고기, 한우등심	48.6	15.9	31.7	3.0	130	0.3	54	226
쇠고기, 한우양지	63.1	19.1	12.2	4.6	167	2.9	75	297
돼지고기, 삼겹살	48.9	15.8	26.4	8.0	164	1.0	1	266
돼지고기, 안심	70.8	14.1	13.2	0.5	227	1.6	49	117
닭고기, 가슴살	66.9	18.8	13.6	0.1	108	0.8	58	235
닭고기, 다리살	76.4	19.2	4.2	0.0	180	0.8	96	238
양고기, 갈비	64.2	17.9	17.0	0.8	120	2.3	55	220
오리고기, 집오리	55.3	16.0	27.6	0.1	180	11.0	85	233

(2) 단백질

근육은 약 20%의 단백질을 함유하고 있다 표 13-1. 근육단백질은 근섬유단백질myofibrillar protein, 근장단백질sarcoplasma protein, 결합조직단백질connective tissue protein로 이루어져 있다.

① 근섬유단백질

근섬유단백질은 섬유상 단백질이다. 진한 염류용액에 녹고, 대부분 미오신과 액틴 단백질로 구성되어 있다. 미오신은 전체 근육단백질의 50~60% 정도를 차지하며, 다량의 글루탐산, 아스파르트산, 염기성 아미노산을 함유하고 있다. 미오신은 효소활성을 지니고 있어서, 근육이 수축할 때 ATP를 ADP와 P로 분해시켜 수축에 필요한 에너지를 만들어낸다. 액틴은 근육단백질의 15~30% 정도를 차지하며, G-액틴과 F-액틴 두 형태로 존재한다. 액토미오신은 미오신과 액틴이 결합하여 형성되며 육류의 보수성과 결착성에 영향을 준다.

② 근장단백질

근장단백질은 근장에 용해되어 있는 수용성 단백질로서 물이나 묽은 염류용액에 용해된다. 근장단백질에는 근육세포 내에서 일어나는 여러 가지 작용에 관여하는 효소, 미오글로빈 및 헤모글로빈 등이 있다.

③ 결합조직단백질

결합조직단백질은 물이나 염류용액에 용해되지 않는다. 콜라겐, 엘라스틴, 레티큘린 등이 여기에 속한다. 콜라겐은 동물체에서 양적으로 가장 풍부하여 전체 근육단백질의 20~25%를 차지한다. 근육, 내장기관, 혈관, 피부, 뼈, 힘줄 등을 구성하는 주요 단백질이다.

콜라겐은 세 가닥의 폴리펩티드 사슬이 꼬여 있는 구조로 각 사슬은 가교결합으로 연결되어 있다. 가교결합은 동물이 늙을수록 증가하므로, 늙은 동물의 육류는 어린 동물의 육류보다 더 질기다. 콜라겐은 트립토판과 시스틴이 거의 없고 글리신과 프롤린을 30% 이상 함유하고 있어서 질이 낮은 아미노산 조성을 가지고 있다. 물과 함께 장시간 가열하면 소화가 가능한 젤라틴으로 된다.

엘라스틴은 기관들을 지지하거나 뼈와 뼈를 연결하는 인대와 혈관벽에는 다량, 결합조직에는 소량 함유되어 있다. 엘라스틴은 물 속에서 오래 끓여도 용해되지 않는다. 단백질 소화효소에 대해서도 강한 내성을 가지고 있어 영양적인 가치가 적다.

(3) 지방

지방함량은 동물의 종류, 연령, 성별, 계절, 사육방법, 근육의 부위에 따라 차이가 크게 나타난다. 영양상태가 좋은 동물은 피하, 내장의 주위, 근육의 결합조직 등에 지방이 축적된다. 지방함량이 낮은 사료를 섭취하는 소나 양과 같은 초식동물은 체지방 조성이 비교적 일정하다. 돼지는 지방함량이나 조성이 매우 다양한 사료를 섭취하기 때문에, 지방의 함량이나 조성이 섭취하는 사료에 따라 차이가 크다. 근육 내의 지질은 지방조직 속의 지질에 비해 불포화도가 높고, 인지질을 다량 함유하고 있다. 근육의 지방축적 정도는 육류의 맛과 연한 정도에 영향을 준다.

(4) 탄수화물

동물의 모든 조직과 체액은 소량의 당류와 글리코겐을 함유하고 있다. 글리코겐은 동물의 종류·연령·도살 전 상태 등에 따라 차이가 있는데, 근육 내에 0.02~1.0% 함유되어 있다. 글리코겐은 동물이 도살된 뒤 사후경직 또는 숙성과정 중에 대부분 해당작용을 통해 젖산으로 분해된다.

결합조직의 기질물질은 황산콘드로이틴, 히알루론산 등의 점질다당류를 함유한다. 소량 존재하는 6-인산 포도당, 포도당, 과당, 당 대사산물들은 육류를 가열조리할 때 갈변 반응에 관여하며 향미화합물을 생성한다.

(5) 무기질

육류의 무기질 총량은 1% 정도이다. 칼륨, 인, 철 등의 좋은 급원이지만 칼슘은 적게 함유하고 있다. 알루미늄, 코발트, 구리, 망간, 아연 등은 미량 함유하고 있다.

(6) 비타민

육류는 비타민 B_1(티아민) · 비타민 B_2(리보플라빈) · 니아신, 비타민 B_6(피리독신) · 비타민 B_{12}(코발라민)의 좋은 급원이다. 돼지고기의 비타민 B_1 함량은 쇠고기나 양고기보다 5~10배나 많다.

(7) 비단백질 질소화합물

비단백질 질소화합물들은 주로 근장 속에 수용액 상태로 존재한다. 근육은 표 13-2 와 같이 분자량이 작은 질소화합물들을 1.5% 정도 함유하고 있으며, 육류의 맛과 밀접한 관계가 있다.

표 13-2 근육의 비단백질 질소화합물

비단백질 질소화합물	함량(%)
크레아틴	0.3~0.6
뉴클레오티드(ATP, ADP, AMP, IMP 등)	–
피리미딘, 퓨린 잔기들	0.3
유리아미노산	0.1~0.3
펩티드, 안세린, 카르노신	0.3
크레아티닌	0.02~0.04

3) 근육의 사후 변화

동물이 도살된 직후 유연한 근육은 시간이 어느 정도 지나면 경직상태에 이른다. 이러한 현상을 사후경직rigor mortis이라고 하며, 이 상태가 꽤 오래 지속되지만 시간이 지나면 근육은 다시 유연해진다. 동물이 도살된 뒤 숙성시켜 섭취될 때까지 근육 내에서는 ATP 분해, 근육의 경직, 젖산 축적 및 pH 저하 등 여러 생화학적 변화가 일어난다.

(1) 도살 후 사후경직까지의 변화

동물이 죽은 뒤 경직되기 시작해서 완성까지의 경과시간은 죽기 전 생체의 상태와 저장온도 등에 따라 다르다. 소와 양은 6~12시간, 돼지는 25분~3시간, 칠면조와 생선은 한 시간 이내, 닭은 30분 이내에 사후경직에 이른다. 도살 전에 잘 먹이고 휴식을 시킨 동물은 경직의 개시가 지연된다. 하지만 도살 전에 굶기거나 격렬한 운동을 시킨 동물은 경직 개시가 빠르다. 도살체를 저온에 놓아두면 경직 개시가 지연되고, 고온에 두면 경직 개시가 빠르다.

① 글리코겐과 ATP 분해

동물이 죽으면 혈액 순환이 정지되므로 조직에 산소가 공급되지 않는다. 근육은 산소가 없는 혐기적인 상태가 되고 해당작용만 일어나게 된다. 글리코겐의 분해로 얻는 ATP의 양은 감소하고, 더구나 ATP 분해가 일어나면서 근육 내 ATP 농도는 감소한다. 미오신과 액틴은 결합하여 액토미오신을 형성하게 되고 근육이 점차 수축하여 경직된다.

해당작용
산소가 없는 상태에서 포도당이 젖산까지만 분해되며 ATP를 생성하는 과정

② pH의 변화

동물이 죽은 뒤 혐기적인 해당작용이 진행되면서 근육 내에는 젖산이 축적되어 pH가 낮아진다. 동물이 도살되면 pH는 6.5~6.9로부터 최하 5.3~5.5까지 내려간다. pH가 5.3~5.5에 도달하면 동물의 근육에서 해당작용과 관련이 있는 효소들은 활성을 잃는다. 따라서 근육 속에 포도당이나 글리코겐이 남아 있어도 해당작용은 일어나지 않고, 근육의 pH는 5.3 이하로 내려가지 않는다.

최종 pH는 도살 전 동물체 내에 존재하는 글리코겐의 함량과 관련이 있다. 도살 전에 잘 먹이고 휴식시킨 동물은 글리코겐 함량이 높아서 근육의 pH는 5.3~5.5까지 저하된다. 죽기 전에 또는 죽는 동안 심한 운동을 한 동물은 근육 속의 글리코겐 함량이 낮아서 근육의 pH는 6.0~6.6을 나타낸다.

pH가 낮은 육류는 색이 밝고 보수성의 저하로 조직이 거칠며 부패세균에 대한 저항성이 크다. pH가 높은 육류는 색이 어둡고 조직이 치밀하며 부패세균에 대한

저항성이 약하다. pH의 저하로 보수성이 감소하는 것은 근육단백질의 pH가 단백질의 변성이 쉽게 일어나는 등전점인 pH 5.1~5.5 범위 안에 있기 때문이다.

(2) 숙성

사후경직된 육류는 식용에 적합하지 않으므로 숙성시킨다. 숙성이 진행되는 속도는 도살체를 저장한 온도와 시간에 영향을 받는다. 실온에서는 냉장온도보다 숙성이 빨리 진행된다. 숙성은 미생물의 번식을 방지하기 위하여 0~4℃, 상대습도 70%에서 실시한다. 숙성기간은 쇠고기는 7~10일, 양고기는 3~5일이며, 돼지고기는 1일이면 충분하다. 일반적으로 돼지고기는 지방의 산패가 빠르게 일어나기 때문에 숙성시키지 않는다. 숙성하는 동안 연한 정도, 보수성, 맛 등에서 변화가 일어난다.

도살 후 근육의 수축과 pH의 저하로 육류에서 액즙이 유출된다. 육류의 보수성은 도살 직후에는 높지만 시간이 지남에 따라 감소하여 경직이 완성되면 최소가 된다. 근육의 pH가 주요 단백질들의 등전점인 pH 5.0~5.5에 도달하면, 단백질의 수화 감소와 일부 근장단백질의 변성이 일어나기 때문에 근육이 보수성을 상실하게 된다. 경직이 해소된 후 숙성이 진행됨에 따라 보수성은 약간 증가된다. 이와 같은 현상은 경직 후기에 pH가 약간 상승하여 단백질의 수화력이 증가하고, 효소의 작용으로 생성된 저분자의 수용성 생성물들에 의하여 삼투압이 증가하기 때문이다.

육류를 숙성시키면 결합조직의 변화, 보수성 증가, 단백질 분해효소인 카텝신 cathepsin에 의한 근섬유단백질의 분해 등에 의하여 연화된다. 숙성과정에서 생성된 아미노산, IMPinosine monophosphate, 젖산 등은 육류의 맛에 기여한다.

4) 가열에 의한 육류의 변화

육류를 가열하면 물리적·화학적 변화들이 일어나고, 미생물과 기생충이 사멸되는 효과도 얻는다.

(1) 단백질의 변성

육류를 가열하면 근장단백질과 근섬유단백질 및 그 밖의 단백질들이 변성되어 단단해진다. 근육단백질의 열변성은 온도가 상승함에 따라 단계적으로 일어난다. 온도가 증가하면 근섬유단백질은 새로운 가교결합을 형성하고, 65℃ 정도에 이르면 응고된다.

(2) 색의 변화

신선한 근육은 미오글로빈이나 헤모글로빈 때문에 붉은색이지만, 조리된 육류는 회색이나 갈색을 나타낸다. 가열에 의하여 단백질인 글로빈이 변성되면, 미오글로빈이나 헤모글로빈의 헴이 글로빈으로부터 분리된다. 분리된 헴은 결합된 헴보다 산화되기 쉽기 때문에, 가열한 육류는 산화된 헴인 헤민hemin의 형성에 의하여 갈색을 띤다. 육류를 고온에서 장시간 가열하면 마이얄 반응이 일어나기 때문에 갈색을 나타낸다.

마이얄 반응
효소가 관여하지 않고 환원당과 아미노기를 함유한 아미노산, 펩티드 등이 반응하여 발생하는 갈변 반응

(3) 향미성분의 생성

아미노산과 환원당이 관여하는 갈변 반응이 가열된 육류의 향미성분 생성에 중요한 역할을 한다. 또한 유리아미노산이나 단백질에서 생성된 황화수소, 메르캅탄, 알킬설피드, 알킬디설피드, 알데히드, 케톤, 알코올, 아민 등도 향미에 기여한다. 지질의 산화로 생성되는 알코올, 산, 알데히드, 케톤, 탄화수소 등도 가열육의 향미에 관여한다.

(4) 비타민과 아미노산의 손실

육류에 함유되어 있는 비타민 B_1과 판토텐산은 열에 불안정하여 고온에서 장시간 가열하면 많이 손실된다. 그러나 니아신과 비타민 B_2는 열에 비교적 안정하다. 엽산은 가열 시 90%까지 손실된다. 육류를 가열하면 마이얄 반응으로 인하여 리신, 아르기닌, 히스티딘, 메티오닌 등의 아미노산이 손실되기 쉽다.

5) 육류의 등급

우리나라에서는 소비자가 육류를 육질등급에 합당한 가격으로 구매할 수 있도록 하기 위하여 쇠고기, 돼지고기, 닭고기, 오리고기에 내하여 축산물 등급제를 시행하고 있다.

쇠고기의 경우 육질 등급은 등심 부위 절개면의 지방분포 정도, 고기의 색, 고기의 조직 및 탄력, 지방의 색, 뼈의 성숙도를 종합하여 $1^{++}\cdot1^{+}\cdot1\cdot2\cdot3$ 등급으로 판정한다. 육량 등급은 도체중량, 등심 부위의 외부지방 두께, 등심 부위 근육의 크기 등을 종합하여 A·B·C 등급으로 판정한다. 표 13-3 은 소고기 등급 표시를 나타낸 것이다. 돼지고기의 경우 도체의 중량과 등 부위 지방 두께에 따라 1차 등급

표 13-3 쇠고기 등급표시

구분		육질 등급					
		1^{++}등급	1^{+}등급	1등급	2등급	3등급	등외
육량등급	A등급	1^{++}A	1^{+}A	1A	2A	3A	
	B등급	1^{++}B	1^{+}B	1B	2B	3B	
	C등급	1^{++}C	1^{+}C	1C	2C	3C	
	등외						

등급 읽기

1^{++}A
일투플러스에이등급

1^{+}B
일플러스 비등급

알아두기 쇠고기 이력제

이 법은 소 및 쇠고기의 이력관리에 필요한 사항을 규정함으로써 방역의 효율성을 도모하고 쇠고기의 안전성을 확보하여 소비자 이익의 보호 및 증진과 축산업 및 관련 산업의 건전한 발전에 이바지함을 목적으로 하며 쇠고기 이력제에서는 쇠고기를 다음과 같이 분류한다.

국내산

- 한우고기 : 한우 기준에 부합하는 쇠고기
- 육우고기 : 젖소 중 착유한 경험이 없는 암소, 젖소수컷, 기타 육용 소의 고기
- 젖소고기 : 착유하고 있거나 착유를 위하여 사육중인 유용 소, 젖소에서 암소로 태어난 송아지의 고기

수입산

- 수입쇠고기 : 검역관이 수입소로 인정하는 소의 고기

을 판정하고, 비육상태, 지방 부착상태, 지방 침착 정도, 고기의 색과 질, 결함상태에 따라 2차 등급을 판정하여 1^{+}·1·2 등급으로 판정한다. 닭과 오리고기의 품질 등급은 도체의 비육상태 및 지방의 부착상태 등을 종합하여 1^{+}·1·2 등급으로 판정한다.

2 어패류

육류는 불포화지방산과 콜레스테롤을 함유하고 있어서 동맥경화 또는 심혈관 질환으로 고통받는 사람은 식생활에서 섭취량을 조절할 필요가 있다. 이에 따라 고도불포화지방산을 함유하고 있고 에너지가 낮은 양질의 단백질식품인 어패류의 소비가 증가하고 있다.

1) 어패류의 종류

(1) 해수어

바다에 사는 물고기로 우리 식생활에서 이용하는 것은 고등어, 꽁치, 삼치, 갈치, 명태, 조기, 대구, 광어, 도미, 병어, 아귀 등이 있다.

그림 13-3 해수어의 종류

(2) 담수어

강이나 하천에 사는 물고기로 우리 식생활에서 이용하는 것은 미꾸라지, 붕어, 메기, 쏘가리, 잉어, 가물치 등이 있다.

그림 13-4 담수어의 종류

(3) 패류, 갑각류 및 연체동물

패류는 바다, 강, 하천에 사는 것을 이용하며 굴, 바지락, 홍합, 재첩, 모시조개, 꼬막, 전복, 소라, 올갱이 등이 있다. 갑각류에 속하는 것으로 게, 가재, 새우 등이 있고 연체동물로는 오징어, 낙지, 문어, 한치, 주꾸미, 꼴뚜기, 해삼, 멍게(우렁쉥이), 미더덕 등이 있다.

그림 13-5 패류, 갑각류 및 연체동물류

알아두기 **명태의 여러 가지 명칭**

- 생태: 바다에서 잡은 싱싱한 명태
- 동태: 냉동시킨 명태
- 북어: 바짝 건조시킨 명태. 추운 겨울 밖에서 얼려가며 건조시켜 부드럽고 황금색을 띠는 북어를 특히 황태라고 부른다.
- 코다리: 2주 정도 말린 명태
- 노가리: 말린 명태 새끼

2) 어패류의 구성성분

어패류는 수분 70~85%, 단백질 15~25%, 지질 1~10%, 탄수화물 0.5~1%, 무기질 1~2%로 구성된다. 성분 조성은 종류, 연령, 성별, 부위, 서식장소, 계절 등에 따라 다르다. 특히 지방과 수분의 함량은 계절에 따라 차이가 크게 나타난다. 어패류는 탄수화물 함량은 낮은 편이고, 저장물질로 글리코겐을 함유하고 있다.

표 13-4 어패류의 일반성분

(가식부 100 g 기준)

종류	수분(%)	단백질(g)	지질(g)	당질(g)	인(mg)	나트륨(mg)	칼륨(mg)	니아신(mg)
갈치	72.7	18.5	7.5	0.1	191	100	260	2.3
고등어	68.1	20.2	10.4	0.0	232	75	310	8.2
명태	80.3	17.5	0.7	0.0	202	132	293	2.3
연어	75.8	20.6	1.9	0.2	243	95	330	7.5
참조기	70.2	15.8	9.5	3.1	233	111	313	0.6
바지락, 양식	82.2	13.0	1.1	0.7	185	370	230	2.4
오징어	77.5	19.5	1.3	0.0	273	181	260	2.5
꽃게	81.4	13.7	0.8	2.0	182	304	360	2.6

(1) 수분

어패류는 수조육류보다 수분을 많이 함유하고 있다. 일반 어류는 75%, 오징어·낙지·문어·새우·게·굴·바지락 등은 85% 정도의 수분을 함유하고 있다.

(2) 단백질

어류는 17~25%, 오징어와 낙지는 12~17%, 조개류는 7~10%의 단백질을 함유하고 있다. 어피단백질은 대부분 콜라겐이고 소량의 엘라스틴과 당단백질이 들어 있다. 어육단백질은 근원섬유단백질, 근장단백질, 결합조직단백질로 구성되어 있다. 어육은 육류보다 근장단백질이 약간 많고, 결합조직단백질은 매우 적다. 어패류는 모든 필수아미노산을 함유하고 있으며, 특히 리신을 다량 함유하고 있다.

(3) 탄수화물 및 유기산

어육은 0.2~1.0%의 글리코겐을 함유하고 있지만, 포획된 직후부터 분해되기 시작하여 판매될 때는 거의 남아 있지 않다. 조개류는 글리코겐을 1~8% 함유하고 있다. 조개류의 근육에는 숙신산이 다량 함유되어 있어 감칠맛이 난다.

(4) 지질

어패류의 종류·연령·성별·산란기와 부위 등에 따라 지질함량이 다르다. 지질은 배 부위와 피하층에 특히 많으며 산란기에 더 많아진다. 어패류의 지질은 대부분 중성지방이고, 불포화지방산을 다량 함유하고 있다. 어유의 포화지방산은 대부분 팔미트산이다. 불포화지방산으로는 소량의 올레산, 리놀레산, 리놀렌산과 다량의 아라키돈산을 함유하고 있다. ω-3계열의 고도불포화지방산인 에이코사펜타엔산EPA과 도코사헥사엔산DHA을 많이 함유하고 있다. 어유는 불포화도가 높기 때문에 가공 또는 저장하는 동안에 산화되기 쉽다.

(5) 무기질

나트륨·칼륨·마그네슘·인을 많이 함유하고 있고, 칼슘·알루미늄·철·구리 등도 들어 있다. 해수어에는 요오드와 인의 함량이 높고 철 함량은 낮다. 조개류는 어류보다 철·구리·칼슘을 더 많이 함유하고 있다.

(6) 비타민

비타민 A와 D는 큰 생선일수록, 산란기에 가까울수록 많아진다. 비타민 B_1, 비타민 B_2, 니아신 등은 수조육류보다 적게 함유되어 있다.

(7) 추출물

물로 추출되는 성분 중 단백질과 색소 등 고분자화합물을 제외한 성분들을 추출물이라고 한다. 어육은 2~5%, 연체동물은 5~7%, 갑각류는 10~12% 함유하고 있다. 추출물 중 여러 가지 아미노산, 베타인, 뉴클레오티드는 중요한 맛성분이 된다.

① 유리 아미노산

오징어·낙지와 같은 연체동물과 새우·게와 같은 갑각류는 유리 아미노산을 다량 함유하고 있다. 특히 글리신·알라닌·프롤린·아르기닌·글루탐산 등의 함량이 높고, 비단백아미노산인 타우린도 들어 있다.

② 베타인

동물체의 대사물질인 베타인은 단맛과 구수한 맛을 낸다. 오징어·새우 같은 연체동물과 갑각류의 조직에는 글리신베타인glycine betaine, β-알라닌베타인β-alanine betaine, 카르니틴carnitine 등과 같은 베타인이 함유되어 있다. 어육의 베타인 함량은 0.1% 정도이고, 오징어·낙지·새우는 더 많이 함유하고 있다. 새우류는 추출물의 5~11%가 베타인이다.

③ 뉴클레오티드

어육에 들어 있는 뉴클레오티드의 90% 이상이 아데닌뉴클레오티드이다. 아데닌뉴클레오티드의 주된 형태는 ATP인데 어류가 죽으면 시간이 지남에 따라 ATP는 ADP, AMP, IMP, 이노신, 히포잔틴 순서로 분해된다. IMP는 구수한 맛에 기여하고 히포잔틴은 쓴맛을 낸다.

(8) 냄새성분

해수어의 비린내는 트리메틸아민trimethylamine, TMA, δ-아미노발레르산δ-aminovaleric acid, δ-아미노발레랄δ-aminovaleral이 혼합된 것이다. 트리메틸아민은 생선 조직에 있는 트리메틸아민옥사이드trimethylamineoxide, TMAO가 세균에 의해 환원된 화합물이다. 담수어의 냄새는 피페리딘piperidine과 아세트알데히드가 축합된 것이다.

(9) 색소성분

가다랑어나 참치의 살은 미오글로빈 때문에 붉은색을 띤다. 신선도가 떨어지면 미오글로빈이 산화되어 메트미오글로빈이 되기 때문에 어육의 색이 변하게 된다.

연어와 송어의 육색소는 아스타잔틴이다. 새우와 게의 껍데기에는 아스타잔틴이 단백질과 결합한 파란색의 색소단백질로 존재한다. 색소단백질을 가열하면 단백질의 변성으로 아스타잔틴이 단백질로부터 유리되어 붉게 보인다. 아스타잔틴은 더 산화되면 아스타신이 되어 선명한 붉은색을 나타낸다.

멜라닌은 어류의 표피나 오징어의 먹물주머니에 존재하는 색소이다.

오징어와 낙지의 표피색소는 오모크롬ommochrome이다. 살아있는 오징어의 표피에는 갈색의 색소포가 존재하지만, 죽으면 색소포가 수축되어 흰색이 된다. 죽은 다음 신선도가 떨어지면 체액이 약알칼리성으로 변화하기 때문에 오모크롬이 붉게 변한다.

3) 어류의 사후 변화

어류는 몸체가 작아 저장된 글리코겐의 양이 적으므로 사후경직의 시작과 지속시간이 짧다. 어류의 사후경직은 죽은 뒤 1~7시간에 시작되어 5~22시간 지속된다.

어류의 사후경직은 어류의 종류, 어류가 죽기 전의 상태, 죽은 후의 방치온도, 내장의 유무 등에 따라 크게 차이가 난다. 붉은살 생선은 흰살 생선보다 사후경직이 빨리 시작되고 지속시간도 짧다. 죽기 전에 오랫동안 격렬하게 운동한 어류는 사후경직이 빨리 시작되고 경직의 지속시간도 짧다. 그렇지 않은 어류는 조직의 글리코겐 함량이 많기 때문에 경직 개시까지의 시간이 길고 지속시간도 길다.

어류가 죽은 뒤 어육 속의 글리코겐은 젖산으로 분해된다. 젖산이 축적되면 어육의 pH는 떨어지고 단백질 가수분해효소인 카텝신에 의하여 자기소화가 일어난다. 어육의 자기소화로 생성된 아미노산과 저분자 질소화합물들은 부패세균의 생장과 증식을 촉진하게 된다. 어류가 부패하면 트리메틸아민의 양이 증가하며, 연골어에 다량 함유된 요소는 세균의 효소에 의해 암모니아가 된다.

어류의 지방은 불포화도가 높아서 쉽게 산화되어 저장 중에 저급지방산, 알데히드, 케톤 등을 생성하여 악취를 낸다. 자기소화에 의하여 생성된 히스티딘은 부패세균에 의하여 히스타민으로 전환된다. 담수어는 해수어보다 부패가 빠르게 진행된다. 부패균들의 최적온도는 20~30℃이지만 0℃에서도 생장, 증식한다.

자기소화는 효소의 작용에 의한 반응이므로 냉장에 의하여 완전히 정지시킬 수는 없고 억제시킬 수는 있다. 어류를 잡은 즉시 얼음에 저장하거나 동결시키면, 글리코겐이 보존되고 사후경직의 개시시간이 연장되므로 저장수명이 길어진다.

3 난류

식용이 가능한 난류 중에서 달걀은 세계적으로 그 생산량이나 이용면에서 대부분을 차지한다. 달걀은 양질의 단백질, 불포화지방, 철, 리보플라빈 등을 공급한다. 달걀의 응고성, 젤 형성능, 기포성, 유화성 등은 가공식품을 제조할 때 다양하게 이용된다.

1) 달걀의 구조와 조성

그림 12-3에서와 같이 달걀은 8~11%의 난각, 56~61%의 난백, 27~32%의 난황으로 구성되어 있다. 난각을 제거한 달걀은 약 36%의 난황과 64%의 난백으로 구성되며, 25~26.5%의 고형물을 함유한다. 알끈chalazae은 난황을 난백 가운데에 고정시키는 역할을 한다.

(1) 난각

난각은 단백질과 탄산칼슘으로 구성된다. 난각은 98.2%의 칼슘, 0.9%의 마그네슘, 0.9%의 인으로 이루어지는데, 마그네슘 함량이 높을수록 강도가 크다. 난각의 표면에는 7,000~1만 7,000개의 깔때기 모양으로 생긴 미세한 구멍들이 분포되어 있어 공기의 유통과 수분 조절이 이루어진다.

신선한 달걀의 난각 표면에는 큐티클cuticle이라는 케라틴 단백질 섬유가 덮여 있다. 큐티클은 미생물의 침입을 막는 역할을 하기 때문에 달걀을 물에 씻지 않는다. 난각과 난백 사이에 있는 난각막은 단백질과 다당류 섬유로 구성된 두 겹의 막이며, 미생

표 13-5 난류의 일반성분

(가식부 100 g 기준)

종류	수분(%)	단백질(g)	지질(g)	당질(g)	칼슘(mg)	인(mg)	철(mg)	비타민B_2(mg)
달걀	74.4	12.7	11.0	1.0	47.0	168.0	1.8	0.26
난황	48.8	15.6	29.7	0.9	129.0	550.0	5.5	0.42
난백	87.1	11.3	0.1	0.9	7.0	11.0	0.2	0.38
메추리알	72.6	12.6	12.1	1.6	72.0	234.0	4.8	0.40
오리알	70.5	12.5	14.0	2.0	64.0	219.0	2.6	0.40

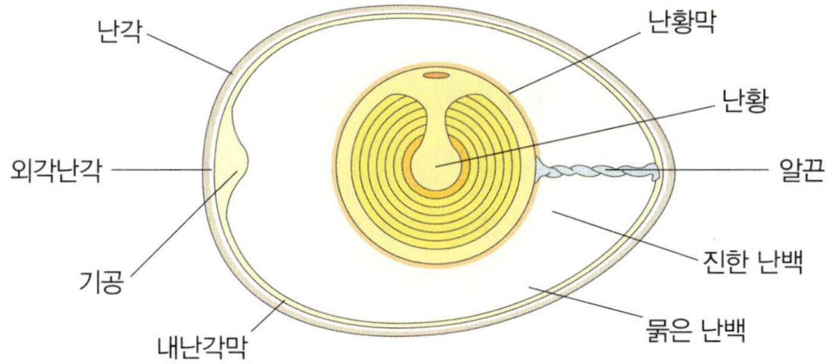

그림 13-6 달걀의 구조

물이 밖에서 침입하지 못하게 한다. 두 개의 막 사이에 존재하는 기공은 저장기간이 길어지면 수분과 이산화탄소가 증발하여 커지고 가벼워진다. 3~4% 소금물 속에 달걀을 담갔을 때 물 위에 뜬다면 부패한 것이다.

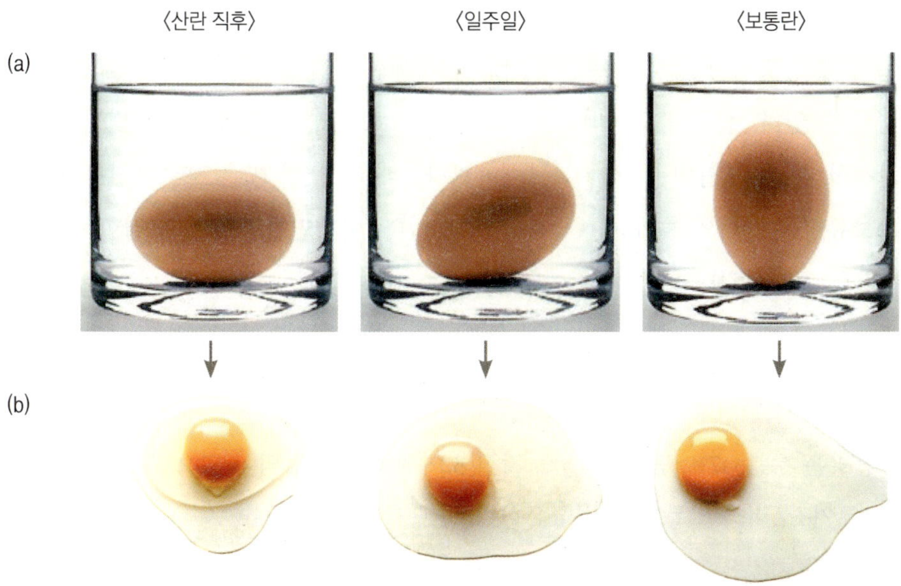

그림 13-7 저장기간에 따른 달걀의 상태

(a) 물 속에 담갔을 때, (b) 달걀 프라이했을 때

(2) 난백

난백은 진한 난백, 묽은 난백, 칼라자층chalaziferous layer 등으로 구성된다.

난백은 수분 89%, 단백질 10%, 탄수화물 약 1%, 지질 0.03%, 무기질 약 0.6%로 구성된다. 난백은 닭의 품종, 연령, 달걀의 저장조건 및 기간 등에 따라 고형물의 조성에 차이가 있다.

난백의 지질함량은 난황의 지질함량에 비하여 매우 낮다. 탄수화물은 결합상태와 유리상태로 존재하며, 유리탄수화물의 약 98%는 포도당이고, 결합된 탄수화물은 당단백질의 형태로 존재한다. 난백에는 황과 나트륨이, 난황에는 인·칼륨·칼슘·마그네슘·철이 많이 들어 있다.

난백은 40여 종의 단백질로 이루어지는데, 다량 함유되어 있는 단백질은 오브알부민, 콘알부민, 오보뮤코이드, 리소짐 등이다.

오브알부민은 가열하면 응고되고 약품에 의해 쉽게 변성된다. 콘알부민은 열에 쉽게 응고되고, 철이나 비타민 B_{12}와 결합하여 불활성화된다. 당단백질인 오보뮤코이드는 열에 응고되지 않으며 트립신 작용을 저해한다. 리소짐은 세균의 세포막을 용해시킬 수 있다. 섬유상 당단백질인 오보뮤신은 짙은 난백에 다량 함유되어 있고 열에 안정하다. 짙은 난백층은 묽은 난백층보다 4배 정도 더 많은 오보뮤신을 함유한다. 오보뮤신은 난백의 묽어짐 현상과 관련이 있다. 아비딘은 비오틴과 결합하여 체내이용률을 저하시킨다.

(3) 난황

난황은 수분 47%, 단백질 16%, 지질 32~36%로 구성되어 있으며, 그 외에 탄수화물, 무기질, 비타민 등도 소량 함유한다.

난황의 지질은 중성지방 66%, 인지질 28%, 콜레스테롤 5%, 소량의 다른 지질들로 구성된다. 난황의 단백질은 수용성인 리베틴livetin과 지단백질lipoprotein이다.

난황의 탄수화물 함량은 약 1%인데, 그중 0.7%는 유리상태로, 0.3%는 결합상태로 존재한다. 유리상태의 탄수화물은 대부분 포도당이고 결합상태의 탄수화물은 대부분 단백질과 결합하고 있다. 난황은 칼슘, 칼륨, 인을 많이 함유하고 있다.

2) 달걀의 기능적 특성

달걀은 면류·마요네즈·케이크 등을 제조할 때 중요한 재료로 사용된다. 이와 같은 가공식품에 달걀을 넣는 것은 영양소를 강화하고 여러 가지 기능적인 특성을 이용하는 데 목적이 있다.

> **액상란**
> 제과제빵의 원료 또는 집단급식용 재료로 액상란이 사용됨. 액상의 난백은 제과류·어묵·소시지 및 음료제조용으로, 액상의 난황은 마요네즈·제과류·이유식 등에 사용됨

(1) 응고성

달걀을 가열하면 단백질이 응고되고 유동체인 졸sol에서 반유동체인 젤gel로 변한다. 이와 같은 현상은 달걀 단백질의 고유구조가 먼저 풀어진 다음 분자 사이에 소수성결합, 수소결합, 디설피드결합 등이 새로 형성되기 때문이다. 난백은 62℃에서 응고하기 시작하여 65℃에서는 유동성을 상실하며 70℃에서는 단단해진다. 난황은 65℃에서 응고가 시작되고 약 70℃에서 유동성을 상실한다.

달걀이 열에 응고될 때는 산, 알칼리, 식염, 당 등에 의하여 영향을 받는다. 달걀에 함유되어 있는 염류를 제거하면 응고력이 저하되고, 제거했던 염류를 다시 첨가하면 응고성이 회복된다. 달걀을 물로 희석하면 염류의 농도가 저하되기 때문에 응고온도가 상승하고, 달걀에 식염을 첨가하면 응고가 촉진된다. 염화마그네슘, 황산나트륨, 염화칼슘 등도 달걀의 응고를 촉진한다. 자당은 달걀의 응고온도를 상승시키고, 산은 응고가 시작되는 온도를 낮춘다.

(2) 기포성

난백을 강하게 저으면 거품을 형성한다. 단백질의 표면 형성은 비가역적이므로 안정한 거품을 만든다. 난백단백질 중에 글로불린이 기포를 가장 잘 만든다. 신선하지 않은 달걀은 기포성이 크지만 안정성은 떨어진다.

(3) 유화성

난황은 그 자체가 수중유적형의 유화액이다. 난백에 비해 유화력이 크므로 마요

네즈, 샐러드 드레싱, 케이크 반죽을 제조할 때 중요한 재료로 사용된다. 난황의 유화 작용은 주로 인지질에 의한 것으로 레시틴이 중요한 역할을 한다.

4 우유류 및 가공품

우유류 중에서 우유가 가장 많이 이용되며, 그 외에 염소유·산양유·양유 등도 그 생산량은 많지 않으나 지역에 따라 이용된다. 우유류는 단백질, 지방, 탄수화물, 무기질, 비타민 등 각종 영양소가 잘 배합된 소화되기 쉬운 양질의 액체식품이다. 우유류는 버터와 치즈의 원료일 뿐 아니라 케이크, 빵, 커스터드, 푸딩 등을 만드는 데도 이용된다.

1) 우유의 구성성분

우유에 함유된 성분의 함량은 품종, 연령, 출산 후 경과일, 사료, 계절 등 여러 가지 인자들에 의해 영향을 받는다 표 13-6.

표 13-6 우유류의 일반성분

(가식부 100 g 기준)

우유류	수분(%)	단백질(g)	지질(g)	당질(g)	칼슘(mg)	인(mg)	철(mg)	비타민B_2(mg)
모유	88.0	1.1	3.5	7.2	27.0	14.0	0.1	0.03
우유	88.2	3.2	3.2	4.7	105.0	89.0	0.1	0.04
탈지우유	91.5	3.0	0.1	4.7	100.0	95.0	0.1	0.15
산양유	88.0	3.1	3.6	4.5	120.0	90.0	0.1	0.14

(1) 단백질

우유의 기본 단백질은 카제인과 유청 단백질이다. 카제인은 인을 함유한 단백질로 전체 우유 단백질의 약 80%를 차지하고, 나머지는 유청단백질이다.

① 카제인

카제인은 인단백질인 α_{S1}-카제인, β-카제인, κ-카제인, γ-카제인으로 구성되어 있다. 또한 다량의 칼슘, 인과 소량의 마그네슘, 구연산(시트르산)을 함유한다.

카제인은 산이나 레닌rennin에 의하여 응고된다. 우유에 산을 첨가하여 카제인의 등전점인 pH 4.6에서 침전시킨 카제인은 칼슘과 인을 함유하지 않는다. 그러나 레닌작용으로 얻어진 카제인은 단백질이 부분적으로 분해되어 있는 파라카제인paracasein이며 칼슘과 인을 함유한다.

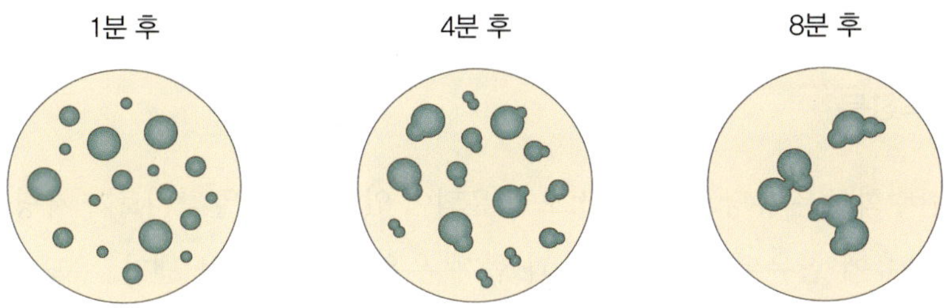

그림 13-8 레닌의 첨가로 카제인이 서서히 젤로 응고되는 그림

② 유청단백질

탈지유로부터 카제인이 제거되고 남은 용액을 유청 또는 유장이라 하고, 유청에 용해되어 있는 단백질을 유청단백질이라고 한다. 유청의 주요 단백질은 β-락토글로불린과 α-락트알부민이고, 그 외에 면역글로불린, 혈청알부민, 프로테오스-펩톤proteose-peptone 등이 있다.

β-락토글로불린은 유청단백질 가운데 가장 풍부하다. 우유 단백질 중에서 시스테인을 함유하고 있어서 이 단백질이 가진 유리황화수소기는 가열한 우유에서 나는 가열취의 원인이 된다. 면역글로불린은 초유에 많이 함유되어 있어서 어린 동물의 혈액으로 이동되어 그대로 흡수된다.

(2) 지질

지질의 97~98%는 중성지방이며, 그 밖에 인지질, 스테롤, 카로티노이드, 지용성 비타민들도 함유되어 있다.

우유의 주요 지방산은 팔미트산·스테아르산·올레산·리놀레산이며, 탄소 10개 이하인 저급지방산도 함유하고 있다. 우유의 인지질 함량은 1% 정도이며, 주요 인지질은 포스파티딜콜린·포스파티딜에탄올아민·포스파티딜세린·스핑고미엘린 등이다.

δ-히드록시산δ-hydroxy acid을 함유한 지질은 가열될 때 δ-락톤δ-lactone을 형성하여 코코넛과 같은 냄새를 낸다.

(3) 탄수화물

주된 탄수화물은 유당으로 5% 정도 함유되어 있다. 유당은 감미도가 자당의 1/3 정도이며, 우유에 함유된 다른 성분들과 함께 우유 특유의 맛을 낸다. 유당은 물에 잘 용해되지 않으므로 우유가 첨가된 가공식품에서 문제가 된다. 유당은 저온에서 단단하고 예리한 결정을 형성한다. 이러한 유당 결정은 입 속에서 거칠고 깔깔한 감촉을 느끼게 한다.

(4) 무기질

우유에는 칼슘, 마그네슘, 칼륨, 나트륨, 무기인산염, 염화물, 황화물 등이 존재한다. 우유에 존재하는 전체 칼슘의 2/3는 단백질과 결합되어 콜로이드상태로 분산되고 1/3은 이온상태로 존재한다. 무기질함량은 품종, 사료, 분비시기 등에 따라 다르다.

(5) 비타민

비타민 A·D·E의 함량은 동물이 섭취한 사료에 영향을 받는다. 우유의 비타민 K 및 수용성 비타민들은 소의 첫째 위 안에 있는 세균들에 의해 합성되기 때문에 동물이 섭취한 사료와 상관없이 함량이 일정하다.

우유는 비타민 B_2, 비타민 B_{12}, 비타민 A·D·E·K, 판토텐산 등의 비타민을 많이 함유하고 있으나, 탈지유에는 지용성 비타민이 거의 없다.

(6) 효소

우유에는 많은 효소들이 존재하는데, 대부분 살균하면 불활성화한다.

알칼린 포스파타아제는 지단백질 복합체로 존재한다. 살균에 가장 민감하여 71.7℃에서 15초간 열처리하면 활성을 상실한다. 따라서 저온살균한 우유에서 이 효소가 검출되면 열처리가 부족했다는 것을 의미한다. 리파아제는 유지방에 작용하여 부티르산을 유리시켜 산패취를 생성하며, 일반적인 저온살균 처리를 하면 활성을 상실한다.

프로테아제는 pH 6.5~9에서 최대의 활성을 나타낸다. 카제인에 더 잘 작용하므로 카세이나아제라고도 한다. 유리상태에서는 80℃에서 10분 동안 가열하면 활성을 상실하지만, 우유 속에서는 열에 대한 저항성이 크다. 따라서 열처리한 우유나 우유제품에 이 효소가 남아 있으면 우유의 품질에 영향을 준다. 퍼옥시다아제는 우유에 가장 많이 들어 있는 효소로 수소 공여체가 존재하면 과산화수소를 분해한다.

2) 우유가공품

(1) 치즈

치즈는 우유를 유산균으로 발효시키고 응유효소인 레닌rennin을 첨가하여 우유단백질인 카제인을 유지방과 함께 응고시킨 커드curd를 숙성시켜서 만든다. 치즈는 자연치즈와 가공치즈로 나뉜다. 자연치즈는 우유에 유산균을 접종하여 발효시킨 것으로 식품첨가물을 사용하지 않지만, 가공치즈는 자연치즈에 식품첨가물과 유화제를 넣고 가열하고 용해시켜 만든 것이다.

레닛(rennet)
젖을 떼지 않은 송아지의 4번째 위에서 얻어내는 정제하지 않은 추출물임. 우유응유효소인 레닌을 함유하고 있음

연질치즈는 수분을 55~80% 함유하며 코티지, 모짜렐라, 카망베르, 페타, 브리,

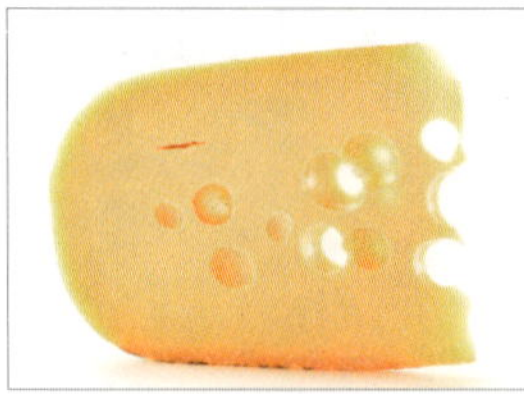
에멘탈

모짜렐라

고르곤졸라

까망베르

파마산

고우다

로크포르

페타

그림 13-9 여러 가지 치즈

리코타 등이 있다. 반경질치즈는 수분을 45~55% 함유하며 푸른곰팡이에 의해 숙성된 로크포르, 고르곤졸라 등이 있다. 경질치즈는 수분을 34~45% 함유하며 체다, 고우다, 에담, 에멘탈 등이 있다. 초경질치즈는 수분을 13~34% 함유하며 파마산치즈가 대표적이다.

(2) 요구르트

우유나 산양유 등을 유산균이나 효모를 이용하여 발효시킨 것을 발효유라고 한다. 유산발효유는 유산균만 사용하여 발효시키며, 대표적으로 요구르트가 있다. 요구르트는 액상요구르트와 농후요구르트로 나뉘는데, 농후요구르트에는 떠먹는 호상요구르트와 마시는 드링크 요구르트가 있다.

요약

- 식용으로 이용되는 근육은 골격근으로 생체의 30~40%를 차지하며 약 20%의 단백질을 함유하고 있고, 근섬유단백질, 근장단백질, 결합조직단백질로 이루어져 있다. 결합조직단백질에는 콜라겐, 엘라스틴, 레티쿨린 등이 있으며, 전체 근육단백질의 20~25%를 차지하는 콜라겐은 근육·내장기관·혈관·피부·뼈·힘줄 등을 구성한다. 콜라겐은 트립토판과 시스틴이 거의 없고 글리신과 프롤린을 30% 이상 함유하고 있어서 질이 낮은 아미노산 조성을 가지고 있다. 물과 함께 장시간 가열하면 소화가 가능한 젤라틴으로 된다.
- 동물이 도살된 직후 유연한 근육은 시간이 어느 정도 지나면 경직상태에 이른다. 이러한 현상을 사후경직(rigor mortis)이라고 하며, 이 상태가 꽤 오래 지속되지만 시간이 지나면 근육은 다시 유연해진다. 동물이 도살된 뒤 숙성시켜 섭취될 때까지 근육 내에서는 ATP 분해, 근육의 경직, 젖산 축적 및 pH 저하 등 여러 가지 생화학적 변화들이 일어난다. 숙성은 미생물의 번식을 방지하기 위하여 0~4℃, 상대습도 70%에서 실시하며 숙성기간은 쇠고기는 7~10일, 양고기는 3~5일이며 돼지고기는 1일이다.
- 어패류에는 해수어류, 담수어류, 패류, 갑각류, 연체동물 등이 있다. 베타인은 단맛과 구수한 맛을 내는데 어류는 0.1%, 새우류 추출물의 5~11%가 베타인이다. 해수어의 비린내의 주요성분은 트리메틸아민으로 생선 조직에 있는 트리메틸아민옥시드가 세균에 의해 환원된 화합물이다. 담수어의 냄새는 피페리딘과 아세트알데히드가 축합된 것이다. 새우와 게의 껍데기에는 아스타잔틴이 단백질과 결합한 파란색의 색소단백질로 존재한다. 색소단백질을 가열하면 단백질의 변성으로 아스타잔틴이 단백질로부터 유리되어 아스타신이 되어 선명한 붉은색을 나타낸다.
- 신선한 달걀의 난각 표면에는 큐티클이 있어서 미생물의 침입을 막는다. 난각과 난백 사이에 있는 난각막에 존재하는 기공은 저장기간이 길어지면 수분과 이산화탄소가 증발하여 커지고 가벼워진다. 달걀의 기능적 특성은 가공식품제조 시 중요한데, 달걀을 가열하면 단백질이 응고되고 유동체인 졸에서 반유동체인 겔로 변한다. 난백을 강하게 저으면 거품을 형성하고, 난황은 그 자체가 수중유적형의 유화액으로 마요네즈, 샐러드 드레싱, 케이크 반죽을 제조할 때 중요한 재료로 사용된다.
- 우유의 기본단백질은 카제인과 유청 단백질이다. 레닌작용으로 응고된 카제인은 단백질이 부분적으로 분해된 파라카제인(paracasein)이며 칼슘과 인을 함유한다. 유청단백질인 면역글로불린은 초유에 많이 함유되어 있어서 어린 동물의 혈액으로 이동되어 그대로 흡수된다. 알칼린 포스파타아제는 71.7℃에서 15초간 열처리하면 활성을 상실하며, 열처리가 부족할 경우 이 효소가 검출될 수 있다.

연습문제

1. 식용하는 근육과 콜라겐의 특징을 설명하시오.

2. 육류의 사후경직에 따른 변화를 설명하시오.

3. 생선의 비린내에 대하여 설명하시오.

4. 달걀의 기능적 특성과 식품조리와의 관계를 설명하시오.

5. 우유의 카제인에 대하여 언급하시오.

14

CHAPTER

식물성 식품

CHAPTER 14

식물성 식품은 식이섬유를 포함한 탄수화물과 무기질, 비타민의 중요한 급원으로 여러 가지 식품군이 포함되어 있다. 곡류는 세계 여러 나라의 주식으로서 전분의 급원뿐 아니라 최근에는 생리활성 기능을 고려한 다양한 기능성 식품이 재배되고 있다. 콩류는 대두처럼 단백질의 우수한 급원과 팥, 녹두와 같이 전분의 급원으로서 중요한 역할을 한다. 채소류와 과일류는 비타민과 무기질의 공급원으로서 중요한 역할을 하며 항산화 효과와 면역기능 활성화 효과뿐 아니라 다양한 맛, 향, 색을 가지고 있어 식욕을 돋우는 역할을 하는 중요한 식재료이다.

1 곡류

곡류는 탄수화물의 급원으로 중요한 역할을 하는 식품으로 미곡류(쌀), 맥류(보리, 밀, 호밀), 잡곡류(기타)로 나뉜다. 곡류는 곡피라고 하는 배아와 배유를 보호하는 껍질과 뿌리나 잎을 발아하여 식물체를 형성하는 배아부분, 곡류의 주된 가식부분인 배유로 구성되어 있다.

곡류는 일반적으로 단백질은 9～14% 정도로 필수아미노산인 리신, 메티오닌, 트레오닌이 부족한 불완전 단백질이므로 혼식 등 다른 식품을 통해 필수아미노산의 보충이 필요하다. 탄수화물을 75% 함유하여 에너지식품으로 여겨진다. 무기질은 인이 많아 전형적인 산성식품이며, 칼슘과 철은 부족하므로 매끼 반찬을 통해 보충하여야 한다. 비타민중 비타민 B_1은 배아에 많다. 참고로 여러 곡류의 영양성분은 표 14-1과 같다.

1) 쌀

쌀

쌀rice은 화본과의 벼속 식물로서 세계 3대 곡물에 속하며, 벼의 품종과 쌀알의 길이에 따라 인도형과 일본형, 자바형으로 나뉜다. 쌀의 껍질인 왕겨를 제거하면 현미가 되는데 현미를 100%로 봤을 때 쌀겨와 배아의 비율은 8%, 배

표 14-1 곡류의 영양 성분

(가식부 100g 기준)

종류	열량(kcal)	수분(g)	단백질(g)	지질(g)	회분(g)	탄수화물(g)	당류(g)	식이섬유(g)	무기질					비타민		
									칼슘(mg)	인(mg)	철(mg)	칼륨(mg)	나트륨(mg)	B_1(mg)	B_2(mg)	니아신(mg)
쌀(백미)	366	13.0	6.81	1.05	0.40	78.74	0.50	1.9	7	101.00	0.24	88	2	0.099	0.028	1.059
쌀(현미)	357	13.3	7.33	2.23	1.25	75.92	1.18	3.90	14.00	295.00	1.05	248.00	3.00	0.286	0.025	1.501
보리(겉보리)	349	11.8	8.75	1.67	0.90	76.89	0.92	10.9	33	207	1.84	223	3	0.222	0.020	1.302
보리(쌀보리)	341	13.7	8.66	1.66	0.90	75.04	0.51	12.5	38	203	2.28	275	5	0.153	0.050	1.187
귀리	380	11.5	11.40	7.35	2.00	67.71	0.32	–	80	308	2.93	458	0	0.186	0.021	–
옥수수	118	70.4	4.01	1.50	0.73	23.39	4.91	3.1	3	105	0.75	261	0	0.218	0.082	–

– 표시는 수치가 애매하거나 측정되지 않음

자료 : 농촌진흥청 국립농업과학원. 국가표준식품성분표 제10차 개정판, 2021.

유는 92%를 차지하며 이 8%를 얼마나 제거하였는가를 도정으로 나타낸다. 현미는 식이섬유소가 많아 도정하여 조리하게 되는데 도정의 정도에 따라 5분, 7분, 9분, 10분, 11분, 13분 도정이 있다.

쌀은 전분인 아밀로오스와 아밀로펙틴의 비율에 따라 찹쌀과 멥쌀, 수확 시기에 따라 햅쌀, 묵은쌀 등으로 나뉜다. 최근에는 소비자의 요구에 따라 다양한 기능성 쌀이

알아두기

5분도정이란

배유 92%, 호분층과 배아 8%에서 8%중 얼마를 제거한 것인가를 나타냄– 5분 도정은 8%중 50%를 제거한 것이므로(8%×0.5=4%) 4%가 제거되고 4%는 남아 있음– 현미를 100%로 봤을 때 96%가 남아 있는 쌀

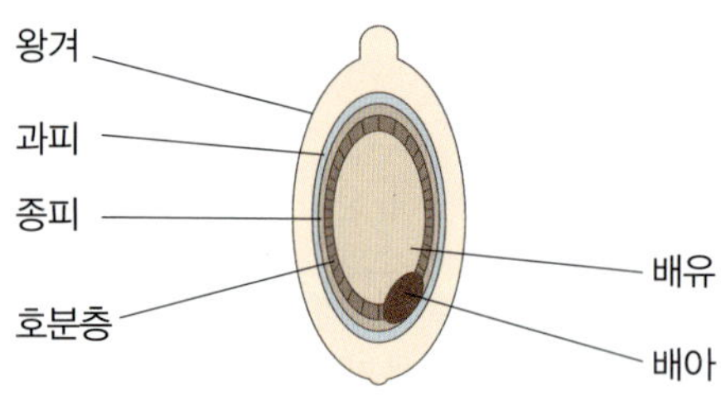

그림 14-1 쌀의 구조

나오고 있다. 표 14-2 은 다양한 종류의 쌀을 간단히 소개하였다.

쌀의 수분함량은 저장성과 관계되므로 잘 조절해야하는데 일반적으로 13~14%가 이상적이다. 쌀의 전분은 밥의 호화도, 끈기, 맛에 영향을 준다. 쌀의 주된 단백질은 오리제닌이며 단백질은 리신, 히스티딘, 메티오닌 등이 부족하여 다른 곡류를 섞어 혼식하는 것이 바람직하다. 지질은 미량 포함되어 있으나 묵은쌀의 산패취 원인이

표 14-2 쌀의 종류

분류기준	분류특징	종류
형태	쌀의 형태에 따른 분류	자포니카형, 인도형, 자바형
도정도	벼의 종피를 제거한 정도에 따른 분류	현미, 5분도미, 7분도미, 9분도미, 백미
전분 조성	아밀로오스와 아밀로펙틴 함량에 따른 분류	멥쌀, 찹쌀
색	쌀의 색에 따른 분류	흑미, 적미, 녹미
배양 가공	쌀에 버섯균을 배양한 쌀	상황버섯쌀, 동충하초쌀, 홍국쌀
첨가 및 코팅가공	쌀에 기능성 성분을 첨가하거나 코팅한 쌀	카로틴쌀, 칼슘쌀, 철분쌀, 인삼쌀, 한약재쌀, 녹차쌀, 홍화쌀, 강화미
인조미	쌀가루에 기능성 성분을 배합하여 다시 쌀 모양으로 성형한 쌀	다시마인조미
발아 가공	현미를 싹을 틔워 발아시킨 쌀	발아현미
용도별	아밀로펙틴 함량을 높여 밥이 식어도 부드러운 김밥용 쌀	백진주
	아밀로스가 5~15%로 적어 찰기가 많은 떡. 한과용 쌀	백옥찰
	아밀로오스 함량이 높은 국수, 빵용 쌀	고아미
	향기가 있는 식혜용 쌀	향찰미, 향미
	하얀 멥쌀로 발효 적성이 좋은 술용 쌀	설갱
	고식이섬유 다이어트 쌀	고아미2호
	유아.이유식용 고리신(lysine) 쌀	영한벼
세척 가공	도정한 후 쌀 표면에 부착되어 있는 유리강과 이물질을 제거하고 색채 선별기로 사미, 병충해립 등 이색립을 제거하여 물로 씻지 않고 밥을 지어 먹을 수 있는 쌀	청결미

자료 : 조경련 외, 2013

되는 것으로 쌀겨에서 추출한 기름이 미강유이다. 무기질은 P이 많고 Ca과 Fe은 적은 편이다. 쌀겨는 여러 가지 기능성 물질을 가진 것으로 알려져 있다.

알아두기 **쌀겨의 성분**

- 옥타코사놀 : 콜레스테롤 저하, 피로 회복
- 감마-오리자놀 : 심혈관 질환, 아토피, 성인병 예방
- 식이섬유 : 변비 예방
- GABA : 치매 예방, 기억력 증진
- 피트산 : Ca 흡수 억제, 결석 예방, 칼슘이 결핍한 사람은 섭취하지 말 것

2) 밀

밀wheat은 소맥이라 부르며 깊은 고랑이 있어, 도정으로 제거가 어렵고 맛이 나쁘고 소화율도 나빠서 제분하여 사용한다. 밀은 파종시기에따라 겨울밀과 봄밀로 나뉘며, 입자의 카로틴 함량에따라 백소맥과 적소맥으로 나뉜다. 또한 입자의 질감에 따라 글루텐이 낮은 것은 연질소맥, 글루텐이 많은 것은 경질소맥으로 나뉜다. 밀은 70% 전분, 10%

밀

내외의 단백질로 구성되어 있는데 단백질은 글리아딘과 글루테닌으로 이뤄져있다. 이 단백질은 물을 넣어 반죽하면 글루텐을 형성하는데 형성되는 글루텐의 함량에 따라 강력분(단백질 11~13%), 중력분(단백질 9~ 10%),박력분(단백질 8%)으로 나뉜다. 강력분은 제빵용으로, 중력분은 다용도밀가루 또는 제면용으로, 박력분은 케이크, 제과용 밀가루로 사용된다. 밀가루의 종류와 특징은 표 14-3 에 설명하였다.

표 14-3 밀가루의 종류와 특징

분류	종류	특징	용도
일반 밀가루	강력분	경질밀에서 얻은 밀가루로 글루텐 단백질이 11~13% 정도 함유되어 있다.	식빵, 피자
	중력분	강력분과 박력분의 중간 정도로 글루텐 단백질 함량은 9~10%이다.	다목적용, 우동, 수제비, 칼국수 등 면용, 부침용
	박력분	글루텐이 약하고 함량이 적은 밀가루로 단백질 함량이 낮고 비중도 작다.	케이크, 과자, 튀김
세몰리나		듀럼밀에서 가공된 입도가 거친 가루로 단백질과 회분 함량이 높다.	마카로니, 스파게티 등 파스타

3) 보리

보리

보리barley는 대맥이라 불리며, 껍질이 단단히 결합되어 잘 제거되지 않는 겉보리(피맥, 보통 보리)와 껍질이 쉽게 분리되는 쌀보리(나맥)로 나뉜다. 겉보리는 껍질이 제거되지 않으므로 껍질째 볶아 보리차용 보리로 사용되며, 쌀보리는 껍질을 제거한 후 압맥이나 할맥의 형태로 조리하여 사용한다. 가식부는 75% 정도로 이 중 60%가 전분, 10%가 단백질이다. 비타민 B_1, 비타민 B_2, 니코틴산, 무기질이 많고 섬유소가 많아서 소화율이 떨어진다. 단백질에는 트레오닌과 티로신이 적고 루신과 페닐알라닌은 많다.

보리의 가공품으로 대표적인 식품인 맥주용보리는 전분을 당으로 분해한후 알코올 발효를 해야 하기 때문에 전분이 많고 단백질이 낮으며 발아율과 발아에너지가 높은 것을 사용한다. 우리나라에서 보리는 쌀과 혼식하여 밥을 지어먹거나 된장, 고추장, 제과 등의 원료, 보리차, 맥주제조에 주로 사용한다. 보리를 발아한 후 건조시킨 엿기름은 보리싹의 β-아밀라아제가 전분을 맥아당으로 당화시키는 작용을 하여 식혜를 만드는 데 사용한다.

4) 호밀

호밀rye은 척박한 토양에서도 경작이 가능한 작물로 날씨가 추운 러시아에서 많이 생산되는 호밀빵의 재료이다. 배아의 단백질 함량은 약 12%(이 중 50%는 prolamine)로, 글루텐gluten이 적어 빵을 만들어도 점탄성이 나쁘다. 아미노산중 히스티딘, 시스틴이 많다.

호밀의 용도는 점탄성을 증가시켜 성형 제빵, 냉면, 과자, 장류, 사료나 누룩제조에 이용한다.

호밀

5) 귀리(연맥, 작맥)

귀리oat는 미국인의 아침식사용인 오트밀의 재료로 사용되는 것으로 주성분은 전분이지만 단백질과 지방도 어느 정도 함유하고 있다. 아미노산 중 리신과 함황아미노산이 적다. 귀리는 주로 정백하여 오트밀을 만들어 식용하거나 과자의 원료, 주정발효 원료, 가축의 사료로 많이 사용한다. 최근에 귀리는 식이섬유가 많아 대장암 예방 효과가 있으며 β-글루칸이 혈중 콜레스테롤을 낮춰 심장병과 당뇨환자에게 좋다고 알려지면서 우리나라에서도 각광받는 식품이다.

귀리

6) 옥수수

옥수수는 중앙아메리카와 남아메리카의 주식으로 전세계적으로 많이 사용되는 곡류이다. 전분의 종류에 따라 찰옥수수와 메옥수수가 있으며, 마치종(가장 많이 사용되는 품종), 경립종(사료, 공업용 원료), 감미종(간식, 샐러드용), 폭열종(팝콘용) 등의 다양한 품종이 있다 표 14-4. 전분 70%와 단백질 10%가 함유되어 있으며, 옥수수의 단백질은 제인이라고 하는데 질이 우수하지 않다. 비타민은 니아신이 적어 자주 섭취하면 펠라그라pellagra라는 풍토병을 유발한다.

주로 빵, 과자, 물엿, 포도당, 알코올 발효, 방직용 풀 등의 제조에 사용되며 옥수수배아에서 추출한 기름은 우리나라에서도 많이 소비하고 있는 옥수수유를 생산하는데 이용된다.

옥수수

옥수수는 Protease inhibitor가 있어 대장암, 유방암, 전립샘암 예방 효과가 있으며, 옥수수 수염은 이뇨작용이 있어 부기를 제거하여 방광염, 신장염, 결석에 좋다고 알려졌다.

표 14-4 옥수수의 종류와 특징

종류	특징
마치종	옥수수 윗부분이 말 이빨처럼 오목하게 들어가서 마치 종(dent corn)이라고 하며, 알의 양옆은 굳은 녹말이고 안쪽은 가루녹말이다. 우리나라에서 가장 많이 재배되며 사료용 및 공업용으로 사용된다.
경립종	옥수수 알의 양쪽 옆 부분부터 위쪽까지 굳은 녹말이고 속 부분은 가루녹말이다. 사료용 및 공업용으로 이용된다.
감미종	단맛의 옥수수(sweet corn)로 옥수수 알의 가운데에 있는 씨눈을 제외하고 대부분이 녹말로 되어 있고 성숙하면 알이 쭈글쭈글해지며 당질 함량이 많아 간식 및 통조림용으로 이용된다. 초당 옥수수(super sweet corn)는 당의 함량이 28% 정도로 높고 찰기가 더 많다.
나종	찰옥수수(waxy corn)이며 찰기가 있어 찌거나 구워 간식용으로 이용하거나 떡을 만들어 먹는다.
폭렬종	폭렬종은 옥수수가 매우 작으며 대부분이 굳은 녹말이고 적은 양의 가루녹말이 중앙 윗부분을 향하여 분포하고 있어 열을 가하면 잘 부서져서 입자가 터지기 때문에 팝콘으로 이용된다.

7) 메밀

메밀

메밀의 성분은 73% 정도 되는 소화되기 쉬운 전분과 13%의 단백질로 이루어져 있다. 비타민 B_1, B_2, C, E 가 풍부하고, 루틴rutin이라는 비타민 P가 있어 혈관을 튼튼하게 하는 기능을 한다.

특히 메밀싹은 혈관에 좋은 루틴이 메밀의 27배 있고, 리신이 3~4배, 아스파라긴산, 글루탐산이 많으며, 식이섬유와 칼슘, 칼륨이 많아, 동맥경화와 고혈압에 좋다고 알려져 있다. 메밀 전분으로는 묵, 냉면, 양조용으로 이용한다. 또 우리나라에서 메밀의 껍질은 베갯속 최고의 재료이다.

8) 퀴노아

퀴노아

잉카언어로 '곡물의 어머니'라는 뜻을 가진 퀴노아는 남미 안데스의 고산 지대에서 수천 년간 재배된 곡물로, 미국·유럽·일본 등에서 건강식으로 인기가 높아지면서 국내에서도 주목받고 있다. 퀴노아는 단백질이 풍부한데다 칼슘, 철분, 아연, 칼륨 등 각종 비타민과 무기질을 함유하고 있어 완전식품으로 평가받고 있다. 또한 당지수가 낮아 혈당관리가 필요한 당뇨병 환자에게 특히 좋으며 식이섬유가 많아 포만감을 높이므로 체중조절이 필요한 고혈압, 고지혈증 환자에게도 효과적이다.

2 서류

서류는 식물의 땅속에 있는 줄기나 뿌리가 비대해져 괴경(덩이줄기) 또는 괴근(덩이뿌리)이 된 것으로 칼슘과 인이 많아 알칼리성 식품이며 단위면적당 생산량이 많다. 서류는 생산이 쉽고 전분함량이 높아 가공품에 적당하며 다른 전분 식품에 비해 저장기간이 긴 장점을 가지고 있다.

1) 고구마

고구마

고구마는 덩이뿌리식품으로 중남미와 남멕시코가 원산지이며 감저, 효자마, 효자토란이라 불린다. 소화가 쉽지 않은 분지쇄상의 β-글루코사이드의 β전분을 가지고 있어 변비 예방, 대장암 예방, 콜레스테롤 저하의 효과가 있다.

고구마의 장점은 단위면적당 전분 생산량이 다른 전분 작물에 비하여 가장 많고 재배관리가 쉽고 비료가 적게 들며 기상조건의 변화에도 강하다.

고구마의 성분은 수분 64~82%, 전분 10~30%을 가지고 있으며 단백질, 섬유소와 무기질을 소량 함유하고 있다. 전분식품이지만 비타민 B와 C가 풍부하다. 고구마는 당화효소인 β-아밀라아제를 가지고 있어 익히면 단맛이 증가하는데 조리 시 약한 불로 충분히 가열하면 효소의 작용이 더해져 단맛을 더 느낄수 있다.

고구마를 절단할 때 나오는 흰 수지는 얄라핀으로, 변비 개선, 대장암 예방 효과가 있지만 산화하면 흑변한다. 고구마를 깎을 때 나타나는 갈변은 클로로겐산 등의 폴리페놀 물질이 산화되어 생기는 갈변화이다.

분질mealy=nonwaxy고구마는 전분이 많고 맛이 좋아 식용에 적합하며 점질waxy고구마는 전분이 적고 당분이 많아 식용에 부적합하여 사료용이나 전분제조, 증절간(쪄서 말려 먹는것)으로 사용한다. 최근에는 베타-카로틴이 많은 진한 황색을 가진 호박고구마, 안토시아닌이 풍부한 자색고구마 등 생리활성 기능을 가진 유색고구마가 생산되고 있다.

2) 감자

감자

감자는 덩이줄기 식물로 수분은 70~84%이며 전분을 다량 가지고 있다. 주된 단백질은 투베린tuberin이다. 무기질은 칼륨이 많고, 인산도 있으며, 비타민 C도 많이 함유하고 있다. 감자는 전분의 함량에 따라 분질감자와 점질감자로 나뉘는데, 전분이 많은 분질감자는 찌거나 구이, 매시트포테이토용으로 적당하며, 점질감자는 볶음에 적당하다. 감자의 솔라닌solanin은 아린맛을 내는 독성물질로 껍질을 벗기면 70% 이상 제거되는데 주로 씨눈 부분과 껍질에 분포한다. 솔라닌의 중독증상은 설사, 복통, 어지럼증, 마비 등으로 나타나지만, 가열에 의해 가수분해되어 독성이 제거된다. 감자는 공기중에 갈거나 자르면 즉시 갈변하는데 감자의 갈변은 티로시나아제가 티로신을 산화시킨 후 여러단계의 반응을 거쳐 멜라닌 색소를 생성시켜 나타나는 효소적 갈변 반응이다.

감자는 저장시 전분이 당화(아밀라아제 효소에 의해)되어 환원당이 증가하는데, 저온저장을 할 경우 호흡작용이 크지 않아 환원당이 그대로 남게 된다. 환원당은 감미가 많아지고 튀길 때에 캐러멜화 되어 색이 좋지 않으므로, 감자는 예비저장, 즉 13~21 ℃에서 저장하여 당이 소비되게 하는 과정이 필요하다.

감자는 저장할 때 햇볕을 쬐면 광합성에 의해 클로로필이 생성되어 녹변하므로 빛을 차단하여 보관하는 것이 필요하며, 4~6월에는 냉장보관하고 그외에는 종이봉투에 넣어 10~18℃의 냉암소에서 보관한다. 감자는 전분 및 전분당 공업, 주정공업의 원료, 당화시켜서 물엿 제조, 포도당 제조 원료, 간식으로 다양하게 이용한다.

3) 야콘

야콘

야콘yacon은 남아메리카 안데스의 볼리비아와 페루가 원산지인데, 우리나라에는 1985년에 들어와 강화도·상주·괴산에서 주로 재배한다. 야콘은 고구마와 비슷하게 생겼으며, 수확 시기는 서리 내리기 전인 10월부터 늦가을까지로 이때가 제철이다.

수확 직후에는 별맛이 없지만 시간이 지남에 따라 점차 당도가 높아져서 단맛이 생기므로, 2주 정도 실온에서 숙성기간을 거친 후 먹으면 된다. 서류 중에 수분함량이 84%로 높은 편이어서 시원하고 아삭한 질감이 있으며, 배맛이 나므로 '땅속의 과일'이라고 한다. 속이 흰색보다 노란색일수록 단맛이 있다. 식이섬유와 칼슘, 칼륨, 나트륨, 마그네슘 등 무기질이 풍부한 알칼리성 식물이다. 이눌린, 폴리페놀, 프락토올리고당 등이 특히 많이 들어 있고, 항산화효과, 저칼로리 식품으로 당뇨병 환자에게도 효과가 있다. 브라질에서는 야콘잎을 당뇨병 예방용으로 사용하는데 약차를 만들어 마신다. 우리나라에서는 어린순은 샐러드나 차로 이용하고, 데쳐서 나물로 이용하거나 야콘냉면, 야콘국수, 야콘호떡 등의 조리로 응용한다.

3 콩류

1) 대두

대두는 일반적으로 알려진 노란콩이 메주용 콩이며, 검은콩은 흑대두, 서리태, 서목태(쥐눈이콩)으로 나뉘며, 청대콩이라 부르는 푸른색 콩이 있다. 이외에도, 붉은색의 밤콩, 크기가 작은 누런콩인 콩나물콩도 있다. 대두는 이렇게 크기와 색이 다양하여 여러 가지 종류가 있다.

콩의 지질함량은 약 19% 정도로 콩기름을 용매로 추출하여 식용유로 사용한다. 콩의 이소플라본인 제니스타인과 다이드제인은 식물성 에스트로겐(피토에스트로겐) 성분으로 항암, 항균, 항산화 효과가 있다. 건조콩 기준으로 이소플라본은 약 3 mg/g 수준이다. 콩에 들어 있는 소야레시틴soyalecithin은 콜레스테롤을 낮추고, 뇌의 아세틸콜린의 감소를 막아 치매 예방, 뇌기능을 활성화시킨다.

생콩에 함유된 인체에 유해한 성분은 일부 알부민이 트립신 억제물질로서 작용하여 단백질의 소화, 흡수를 어렵게 하며, 헤마글루티닌hemagglutinin(적혈구 응고 촉진) 등이 존재하여 용혈작용을 하므로 가열하여 익히지 않은 콩을 먹는 것을 피해야 하는데, 익혀 먹으면 이런 문제가 야기되지 않는다. 콩은 두부, 콩나물, 두유의 재료로 널리 사용되며 된장과 간장, 고추장을 만드는 메주의 재료가 되며 청국장 등의 재료로 다양한 음식에 사용된다. 그 외에도 식용유 등의 식품가공 원료, 사료용, 공업용, 비료용으로 사용한다.

노란콩

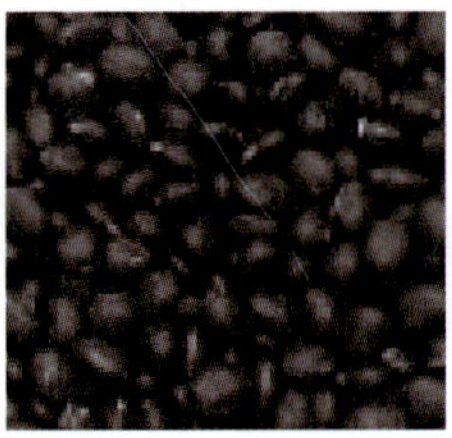
흑대두

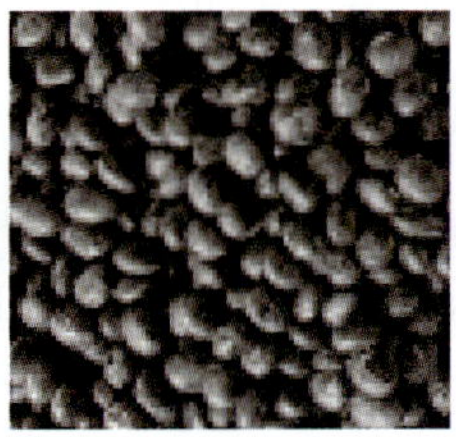
서리태

서목태(쥐눈이콩)

2) 팥

팥은 붉은색을 띠어 적두라고 부르며, 대두에 비해 크기가 작아 소두라고도 한다. 콩류 중 전분함량이 가장 많으며, 단백질은 21% 정도로 그중 80%는 글로불린이며 리신과 트립토판은 상대적으로 풍부하다. 지질은 많지 않으나 리놀레산linoleic acid, 식이섬유, 비타민 B_1의 함량이 높다. 팥은 껍질이 두꺼워 조리 시 물을 잘 흡수하지 못하므로 밥을 할 때는 미리 충분히 삶은 후에 씻은 쌀에 섞어 익혀야 한다. 표피에는 시아니딘cyanidin 배당체가 들어 있고, 팥앙금을 만들면 안토시안 등이 금속이온과 반응하여 변색되므로 조리도구 선택 시 금속을 피해야 한다.

팥에는 사포닌이 있어 황 냄새가 나지만 식이섬유와 함께 배변을 쉽게 한다. 팥은 주로 밥과 죽, 떡과 빵의 고물이나 소로 많이 사용한다. 팥 삶은 물은 부기 제거에도 효과적이다.

3) 녹두

녹두는 녹색을 띠어 붙여진 이름으로 숙주나물의 원료이자, 당면의 원료로서도 사용되고 전분함량이 많은 점이 팥과 비슷하며 당질에 차이가 있다. 단백질은 24% 정도로 메티오닌, 트립토판, 시스테인은 부족하고 루신, 리신, 발린은 풍부하다.

식이섬유 함량이 높고 칼슘, 마그네슘 , 인 , 칼륨은 다량 포함되어 있다. 특히 마그네슘의 함유량이 높은 편이다. 한의학에서는 소화 촉진, 혈 압강하, 소염, 해열, 오장육부의 기운을 조화롭게 한다고 알려져 있다. 성질이 차므로 저혈압과 냉증 환자는 피하는 것이 좋다. 우리나라에서는 녹두죽, 떡이나 빵의 소나 고물 등에 이용하거나 싹을 키워 숙주나물로 이용한다.

4 채소류

채소는 수분함량이 90%이상으로 칼로리가 낮으며 단백질, 탄수화물, 지질 함량은 상대적으로 적다. 특히 비타민 C가 풍부하며, 황색 채소류는 카로티노이드계 색소를 함유하고 있으므로 프로비타민 A(비타민 A 전구체)를 많이 가지고 있다. 비타민 B는 0.1mg 이하로 적은 편이다. 채소는 대표적인 알칼리성 식품으로 칼륨, 칼슘, 마그네슘 등의 무기질을 비교적 많이 가지고 있다. 채소는 다양한 색과 독특한 향으로 식욕을 자극하며 식이섬유를 제공하는 중요한 식품으로 당분의 함량이 높지 않아 변비를 개선하고 대장암을 예방하는 중요한 식품이다. 그 외에도 페놀 등 피토케미컬이 풍부하여 각종 생활습관병 예방에 좋다.

1) 배추

배추는 십자화과 채소로 김치의 재료로 가장 많이 사용하는 식물로 칼로리가 낮으며 비타민 A, C가 풍부하고 단백질 조성이 좋다. 미량의 전분과 연한 섬유소가 함유되어 소화를 촉진한다.

배추는 포기의 끝이 겹쳐지는 정도에 따라 결구종, 반결구종, 불결구종이 있는데 결구종은 김장김치용으로 사용한다. 그 외에도 얼갈이배추는 겉절이, 나물, 국으로 쓰이며, 단맛이 강한 불결구배추인 봄동배추는 봄에 수확하는데 겉절이용으로 적당하다.

알아두기 **배추의 선별기준**

- 형상이 고르며 녹색잎이 많고 껍질이 얇은 것
- 완전 결구되어 단단하고 잎이 밀착되어 외엽이 벌어지지 않는 것
- 달고 고소하며 수분이 적은 것
- 저장배추는 푸른잎이 있고 싱싱한 것
- 햇배추는 클수록 상품에 속하고 가을배추는 중간 정도의 결구형의 무거운 것
- 병충해가 없고 잎이 마르거나 변색되지 않은 것
- 크기와 중량이 고르고 무게가 2 kg 이상인 것
- 줄기가 억세지 않고 섬유질이 뚜렷하지 않은 것

2) 양배추

십자화과 채소인 양배추는 수분함량이 많고 배추에 비해 아주 단단하여 데쳐서 먹거나 채를 썰지 않으면 날것으로 먹기 힘들다. 단백질, 당질, 칼슘, 비타민 A, B_1, B_2, C , 식이섬유가 풍부하다. 양배추는 녹색과 적색(보라색)이 있는데, 녹색 양배추는 클로로필 색소가 들어 있고, 적채는 안토시아닌 색소가 많아 항산화 효과 등의 생리활성 기능을 가지고 있다.

양배추는 위궤양, 십이지장궤양에 좋은 생리활성 물질인 비타민 U가 들어 있으며, 인돌카비놀은 위암 예방 효과가 있다고 알려져 있다. 양배추에 함유되어 있는 고이트린은 갑상샘호르몬 형성을 저해하여 갑상샘 비대를 유발하므로 갑상샘 치료제 복

용 환자는 양배추를 너무 자주 섭취하지 말아야 한다.

3) 시금치

시금치는 곡류에서 부족되는 리신, 트립토판, 메티오닌 같은 아미노산이 풍부하고, 무기질은 칼슘 외에 철이 많아 조혈작용이 있으며 비타민 C는 철의 흡수를 용이하게 한다.

시금치는 항염증 및 항암작용을 하는 성분이 있으며, 카로티노이드 루테인과 제아잔틴이 있어 망막과 황막에 유익한 항산화기능을 한다. 그리고 혈액응고에 관여하는 비타민 K도 함유하고 있다. 또한 수산이 들어 있어 칼슘의 흡수를 저해하는 단점이 있으나 수산은 수용성이어서 데치면 상당 부분 제거된다. 우리나라는 노지 재배하는 포항초가 가장 맛이 뛰어난데 줄기가 짧으며 뿌리가 붉고 단맛이 나며 영양분도 많다.

4) 상추

상추는 칼슘, 철 등의 미네랄 성분과 비타민 등이 풍부하며, 말산이나 시트르산 등을 함유하고 있어서 상큼한 맛이 난다. 당류는 대부분 포도당이고 채소치고는 비타민 C가 적게 함유되어 있다. 향기성분으로는 알파아미노산 황산염이, 지미(감칠맛) 성분으로는 아데닐산이 약 1 mg% 정도 들어 있다. 상추의 줄기를 자르면 나오는 흰 유액에는 락투신과 락투코피크린이 들어 있는데, 이것은 쓴맛을 내며 신경안정작용을 한다. 상추의 퀘르세틴은 심장, 소장, 위를 보호하는 작용을 한다.

상추는 잎이 평평한 잎상추와 포기의 굴곡이 많은 포기상추가 있다. 주로 땅 가까이서 채취하므로 기생충 오염이 염려되므로 세척 시 잎 사이의 기생충 알을 잘 제거하고 담가 놓은 물에서 흔들어 씻다가 흐르는 물에 헹군다.

5) 무

무에는 당질과 무기질, 비타민 C 등이 다량 들어 있어 영양적으로 우수하며, 잎 또한 카로틴이 들어 있어 비타민 A 활성을 보이며, 비타민 C도 90 mg%가 함유되어 있다. 단백질은 리신 함량이 매우 높아 곡류 단백질의 결점을 보충할 수 있고 아밀라아제를 많이 함유하고 있어 소화를 돕는다. 생무를 먹으면 전분 소화를 도와주는데 익힌 무에는 이런 기능이 없다. 무의 독특한 매운 맛과 향기성분은 겨자유mustard oil와 메틸메르캅탄methyl mercaptan(CH_3SH)이다.

무청이라고 하는 무잎에는 β-카로틴과 비타민 C, 칼슘, 철, 식이섬유가 많고 리신이 풍부하여 무에 뒤지지 않을 정도로 다양한 영양분을 가지고 있어 버리지 말고 나물이나 국의 재료로 이용하는 것이 좋다.

6) 당근

당근의 주홍색은 카로티노이드(β-카로틴)로 비타민 A로 전환되는 전구체로서 지용성이기 때문에 날로 먹기보다는 기름과 함께 조리하여야 소화되어 효율적으로 흡수될 수 있다. 생 당근에는 비타민 C 산화효소가 있어서 다른 채소와 함께 조리 시 조심해야 하는데, 익혀 조리하거나 무칠 때 식초를 가하면 산화효소가 불활성화되므로 비타민 C의 산화를 막을 수 있다. 우리나라에서는 제주산 당근이 최우수 품질로 알려져 있다.

7) 파

파는 매운 맛을 가진 백합과 채소로 독특한 자극적인 냄새와 매운맛을 가진 황화알릴allyl(이황화)을 함유하며 매운맛 성분인 알린은 체내에 흡수되어 비타민 B_1의 흡수를 도와준다. 파의 종류는 크기에 따라 대파, 쪽파, 실파가 있으며, 조리용도에 따라 사용한다. 파는 양념에 사용할 경우 흰부분만 다져서 사용하는데 잎은 점성이 많아

다져서 사용하는 것은 좋지 않다. 육개장처럼 파를 많이 넣어 고기의 비린내를 없애려고 할 때는 파를 끓는 물에 데쳐 내어 사용하면 국물이 깨끗하게 조리된다.

8) 양파

양파는 백합과 식물의 대표적인 식품으로 자극적인 성분은 황화알릴 및 알릴프로필, 이황화물로 고기와 생선의 비린내를 없애며 매운맛으로 식욕을 자극하는 기능이 있다.

양파의 색소 성분은 퀘르세틴quercetin($C_{15}H_{10}O_7$)으로 이것은 지방의 산패를 방지하고, 고혈압 예방 등의 효과가 있다. 매운맛 성분인 알리신은 신진대사 촉진, 피로 회복, 혈전 예방, 콜레스테롤 저하의 효과가 있다. 양파를 가열하면 함황성분은 프로필메르캅탄으로 변하는데 이것은 설탕의 50~60배 단맛을 내어 가열한 양파에서는 매운맛보다 단맛이 강하게 느껴진다.

9) 마늘

마늘은 백합과 채소로 당질, 단백질 외에도 비타민 $B_1 \cdot B_2 \cdot C$와 무기질인 칼륨, 칼슘, 인, 셀레늄, 아연, 게르마늄 그리고 생리활성 물질인 사포닌과 폴리페놀이 풍부하다. 마늘은 조리 시에 맛을 내는 데 중요한 역할을 할 뿐 아니라 항산화, 항균, 항암기능, 생활습관병 예방 등의 다양한 생리활성 기능을 가져 한국인에게 아주 중요한 식재료이다.

매운맛의 전구체인 알린은 공기 중에 자르거나 찧으면 알리나아제 효소에 의해 알리신으로 바뀌어 매운맛을 내게 된다. 알리신은 불안정한 화합물이어서 화학적 작용에 의해 디알릴 디설파이드 등 다양한 저분자량의 알릴설파이드로 분해되어 휘발하여 매운 맛이 사라지게 되는데 이것은 가열 시 더욱 빠르게 진행된다.

10) 부추

부추는 유황, 철 등 무기물과 단백질을 비교적 많이 함유하고 있고 잎의 당질은 대부분이 포도당 또는 과당으로 단당류들이다. 부추의 종류는 영양부추(작은것), 흰 부분이 많고 중국요리에 많이 사용하는 호부추, 꽃이 핀 꽃부추, 노란색의 황부추 등이 있다. 부추의 냄새성분은 알릴디설파이드로 비타민 B_1의 흡수를 돕고 살균력이 있으며 신진대사를 촉진하고 피로회복, 항균, 항암, 항콜레스테롤 작용이 있다. 그 외에도 부추에는 β-카로틴과 비타민 C와 B_1이 많은 것으로 알려져 있다.

11) 고추

고추의 매운맛 성분은 캡사이신으로서 고추의 종류에 따라 함량이 다양하다. 과피의 적색 색소는 카로티노이드 성분인 캡산틴, 카로틴을 함유한다. 유기산은 푸마르산, 숙신산, 시트르산이 있는데 약간의 신맛을 내는 데 기여한다.

씨에는 약 30%정도의 지질이 함유되어 있어 주로 트리글리세리드기 대부분이고 자극성의 독특한 향과 맛을 가진다. 일반성분은 단백질, 당질, 지방이 들어 있고, 무기질로는 칼슘, 인 , 철, 비타민 A · B_1 · B_2 · C가 함유되어 있는데, 특히 비타민 A와 C의 함량이 높다. 세계적으로 매운맛이 강한 고추를 보면 인도산 부트졸로키아, 멕시코의 하바네로, 할라피뇨(2500～5000스코빌), 태국산 쥐똥고추(5만～7만 스코빌), 미국산 타바스코(3만～5만 스코빌), 우리나라의 청양고추(1만 스코빌) 등이 있다.

스코빌
고추의 매운 정도를 나타내는 단위로, 숫자가 클수록 매운맛이 강함

12) 오이

오이는 알칼리성 식품으로 수분은 많고 당질 · 단백질 · 지질의 함량이 적어 칼로리가 매우 낮으며, 비타민 A와 C를 함유하며, 싱그러운 향은 쿠컴버 알코올이다.

꼭지 부분의 쓴맛은 쿠커비타신으로 쓴맛 성분은 재배기간 중 질소비료를 과다

하게 사용하였거나 인과 칼륨이 부족하거나 햇볕이 강하여 높은 온도가 되었을 때 많이 생성되는데, 쓴맛은 열에 강해 가열하여도 남아 있으므로 쓴맛이 나는 부분을 도려내어 제거하고 조리한다. 생오이에는 아스코르비나아제가 있어 비타민 C를 파괴하므로 다른 채소와 섞어 샐러드를 할 경우 생오이를 사용할 때는 식초를 넣어 pH를 낮추어서 효소가 작용하는 것을 막아야 한다.

무기질 중에서도 칼륨이 많아 소금 섭취가 많은 우리나라 국민에게 좋은 식품으로 이뇨작용, 고혈압, 부기 제거, 보습, 미백, 열진정작용이 있다.

13) 호박

호박의 품종은 서양계 호박, 동양계 호박, 페포계 호박(주키니, 녹색의 큰 호박) 등이 있다.

호박에는 당질, 단백질, 칼슘, 인, 칼륨, 비타민 A, 비타민 C 등을 함유하고 있다. 호박의 황색은 베타카로틴, 잔토필이 들어 있어 항산화, 항암효과가 있으며 β-카로틴은 비타민 A로 전환되어 비타민 A 활성을 가지고 있다. 호박씨에는 양질의 단백질과 리놀산이 많은데, 특히 레시틴과 메티오닌이 많아 간을 보호하여 술안주로 좋다.

14) 순무

순무는 십자화과 채소로, 원산지는 유럽이며 우리나라에서는 강화도가 산지이다.

순무는 배추 뿌리와 유사하여 단맛이 나며, 모양은 구형과 편구형(팽이형)이 있고, 색은 흰색, 초록색, 홍색, 적자색 등 다양하다. 국내에서 재배되는 순무는 적자색의 편구형이 일반적이다. 성분은 무와 비슷하지만 수분함량이 적어 단단하다. 포도당, 펙틴 pectin, 비타민 C, 무기질인 칼륨, 칼슘, 인이 들어 있고, 잎에는 비타민 A·C, 칼슘, 철이 함유되어 있다. 순무의 색은 안토시안계 색소이다. 보통 자색 순무가 비타민 C 함량(55 mg%)이 높으며. 함황 성분인 벤질 이소티오시아네이트benzyl isothiocyanate는 해독, 항암, 항균효과가 있다.

15) 콜라비

콜라비는 십자화과 채소로 독일어 kohl(양배추)과 rabic(순무)의 합성어이다. 순무양배추 또는 구경양배추라 불리는데 품종은 아시아종과 서유럽종이 있다. 아시아종은 잎이 회색을 띤 녹색이며, 뿌리는 녹색이고 거치며 유럽종은 뿌리가 녹색 또는 자주색이고 표면이 매끄러우며 흰 납질로 덮여 있다.

콜라비

당질, 칼슘, 철, 비타민 C가 풍부하며 단백질도 있는데, 비타민 C의 함량은 상추나 치커리 등 엽채류에 비해 4~5배 많다. 맛은 배추 뿌리와 비슷하지만 매운맛은 덜하여 생으로 먹기도 한다.

16) 브로콜리

브로콜리는 십자화과 채소로 원산지는 지중해이며 이탈리아에서 개량되어 유럽으로 전파되었다. 꽃봉오리의 모양이 탐스럽고 진한 녹색으로 깨알처럼 작은 꽃들이 피지 않은 채 조밀하고 단단하게 뭉쳐 있으며, 손으로 만져 보았을 때 단단하며 줄기는 짧고 연한 것이 좋다.

카로틴, 비타민 $B_1 \cdot B_2 \cdot C$, 칼슘, 칼륨, 철, 식이섬유가 풍부하고, 유황을 함유한 이소시아네이트isocyanate의 일종인 설포라판sulforaphane이 있어 해독, 항산화, 항염, 항암작용을 한다. 특히 새싹에는 설포라판이 50~100배 정도 들어 있다.

17) 아티초크

국화과 채소로 원산지는 지중해 연안으로 국내에서는 남해와 제주도에서 재배한다. 일반적으로 개화 직전의 꽃봉오리를 식용하는데, 겉으로 보았을 때 선명한 녹색을 띠고 봉오리 형태로 잎이 벌어지지 않고 모여 있으며, 속이 꽉 차고 묵직한 것이 좋다. 저장 중에 모양이 거의 변하지 않으나 맛과 향은 저하되므로 랩이나 비닐로 싸서 냉장보관한다. 꽃봉오리의 육질이 연하고 맛이 담백하며 단백질, 비타민 A·C, 무기질인 칼슘, 철, 인 외에도, 당류, 이눌린, 식이섬유가 함유되어 있으며 약용한다.

사이나린이 담즙 분비를 촉진하고, 간기능과 소화기능 증진, 이뇨작용과 항산화작용을 하며 혈중 콜레스테롤 수치를 낮춘다.

아티초크

18) 루콜라

루콜라는 피자나 스파게티, 샐러드 등 이탈리아 요리들의 재료로 쓰이는 것 외에 가정에서도 요리에 사용하고 직접 재배하기도 하는 등 널리 알려진 채소이다. 루콜라는 고소하면서도 쌉사래한 끝맛이 특징적인데 지중해산 에루카속의 일년초로 이 때문에 이탈리아에서 먼저 요리에 사용하기 시작하면서 전세계적으로 많이 알려지게 된 듯하다.

루콜라

루콜라에는 비타민과 함께 칼륨, 칼슘 등이 풍부하게 함유되어 있다. 비타민도 A, C, E 등이 다양하게 함유되어서 피로 회복과 해소에 효능이 있다. 그리고 칼륨과 칼슘은 우리 몸의 뼈를 튼튼하게 해주고 신장의 기능을 좋게 한다. 그 외에도 감기를 예방하고, 식욕을 돋우며, 소화를 촉진시키는 효능을 가지고 있다.

5 과일류

과일류는 당분과 유기산이 풍부하며 특유의 색과 풍미를 가지고 있으며 비타민과 무기물 함량이 높은 대표적인 알칼리성 식품이다. 식이섬유cellulose가 풍부하여 변비 개선과 대장암 예방에 효과적이다. 과일은 생식 이외에도 주스, 과실류, 통조림, 잼과 젤리 등 각종 가공품 제조에도 이용된다. 과일은 수분이 약 86~90%정도 함유하며 탄수화물은 당분이나 섬유소 등으로 10~20%, 무기질은 칼륨, 칼슘이 많다. 비타민 C 함량이 높고 황색과 붉은색의 과실에는 카로트노이드를 함유하고 있다. 과일의 단맛은 포도당, 과당, 설탕 등이 기인하며, 신맛은 시트르산, 말산, 타르타르산, 숙신산 등에 의해 느낄 수 있다.

1) 사과

사과의 주성분은 탄수화물이고, 단백질과 지방은 적으며, 비타민 C와 무기질의 함량은 다른 식품에 비하여 특히 많다. 식이섬유와 펙틴이 많아 정장작용을 하고 변비 해소, 혈당치의 정상화, 칼륨에 의한 혈압 강하, 말산의 소염 효과 등이 특징이다. 사과의 적색색소는 안토시안계 색소이다.

사과에는 다양한 생리활성 성분이 있는데 펙틴은 콜레스테롤과 혈당을 저하시키고 당의 흡수를 지연하여 혈당상승을 지연하므로 당뇨 예방, 장내 수분을 흡수하여 만복감을 주어 다이어트에 효과가 있다.

사과의 갈변에 관여하는 폴리페놀은 항산화, 항암, 면역력, 간암과 대장암 세포수를 저하시키며 과피에 많다. 갈변효소인 폴리페놀 산화효소는 철과 구리에 의해 활성화되므로 사과를 깎거나 조리할 때 무쇠칼, 구리 재질의 칼 사용을 금한다. 그 외에도 셀룰로오스, 헤미셀룰로오스가 배변 활동을 도우며 그 외 식이섬유는 동맥경화, 고혈압, 담석, 대장암 예방에 기여한다.

2) 배

배의 주요당분은 포도당, 과당, 설탕이며 유기산은 시트르산이 주로 많지만 함량은 적어서 신맛이 강한 과일은 아니다. 배의 가운데 거친 조직을 석세포라 하는데 이것은 펜토산pentosan으로 되어 있고 분해하면 자일로오스xylose와 아라비노오스arabinose가 생긴다. 향기성분으로는 아세트알데히드acetaldehyde가 대부분이며 각종 알코올, 휘발산 등이 있다. 배는 식이섬유가 많아 정장, 배변, 발암물질 배출에 효과적이다.

3) 감

감의 단맛은 당분에 의한 것으로 14~16% 정도로 높고, 포도당, 과당, 설탕이 들어있다. 감은 단단한 단감, 물렁한 홍시, 연시(땡감을 인위적으로 익힌것), 건시(껍질을 벗겨 말린 것), 반건시 등이 있다. 과육의 색은 카로틴carotene, 크립토잔틴cryptoxantin 등 카로티노이드류의 함량이 많기 때문이고, 떫은맛의 성분은 탄닌성분인 시부올이다. 떫은맛을 없애는 탈삽에는 온탕탈삽법, 알코올탈삽법, 이산화탄소 탈삽법, 에스텔 탈삽법, 수상 탈삽법을 사용한다. 감의 탄닌은 철과 결합하여 철 흡수를 방해하여 빈혈을 유발하므로 빈혈이 심할 경우 떫은 감의 섭취는 삼가는 것이 좋다. 감의 탄닌은 수렴작용을 하여 변비를 유발할 수 있다.

4) 감귤

감귤의 단맛 성분은 과당과 포도당 및 설탕이 주성분이며 유기산은 시트르산, 말산, 숙신산이다. 산과 당의 함량은 성숙도에 따라 달라지므로 적당히 익혀 먹으면 신맛을 줄일 수 있다. 감귤류의 외과피에는 펙틴질이 많아 마멀레이드 제조에 이용한다. 밀감의 쓴맛은 헤스페리딘hesperidin과 나린진naringin에 의하며, 통조림 제조 시 백탁의 원인이 되기도 한다. 이 두 물질은 지질 분해효소를 억제하여 지질의 흡수를 방해하므로 다이어트에 효과가 있다.

5) 매실

매실의 신맛을 내는 주성분은 유기산으로 그중에 주로 시트르산이다. 시트르산은 피로 회복, 변비 방지, 혈액 순환, 노폐물 제거에 도움이 되어 최근에 우리나라는 매실청을 가정에서 만들어 발효시켜 섭취하고 있다. 당은 0.7~1%이며, 비타민 C는 10 mg, 단백질과 지질함량은 비교적 많은 편이다. 미숙한 매실의 씨에는 시안배당체인 아미그달린amygdalin이 들어 있으며, 효소 등의 작용으로 분해되어 시안산(청산)이 분리되어 독성물질을 생성하며 치사량은 200 mg이므로 미숙한 매실은 섭취하지 않아야 한다.

6) 포도

우리나라에서 재배되는 포도의 품종은 캠벨얼리, 거봉, 델라웨어, 머루포도, 청포도, 타노레드, 시벨 9110 등이 있다. 당도가 높은 캠벨얼리는 우리나라에서 가장 많이 재배하며 거봉은 알이 크고 단맛이 뛰어나다. 포도의 주요 당분은 대부분이 포도당과 과당으로 10~18%을 함유한다. 유기산은 타르타르산(주석산), 말산(사과산)이 주이고, 미량의 시트르산(구연산)을 함유하고 있다. 포도껍질의 떫은맛은 탄닌성분이며, 색소는 안토시안계 적자색 색소이다. 포도는 마그네슘이 많아 장내운동을 원활히 하며 생리활성 물질인 레스베라트롤이 있어 항산화성, 항암성을 가지고 있다.

7) 파인애플

주성분은 수용성 당으로 10~15%이고, 유기산으로는 시트르산 및 소량의 말산이 들어 있다. 또한 가식부 100 g 중에는 칼륨이 100 mg, 칼슘 17 mg, 비타민 C 10~30 mg을 함유하고 있다.

과육의 황색은 주로 β-카로틴 때문이며, 과육 중에는 단백질 분해효소인 브로멜린을 가지고 있어 육류 조리 시 생 파인애플 즙에 담가두면 근육조직을 부드럽게 한다. 외피 부분에는 수산칼슘을 함유하고 있어 많이 먹으면 거친 식감이 있다.

8) 딸기와 베리류

보통 딸기는 넝쿨로 자라는 초본에 속하고 베리류는 나무에서 자라는 것이다. 이 나무딸기에 속하는 것에 블랙베리, 라즈베리, 블루베리, 크랜베리, 멀베리 등이 있다. 딸기의 적색은 안토시안계의 칼리스테핀이며 비타민 C가 많은 대표적인 과일이다. 딸기는 저장 시 잘 물러지고 랩을 씌우지 않으면 수분이 증발하므로 꼭지를 떼지 말고 랩을 씌워 냉장 보관한다.

① 블랙베리

복분자라고 하는 것으로 익기전에 과육은 빨간색이지만 익으면 검은색이 된다. 이 검은색은 안토시아닌으로 항암, 항염, 항산화 활성이 있으며 우리나라에서는 주스, 술 등의 가공품뿐 아니라 여러 가지 음식의 천연착색제로 많이 사용하고 있다.

② 라즈베리

산딸기류의 열매로 보통 빨간색을 가지고 있으며 주스, 제과, 와인 제조에 사용되고 있다.

③ 블루베리

검푸른색의 열매로 북미가 원산지인데, 우리나라에는 냉동품이 다량으로 수입되어 주스와 제과, 제빵, 아이스크림 등에 다양하게 이용되고 있다. 검푸른색은 안토시아닌 색소로 항산화, 노화 방지, 시력 회복에 도움이 되며 프테로스틸벤은 혈중 콜레스테롤을 저하시키는 것으로 알려져 있다.

④ 크랜베리

붉은색의 열매로 주스, 젤리, 사탕 등에 사용되며 생과는 신맛이 강하다. 이런 신맛 때문에 소스를 만들 때 신맛을

내는 데 사용하면 좋다.

⑤ 멀베리

뽕나무과 나무의 열매로 오디라고 한다. 강장 효과가 있어 한약으로도 쓰이며, 신맛이 강하고 풍미가 있어 제과 제빵에 사용한다. 노화 억제, 시력 개선, 변비 예방 등에 효과가 있다.

⑥ 커런트

색깔에 따라 레드커런트, 블랙커런트 등으로 불린다. 두 종류 모두 즙이 많고 신맛이 강하다. 블랙커런트는 발효시켜서 약용으로 사용하고 비타민 C가 특히 많이 들어 있으며 칼슘, 인, 철 등도 포함되어 있다. 북미와 유럽에서 주로 재배되며 제과, 음료와 식품 가공용으로 사용된다. 포도와 딸기의 중간 정도의 신맛과 강한 특유의 풍미가 있다.

⑦ 아사이베리

아사이베리는 브라질 북부에 자라는 야자수 열매로 비타민(A, C, E, K)와 무기질, 아미노산을 포함하고 있어 '생명의 열매' 라고 불린다. 이것의 안토시아닌과 폴리페놀은 항산화 물질로 세포 내 활성산소를 없애 몸의 노화를 막고, 시력회복, 암 예방, 심혈관계 질환, 당뇨 예방 및 치료에 효과적이며, 체내에 쌓인 독소를 빼주는 해독 작용이 뛰어난데 아사이베리의 안토시아닌은 블루베리보다도 약 22배가 더 많이 함유되어 있다.

6 버섯류

버섯류는 단백질, 지질, 탄수화물 외에도 수분이 90% 이상으로 비교적 많아 저장이 어렵다. 비타민 B_1, B_2, 에르고스테린이 함유되어 있어 비타민 D의 대표적인 급원식품이다.

핵산 물질인 구아닐산guanylic acid은 버섯 특유의 감칠맛을 내는 성분이며 그 외의 지미성분은 글루타민산, 로이신, 알라닌 등의 아미노산이다.

1) 표고버섯

표고버섯은 프로비타민 D를 많이 함유하며 비타민 B_1, B_2도 풍부하다. 지미성분은 구아닐산이고 방향성분은 유황을 가진 화합물인 레티오닌이다. 무기질로는 칼륨이 많고 인도 비교적 많다. 생표고버섯은 볶음, 튀김 등으로 사용하며, 말린 것은 물에 불려서 조림, 오곡밥, 육수용, 버섯전, 솥밥, 전골 등에 이용한다. 표고버섯은 쉽게 상하기 때문에 보통 건조하여 판매하는데 등급에 따라 다양한 상품으로 나뉜다.

알아두기 **표고버섯의 등급**

- 특품(백화고, 흑화고) : 성장기간이 길고 귀하며, 갓이 피지 않은 상태
- 1등품(동고) : 갓이 50% 미만이 핌. 저렴한 가격, 음식점에서 주로사용하는 것은 중국산 동고
- 2등품(향고) : 갓이 다소 피어 크고 두꺼움
- 3등품(향신) : 갓이 90%이상 핀 것, 주로 채를 썰어 사용
- 4등품(등외) : 갓이 만개한 것

백화고

흑화고

향고

2) 송이버섯

송이버섯은 자연산의 경우 채취가 어렵고 귀하기 때문에 가격이 비싼 식품이다. 송이 특유의 향기성분은 계피산 메틸과 무스타케올matsutakeol이 혼합한 것이며 비타민 B_1·B_2·D·C, 니아신 등이 함유되어 있다.

3) 양송이버섯

단백질 함량이 표고버섯보다 약 2.5배 많고 무기질 함량이 높다. 유리아미노산으로 아르기닌, 히스티딘, 이소류신, 리신, 페닐알라닌, 프롤린 및 티로신이 있으며 비타민 B_1, B_2, 니아신, 에르고스테롤 등이 함유되어 있다. 공기 중에 껍질을 벗기거나 자르면 티로시나아제의 작용으로 암갈색으로 변하는 갈변화 반응이 일으나므로 바로 조리하여야 한다. 양식조리에서 수프나 스테이크 등 다양한 요리에 사용한다.

7 해조류

해조류는 바다에 분포하는 수산식물을 통칭하는 식물로 클로로필chlorophyll을 가지고 자가영양을 하며 바다에 분포되어 있다. 바다 깊이에 따라 녹조류(클로렐라, 파래), 갈조류(다시마, 미역), 홍조류(김, 우뭇가사리) 순으로 수직분포하며 고유의 색은 색을 구성하는 물질에 따라 나타나는 것이다. 해조류는 생것이나 건조한 것을 조리에 사용하는데, 종류나 색깔이 다양하여 계절감과 장식용으로 좋다. 소화율은 낮은 반면, 정장작용을 하므로 다이어트식으로 이용하며 요오드 함량이 높아 갑상샘종을 예방한다.

1) 다시마

대표적인 갈조류인 다시마의 끈적한 성분은 알긴산으로 이것은 혈중 콜레스테롤 저하와 혈압 강하작용을 한다.

건조다시마에는 단백질, 지방, 당질, 식이섬유, 칼슘, 철, 인, 요오드, 비타민 A 등을 함유하며 특히 칼륨, 요오드, 그 밖의 알칼리성 무기질이 많아 알칼리성 식품으로 분류된다.

다시마 맛의 주성분은 MSGmonosodium glutamate로 420 mg%를 함유하여 이로 인해 맛난 맛을 내기 위한 맛국물을 만드는 데 가장 흔히 사용되는 식품이다.

2) 미역

갈조류인 미역은 주로 건조저장하는데 건조미역의 영양성분은 단백질, 당질, 지방, 비타민 $A \cdot B_1 \cdot B_2 \cdot C$, 니코틴산 등이 함유되어 있다. 미역의 점질물질은 알긴algin으로 유해금속 제거에 유효하다. 미량성분으로 철, 요오드 등과 같은 필수금속 외에 칼륨, 칼슘, 나트륨, 마그네슘, 인, 황, 아연 등을 함유하여 좋은 영양소 공급원이 된다. 미역은 정장작용, 유해금속의 제거, 항콜레스테롤 효과가 있다. 생미역 색소의 갈색은 후코잔틴, 비올라잔틴 같은 카로티노이드이지만 가열하면 엽록소의 비율이 많아져 녹색으로 변한다.

3) 김

대표적인 홍조류인 김은 비타민류가 매우 풍부하며, 마그네슘, 인, 아연, 철도 비교적 많다. 김에는 한천이 많이 들어 있고 셀룰로오스, 소르비톨 등도 들어 있다. 김의 감칠맛은 단맛과 지미를 가진 아미노산인 글리신, 알라닌 함량이 높아서이고, 고소한 맛은 시스틴과 만니톨 때문으로 알려져 있다.

김의 색은 붉은색의 피코에리트린, 녹색의 클로로필, 노란색의 카로티노이드를 가지고 있는데, 불에 구우면 피코에리트린이 많이 파괴되어 청색의 피코시아닌이 되고, 녹색의 클로로필은 적게 파괴되어 청색과 녹색이 합친 색이 된다. 김을 오래 저장하면 햇빛과 수분과 반응하여 클로로필은 많이 파괴되지만 피코에리스린은 적게 파괴되어 붉은색을 강하게 나타낸다.

요약

- 곡류는 전분의 급원으로 쌀, 보리, 밀, 옥수수 등이 있으며 쌀은 벼의 품종에 따라 인디카형과 자포니카형으로 나뉘며 아밀로스와 아밀로펙틴의 비율에 따라 멥쌀과 찹쌀로 나눈다. 벼에서 왕겨를 제거한 쌀을 현미라 하는데 부드러운 식감을 위해 쌀겨(8%) 부분을 얼마나 도정하였는지에 따라 5분, 7분, 9분, 10분도미 등으로 구분한다. 밀은 단단한 입자의 특성 때문에 제분하여 사용하는데 밀가루의 글루텐 형성비율에 따라 강력분, 중력분, 박력분으로 나누며 이들은 각각 제빵, 제면, 제과에 사용된다.
- 서류는 감자, 고구마 등으로, 감자는 전분 외에 비타민 C의 함량이 높으며 전분의 함량에 따라 분질과 점질감자로 나뉜다. 전분이 많은 분질감자는 찌거나 구이, 매시드 포테이토용으로 적당하며, 점질감자는 볶음요리에 적당하다. 고구마는 전분함량에 따라 분질고구마와 점질고구마로 나뉘는데 기호도에 따라 선택하여 조리에 사용한다. 고구마는 고온에서 급히 익히는 것보다 서서히 가열하면 아밀라아제의 작용을 충분히 받아 더 달게 조리할 수 있다.
- 두류는 대두처럼 단백질과 지방이 많은 식품과 팥과 녹두처럼 전분이 많아 주고 떡이나 빵의 소로 이용되는 등 성분의 차이가 크다. 생대두는 트립신 저해제, 사포닌, 헤마글루티닌 등 유해성분이 들어 있지만 이소플라본, 소야레시틴 같은 생리활성 물질이 있어 가열하여 섭취하면 훌륭한 식물성 단백질 급원이다.
- 채소는 식이섬유가 풍부하고 수분이 많은 저칼로리 식품으로 다양한 맛, 냄새, 색으로 식욕을 돋우는 역할을 한다. 그 외 비타민 C와 폴리페놀 등의 생리활성 물질이 풍부하여 암을 예방하고 면역력을 향상시키는 등의 기능을 가지고 있다. 과일도 채소의 성분과 비슷하나 당분이 많아 단맛을 주지만 이로 인해 채소에 비해 칼로리가 많은 점이 있으며 과일의 신맛은 과일마다 고유의 유기산을 가지고 있어 느껴지는 것이다.

연습문제

1. 쌀겨의 생리활성 물질을 설명하시오.

2. 채소 중 마늘과 양파의 생리활성 기능을 설명하시오.

3. 다음 중 현미를 100%로 봤을 때 10분도미(백미)는 얼마의 쌀이 남아 있는 것인가?
   ① 90% ② 92% ③ 94% ④ 97%

4. 다음 중 생대두에 존재하는 성분이 아닌 것은?
   ① 헤마글루티닌 ② 사포닌 ③ 트립신 저해제 ④ 안토시아닌

정답 : 3.② 4.④

참고문헌

국내문헌

강우원, 김미향, 오상룡. **식품재료학**. 보문각, 2007
구난숙, 김향숙, 이경애, 김미정. **식품관능검사**. 교문사, 2006
김광옥 외. **식품의 관능검사**. 학연사, 1991
김동훈. **식품화학**. 탐구당, 1996
김상순, 최홍식, 변광의. **식품가공저장학**. 수학사, 1996
김완수, 신말식, 이경애, 김미정. **조리과학 및 원리**. 라이프사이언스, 2005
김우성, 구경형. **식품관능검사법**. 도서출판 효일, 2001
김혜영, 김미리, 고봉경. **식품품질평가**. 도서출판 효일, 2004
농촌진흥청 국립농업과학원. **2011 표준 식품성분표**(제8개정판). 교문사, 2012
보건복지부, 한국영양학회, 식품의약품안전청. **한국인 영양섭취기준**(개정판). (사)한국영양학회, 2010
보건복지부, 한국영양학회. **2015 한국인 영양소 섭취기준**. 보건복지부, 2015
송재철, 박현정. **최신식품가공저장학**. 효일문화사, 1998
송재철. **식품재료학**. 교문사, 2000
송태희, 최웅, 최희숙, 금종화, 신두호, 박헌국. **식품화학**. 도서출판 효일, 2003
식품의약품안전처, 독버섯 식중독 예방을 위한 분포도 조사 연구, 2013
식품의약품안전청, 방사선 조사식품관련 궁금증을 풀어봅시다, 2011
식품의약품안전청, 알킬페놀, 2010
신말식, 김완수, 이경애, 김미정, 윤혜현, 김성란. **식품과 조리과학**. 라이프사이언스, 2001
심창환, 오성천, 국승욱, 조득문. **최신 식품학**. 도서출판 효일, 2003
안명수. **식품과 조리과학**. 신광출판사, 2002
안명수. **식품과 조리과학 실험서**. 신광출판사, 2007
안명수. **식품과 조리원리**. 신광출판사, 2007
안승요, 황인경, 김향숙, 구난숙, 신말식, 최은옥, 이경애. **식품화학**(개정판). 교문사, 2005
윤광로, 이영춘, 정동효. **현대인의 식품**. 중앙대학교 출판부, 1995
윤석권, 오훈일, 이형주, 문태화, 노봉수. **식품화학**. 수학사, 2002
이서래, 신효선. **최신 식품화학**. 신광출판사, 1998
이성기. **계란과 닭고기의 과학**. 유한문화사, 1992
이장순, 박우포, 김효선. **식품학**. 도서출판 효일, 2003
이철호, 채수규, 이진근, 고경희, 손혜숙. **식품평가 및 품질관리론**. 유림문화사, 1999
이혜수, 김미리, 김미정, 김영아, 김완수, 노정혜, 조영, 윤혜현, 이숙영, 이영은, 장백경, 정해정, 주난영. **조리과학**. 교문사, 2001

장학길, 이경혜, 곽희진, 김동원, 김형열. **식품재료학**. 신광출판사, 2000

장현기 외. **식품화학**. 진로연구사, 1997

장현기, 남궁석. **식품학개론**. 유림문화사, 2004

정동효, 이재철, 장재권, 정하열, 장기, 장형수. **식품의 맛과 과학**. 동화기술, 2003

조경련, 김미리, 김옥선, 손정우, 송미란, 최향숙, 최해연. **이해하기 쉬운 식품과 음식재료**. 파워북, 2013

조신호, 조경련, 강명수, 송미란, 주난영. **식품학**. 교문사, 2006

최혜미, 김정희, 이주희, 김초일, 송경희, 장경자, 민혜선, 임경숙, 변기원, 송은승, 여의주, 이홍미, 김경원, 김의선, 김창임, 윤은영, 김현아. **21세기 영양학**(제4판). 교문사, 2011

최홍식, 여경목. **식품 품질관리학**. 신광출판사, 2000

한국식품과학회. **식품과학기술대사전**. 광일문화사, 2004

한국식품과학회. **식품과학용어집**(증보판). 대광서림, 2003

한국식품산업협회. **식품공전**, 2012

한국식품조리과학회. **식품조리과학 용어사전**(개정판). 교문사, 2007

한명규. **식품재료학**. 신정, 2004

한명규. **식품화학**. 형설출판사, 2003

한영숙, 박인숙, 범봉수, 강명화, 윤진아, 박훈, 박한나, 권기한. **발효식품**. 파워북, 2012

홍태희, 김기연, 최옥수, 김대현, 정외숙, 김순희. **현대식품재료학**. 지구문화사, 2000

황재희. 박정은. **식품재료학**. 도서출판 효일, 2005

국외문헌

Belitz HD, & Grosch W, *Food Chemistry*, 2nd ed., Springer-Verlag Berlin Heidelberg. B, 1999

Bennion M, & Scheule B, *Introductory Foods*, 12th ed., Pearson/Prentice Hall, 2004

Bowers J, *Food Theory and Applications*, 2nd ed., Macmillan, 1992

Brown A, *Understanding Food-Principles and Preparation*, Wadworth, 2000

Charley H, & Weaver C, *Food -A Scientific Approach*, 3rd ed., Prentice-Hall Inc., 1998

Charley H, *Food Science*, John Wiley & Sons, 1990

Coultate TP, *Food-The chemistry of its components*, 5th ed., RSC publishing, 2009

Damodaran S, Parkin KL, & Fennema OR, *Fennema's Food Chemistry*, 4th ed., CRC Press, 2008

DeMan JM, *Principles of Food Chemistry*, Van Nostrand Reinhold, 1999

Deshpande SS, *Handbook of food toxicology*, Marcel Dekker, 2002

Eskin NAM, *Biochemistry of Foods*, 2nd ed., Academic press Inc., 1990

Eskin NAM, Henderson HM, & Townsend RJ, *Biochemistry of Foods*, Academic Press, 1971

Fennema OR, *Food Chemistry*, 3rd ed., Marcel Dekker, 1996

Glicksman M, *Food Hydrocolloids,* CRC Press Inc., 1982

Harold Mcgee, *On food and cooking-the science and lore of the kitchen*, Scribner, 2004

JAOCS, Vol. 79, no. 9, 2002

Jurge MD, Aberle ED, Forrest JC, Hedrick HB, & Merkel RA, *Principle of Meat Science*, 2nd ed., Kendall Hunt Publishing Co., 1975

Machlin LJ, *Handbook of Vitamins-Nutritional, Biochemical, and Clinical Aspects*, Marcel Dekker Inc., 1984

Marks JA, *Guide to the Vitamins-Their Role in Health and Disease*, MTP, 292 Co., LTD. 1984

McWilliams M, *Experimental Foods Laboratory Manual*, 6th ed., Pearson Prentice Hall, 2005

McWilliams M, *Foods: Experimental Perspectives*, 4th ed., Prentice Hall, 2001

Mehas KY, & Rodgers, SL. *Food Science-The Biochemistry of Food and Nutrition*, 5th ed., McGraw Hill, 2006

Murano PS, *Understanding Food Science and Technology*, Wadsworth/Thomson Learning Inc., 2003

Murphy PA et al., Soybean Protein Composition and Tofu Quality, *Food Technol*. 51(3): 86, 1997

Parker R, *Introduction to Food Science*, Delmar, 2003

Piironen V, Toivo J, & Lampi AM, New Data for Cholesterol Contents in Meat, Fish, Milk, Eggs and Their Products Consumed in Finland. *Journal of Food Composition and Analysis* 15: 705-713, 2002

Potter NN, & Hotchkis JH, *Food Science*, Chapman & Hall, 1995

Pussa T, *Principle of food toxicology*, CRC Press, 2014

Smith KT, *Trace Minerals in Foods*, Marcel Dekker Inc., 1988

WHO, Evaluation of certain contaminants in food, *WHO Technical Report Series* 959, 2011

五十嵐脩, **食品化學**, 弘學出版株式會社, 1989

中谷延二, 飯渕貞明, 稲荷田萬里子, 沖谷明紘, 久保田紀久枝, 騰田修三. **食品化學**. 朝倉書店, 1987

川金二郎, 豊澤功, 大森正司, 堀口惠子. **フードサイエンス**. 化學同人, 1996

기타

국립수산과학원, 해양생물종정보시스템. http://portal.nfrdi.re.kr/oceanlife/index.jsp

식품나라. http://www.foodnara.go.kr/

식품의약품안전처 식품영양데이터베이스. http://www.foodnara.go.kr/kisna/index.do

찾아보기

저자 소개

이경애
서울대학교 생활과학대학 식품영양학과 졸업
일본 동경대학교 농예화학과 농학박사
현재 순천향대학교 식품영양학과 교수

구난숙
서울대학교 생활과학대학 식품영양학과 졸업
미국 플로리다주립대학교 식품영양학과 이학박사
현재 대전대학교 식품영양학과 명예교수

김미정
서울대학교 생활과학대학 식품영양학과 졸업
서울대학교 대학원 식품영양학과 이학박사
현재 동국대학교 가정교육과 겸임교수

윤혜현
서울대학교 생활과학대학 식품영양학과 졸업
미국 일리노이주립대학교 식품과학과 식품학박사
현재 경희대학교 조리푸드디자인학과 교수

고은미
서울대학교 생활과학대학 식품영양학과 졸업
서울대학교 대학원 식품영양학과 생활과학박사
현재 서울여자대학교 식품영양학과 교수

이해하기 쉬운 **식품학**

2014년 9월 1일 초판 발행
2023년 9월 5일 7쇄 발행

지은이 | 이경애 · 구난숙 · 김미정 · 윤혜현 · 고은미
발행인 | 유제구
발행처 | 파워북
주 소 | 경기도 고양시 일산동구 호수로 358-25
동문타워 2차 529호
전 화 | (02) 730-1412
팩 스 | (031) 908-1410
등 록 | 1997. 1. 31. 제2014-000067호

정 가 23,000원
ISBN 978-89-8160-232-1 (93590)

잘못된 책은 바꿔드립니다.